数据科学与大数据技术系列

非参数统计
(第3版)

王 星 编著

电子工业出版社
Publishing House of Electronics Industry
北京·BEIJING

内 容 简 介

本书为中国人民大学"十三五"规划教材——核心教材，也是校级 **123 金课**配套教材。非参数统计是统计学和数据科学的重要分支领域，本书作为该领域的基础教材，在内容上尽可能涵盖非参数统计基础知识的各个方面。为了使尽可能多的读者通过本书对非参数统计和稳健统计有所了解，作者尽可能多地从方法的背景、原理、R 使用和案例四个方面进行详细介绍。本书内容主要包括基本概念、单变量位置推断问题、两独立样本数据的位置和尺度推断、多组数据位置推断、分类数据的关联分析、秩相关和稳健回归、非参数密度估计、非参数回归、数据挖掘与机器学习。每章都配备了案例与讨论和习题。为方便读者使用，本书附录给出了相关 R 基础知识简介、R Markdown 基本知识和常用统计分布表。本书还提供**电子课件**、**数据**、**解题参考和程序代码**等资源，读者可通过华信教育资源网（**www.hxedu.com.cn**）免费下载使用。此外，扫描前言后二维码可进行**扩展阅读**，扫描正文中二维码可观看相应**微课短视频**。本书还有**配套教学网站** http://rucres.ruc.edu.cn。

本书可作为高等院校统计学、经济学、管理学、生物学、信息科学、数据分析等专业领域本科三、四年级以上学生以及相关研究人员学习非参数统计方法的教材，也可作为从事统计研究或数据分析工作人员的案头参考书。

未经许可，不得以任何方式复制或抄袭本书之部分或全部内容。
版权所有，侵权必究。

图书在版编目（CIP）数据

非参数统计/王星编著. —3 版. —北京：电子工业出版社，2020.11
ISBN 978-7-121-39975-6

I. ①非… II. ①王… III. ①非参数统计-高等学校-教材 IV. ①O212.7

中国版本图书馆 CIP 数据核字(2020)第 226699 号

责任编辑：秦淑灵
印　　刷：北京七彩京通数码快印有限公司
装　　订：北京七彩京通数码快印有限公司
出版发行：电子工业出版社
　　　　　北京市海淀区万寿路 173 信箱　　　　邮编：100036
开　　本：787×1092　1/16　　　印张：23.75　　　字数：513 千字
版　　次：2009 年 3 月第 1 版
　　　　　2020 年 11 月第 3 版
印　　次：2025 年 8 月第 10 次印刷
定　　价：69.00 元

凡所购买电子工业出版社图书有缺损问题，请向购买书店调换。若书店售缺，请与本社发行部联系，联系及邮购电话：（010）88254888，88258888。
质量投诉请发邮件至 zlts@phei.com.cn，盗版侵权举报请发邮件至 dbqq@phei.com.cn。
本书咨询联系方式：qinshl@phei.com.cn。

前　言

　　身处数据时代，人类面临着前所未有之大变局所带来的挑战。如何运用统计学方法有效挖掘和分析数据，以应对复杂的实际问题，成为当务之急。一则关于老木匠教徒弟挑选木料的故事，为我们提供了启示：

　　故事中，徒弟挑选了一根又大又直的木料，认为这是上好的材料。然而，老木匠却指出这根木头是空心的，不能算是优质木料。老木匠接着找到了一根弯得不成样子的木头，并表示这是做牛轭的好材料。他解释道，直木头套在耕牛脖子上并不合适，而木头弯正是其特点，不是缺点。老木匠最后指出，所谓有用，并不是放在哪里都合适。直木头放在直的地方正合适，放在弯的地方就变成了废料。

　　正如这个故事所传达的，在处理实际问题时，需要根据具体情况选择合适的方法。经典的参数推断重点关注分布族依赖的推断问题，分布族选取与数据本身特点之间的关系并不十分紧密。而当采集到的数据从样本层面扩大到实体层面，传统的方法会因受到来自数据复杂性的挑战而呈现出不同程度的不适应性。为应对挑战，统计方法已经在数据的有效性、问题的表示性和决策的稳健性等方面取得新的突破。非参数统计就是其中重要的一支，"世异则事异，事异则备变"，它弱化分布和模型假设，探索和提炼数据中的自有特征，成功地在大数据时代获得了飞速的发展，而本教材就是要将这些知识和思维传递给那些有需要的人。

　　全书内容分为两个部分：非参数统计推断和非参数统计模型。非参数统计推断的内容由单一样本、两样本及多样本非参数统计估计和假设检验，分类数据的关联分析方法，定量数据的相关和稳健回归等分析方法构成；非参数统计模型部分包含了非参数密度估计、稳健回归和非参数回归等内容。

　　本教材具有如下特点：

　　1. 以系统性分析案例贯通教学内容。以往的教材在案例和知识点的选取中，往往侧重本学科的知识比重，对其他学科的应用介绍相对简略，交叉学科的知识点处于分离状态。这导致学生对实际问题中的统计问题认识不准确，对统计方法的作用、比重和相互依赖关系缺乏充分的思辨和独立的观点。本教材则注重在综合案例中运用非参数统计方法，如排球比赛中的局点提取、排队取号中等候时间的预测等问题。案例选取贴近实际生活，符合大学生思维特点，引导学生从案例背景理解可用数据，思考方法的适用性，提出建模流程。通过这种方式，学生锻炼了系统推理和表述问题的能力，提升了独立思考和实践反馈能力。

2. 教材全面对接 R 语言编程，习题和思考题中汇编了多种样态的一手数据分析题目，用于提高学生对统计建模的分析能力，增强学生对复杂数据的解析能力。

3. 教材得到官方网站支持：该教材曾获得中国人民大学第一批探究性教学课程立项支持，拥有配套的教学网站 http://rucres.ruc.edu.cn，登录该网站可获取相关知识点的扩展学习材料，比如知识点中的历史人物、重要事件理论的推证过程、相关文献、应用技术等。这些辅助学习资源也会不断更新，以适用于研讨型和协作型学习和教学。此外，教材还得到 2022 年中国人民大学混合线上线下金课专项资金以及"十三五"和"十四五"规划教材支持。学堂在线 MOOC 学习平台提供学习资源，网址为 https://www.xuetangx.com/course/ruc0712bt1714/19173017?channel=i.area.manual_search。教材的每一章都配有微课精品短视频，扫描相应二维码便可观看。

本教材可作为高等院校统计学、经济学、管理学、生物学、信息科学、大数据分析等专业本科三、四年级以上学生以及相关研究人员学习非参数统计方法的教材，也可作为从事统计研究或数据分析工作人员的案头参考书。本书读者须具备初等统计学基础、概率论和数理统计的相关知识。

多年来，中国人民大学统计学院非参数统计教学团队秉持"坚定理想信念，厚植爱国主义情怀，把握时代重任，敢于担当尽责，练就过硬本领"的育人目标，结合学科发展规律和社会经济发展需求，对课程和教材进行革新，传承统计学科文化，培育大学生正确的世界观、人生观、价值观。我们引导学生参与交叉学科实践，引入新元素、新解读和新思维，培养新认知，为统计学科创新发展注入活力。通过案例教学和团组讨论，我们助力学生形成深入研究、严谨辨析、开拓创新的统计学课堂新风。

本书的内容建议安排在一学期 54 课时内完成，并安排 1/3 左右课时用于学生上机实验。有条件的教师可以选择教材部分案例组织案例教学和课堂讨论。本书备有丰富的习题，涵盖理论推导、方法应用和上机实验题目，可灵活支持各种教学需求。我们希望本书能为非参数统计教学提供有力支持，助力学生在面对现实问题时，能够运用所学知识应对挑战。

本书在写作过程中，得到诸多老师的关心和建议，感谢吴喜之老师、贾俊平老师、周峰老师和李杰博士提供的诸多编写方面的宝贵意见，感谢关昕、郑溪彬、刘欣益、吴止境、华通等各位研究生助教对案例和数据代码的整理，感谢张煜昭和马允全等同学对习题的相关讨论，感谢责任编辑秦淑灵。

感谢我的同事、好友、学生和家人与我相伴的每一天！

感谢这个"参数腾飞"的时代！

王 星

中国人民大学应用统计研究中心 & 统计学院

E-mail:wangxing@ruc.edu.cn

目 录

第 1 章　基本概念 ·· 1
  1.1　非参数统计 ·· 1
  1.2　假设检验回顾 ·· 8
  1.3　经验分布和生存函数 ·· 14
      1.3.1　经验分布 ·· 14
      1.3.2　生存函数 ·· 16
  1.4　检验的相对效率 ·· 19
  1.5　分位数和非参数估计 ·· 22
  1.6　秩检验统计量 ·· 26
      1.6.1　无结数据的秩及其性质 ··· 26
      1.6.2　有结数据的秩及其性质 ··· 28
  1.7　U 统计量 ·· 31
  案例与讨论：大学正态型成绩单与分布的力量 ······················· 36
  习题 ·· 37

第 2 章　单变量位置推断问题 ··· 40
  2.1　符号检验和分位数检验 ·· 40
      2.1.1　基本概念 ·· 40
      2.1.2　大样本的检验方法 ·· 44
      2.1.3　符号检验在配对样本比较中的应用 ······················· 46
      2.1.4　分位数检验——符号检验的推广 ························· 47
  2.2　Cox-Stuart 趋势存在性检验 ··· 48
      2.2.1　最优权重 Cox-Stuart 统计量 ······························· 49
      2.2.2　无权重 Cox-Stuart 统计量 ·································· 52
  2.3　随机游程检验 ·· 55
      2.3.1　两类随机游程检验 ·· 55
      2.3.2　三类及多类游程检验 ·· 59

2.4 Wilcoxon 符号秩检验 ·································· 60
2.4.1 基本概念 ·································· 60
2.4.2 Wilcoxon 符号秩检验和抽样分布 ·································· 63
2.5 估计量的稳健性评价 ·································· 68
2.6 单组数据的位置参数置信区间估计 ·································· 71
2.6.1 顺序统计量位置参数置信区间估计 ·································· 71
2.6.2 基于方差估计法的位置参数置信区间估计 ·································· 73
2.7 正态记分检验 ·································· 77
2.8 分布的一致性检验 ·································· 80
2.8.1 χ^2 拟合优度检验 ·································· 80
2.8.2 Kolmogorov-Smirnov 正态性检验 ·································· 84
2.8.3 Lilliefor 正态分布检验 ·································· 86
2.9 单一总体渐近相对效率比较 ·································· 87
案例与讨论 1：排球比赛中的局点 ·································· 90
案例与讨论 2：我们发明了趋势，趋势是我们理解的那样吗 ·································· 92
习题 ·································· 93

第 3 章 两独立样本数据的位置和尺度推断 ·································· 97
3.1 Brown-Mood 中位数检验 ·································· 98
3.2 Wilcoxon-Mann-Whitney 秩和检验 ·································· 101
3.3 Mann-Whitney U 统计量与 ROC 曲线 ·································· 106
3.4 置换检验 ·································· 108
3.5 Mood 方差检验 ·································· 110
3.6 Moses 方差检验 ·································· 112
案例与讨论：等候还是离开 ·································· 113
习题 ·································· 114

第 4 章 多组数据位置推断 ·································· 117
4.1 试验设计和方差分析的基本概念回顾 ·································· 117
4.2 多重检验问题 ·································· 124
4.3 HC 高阶鉴定法 ·································· 126
4.4 Kruskal-Wallis 单因素方差分析 ·································· 130
4.5 Jonckheere-Terpstra 检验 ·································· 136
4.6 Friedman 秩方差分析法 ·································· 140
4.7 随机区组设计数据的调整秩和检验 ·································· 145
4.8 Cochran 检验 ·································· 147

4.9　Durbin 不完全区组分析法 ·· 150

　　案例与讨论：薪酬、学历与不定时工作时间之间的关系 ························ 151

　　习题 ·· 153

第 5 章　分类数据的关联分析 ·· 155

　　5.1　$r \times s$ 列联表和 χ^2 独立性检验 ····································· 155

　　5.2　χ^2 齐性检验 ··· 157

　　5.3　Fisher 精确性检验 ··· 158

　　5.4　McNemar 检验 ··· 161

　　5.5　Mantel-Haenszel 检验 ··· 162

　　5.6　关联规则 ·· 164

　　　　5.6.1　关联规则基本概念 ······································ 164

　　　　5.6.2　Apriori 算法 ··· 165

　　5.7　Ridit 检验法 ··· 167

　　5.8　对数线性模型 ·· 173

　　　　5.8.1　泊松回归 ··· 174

　　　　5.8.2　对数线性模型的基本概念 ································ 177

　　　　5.8.3　模型的设计矩阵 ······································· 183

　　　　5.8.4　模型的估计和检验 ····································· 184

　　　　5.8.5　高维对数线性模型和独立性 ······························ 185

　　案例与讨论 1：数字化运营转化率 ······································ 188

　　案例与讨论 2：影响婴儿出生低体重的相关因素分析 ························ 188

　　习题 ·· 192

第 6 章　秩相关和稳健回归 ·· 195

　　6.1　Spearman 秩相关检验 ··· 195

　　6.2　Kendall τ 相关检验 ·· 199

　　6.3　多变量 Kendall 协和系数检验 ··································· 202

　　6.4　Kappa 一致性检验 ·· 206

　　6.5　HBR 基于秩的稳健回归 ·· 208

　　　　6.5.1　基于秩的 R 估计 ······································· 208

　　　　6.5.2　假设检验 ··· 210

　　　　6.5.3　多重决定系数 CMD ····································· 210

　　　　6.5.4　回归诊断 ··· 210

　　6.6　中位数回归系数估计法 ··· 212

　　　　6.6.1　Brown-Mood 方法 ······································ 212

  6.6.2 Theil 方法 · 214

  6.6.3 关于 α 和 β 的检验 · 214

6.7 线性分位回归模型 · 217

案例与讨论：中医与西医治疗方法之间的差异分析 · 219

习题 · 220

第 7 章 非参数密度估计 · 223

7.1 直方图密度估计 · 223

  7.1.1 基本概念 · 223

  7.1.2 理论性质和最优带宽 · 225

  7.1.3 多维直方图 · 227

7.2 核密度估计 · 227

  7.2.1 核函数的基本概念 · 227

  7.2.2 理论性质和带宽 · 229

  7.2.3 置信带和中心极限定理 · 232

  7.2.4 多维核密度估计 · 233

  7.2.5 贝叶斯分类决策和非参数核密度估计 · 236

7.3 k 近邻估计 · 239

案例与讨论：景区游客时空分布密度与预测框架 · 241

习题 · 243

第 8 章 非参数回归 · 245

8.1 Nadaraya-Watson 核回归 · 246

8.2 局部多项式回归 · 248

  8.2.1 局部线性回归 · 248

  8.2.2 局部多项式回归的基本原理 · 249

8.3 LOWESS 稳健回归 · 251

8.4 k 近邻回归 · 252

8.5 正交序列回归 · 253

8.6 罚最小二乘法 · 256

8.7 样条回归 · 257

  8.7.1 样条回归模型 · 257

  8.7.2 样条回归模型的节点 · 258

  8.7.3 常用的样条基函数 · 259

  8.7.4 样条回归模型误差的自由度 · 260

案例与讨论：排放物成分与燃料空气当量比和发动机压缩比关系 · 261

习题 ··· 262

第 9 章　数据挖掘与机器学习 ··· 264
9.1　分类问题 ··· 264
9.2　Logistic 回归 ·· 265
9.2.1　Logistic 回归模型 ·· 266
9.2.2　Logistic 回归模型的极大似然估计 ··· 267
9.2.3　Logistic 回归和线性判别函数 LDA 的比较 ··································· 268
9.3　k 近邻 ·· 269
9.4　决策树 ·· 271
9.4.1　决策树的基本概念 ··· 271
9.4.2　分类回归树（CART）·· 273
9.4.3　决策树的剪枝 ·· 273
9.4.4　回归树 ··· 274
9.4.5　决策树的特点 ·· 274
9.5　提升（Boosting）·· 276
9.5.1　Boosting 算法 ·· 276
9.5.2　AdaBoost.M1 算法 ·· 276
9.6　支持向量机 ··· 279
9.6.1　最大边距分类 ·· 279
9.6.2　支持向量机问题的求解 ··· 281
9.6.3　支持向量机的核方法 ··· 283
9.7　随机森林树 ··· 284
9.7.1　随机森林树算法的定义 ··· 284
9.7.2　随机森林树算法的性质 ··· 285
9.7.3　确定随机森林树算法中树的节点分裂变量 ··································· 285
9.7.4　随机森林树的回归算法 ··· 286
9.7.5　有关随机森林树算法的一些评价 ·· 286
9.8　多元自适应回归样条（MARS）·· 287
9.8.1　MARS 与 CART 的联系 ··· 289
9.8.2　MARS 的一些性质 ·· 289
习题 ··· 290

附录 A　R 基础 ··· 292
A.1　R 基本概念和操作 ··· 293
A.2　向量的生成和基本操作 ··· 295

	A.3	高级数据结构	300
	A.4	数据处理	304
	A.5	编写程序	306
	A.6	基本统计计算	307
	A.7	R 的图形功能	309
	A.8	R 帮助和包	313

附录 B　R Markdown 317

	B.1	R Markdown 简介	317
	B.2	R Markdown 安装	317
	B.3	编写	318
	B.4	输出	324

附录 C　常用统计分布表 325

参考文献 365

第 1 章

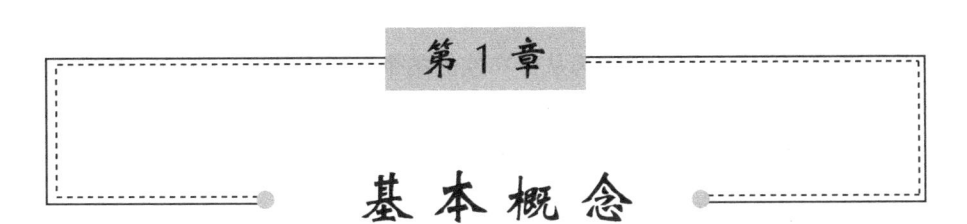

基本概念

构思良好的数据分析能为组织赋能，但这类分析不该由过往的决策结果来支配，而应从对过去的观察中发现事实，获得行动力。组织越早转向这样的数据分析，就会越早收获真正的数据驱动决策所带来的红利。

—— 物理学家尼尔斯·玻尔 (Niels Bohr, 1885 年 10 月 7 日 — 1962 年 11 月 18 日)

1.1 非参数统计

1. 非参数统计研究什么

人天生就有多种不同的思维能力，但并非都能转化为决策力。幸运的是，数据分析是决策的孵化器，可用于规划未来。比如，在关于接下来的小长假去哪里旅行的几种备选方案中，就 2020 年而言，可参考的数据有：目的地新冠疫情等级、景区人口密度、空气质量指数、天气预报信息以及景区周边交通路况信息等。在旅行前根据这些数据做功课就可以看作一项朴素的数据驱动的决策。不过，单就去哪儿这项决策，上述数据是不是影响决策的最关键信息却是因人而异的，或许在启动上述决策之前，考虑和谁同行以及目的地为什么不是图书馆（比如，与翻阅非参数统计文献相比，选择走出校园还是留在图书馆）才是决策的重点。

个体需求多样化和影响因素繁多是现代复杂决策中的两个难点。良好的决策离不开清晰的目标、有力的模型和对数据的广泛动员。概率论通过量化目标和计算技术为决策提供了基本框架。随着数学工具的不断发展以及可搜集数据的不断增加，人们已经不满足于仅仅在基本框架上进行决策，而更希望理论研究能够面对现实问题并结合复杂的数据特点，给予决策者以有效的指导。为增强模型性能，需要引入巨量的参数和计算。

根据数据对其背后的分布做出推断是传统统计推断里的一项核心任务。在传统的参数推断框架里，参数通常是作为随机变量（向量）分布族中的显性特征而为人所知的。比如，研究某类商品的市场占有率，假定在平均的意义下，某类消费者对该商品的好恶立场是一个随机变量，这个随机变量来自两点分布 $B(1, p), 0 < p < 1$，p 是两点分布族的待估计的参数；在研究保险公司某个险种的索赔请求数时，假定索赔请求数来自泊松分布 $p(\lambda), 0 < \lambda < \infty$；再如，在研究气温对农作物产量的影响时，假定平均意义下，每测量单元产量（单产量或亩

产量）$y|x$ 服从正态分布 $N(\mu+x\beta,\sigma^2)$，其中 x 是试验环境变量，比如日照充足量，μ,β 和 σ^2 是待估参数。一般一个推断过程包括以下几个步骤：假定分布族 $\mathcal{F}(\theta)$，确定要推断的参数和范围，选择用来推断参数的统计量，确定抽样分布，运用抽样分布估计参数，进行可靠性分析，检验分布特征等。样本被视为从分布族的某个参数族抽取出来的用于估计总体分布的数据代表，未知的仅仅是总体分布中具体的参数值。这样，一个实际问题就转化为对分布族中若干个设定好的未知参数通过样本进行推断的过程。通过样本对参数做出估计或进行检验，从而获知数据背后的分布，这类推断方法称为**参数方法**。

在许多实际问题中，我们所关心的数据中对分析问题有帮助的分布可能是多样化、高维度且带噪声的，这就为统计推断带来了第二项使命：关注数据的使用。首先，在问题表示方面，非参数统计突破了对参数的传统认识，扩展了分析问题的范围，能够分析和解释更多与建模相关的理论。比如，当真实信号相对于噪声而言稀疏、微弱、分散时，我们收集到的数据可能包含信号，也可能不包含信号。参数空间里可能存在着不易推断的区域，我们既不清楚手中的数据能够提供多少种对分布可能性的表达，也不清楚这些分布差异的大小，将真实数据的复杂分布限定在某一类分布上也许并不可行。这就需要在统计推断的任务中纳入参数多样性的概念和分析程序的控制等必要的内容，需要纳入多样化的参数来引导对数据产生丰富分析结构的理解。比如，用 q 分位数 $F^{-1}(q)$ 表示分布的边界，其中 F 是数据的分布函数。这个参数特征是分布函数依赖的，而不必借由均值和标准差来定义。如果 q 取 0.9，F 可能对应一组特别的人群，比如，经济学家艾略特·哈里斯在一份美国橄榄球联盟球员的健康报告中曾指出：高级别参赛队伍球员的身高和体重较之低级别参赛队伍而言呈现出显著优势，但研究显示，因高强度的训练和频繁不断的赛事安排，高级别参赛队伍球员的大脑损伤几乎无一幸免，这表明职业联赛中均值所指向的群组之外的群体需要获得健康方面的额外关注，也就是说"明者毋掩其弱"，这就需要借助用于探索异质性结构的参数来发现这些群体。再如，C. 比绍曾讲过一个多项式回归中理想阶数选择的例子。一个阶数较高的模型实现了对训练数据高精度的拟合，却会遭遇系数膨胀问题，这是一个典型的计算效率高但统计效率低的例子。如何平衡统计效率和计算效率也是非参数推断需要面对的问题（C. Bishop, 2007）。

其次，参数推断和非参数推断虽然在方法论和分析框架上有一些区别，但非参数模型与参数模型的结合会带来更细致和更可靠的量化结果。比如，金融资产管理的可靠性和有效性来自于对风险度量的准确性。传统风险计量方法局限于金融资产波动率为一个恒定常数的体系，但是研究发现：资产波动率的方差是随时间变化的，这就使得传统风险计量模型关于独立同方差的假设不再适于描述金融资产的运动规律。近几年，随着微观数据不断被深入挖掘，稳健的非参数模型引起金融资产管理者广泛关注。它的优点是：一方面，无须设定模型的具体形式，极大地提高了模型的自由性和灵活性；另一方面，这些稳健的方法允许大范围数据存在相依性，这对于相互关联的金融时间序列数据来说，增强了传统量化模型的功能（解其昌，2015）。

最后，非参数统计推断与更多算法议题产生交集，丰富了跨学科技术决策的传导机制。现有很多数据驱动技术比较偏重算法，却普遍缺乏统计分析的保障，两者之间的相互借鉴对模型与计算技术的协调发展具有十分重要的意义。比如，重症疾病再入院研究指出，国际上关于再入院率研究与监管已十分成熟（蒋重阳，2017），建立在随访数据基础上的健康管理系统医院的病人不仅再入院率会明显降低，健康管理系统也为综合疾病的监测与预防提供了广泛的时空观测视角。比如，在传染病流行期，一些地理位置相邻的小区的发病率在相邻时间段会关联性地升高或下降，传统的通过移动平均结合偏离均值的全局异常检测方法，对局部尺度下的异常响应迟钝，无法满足应急精准施策的灵敏要求，而一种通过局部时空区域发病密度变化所生成的复合性得分则为预警检测提供了快速响应的统计监测方法。这类局部算法框架不仅在快速决策层面优势明显，而且在理论上有良好的统计相合性，在实际中还增强了推断的解释性，保证了较低的假阳率（Saligrama，2012）。

在上述例子——安全的空气质量指数、金融资产动态波动下的稳健风险模型以及在病人再入院巡检数据上的流行病预警指标的设计等中，数据变形为参数，按不同时间、按序、分层参与建模并影响着决策。研究人员需要综合应用场景、模型性能和数据所反馈的信号强弱，找到联结各个参变量之间的影响因素，进而设计和建构出有效的模型。这样就衍生出两种建模理论：一是静态建模理论，重点关注一次性参数任务中的推断质量，如图 1.1（a）所示。它的缺陷是明显的，如果模型是现成的，那么它对有价值的信息的表示可能是不完整的，因为它可能仅仅涵盖了系统中诸多分布的某一类，而忽略了异质性群体有被平等表达的需要。二是不断持续更新的建模理论，这套理论指的是有能力完成一项综合性任务的参数流程的设计，它综合考虑统计模型的推断模式和训练的研究模式，遵循多种参数一体的系统推断理论。这种建模思想如图 1.1（b）所示，以数据为中心，逐步提炼出数据中的参数信息，探索出适用于分析目标的参数并辅以数据来巩固。模型在参数调试中持续获得更新，设计的模型也需要满足多解性以及模型动态更新的现实需要。

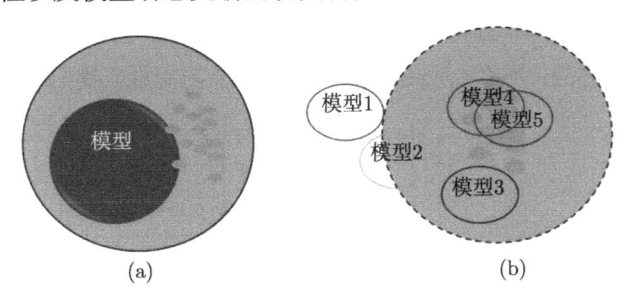

图 1.1 两种建模思想

系统性建模通常会涉及三种参数：

(1) 统计类参数：指数据中可靠性信息的解读，以增进理解数据并帮助尝试不同的模型空间，其中包括分布中的"显性"参数（如 μ 和 σ^2 等），也包括分布"非显性"参数（如 $F^{-1}(q)$，F 等）。

(2) 训练类参数：在训练模型时，需要在模型的弹性空间和训练数据（或测试数据）上对参数进行估计，弹性参数也是模型调节参数，比如绘制直方图和进行密度估计计算中的带宽参数等。

(3) 平台类参数：指为保证分析过程顺利进行而搭设的工作平台参数，比如，为程序停止而设置的初始、运行和停止等参数，这些参数是程序依赖的，其作用是保证运算的暂时正常输出。另外，在模型训练之后、部署应用前的审核参数，这些参数将综合考虑模型损失和数据偏差所带来的模型在使用中的风险，然后再考虑是否将模型部署到生产环境中。

将预设的模型用于信息提炼并使之有助于复杂的决策任务并不容易，许多参数真实存在且未知，只能借助已有的数据提炼出来。传统的参数推断方法主要聚焦在统计类参数上，多为特定的问题而定制，当模型适用的条件具备时通常有较好的效果。当模型设定有误或需要针对复杂情况进行调整时，若仅考虑参数模型，其估计的效率和精度则呈现明显不足。这就对参数推断过程提出了两项新的范式要求：一方面放松对分布族形态的假定，增加具有稳健特征的推断理论，增强模型对数据的适应性；另一方面，尽量以数据（或个体）为中心来更新所需要的特征，关注数据和参数特征之间的转换过程，强调递进式更新建模中数据的作用，这类"分布无关"(distribution-free) 的方法称为**非参数方法**。事实上，非参数推断比"分布无关"更广泛，Bradley（1968）曾说，"分布无关"仅仅关注分布的表示是否足够准确，而非参数推断则关注一个有统计分布参与的系统中哪些参数应该作为一个科学问题来获得足够的重视。非参数方法中的参数既包括统计类参数，也包括训练类参数和平台类参数。

有哪些复杂的问题需要非参数统计的辅助建模呢？我们先看以下几个问题：

问题 1.1　（见 chap3\ 数据:HSK.txt）在一项关于两种教学方法对留学生汉语水平（HSK 四级 Grade 4）影响是否不同的实验研究中，采用"结构法"（Type I）施教的班级的汉语水平考试平均分数为 239 分，采用"功能法"（Type II）施教的班级的汉语水平考试平均分数为 240 分。传统的 t 检验可以帮助我们分析这个问题，但是应用 t 检验的一个基本前提是两组留学生的考试分数服从正态分布。绘制两组数据的直方图，如图 1.2 所示。很难相信数据的分布是单峰对称的，那么，应用 t 检验会有怎样的问题？我们将在第 3 章进行讨论。

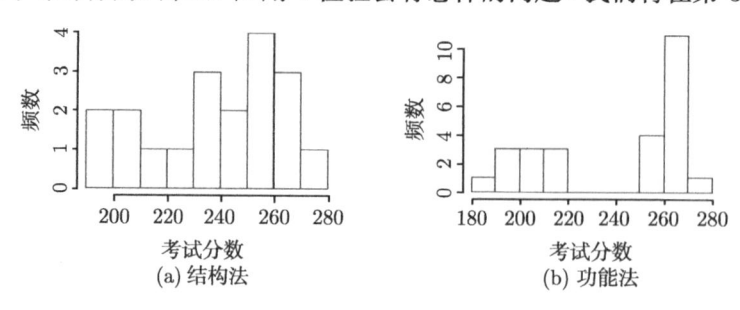

图 1.2　两种教学方法下留学生汉语水平考试分数的直方图

问题 1.2 （见 chap4\ 数据 Gordon.txt）表 1.1 所示数据来自美国哈佛医学院高登（G. J. Gordon）2002 年发表在 *Cancer Research* 上的肺癌微阵列数据，整个数据包括 181 个组织样本，其中有 31 个恶性胸膜间皮瘤样本（MPM，Malignant Pleual Mesothelioma）和 150 个肺癌样本（ADCA，Adenocarcinoma），每个样本包括 12533 条基因，表 1.1 显示了其中的两组基因表现。

表 1.1 MPM（简称 M）和 ADCA（简称 A）病人基因水平

病人	M1	M2	M3	M4	...	A1	A2	A3	A4	...
基因 1	199.1	188.5	284.1	3.8	...	493.8	275.2	189.4	126.8	...
基因 2	38.7	82.0	35.6	28.8	...	50.6	51.8	59.2	47.2	...

要检验 12 533 组基因的中位数水平有什么不同，应该用什么方法？如果其中只有少数几个检验的 p 值 $< \alpha = 0.05$，那么用什么方法可以找到这几个检验所对应的基因呢？我们将在第 4 章讨论该问题。

问题 1.3 （见 chap6\ 数据 CYGOB1）该数据来自 Rousseeuw（1987）有关 CYG OB1 星团的天文观测数据，响应变量为对数光强（log light intensity，用 logli 表示），解释变量为对数温度（log surface temperature，用 logst 表示），图 1.3 为这两个变量的散点图与 LS 拟合线，最小二乘（LS）回归呈现出令人意想不到的走向，那么应该怎样估计才可以将数据中的主要模式比较准确地刻画出来？我们将在第 6 章给出详细讨论。

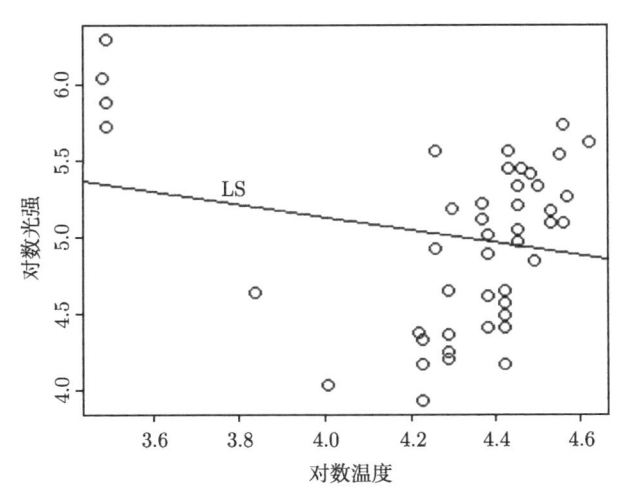

图 1.3 恒星表面对数温度（logst）和对数光强（logli）的散点图与 LS 拟合线

以上问题并不总是能够在传统的参数框架中找到对应的答案，因为在传统的参数框架中参数与特定的分布绑定，而且估计是一次性的。而数据驱动的方法将会打破这两个限制，在数据中寻找稳定的信息特征。总而言之，非参数统计是统计学的一个分支。相对于参数统计而言，非参数统计有以下几个突出的特点。

(1) 非参数统计方法对总体的假定相对较少，效率高，结果一般有较好的稳健性，即不会因为对总体假设错误导致结论出现重大偏差。在经典的统计框架中,正态分布一直是最引人瞩目的,可以刻画许多相对确定的好问题。而数据的不确定性是复杂的,可以分为三个方面:系统内在的随机性、可见数据集的有限性和不完备的建模。正态分布并不能涵盖所有的推断问题,在对探索性问题建模时,对总体做服从正态分布的假设并不总是合适的。在宽松总体假设下的推断反而可获得更为可信的结论,以"找形"来获得对数据的真实理解是非参数推断区别于参数推断的一个特征。

(2) 非参数统计可以处理多种类型的数据,许多统计量由秩序型、计数型和评分型数据合成,追求在总体宽松的假设下获得稳健的估计。我们知道,统计数据按照数据类型可以分为两大类:分类数据(包括类别数据和顺序数据)和连续数据(包括等距数据和比例数据)。拿检验来说,一般而言,参数统计中常用的是正态型数据,其在理论上容易得到较好的结果,然而在实践中,分布不符合正态假定的数据非常多。比如:在满意度调查中数据只有顺序,没有大小,这时很多流行的参数模型无能为力。而对连续数据如果过度测量则会产生大量累积测量误差,测量误差会导致对分布的判断失真,统计推断就会失效。这个时候将连续数据转化为顺序数据或定性数据,表面上看损失了一些信息,但对噪声干扰的丢弃是有价值的:不仅可以消除测量误差的影响,而且降低了量纲的影响,增强了数据的可比性,推断结果更稳健。

(3) 非参数统计思想容易理解,易于计算。作为统计学的分支,非参数统计思想非常深刻,其方法继承了参数统计推断的理论,容易发展成算法。特别是伴随着计算机技术的发展,近代非参数统计更强调运用大量计算求解问题,这些问题很容易通过编写程序求解,计算结果也更容易解释。非参数统计方法在处理小样本问题时,可能涉及一些不常见的统计表,过去会对一些非专业的使用者造成不便。现如今很多统计软件(如 R)中已存储了现成的统计表供人们使用,一些统计量的精确分布或近似分布都可以从软件中轻松地获取,取代了以往编制粗糙且不精确的表。而事实上,在现代的许多参数统计推断中,在诊断过程、图形展现和拟合优度检验方面使用了大量的非参数统计量。

当然,非参数统计方法也有一些弱点,比如,当人们对总体有充分的了解且足以确定其分布类型时,非参数统计方法就不如参数统计方法更具有针对性,且有效性可能也会差一些。这样来看,非参数统计并非取代参数统计,而是继承和发展了参数统计。

2. 非参数统计简史

在早期形成阶段,非参数统计强调与分布无关(distribution free)的思想。最早有关非参数统计推断的历史记载是,1701 年苏格兰数理统计学家约翰·阿巴斯诺特(John Arbuthnot)提出了单样本符号检验;1900 年卡尔·皮尔逊(Karl Pearson)提出了列联表和拟合优度检验等适用于计数类型数据分布的检验方法;1904 年心理学家查尔斯·斯皮尔曼(Charles Spearman)提出了 Spearman 等级相关系数检验方法;1937 年弗里德曼(Friedman)提出了可用于区组实验设计的 Q 检验法;随后肯德尔(Maurice Kendall)提出了 τ 相关系数检验方法，肯德尔还是《统计名词词典》（1971）（*Dictionary of Statistical Terms, 3rd, edn*）的主编；1939 年斯米尔诺夫（Smirnov）还提出了著名的 K-S 正态性检验；同时期费歇尔·欧文（Fisher Erwin）提出了 Fisher 精确性检验作为 χ^2 独立性检验的补充。一般认为，非参数统计概念形成于 20 世纪 40~50 年代，其中化学家威尔科克森（F. Wilcoxon）做出了突出贡献，1945 年威尔科克森提出了两样本秩和检验，1947 年亨利·B·曼（Henry B. Mann）和 D·兰塞姆·惠特尼（D. Ransom Whitney）将结果推广到两组样本量不等的一般情况，而 1975 年班贝尔（Bamber）发现了 ROC 曲线面积与 Mann-Whitney 统计量之间的天然等价关系。

继威尔科克森之后的 20 世纪 50~60 年代，多元位置参数的估计和检验理论相继建立起来，这些理论极大地丰富了实验设计不同情况下的数据分析方法。1950 年，科克伦（Cochran）补充了分类数据的 Q 检验法。1951 年，布朗和沐德（Brown & Mood）提出了中位数检验法。德宾（Durbin）提出了均衡不完全区组实验设计法。1952 年，克鲁斯卡尔（Kruskal）和沃利斯（Wallis）提出了 KW 秩检验法，麦金太尔（Mclntyre）提出了排序集抽样方法，用以提取更有效的总体信息。1958 年，布洛斯（Bross）提出了非参数 Ridit 检验法。1960 年，科恩（Cohen）提出了 Kappa 一致性检验法。这些方法在小样本检验和异常数据诊断方面获得了成功的应用。1948 年，皮特曼（Pitman）回答了非参数统计方法相对于参数统计方法的效率问题。1956 年，霍吉斯（J. L. Hodges）和莱曼（E. L. Lehmann）则发现了一个令人吃惊的结论，与正态模型中的 t 检验相比，秩检验能经受住有效性的较小损失。而对于厚尾分布所产生的数据，秩检验统计量可能更为有效。第一本论述非参数统计的著作《非参数统计》于 1956 年由西格尔（S. Siegel）出版。汤姆斯·海特曼斯波格（Thomas P. Hettmansperger）所著《基于秩的统计推断》（*Statistical Inference Based on Ranks*）一书在 1956 年至 1972 年间被引用了 1824 次。

20 世纪 60 年代，霍吉斯（J. L. Hodges）和莱曼（E. L. Lehmann）从秩检验统计量出发，推导出了若干估计量和置信区间，以 HL 估计量和 Theilsen 估计量为代表，由检验统计量推导出估计量，引发了推断理论的一次新的变迁（参见文献莱曼（E. L. Lehmann，1975），沃尔夫（Wolfe，1999））。约翰·图基（John Tukey，1960）较早地注意到传统估计量的不稳健性和效率低下问题，打开了数据分析的大门。之后，非参数统计的应用和研究获得巨大发展，其中较有代表性的是 20 世纪 60 年代中后期，考克斯（D. R. Cox）和弗古森（Ferguson）最早将非参数统计方法应用于生存分析。1930—1970 年非参数统计体系大厦得以建立。约翰·渥施（John Walsh）分别于 1962、1965 和 1968 年相继出版了一部三卷有关非参数统计方法的指南。萨维奇（I. R. Savage）于 1962 年编纂了一部有关非参数统计的文献志。20 世纪 60、70 年代比较流行的两本教材有詹姆斯·布拉德利（James V. Bradley）于 1958 年出版的《不依赖于分布的统计检验》（*Distribution-free Statistical Tests*）以及吉本斯（Jean D. Gibbons）于 1970 年编纂的《非参数统计推断》（*Non-parametric Statistical Inference*）。而这段时期恰恰是数据科学的萌芽期，由于不同学科之间还没有形成很厚的壁垒，很多统计学家实际上一生都在从事着对其他学科的研究，他们对于其他领域的眼界十分开阔。这段时间是传统统计通往机器学习的过渡期，也是整个非参数话语体系的正式形成期。他们在解决化学、生物、心理等快速发展领域中现实问题的过程中发展出一种全新的数据分析理论，这些方法一边借着参数推断已形成的渐近工具阐释优良性理论，同时通过成熟的分布表技术推广方法的应用，发展存在于数据本身的"秩序""稳健性""有效性"和"局部表示"等潜在特征。这些统计方法在当时的推断文化中看似不具有核心话语权，但是随着信息技术的发展，却以见微知著的独特力量，连接着数据分析的传统与未来。

进入20世纪70~80年代，继埃夫龙（Efron）于1979年提出自助法（Bootstrap）之后，非参数统计方法借助计算机技术提出大量稳健估计和预测方法，比如，置换检验（Permutation Tests）和多重检验等在生物医学等诸多领域取得长足发展。以休伯（P. J. Huber）和汉佩尔（F. Hampel）为代表的统计学家从实际数据出发，为衡量估计量的稳健性提出了新准则。20世纪90年代非参数统计早期的检验和估计优势扩展到非参数回归领域，典型的方法有核方法（kernel）、样条（spline）及小波（wavelet），相关文献有欧班克（Eubank，1988），哈特（Hart，1997），瓦博（Wahba，1990），格林和斯沃曼（Green & Silverman，1994），范剑青和吉贝尔（Fan & Gijbels，1995），哈尔德（Härdle，1998），大卫•多诺霍和约翰斯通（I. M. Johnstone & D. L. Donoho，1994）。20世纪90年代以后，算法建模思想飞速发展，成为非参数统计的新宠儿。非参数统计借助其独有的化繁为简的灵活性能，在半参数模型、模型（变量）选择和降维方法中显出巨大优势并成为大尺度统计推断中的领跑者，代表性的成果有切夫•黑斯帖和罗伯特•提布施拉尼（Trevor Hastie & Robert Tibshirani，1990），丹尼斯•库克和李冰（R. Dennis Cook & Bing Li，2002），郁彬（Bin Yu，2013），范剑青和李润泽（Fan & Li，2001），以及大卫•多诺霍和金加顺（D. Donoho & J. Jin，2004，2015），其中不乏来自中国大陆的海外学者的杰出贡献。机器学习的兴起也推动了非参数统计方法的飞速发展，代表性的有，弗拉基米尔•万普尼克（Vladimir Naumovich Vapnik，1974）等从结构风险的角度规范了面向预测的模型选择框架；里奥•布莱曼（Leo Brieman，1984，2001）等为数据驱动文化敞开了大门。随着大规模计算和自动化技术的飞速发展，非参数统计不仅为机器学习输送了大量的新方法，其中的统计推断与机器学习彼此渗透，相互叠加，共同推动数据科学的进展。

1.2 假设检验回顾

假设检验问题是统计推断和决策问题的基本形式之一，其核心内容是利用样本所提供的信息对关于总体的某个假设进行检验。相对于探索型数据分析，假设检验是典型的推断型数据分析。基本的假设检验是从两个相互对立的命题（假设）开始的：原假设和备择假设。对这两个相互对立的假设，一般还要假设分布族和数据，比如，假设分布族是正态的，那么对总体的选择就可以简化为对位置参数或形状参数的选择。假设一般都以参数的形式出现，记作 θ。原假设记作 $H_0: \theta \leqslant \theta_0$；备择假设记作 $H_1: \theta > \theta_0$。当然，这里给出的是一个常规的单边检验问题。类似地，如果猜测是另一个方向的或无倾向性的，则有单边检验问题 ($H_1: \theta < \theta_0$) 或双边检验问题 ($H_1: \theta \neq \theta_0$)。假设检验的基本原理是小概率事件在一次试验中是不会发生的。如果在 H_0 成立的时候，一次试验中某个小概率事件发生了，则表明原假设 H_0 不成立。从某种意义上说，假设检验的过程类似于数学中的反证法。

在假设检验的理论框架形成的过程中，有一个著名的假设检验故事——女士品茶试验。穆里尔·布里斯托（Muriel Bristol）博士是著名统计学家费歇尔在试验站的同事，她声称自己能够通过奶茶的口味判断奶茶中先加的奶还是先加的茶。显然，一般人很难察觉出这种细微的口味差别。为了验证该女士的正确性，费歇尔设计了一个试验，他预备了 8 杯奶茶，其中 4 杯先加茶后加奶，另外 4 杯先加奶后加茶。将 8 杯奶茶的顺序随机打乱，布里斯托博士对哪些奶茶先加的茶、哪些奶茶先加的奶并不知道。原假设 H_0 是"布里斯托博士不能通过奶茶口味成功分辨出奶和茶加入的先后顺序"。如果原假设成立，而布里斯托博士猜对了全部奶茶加入奶和茶的顺序，这就等价于布里斯托博士完全靠猜的方式分辨出了全部奶茶加入奶和茶的顺序，可以计算得到她全部猜对的可能性是 $\frac{1}{70} = 0.014$（为什么是这个结果？可以通过思考题来回答）。这是一个非常小的概率，它表示如果加奶的先后顺序对于判断没有影响，那么通过随机猜全部答对的可能性几乎是 0，而从史料记载来看，布里斯托全部答对，那么原假设就与数据的客观结果不相容，于是可以拒绝这个假设，在显著性水平为 5% 的情况下，拒绝原假设，统计上呈现显著结果。

在假设检验的基本原理中，有个限定是"一次试验"，而并非重复试验。如果试验重复很多遍，那么即便是小概率事件，无论它的概率多么小，它总会发生，这就是著名的墨菲定律。

假设检验的基本原理是，先假定原假设成立，样本被视为通过合理设计所获得的总体的代表。一旦总体分布确定，那么统计量的抽样分布也就确定了，从而理论上样本应该体现总体的特点，统计量的值应该位于其抽样分布的中心位置附近，不会距离中心位置太远。这显然是原假设成立的一个几乎必然的结果，就像在理想环境下投一枚均匀硬币 100 次，正面和反面出现的次数应近乎相等，因为这是在硬币均匀假设前提下几乎必然的抽样结果。然而，假设检验里硬币的正面和反面胜算的真值是未知的，在一个固定投币次数的实验中，当发现硬币正面和反面呈现的次数之间有较大差异时，一种直觉是硬币不均匀。用逆否命题进行推断是假设检验的本质。当然，差异大到多少才可以认为硬币是不均匀的，需要测量样本远离中心位置程度的一个工具，如果样本量的值偏离抽样分布的中心位置过远，则从小概率事件原理很难发生的统计观点出发，有很大的把握认为这个试验是从假定总体中取得的，几乎必然地认为这些样本与备择命题更匹配，从而拒绝数据对原假设的支持，接受数据对备择假设的支持。"过远"是一个统计概念，在假设检验中用"显著性"衡量。"几乎必然"的含义是，虽然拒绝原假设的依据是样本偏离了原假设的分布，然而在原假设下产生特殊样本的可能性和随机性却是存在的，承认差距存在并不表示判断是绝对准确的，随机性的发生不可避免。但是如果样本超出了假设理论分布可以允许的边界，则可以认为样本呈现出的差异性已经超出了随机性可以解释的范围,这种差异是由数据与假设分布不同导致的必然结果。所以,假设检验的实质是对数据来源的分布做比较,当某一种分布相对于另一种分布而言产生数据的可能性更大时,就可以生成一种检验的标准,确认异质性的存在,这就是 Neyman-Pearson 引理的核心思想。

一般而言,对假设检验问题讨论以下 4 组基本概念:

1. 如何选择原假设和备择假设

在数学上,原假设和备择假设没有实际含义,形式对称,采取接受或拒绝结论也是对称的。但在实践中,检验的目的是试图将样本中表现出来的特点升华为更一般的分布或分布的特点,是部分数据特征推广至整体分布的过程。因而,如果所建立的猜想与样本的表现相背离,则这个推断的过程基本上是"空想",也就是说,与数据的支持不相符。这样的假设检验问题是没有意义的,当然也不可能有拒绝假设检验的结果,参见习题 1.1。假设不应该是随意设定的,而应该是根据数据的表现来设定的。如果数据背离理想的抽样分布,从小概率原理来看,提出了可能拒绝原假设的证据,接受备择假设,认为分布上的差异导致了样本对原假设分布的偏移。因此,通常将样本显示出的特点作为对总体的猜想,并优先选作备择假设。与备择假设相比,原假设的设定则较为简单,它是相对于备择假设而出现的。如此建立在实践经验基础上的假设才是有意义的假设。

2. 检验的 p 值和显著性水平的作用

从假设检验的整个过程来看,起关键作用的是和检验目的相关的检验统计量 $T = T(X_1, X_2, \cdots, X_n)$ 和在原假设之下检验统计量的分布情况。原假设下统计量的分布是已知的,这样才能通过统计量判断数据是否远离了原假设所支持的参数分布。以单一总体正态分布均值 μ 是否等于 μ_0 的检验来看,选择检验统计量 $T = \dfrac{\bar{X} - \mu_0}{\sqrt{\sigma^2/\sqrt{n}}}$,如果 $|T|$ 大,则意味着备择假设 $\mu \neq \mu_0$ 的可能性更大,那么就要计算概率 $P_{H_0}(|T| > t_0), t_0 = \dfrac{\bar{X} - \mu_0}{\sqrt{\sigma^2/\sqrt{n}}}$,这个概率称为检验的 p 值。如果 p 值很小,说明统计量反映出样本在原假设下是小概率事件,这时如果拒绝原假设,则决策错误的可能性是非常小的,等于 p 值,这个错误称为第 I 类错误。通常情况下,统计计算软件都输出 p 值。传统意义上,一般先给出第 I 类错误的概率 α,称它为检验的显著性水平,如果检验的显著性水平 $\alpha > p$,那么拒绝原假设,p 值可以认为是拒绝原假设的最小的显著性水平。对于双边检验,p 值是双边尾概率之和,是单边检验 p 值的 2 倍,p 值的概念如图 1.4 和图 1.5 所示。对于一个样本,在同一个显著性水平下,双边检验是更不易拒绝的,如果能够拒绝双边检验,则更能拒绝单边检验,但反之不对。p 值真正的作用是用来测量数据和原假设不相容的可能性,即原假设为真时获得极端结果的可能性。

3. 两类错误

只要通过样本决策,就不可避免真实情况和数据推断不一致的情况发生,此时会犯决策

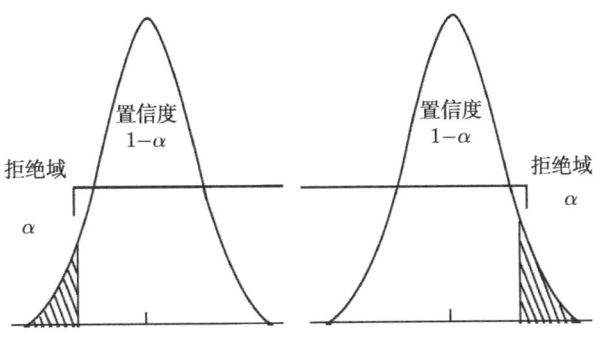

错误。在假设检验中，有可能犯两类错误。

图 1.4 单边检验的 p 值

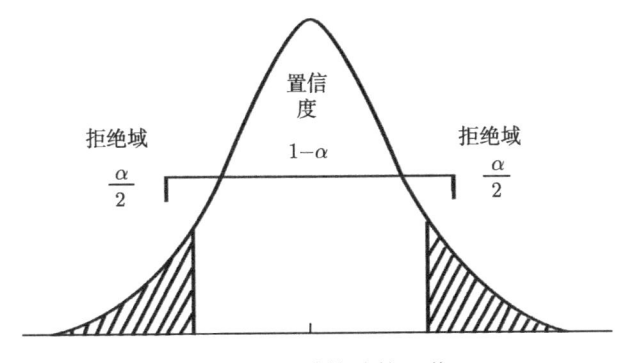

图 1.5 双边检验的 p 值

当拒绝原假设而实际的情况是原假设为真时，犯第 I 类错误，这个错误一般由事先给出描述数据支持的命题和原假设差异显著性的 α 控制，表示拒绝原假设时出现决策错误的可能性不会超过 α，因此拒绝原假设的决策可靠程度较高；当原假设不能被拒绝，而实际情况是备择假设为真时，犯第 II 类错误，此时表现为在原假设下样本统计量的 p 值较大。当不能拒绝原假设时，如果选择接受原假设，则会出现取伪错误。假设检验的目的是给出用于决策的临界值，一个好的决策应该尽量让犯两类错误的概率都小，然而这在很多情况下是不现实的，因为在理论上，犯第 I、II 类错误的概率彼此之间相互制衡，不可能同时很小。为了度量犯两类错误的概率，定义势函数如下：

定义 1.1（检验的势） 对一般的假设检验问题：$H_0: \theta \in \Theta_0 \leftrightarrow H_1: \theta \in \Theta_1$，其中 $\Theta_0 \bigcap \Theta_1 = \varnothing$，检验统计量为 T_n。拒绝原假设的概率，也就是样本落入拒绝域 W 的概率为检验的**势**，记为

$$g_{T_n}(\theta) = P(T_n \in W), \quad \theta \in \Theta = \Theta_0 \bigcup \Theta_1$$

由定义 1.1 可知，当 $\theta \in \Theta_0$ 时，检验的势是犯第 I 类错误的概率，一般由显著性水平 α 控制；当 $\theta \in \Theta_1$ 时，检验的势是不犯第 II 类错误的概率，$1 - g(\theta)$ 是犯第 II 类错误的概率。我们用势函数将犯两类错误的概率统一在一个函数中。一个有意义的检验，其势函数理论上

应该越大越好，低势的检验说明检验在区分原假设和备择假设方面的价值不大。

1933 年 J. 奈曼（Neyman Jerzy）和 E. S. 皮尔逊（Egon Pearson）提出了著名的 Neyman-Pearson 引理。考虑两个简单检验问题：$H_0: \theta = \theta_0 \leftrightarrow H_1: \theta = \theta_1$。记 $f_0(x)$ 和 $f_1(x)$ 分别对应着随机变量 X 在 H_0 和 H_1 下的密度函数，$X \in (\mathcal{X}, \mathcal{F})$，有 $\int_{\mathcal{X}} f_i(x)\mathrm{d}x = 1, i = 0, 1$。Neyman-Pearson 引理要表达的是，如果对显著性水平 α，存在 $W = W_\alpha \subset \mathcal{X}$ 和 W 上的似然比

$$W_\alpha = \left\{ x : \frac{f_1(x)}{f_0(x)} \geqslant k_\alpha \right\}, \ k_\alpha \geqslant 0$$

$$W_\alpha^c = \left\{ x : \frac{f_1(x)}{f_0(x)} < k_\alpha \right\}$$

那么，似然比检验是简单检验问题显著性水平为 α 的一致最优势检验，k_α 满足 $P(x \in W_\alpha) = \alpha$。

证明 令 W_α 满足 $P(x \in W_\alpha) = \alpha$，记 W' 为另一个显著性水平为 α 的检验拒绝域。那么，对任意一个密度函数 $f(x)$，有

$$\begin{aligned}
&\int_{W_\alpha} f(x)\mathrm{d}x - \int_{W'} f(x)\mathrm{d}x \\
&= \int_{W_\alpha \cap W'} f(x)\mathrm{d}x + \int_{W_\alpha \cap W'^c} f(x)\mathrm{d}x - \int_{W' \cap W_\alpha} f(x)\mathrm{d}x - \int_{W' \cap W_\alpha^c} f(x)\mathrm{d}x \\
&= \int_{W_\alpha \cap W'^c} f(x)\mathrm{d}x - \int_{W' \cap W_\alpha^c} f(x)\mathrm{d}x
\end{aligned} \tag{1.1}$$

第一种情况，如果 $f = f_0$，那么上述表达式一定非负，因为 W' 对应的假设检验的水平不会超过 α，而 W_α 满足 $P(x \in W_\alpha) = \alpha$。也就是说，

$$\int_{W_\alpha} f_0(x)\mathrm{d}x \geqslant \int_{W'} f_0(x)\mathrm{d}x \tag{1.2}$$

这意味着，

$$\int_{W_\alpha \cap W'^c} f_0(x)\mathrm{d}x \geqslant \int_{W' \cap W_\alpha^c} f_0(x)\mathrm{d}x \tag{1.3}$$

第二种情况，如果 $f = f_1$，那么当 $x \in W_\alpha$ 时，有 $f_1(x) \geqslant k_\alpha f_0(x)$。因此，

$$\int_{W_\alpha \cap W'^c} f_1(x)\mathrm{d}x \geqslant k_\alpha \int_{W_\alpha \cap W'^c} f_0(x)\mathrm{d}x, \quad k_\alpha \int_{W' \cap W_\alpha^c} f_0(x)\mathrm{d}x \geqslant \int_{W' \cap W_\alpha^c} f_1(x)\mathrm{d}x \tag{1.4}$$

上述两个结果表明，无论 $f = f_0$ 还是 $f = f_1$，都有

$$\int_{W_\alpha} f(x)\mathrm{d}x - \int_{W'} f(x)\mathrm{d}x = \int_{W_\alpha \cap W'^c} f(x)\mathrm{d}x - \int_{W' \cap W_\alpha^c} f(x)\mathrm{d}x \geqslant 0 \tag{1.5}$$

事实上，上述推理证明的是 Neyman-Pearson 引理的充分条件，说明了似然比检验是一致最优势检验；Neyman-Pearson 引理的必要条件是，在简单原假设对简单备择假设的情形下，最优

势检验一定是似然比检验,此处不再赘述,详细的证明过程可参见文献 George Casella, Roger L. Berger(2002)。这表明似然比可以用于构造一致最优势检验。

下面通过一个单边检验的问题观察势函数的特点。

例 1.1 假设总体 X 来自 Poisson(泊松)分布 $\mathcal{P}(\lambda)$,简单随机抽样:$X_1, X_2, \cdots, X_n$,假设检验问题:$H_0: \lambda \geqslant 1 \leftrightarrow H_1: \lambda < 1$。根据假设检验的步骤,可以选取充分统计量 $\sum_{i=1}^{n} X_i$ 为检验统计量,检验的目的是选择使犯第 I 类错误的概率较小的检验域,即使 $\alpha(\lambda) = P\left(\sum_{i=1}^{n} X_i < C\right)$ 足够小。可以看出,$\alpha(\lambda)$ 是分布的函数。我们在样本量 $n=10$ 时,对 $C=5$ 和 $C=7$ 考虑了检验势函数随分布的参数 λ_0 从 0 变化到 2 而变化的情况。在原假设下,我们注意到检验

$$\alpha(\lambda) = P(拒绝原假设|原假设为真) = P\left(\sum_{i=1}^{n} X_i < C | \lambda \in H_0\right)$$

$$\beta(\lambda) = 1 - P(拒绝原假设|备择假设为真) = 1 - P\left(\sum_{i=1}^{n} X_i < C | \lambda \in H_1\right)$$

由检验势函数得到犯两类错误的概率随分布参数的变化曲线,如图 1.6 所示。

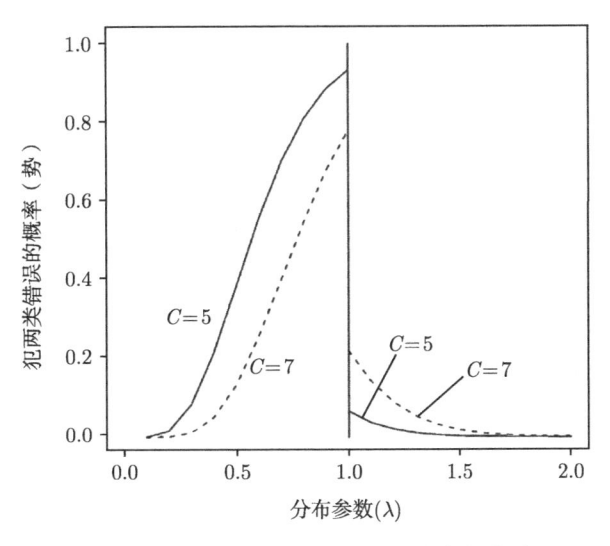

图 1.6 检验势函数随分布参数的变化曲线

在图 1.6 中,右侧的两条曲线分别是 $C=5$(实线)和 $C=7$(虚线)时犯第 I 类错误的概率曲线,我们观察发现,犯第 I 类错误的概率在原假设下随着 λ 的增大而减小,在 $\lambda=1$ 处达到最大,这与 Neyman-Pearson 引理体现的控制第 I 类错误在边界分布上达到最大的思想是一致的。其中 $C=5$ 的检验犯第 I 类错误的概率比 $C=7$ 的检验犯第 I 类错误的概率小,这是因为 $C=5$ 比 $C=7$ 的检验更倾向支持备择假设。两个检验犯第 II 类错误的概率

在图的左侧,随着 λ 的减小而减小,在 $\lambda = 1$ 处达到最大。在单边检验中,真实的 λ 越远离临界分布 1,犯第 II 类错误的概率越小。

上面的两个例子都说明,即便 β 是可以计算的,当 α 很小时,β 也可能很大。也就是说,如果做接受原假设的决策,可能存在很大的潜在决策风险,比如,当参数的真值(如 λ)和要比较的参考值(如 λ_0)比较接近时,更应该尽量避免接受原假设。实际上,不能拒绝原假设的原因很多,可能是证据不足(如样本量太少),也可能是模型假设的问题,还可能是检验效率低,当然也包括原假设本身就是对的情况。

结合 Neyman-Pearson 引理,我们看到,如果将假设检验当作两类分布的分类问题,那么拒绝域通过设置临界值定义了一个决策。这个决策是,当样本落入拒绝域时,拒绝原假设而选择备择假设;当样本没有落入拒绝域时,选择原假设。当真实参数在备择空间里,样本落入接受域时,有一片区域的错误概率是非常高的,相当于这个决策失效的区域,类别在这个区域的归属相对不确定。如果真值落在这些区域里,避免做出决策是更合适的选择,这个区域被称为弃权区(reject option),表示决策豁免。这个弃权区有多大?受什么因素影响?这些问题将在第 4 章进行更详细的讨论。和势有关的检验问题,我们将在 1.3 节详细介绍。

4. 置信区间和假设检验的关系

以单变量位置参数为例,置信区间和双边检验有密切的联系。比如,现有参数 θ 的估计量 $\hat{\theta}$,用 $\hat{\theta}$ 构造一个 θ 的 $100(1-\alpha)\%$ 置信区间:

$$(\hat{\theta} - C_\alpha, \hat{\theta} + C_\alpha) \tag{1.6}$$

这是数据所支持的总体(参数)可能的取值范围,这个区间的可靠性为 $100(1-\alpha)\%$。如果猜想的 θ_0 不在该区间内,则可以拒绝原假设,认为数据所支持的总体与猜想的总体不一致。当然,由于区间端点取值的随机性,也可能因为一次性试验结果的偶然性而犯错。犯错误的概率恰好是区间不包含总体参数的可能性 α。反之,如果 θ_0 在区间内,则表示不能拒绝原假设,但并不表示 θ 就是 θ_0,而仅仅表示不拒绝 θ_0。从这一点来看,虽然置信区间和假设检验对总体推断的角度不同,但二者推断的结果却可能是一致的。

1.3 经验分布和生存函数

1.3.1 经验分布

一个随机变量 $X \in \mathbb{R}$ 的分布函数(左连续)定义为 $F(x) = P(X < x), \forall x \in \mathbb{R}$。对分布函数最直接的估计是应用经验分布函数。经验分布函数的定义:当有独立随机样本 $X_1, X_2, \cdots, X_n$ 时,对 $\forall x \in \mathbb{R}$,定义

$$\hat{F}_n(x) = \frac{1}{n} \sum_{i=1}^{n} I(X_i < x) \tag{1.7}$$

式中，$I(X<x)$ 是示性函数：

$$I(X<x) = \begin{cases} 1, & X<x \\ 0, & X \geqslant x \end{cases}$$

认识经验分布函数

如果对 $\forall i = 1, 2, \cdots, n$，定义伴随变量 $Y_i = I(X_i < x)$，则 Y_i 服从贝努利分布 $B(1, p)$。除此之外，还可以定义一个离散型随机变量 Z，Z 是在 $\{x_1, x_2, \cdots, x_n\}$ 上均匀分布的随机变量，Z 的分布函数就是 $\hat{F}_n(x)$。

定理 1.1 令 $X_1, X_2, \cdots, X_n$ 的分布函数为 F，$\hat{F}_n$ 为经验分布函数，于是有以下结论成立：

(1) 对 $\forall x$，$E(\hat{F}_n(x)) = F(x)$，$\text{var}(\hat{F}_n(x)) = \dfrac{F(x)(1-F(x))}{n}$；于是，$\text{MSE} = \dfrac{F(x)(1-F(x))}{n} \to 0$，且 $\hat{F}_n(x) \xrightarrow{P} F(x)$。

(2) （Glivenko-Cantelli 定理）$\sup\limits_x |\hat{F}_n(x) - F(x)| \xrightarrow{\text{a.s.}} 0$。

(3) （Dvoretzky-Kiefer-Wolfowitz（DKW）不等式）对 $\forall \varepsilon > 0$，

$$P(\sup_x |\hat{F}_n(x) - F(x)| > \varepsilon) \leqslant 2\mathrm{e}^{-2n\varepsilon^2} \tag{1.8}$$

由 DKW 不等式，我们可以构造一个置信区间。令 $\varepsilon_n^2 = \ln(2/\alpha)/(2n)$，$L(x) = \max\{\hat{F}_n(x) - \varepsilon_n, 0\}$，$U(x) = \min\{\hat{F}_n(x) + \varepsilon_n, 1\}$，根据式 (1.8) 可以得到

$$P(L(x) \leqslant F(x) \leqslant U(x)) \geqslant 1 - \alpha$$

也就是说，可以得到如下推论。

推论 1.1 令

$$L(x) = \max\{\hat{F}_n(x) - \varepsilon_n, 0\} \tag{1.9}$$

$$U(x) = \min\{\hat{F}_n(x) + \varepsilon_n, 1\} \tag{1.10}$$

式中

$$\varepsilon_n = \sqrt{\dfrac{1}{2n} \ln\left(\dfrac{2}{\alpha}\right)}$$

那么

$$P(L(x) \leqslant F(x) \leqslant U(x)) \geqslant 1 - \alpha$$

例 1.2 1966 年 Cox 和 Lewis 的一篇研究报告给出了神经纤维细胞连续 799 次激活的等待时间的分布拟合，求数据的经验分布函数，可以编写程序，也可以调用函数 ecdf。我们根据定理 1.1 编写了函数来求解经验分布函数的 95% 的置信区间，R 程序如下：

```
data(nerve)
nerve.sort=sort(nerve)
```

```
nerve.rank=rank(nerve.sort)
nerve.cdf=nerve.rank/length(nerve)
plot(nerve.sort,nerve.cdf)
N=length(nerve)
segments(nerve.sort[1:(N-1)], nerve.cdf[1:(N-1)],
    + nerve.sort[2:N], nerve.cdf[1:(N-1)])
alpha=0.05
band=sqrt(1/(2*length(nerve))*log(2/alpha))
Lower.95= nerve.cdf-band
Upper.95= nerve.cdf+band
lines(nerve.sort,Lower.95,lty=2)
lines(nerve.sort,Upper.95,lty=2)
```

图 1.7 中，分段左连续函数即经验分布函数，上下两条虚线分别是 95% 上下置信限。

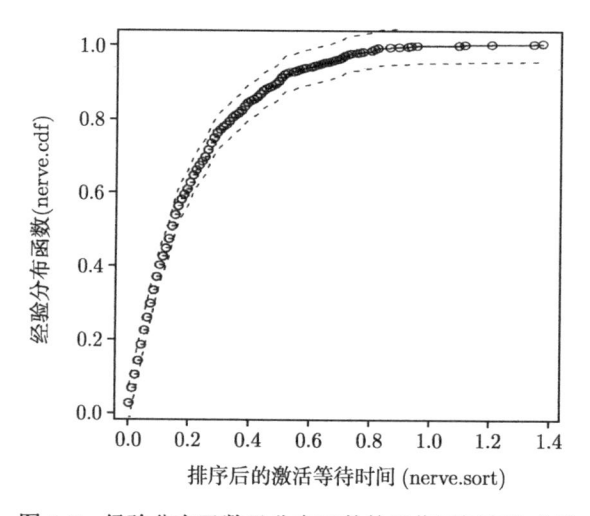

图 1.7 经验分布函数及分布函数的置信区间变化曲线

1.3.2 生存函数

很多实际问题关注随机事件的寿命，比如零件损坏的时间、病人的生存时间等，这时需要通过生存分析来回答。生存函数是生存分析中的基本概念，它是用分布函数来定义的：

$$S(t) = P(T > t) = 1 - F(t)$$

式中，T 是服从分布 F 的随机变量。这里，我们更习惯于用生存函数而不是累积分布函数，尽管两者给出同样的信息。于是，可以用经验分布函数估计生存函数：

$$S_n(t) = 1 - \hat{F}_n(t)$$

式中，$S_n(t)$ 是寿命超过 t 的数据占的比例。

例 1.3 （数据见 chap1\pig.rar）数据为受不同程度结核分枝杆菌感染的豚鼠的死亡时间。其中实验组分为 5 组，每组安排 72 只豚鼠，组内受同等程度结核分枝杆菌感染。1~5 组感染结核分枝杆菌的程度依次增大，标记为 1, 2, 3, 4, 5。对照组包含 107 只豚鼠，没有受到感染。对这些豚鼠观察两年以上，记录豚鼠的死亡时间。这个例子中，我们用经验分布函数估计生存函数，研究受不同程度结核分枝杆菌感染的豚鼠的生存情况，其经验生存函数如图 1.8 所示。

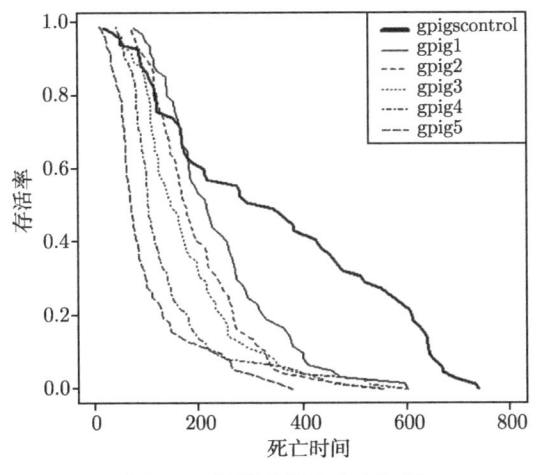

图 1.8 豚鼠的经验生存函数

粗实线对应于对照组，其他的线（细实线和虚线）从上到下分别对应标记为 1~5 的实验组，图 1.8 中的经验生存函数直观地描述了受感染豚鼠的生存情况。表现出超过规定时间的存活率。由图可以看出：随着结核分枝杆菌剂量的增加，豚鼠的寿命有很大程度的下降，第 5 组豚鼠的寿命和第 3 组豚鼠的寿命相比几乎差了 100 天。该图比列表更有效地展示了数据。

危险函数是生存分析中的另一项重要内容，它表示一个生存时间超过给定时间的个体的瞬时死亡率。生存图形可以非正式地表现危险函数。如果一个个体在时刻 t 仍然存活，那么该个体在时间范围 $(t, t+\delta)$ 内死亡的概率为（假设密度函数 f 在 t 上是连续的）

$$P(t \leqslant T \leqslant t+\delta | T \geqslant t) = \frac{P(t \leqslant T \leqslant t+\delta)}{P(T \geqslant t)}$$

$$= \frac{F(t+\delta) - F(t)}{1 - F(t)}$$

$$\approx \frac{\delta f(t)}{1 - F(t)}$$

危险函数定义为

$$h(t) = \frac{f(t)}{1 - F(t)}$$

式中，$h(t)$ 是一个存活时间超过规定时间的个体的瞬时死亡率。如果 T 是一个产品零件的寿命，$h(t)$ 可以解释成零件的瞬时损坏率。危险函数还可以表示为

$$h(t) = -\frac{\mathrm{d}}{\mathrm{d}t} \ln[1 - F(t)] = -\frac{\mathrm{d}}{\mathrm{d}t} \ln S(t)$$

上式说明危险函数是对数生存函数斜率的负数。

考虑一个指数分布的例子：

$$F(t) = 1 - e^{-\lambda t}$$

$$S(t) = e^{-\lambda t}$$

$$f(t) = \lambda e^{-\lambda t}$$

$$h(t) = \lambda$$

如果一个零件的损坏时间服从指数分布，由于指数分布的"无记忆"特性，零件损坏的可能性不依赖于它使用的时间，但这不符合零件损坏的规律。一个合理的零件损坏时间分布应该是：它的危险函数是 U 形曲线。新零件刚开始损坏的概率（危险函数值）较大，因为制造过程中一些缺陷在使用之初会很快暴露出来；然后危险函数值会下降；当用过一段时间后，零件老化，危险函数值会再度上升。这个过程体现了危险函数的作用。

我们还可以计算对数经验生存函数的方差：

$$\text{var}\{\ln[1 - \hat{F}_n(t)]\} \approx \frac{\text{var}[1 - \hat{F}_n(t)]}{[1 - F(t)]^2}$$

$$= \frac{1}{n} \frac{F(t)[1 - F(t)]}{[1 - F(t)]^2}$$

$$= \frac{1}{n} \frac{F(t)}{[1 - F(t)]}$$

例 1.4 对例 1.3 中的数据，图 1.9 展现的是豚鼠负对数经验生存函数随时间 t 的

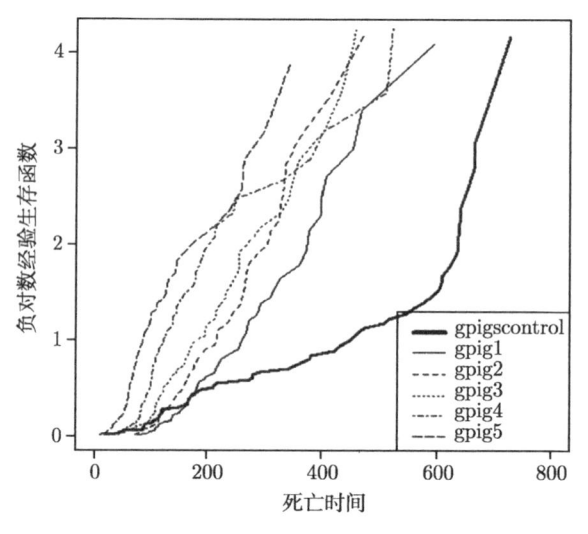

图 1.9 豚鼠负对数经验生存函数随时间 t 的变化情况

变化情况。从曲线的斜率可以看出危险函数随时间 t 的变化。开始危险率是比较小的，随着剂量的增加，豚鼠的死亡率增加得很快。而且就早期危险率而言，高剂量组的比低剂量组的增加得更快。从图 1.9 可以看出，当 t 值很大时，负的对数经验生存函数会变得不稳定，因为此时 $1 - F(t)$ 的值变得很小。所以画图时，每组的最后几个点被忽略了。

1.4 检验的相对效率

正如 1.3 节所述，一个好的检验，在达到犯第 I 类错误的 α 显著性水平下，势应该越大越好，当对一个检验问题有许多检验函数可以选择时，用怎样的标准选择检验函数便是一个自然的问题。本节将给出选择检验函数的一些理论评价结果。

对同一个假设检验问题，选择不同的统计量，得到的势函数也不同。一般一个好的检验应有较大的势，因而可以通过比较势大小选择较优的检验。然而直接比较势是困难的，那么我们转而考虑影响势大小的因素：总体的真值、显著性水平和样本量。在这些因素中，总体的真值未知，对我们的帮助不大，在检验的显著性水平固定的情况下，势的大小依赖于样本量，样本量越大，势越大。考虑势的大小问题可以转化为对样本量的比较：在相同的势条件下，比较不同检验所需的样本量的大小，样本量较小的检验被认为是更优的统计量，于是依赖于该统计量所做出的检验也被认为是较优的或更有效率的。渐近相对效率（Asymptotic Relative Efficiency，ARE）给出了该问题的一个可行答案，Pitman 渐近相对效率是 ARE 的代表。针对原假设只取一个值的假设检验问题，在原假设的一个邻域内，固定势，令备择假设逼近原假设，将两个统计量的样本量比值的极限定义为渐近相对效率。

具体而言，对假设检验问题：

$$H_0 : \theta = \theta_0 \leftrightarrow H_1 : \theta \neq \theta_0$$

取备择假设序列 $\theta_i(i = 1, 2, \cdots), \theta_i \neq \theta_0$，且 $\lim_{i \to \infty} \theta_i = \theta_0$。在固定势 $1 - \beta$ 之下，我们考虑两个检验统计量 V_{n_i} 和 T_{m_i}，其中 V_{n_i} 和 T_{m_i} 分别是备择检验 θ_i 所对应的两个检验统计量序列，n_i 和 m_i 是两个统计量分别对应的样本量。势函数满足：

$$\lim_{i \to \infty} g_{V_{n_i}}(\theta_0) = \lim_{i \to \infty} g_{T_{m_i}}(\theta_0) = \alpha$$

$$\alpha < \lim_{i \to \infty} g_{V_{n_i}}(\theta_i) = \lim_{i \to \infty} g_{T_{m_i}}(\theta_i) = 1 - \beta < 1$$

如果极限

$$e_{VT} = \lim_{i \to \infty} \frac{m_i}{n_i}$$

存在，且独立于 θ_i, α 和 β，则称 e_{VT} 是 V 相对于 T 的**渐近相对效率**，简记为 $\text{ARE}(V, T)$。它是 Pitman 于 1948 年提出来的，因此又称为 Pitman 渐近相对效率。

下面的 Nother 定理给出了计算渐近相对效率应满足的 5 个条件。

定理 1.2 对假设检验问题 $H_0: \theta = \theta_0 \leftrightarrow H_1: \theta \neq \theta_0$:

(1) V_n 和 T_m 是相容的统计量。也就是说，当 $n, m \to +\infty$ 时，$\forall \theta \neq \theta_0$,

$$g(\theta_i, V_{n_i}) \to 1, \quad g(\theta_i, T_{m_i}) \to 1$$

(2) 如果记 $E(V_{n_i}) = \mu_{V_{n_i}}$, $\mathrm{var}(V_{n_i}) = \sigma^2_{V_{n_i}}$, $E(T_{m_i}) = \mu_{T_{m_i}}$, $\mathrm{var}(T_{m_i}) = \sigma^2_{T_{m_i}}$, 则在 $\theta = \theta_0$ 的邻域中一致地有

$$\frac{V_{n_i} - \mu_{V_{n_i}}(\theta)}{\sigma_{V_{n_i}}(\theta)} \xrightarrow{\mathcal{L}} N(0,1)^{①}$$

$$\frac{T_{m_i} - \mu_{T_{m_i}}(\theta)}{\sigma_{T_{m_i}}(\theta)} \xrightarrow{\mathcal{L}} N(0,1)$$

(3) 存在导数 $\left.\dfrac{\mathrm{d}\mu_{V_{n_i}}(\theta)}{\mathrm{d}\theta}\right|_{\theta=\theta_0}$, $\left.\dfrac{\mathrm{d}\mu_{T_{m_i}}(\theta)}{\mathrm{d}\theta}\right|_{\theta=\theta_0}$；而且 $\mu'_{V_{n_i}}(\theta), \mu'_{T_{m_i}}(\theta)$ 在 $\theta = \theta_0$ 的某一个闭邻域内连续，导数不为 0。

(4)

$$\lim_{i \to \infty} \frac{\sigma_{V_{n_i}}(\theta_i)}{\sigma_{V_{n_i}}(\theta_0)} = \lim_{i \to \infty} \frac{\sigma_{T_{m_i}}(\theta_i)}{\sigma_{T_{m_i}}(\theta_0)} = 1$$

$$\lim_{i \to \infty} \frac{\mu_{V_{n_i}}(\theta_i)}{\mu_{V_{n_i}}(\theta_0)} = \lim_{i \to \infty} \frac{\mu_{T_{m_i}}(\theta_i)}{\mu_{T_{m_i}}(\theta_0)} = 1$$

(5)

$$\lim_{i \to \infty} \frac{\mu'_{V_{n_i}}(\theta_0)}{\sqrt{n_i \sigma^2_{V_{n_i}}(\theta_0)}} = C_V$$

$$\lim_{i \to \infty} \frac{\mu'_{T_{m_i}}(\theta_0)}{\sqrt{m_i \sigma^2_{T_{m_i}}(\theta_0)}} = C_T$$

则 V 相对于 T 的 Pitman 渐近相对效率

$$\mathrm{ARE}(V, T) = \lim_{i \to \infty} \frac{m_i}{n_i} = \frac{C_V^2}{C_T^2}$$

这意味着计算 Pitman 渐近相对效率只用到 $\mu'_{V_{n_i}}(\theta_0), \mu'_{T_{m_i}}(\theta_0)$ 和 $\sigma^2_{V_{n_i}}(\theta_0), \sigma^2_{T_{m_i}}(\theta_0)$, 而这 4 项都不难计算。

定义 1.2 假设检验问题：$H_0: \theta = \theta_0 \leftrightarrow H_1: \theta = \theta_1, \theta_0 \neq \theta_1$, 上述定理中定义的极限

$$\lim_{i \to \infty} \frac{\mu'_{V_{n_i}}(\theta_0)}{\sqrt{n}\sigma_{V_{n_i}}(\theta_0)}$$

称为 V_n 的**效率**，记为 $\mathrm{eff}(V)$。

---

① $\mathcal{L}$ 表示依分布收敛。

例 1.5   考虑总体为正态分布的情况，$\{X_j, j = 1, 2, \cdots, n\}$ 是独立同分布的样本，

$$p(x, \mu, \sigma) = \frac{1}{\sqrt{2\pi}} e^{-\frac{1}{2}\left(\frac{x-\mu}{\sigma}\right)^2}, \ -\infty < x < +\infty$$

假设检验问题：$H_0 : \mu = 0 \leftrightarrow H_1 : \mu = \mu_i, i = 1, 2, \cdots, \lim_{i \to \infty} \mu_i = 0$，考虑检验统计量 $T_n = \sqrt{n}\bar{X}/S$ 和 $\mathrm{SG}_n = \sum_{j=1}^{n} I(X_j > 0)$，其中，$\bar{X} = \frac{1}{n}\sum_{j=1}^{n} X_j$ 是样本均值，$S^2 = \frac{1}{n-1}\sum_{j=1}^{n}(X_j - \bar{X})^2$ 是样本方差，$I(X_j > 0)$ 是示性函数，计算 $\mathrm{ARE}(T, \mathrm{SG})$。

证明   根据 t 分布的性质有

$$E_\mu(T_n) = \frac{\mu}{\frac{\sigma}{\sqrt{n}}}, \ \mathrm{var}_\mu(T_n) = 1$$

$$E_\mu(\mathrm{SG}_n) = np, \ \mathrm{var}_\mu(\mathrm{SG}_n) = np(1-p)$$

因而 $\mathrm{eff}(T_n) = \frac{1}{\sigma}$。其中

$$p = \int_0^\infty \frac{1}{\sqrt{2\pi}\sigma} e^{-\frac{1}{2}\left(\frac{t-\mu}{\sigma}\right)^2} \mathrm{d}t$$

容易证明，它们满足 Nother 定理的条件 (1) ∼ (5)，而且

$$[E_\mu(T_n)]' = \frac{\sqrt{n}}{\sigma}$$

$$[E_\mu(\mathrm{SG}_n)]' = \frac{n}{\sqrt{2\pi}\sigma}\int_0^\infty \frac{1}{\sigma^2}(t-\mu) e^{-\frac{1}{2}\left(\frac{t-\mu}{\sigma}\right)^2} \mathrm{d}t$$

$$= \frac{n}{\sqrt{2\pi}\sigma}\int_0^\infty \mathrm{d}\left(-e^{-\frac{1}{2}\left(\frac{t-\mu}{\sigma}\right)^2}\right) = \frac{n}{\sqrt{2\pi}\sigma} e^{-\frac{\mu^2}{2\sigma^2}}$$

$$\mathrm{eff}(\mathrm{SG}_n) = \lim_{n \to \infty} \frac{[E_0(\mathrm{SG}_n)]'}{\sqrt{n\mathrm{var}_0(\mathrm{SG}_n)}}$$

$$= \lim_{n \to \infty}\left[\frac{n}{\sqrt{2\pi}\sigma} \bigg/ \frac{n}{2}\right] = \frac{1}{\sigma}\sqrt{\frac{2}{\pi}}$$

于是，T 相对于 SG 的渐近相对效率为

$$\mathrm{ARE}(\mathrm{SG}, T) = \left[\frac{1}{\sigma}\sqrt{\frac{2}{\pi}} \bigg/ \frac{1}{\sigma}\right]^2 = \frac{2}{\pi}$$

$$\mathrm{ARE}(T, \mathrm{SG}) = \frac{\pi}{2}$$

从结果看，在正态分布下，T 相对于 SG 的渐近相对效率还是不错的，后面我们会给出其他分布下的结果；在偏态分布下，T 相对于 SG 的渐近相对效率可能会小于 1。

1.5 分位数和非参数估计

1. 顺序统计量

定义 1.3 假设总体 X 有样本量为 n 的样本 $X_1, X_2, \cdots, X_n$, 将该样本从小到大排序后生成的统计量为

$$X_{(1)} \leqslant X_{(2)} \leqslant \cdots \leqslant X_{(n)}$$

则称统计量 $\{X_{(1)}, X_{(2)}, \cdots, X_{(n)}\}$ 为顺序统计量, 其中 $X_{(i)}$ 是第 i 个顺序统计量。顺序统计量是非参数统计的理论基础之一, 许多非参数统计量的性质与顺序统计量有关。

定理 1.3 如果总体分布函数为 $F(x)$, 则顺序统计量 $X_{(r)}$ 的分布函数为

$$F_r(x) = P(X_{(r)} \leqslant x) = P(\text{至少 } r \text{ 个 } X_i \text{ 小于或等于 } x)$$
$$= \sum_{i=r}^{n} \binom{n}{i} F^i(x)[1-F(x)]^{n-i}$$

如果总体分布密度 $f(x)$ 存在, 则顺序统计量 $X_{(r)}$ 的密度函数为

$$f_r(x) = \frac{n!}{(r-1)!(n-r)!} F^{r-1}(x) f(x)[1-F(x)]^{n-r}$$

证明 注意到第 r 个顺序统计量的随机事件 $\{X_{(r)} \in (x, x+\Delta x]\}$, 该随机事件等价于如下随机事件: 在 n 个样本点里, 有 $(r-1)$ 个点比 x 小, 有 1 个点落在区间 $(x, x+\Delta x]$ 里; 即在 n 个样本点里, 有 $(r-1)$ 个点比 x 小, 剩余的 $(n-r+1)$ 个点都应该比 $x+\Delta x$ 大。

$$P\{X_{(r)} \in (x, x+\Delta x]\}$$
$$= \binom{n}{r-1}\{P(X \leqslant x)\}^{r-1}(P\{X \in (x+\Delta x, +\infty)\})^{n-r+1} \tag{1.11}$$

两边都除以 Δx, 并令 Δx 趋向于 0, 有

$$f_r(x) = \binom{n}{r-1} F(x)^{r-1}(n-r+1)f(x)[1-F(x)]^{n-r} \tag{1.12}$$

定理 1.4 如果总体分布函数为 $F(x)$, 则顺序统计量 $X_{(r)}$ 和 $X_{(s)}$ 的联合密度函数为

$$f_{r,s}(x,y) = \frac{n!}{(r-1)!(s-r-1)!(n-s)!} F^{r-1}(x)f(x)[F(y)-F(x)]^{s-r-1}f(y)[1-F(y)]^{n-s} \tag{1.13}$$

证明 同理可以求出第 r 个顺序统计量和第 s 个顺序统计量的联合分布。不妨假设 $r < s$, 注意到 $\{X_{(r)} \in (x, x+\Delta x], X_{(s)} \in (y, y+\Delta y]\}$, 则该随机事件等价于如下随机事件: 在 n 个样本点里, 有 $(r-1)$ 个点比 x 小, 有 1 个点落在区间 $(x, x+\Delta x]$ 里, 在 $(n-r)$ 个

点里有 $(s-r-1)$ 个点落在区间 $(x+\Delta x, y]$ 里，在 $(n-s+1)$ 个点里，有 1 个点落在小区间 $(y, y+\Delta y]$ 里，剩余 $(n-s)$ 个点都比 $y+\Delta y$ 大。因此有，

$$P\{X_{(r)} \in (x, x+\Delta x], X_{(s)} \in (y, y+\Delta y]\}$$

$$= \binom{n}{r-1}\{P(X \leqslant x)\}^{r-1}\binom{n-r+1}{1}P\{X \in (x, x+\Delta x]\}$$

$$\binom{n-r}{s-r-1}\{P(x+\Delta x < X \leqslant y)\}^{s-r-1} \tag{1.14}$$

$$\binom{n-s+1}{1}P\{X \in (y, y+\Delta y]\}$$

$$\binom{n-s}{n-s}\{P(X > y+\Delta y)\}^{n-s}$$

等式的左右同时除以 Δx 和 Δy，并令 Δx 和 Δy 分别趋向于 0，等式左边趋向于 $X_{(r)}$ 和 $X_{(s)}$ 的联合密度函数，右边趋向于

$$\binom{n}{r-1}\{P(X \leqslant x)\}^{r-1}\binom{n-r+1}{1}f(x)$$

$$\binom{n-r}{s-r-1}\{P(x < X \leqslant y)\}^{s-r-1} \tag{1.15}$$

$$\binom{n-s+1}{1}f(y)\binom{n-s}{n-s}\{1-F(y)\}^{n-s}$$

这样就导出了顺序统计量 $X_{(r)}$ 和 $X_{(s)}$ 的联合密度函数

$$f_{r,s}(x,y) = \frac{n!}{(r-1)!(s-r-1)!(n-s)!}F^{r-1}(x)f(x)[F(y)-F(x)]^{s-r-1}f(y)[1-F(y)]^{n-s}$$

由式 (1.15) 可以导出许多常用的顺序统计量的函数分布，比如，极差 $W = X_{(n)} - X_{(1)}$ 的分布函数为

$$F_W(w) = n\int_{-\infty}^{\infty} f(x)[F(x+w)-F(x)]^{n-1}\mathrm{d}x$$

2. 分位数的定义

一组数据从小到大排序后，每一个数在数据中的序非常重要，给定序，寻找对应的数据，用分布的语言来说，就是找分位数。比如，分布在 $3/4$ 位置的数称为 $3/4$ 分位数。中位数是分布在样本中间位置的数。

不失一般性，对任意分布而言，分布的分位数定义如下。

定义 1.4 假定 X 服从概率密度为 $f(x)$ 的分布，令 $0 < p < 1$，满足等式 $F(m_p) = P(X < m_p) \leqslant p, F(m_p+) = P(X \leqslant m_p) \geqslant p$ 的唯一的根 m_p 称为分布 $F(x)$ 的 p 分位数。

例如：中位数可以定义为 $P(X < m_{0.5}) \leqslant 1/2, P(X \leqslant m_{0.5}) \geqslant 1/2$。分布的 3/4 分位数定义为 $P(X < m_{0.75}) \leqslant 0.75, P(X \leqslant m_{0.75}) \geqslant 0.75$。

对连续分布而言，分布的分位数可以简化如下。

定义 1.5 假定 X 服从概率密度为 $f(x)$ 的分布，令 $0 < p < 1$，满足等式 $F(x) = P(X < m_p) = p$ 的唯一的根 m_p 称为分布 $F(x)$ 的 p 分位数。

3. 分位数的估计

分位数是刻画分布的重要特征，经验分布函数的基本思想就是建立在分位数估计上的。如果一组数据有 n 个值，那么分布的第 $i/(n+1)$ 分位点的估计由第 i 小的数据生成。一般而言，对任意分位数可以构造如下估计。

给定 n 个值 $X_1, X_2, \cdots, X_n$，可以根据下面的公式计算任意 p 分位数的值：

$$m_p = \begin{cases} X_{(k)}, & \dfrac{k}{n+1} = p \\ X_{(k)} + (X_{(k+1)} - X_{(k)})[(n+1)p - k], & \dfrac{k}{n+1} < p < \dfrac{k+1}{n+1} \end{cases}$$

4. 分位数的图形表示

1）箱线胡须图

箱线胡须图（boxwisker）是用分位数表示数据分布的重要的探索性数据分析方法。箱线胡须图的基本原理是找出数据中的 5 个数据，用这 5 个数据直观地表示数据的分布。

(1) 中位数：指将数据从小到大排序后，在箱线图上显示为盒子中间一段粗线段，显示数据的平均位置。

(2) 上四分位数和下四分位数：分别是数据中排序在 3/4 位置和 1/4 位置的数。这两个数之间有 50% 的数据量，是数据中的主体部分，用矩形箱表示，可以观察数据的分散程度和相对于中位数的对称情况。

(3) 异常上下警戒点：以中位数为中心，加减 3/4 位置与 1/4 位置差的 1.5 倍。1.5 倍是经验值，在 R 软件中可能会根据情况调整。如遇最小值或最大值，则以最小值或最大值为限，以 W_u 表示上警戒点，以 W_l 表示下警戒点，则

$$W_u = \min\{M_{0.5} + 1.5 \times (M_{0.75} - M_{0.25}), X_{(n)}\}$$

$$W_l = \max\{M_{0.5} - 1.5 \times (M_{0.75} - M_{0.25}), X_{(1)}\}$$

这两个数之间上下四分位数以外的部分以实线段表示，表示这是数据的次要信息。通过次要信息可以观察到数据的特色信息，如零散信息与主体部分两侧的对称情况。线段相对于主体部分较长，表示次要信息比较分散；较短，表示次要信息比较密集。上下线基本相等，表示分布对称；不等表示分布不对称，线短的一侧表示分布较密。警戒点以外的数据表示数据主体信息以外的异常点，常用空心点表示，表示这些点被诊断为异常点，这也是"胡须"这

个词的来源。如果空心点数量较多而且比较集中,说明数据有厚尾现象,最外侧的点是最大值或最小值;如果没有,则上下线恰好为最大值和最小值。

例 1.6 (见 chap1\Airplane.txt)数据中给出了某航空公司 1949—1960 年每月国际航班旅客人数,我们分别以各年和各月为分组变量制作箱线胡须图。

从旅客人数年分布图中(见图 1.10(a))可以观察到,随着年代的增加,旅客人数呈现明显的增长态势,各年的旅客人数差异有逐步增加趋势,各年人数分布大部分呈现右偏;从旅客人数月分布图中(见图 1.10(b))容易观察到,各月的旅客人数分布也呈现规律性,一般 1 月和 12 月是旅客人数的低谷,7 月和 8 月是旅客人数的高峰,还发现均值高的月份更容易有较多的旅客人数。

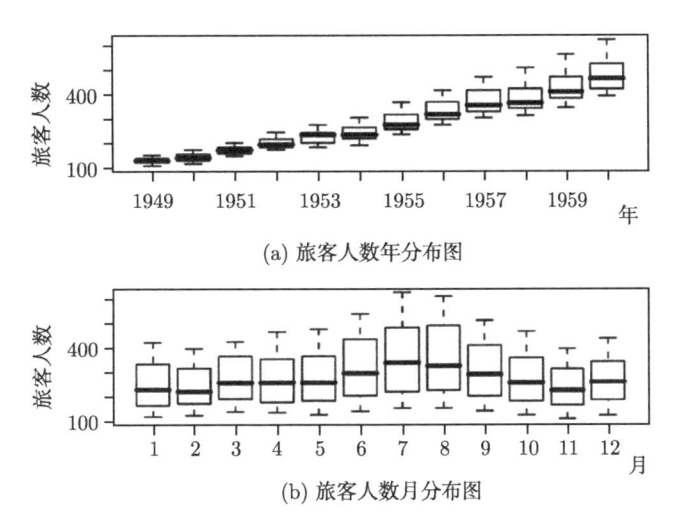

图 1.10 航空公司旅客人数分布箱线胡须图

显然,在这个例子中箱线胡须图是一种直观地观察和了解数据分布的有效工具,特别适合比较分组定量数据的分布特征。

2) Q-Q 图

Quantile-Quantile(Q-Q)图是一种非常有用的通过两组数据的分位数大小比较数据分布的图形工具,一般用于数据与已知分布的比较,也可以比较两组数据的分布。一般地,如果 X 是一个连续随机变量,有严格增的分布函数 F,p 分位点为 x_p,被比较的分布用 Y 表示,Y 的分布是 G,p 分位点为 y_p,满足 $F(x_p) = G(y_p) = p$。当要比较的是正态分布时,$G = \Phi$,$y(i) = \Phi^{-1}\left(\dfrac{i - 0.375}{n + 0.25}\right)$,这时如果数据服从正态分布,数据点应该近似地分布在直线 $y = \sigma x + \mu$ 附近,其中 μ, σ 是待比较数据的均值和方差。

Q-Q 图的基本原理是将两组数据分别从小到大排序后,组成数据对 $(x_{(i)}, y_{(i)})$,描绘二者的散点图。如果两组数据的分布相近,表现在 Q-Q 图上,散点图应该近似呈直线;反之,则认为两组数据的分布有较大差异。

例 1.7 （见数据 chap1\sunmon.txt）S.Stephens 收集了墨西哥城 1986—2007 年共 22 年间空气中污染物的浓度数据,可以用每种污染物周日的分位数和工作日的分位数制作 Q-Q 图（见图 1.11）,臭氧 (O_3) 周日的高分位点小于工作日的高分位点,极端高值更容易发生在工作日而不是周日。一氧化碳 (CO)、可吸入颗粒物 (PM10) 和氮氧排放物 (NO_x) 的各个分位数上,工作日的浓度都明显高于周日,这是工作日空气污染严重的有力证据。从图上还发现,随着空气污染物浓度的增加,周日和工作日各分位点浓度之间的差异有加大趋势,这表示空气质量较差的周日和工作日各分位点浓度之间的差异比空气质量较好的周日和工作日各分位点浓度之间的差异大。

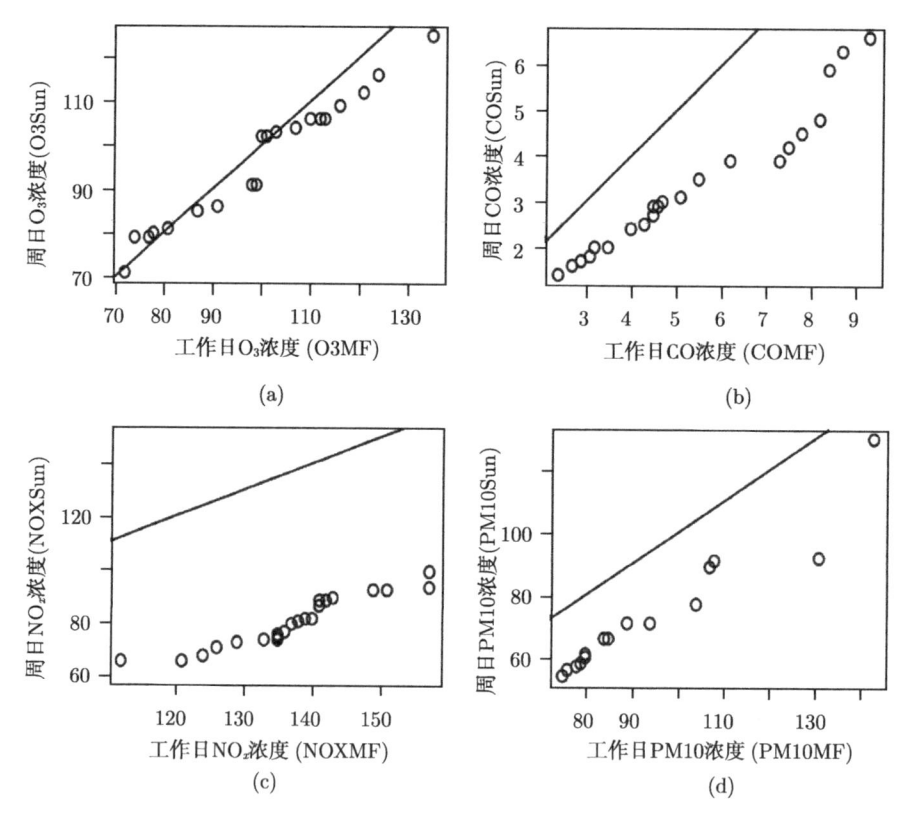

图 1.11 污染物数据 Q-Q 图

(CO(ppm), O_3(ppm), NO_x(ppb), PM10(mg·m^{-3}))

1.6 秩检验统计量

1.6.1 无结数据的秩及其性质

定义 1.6 设样本 $X_1, X_2, \cdots, X_n$ 是取自总体 X 的简单随机样本,其中不超过 X_i 的数据个数 $R_i = \sum_{j=1}^{n} I(X_j \leqslant X_i)$,称 R_i 为 X_i 的**秩**,X_i 是第 R_i 个顺序统计量,$X_{(R_i)} = X_i$。

令 $R = (R_1, R_2, \cdots, R_n)$，$R$ 是由样本产生的统计量，称为秩统计量。

例 1.8 某学院本科三年级由 9 个专业组成，每个专业学生的每月消费数据如下：

$$300 \quad 230 \quad 208 \quad 580 \quad 690 \quad 200 \quad 263 \quad 215 \quad 520$$

用 R 求消费数据的秩和顺序统计量。

解 R 程序如下：

> spending<-c(300, 230, 208, 580, 690, 200,263,215,520)
> sort(spending)
> rank(spending)

定理 1.5 对于简单随机样本，$R = (R_1, R_2, \cdots, R_n)$ 等可能取 $(1, 2, \cdots, n)$ 的任意 $n!$ 个排列之一，R 在由 $(1, 2, \cdots, n)$ 的所有可能的排列组成的空间上是均匀分布的，即对 $(1, 2, \cdots, n)$ 的任一排列 $(i_1, i_2, \cdots, i_n)$ 有

$$P(R = (i_1, i_2, \cdots, i_n)) = \frac{1}{n!}$$

定理 1.5 给出的是 $R_1, R_2, \cdots, R_n$ 的联合分布。类似地，每一个 R_i 在空间 $\{1, 2, \cdots, n\}$ 上有均匀分布；每一对 (R_i, R_j) 在空间 $\{(r, s) : r, s = 1, 2, \cdots, n; r \neq s\}$ 上有均匀分布。以推论的形式表示如下。

推论 1.2 对于简单随机样本，对任意 $r, s = 1, 2, \cdots, n; r \neq s$ 及 $i \neq j$，有

$$P(R_i = r) = \frac{1}{n}$$
$$P(R_i = r, R_j = s) = \frac{1}{n(n-1)}$$

推论 1.3 对于简单随机样本，

$$E(R_i) = \frac{n+1}{2}$$
$$\text{var}(R_i) = \frac{(n+1)(n-1)}{12}$$
$$\text{cov}(R_i, R_j) = -\frac{n+1}{12}$$

证明

$$E(R_i) = \sum_{r=1}^{n} r \cdot \frac{1}{n} = \frac{n+1}{2}$$
$$\text{var}(R_i) = \sum_{r=1}^{n} (r^2) \cdot \frac{1}{n} - [E(R_i)]^2$$

$$= \frac{n(n+1)(2n+1)}{6} \cdot \frac{1}{n} - \frac{(n+1)(n+1)}{4}$$

$$= \frac{(n+1)(n-1)}{12}$$

$$\text{cov}(R_i, R_j) = E[R_i - E(R_i)][R_j - E(R_j)]$$

$$= \sum\sum_{r \neq s}\left[\left(r - \frac{n+1}{2}\right)\left(s - \frac{n+1}{2}\right) \cdot \frac{1}{n(n-1)}\right]$$

$$= \left[\sum_{r=1}^{n}\sum_{s=1}^{n}\left(r - \frac{n+1}{2}\right)\left(s - \frac{n+1}{2}\right) - \sum_{s=1}^{n}\left(s - \frac{n+1}{2}\right)^2\right] \cdot \frac{1}{n(n-1)}$$

$$= -\frac{n+1}{12}$$

这些结果说明,对于独立同分布样本来说,秩的分布和总体分布无关。

1.6.2 有结数据的秩及其性质

在许多情况下,数据中有重复数据,称数据中存在结(tie)。结的定义如下。

定义 1.7 设样本 $X_1, X_2, \cdots, X_n$ 取自总体 X 的简单随机样本,将数据排序后,相同的数据点组成一个"结",称重复数据的个数为结长。

假设有样本量为 7 的数据:

$$3.8 \quad 3.2 \quad 1.2 \quad 1.2 \quad 3.4 \quad 3.2 \quad 3.2$$

其中有 4 个结,$x_2 = x_6 = x_7 = 3.2$,结长为 3;$x_3 = x_4 = 1.2$,结长为 2;$x_1 = 3.8$ 和 $x_5 = 3.4$ 的结长都为 1。如果有重复数据,则将数据从小到大排序后,$(R_1, R_2) = (1, 2)$,也可以等于 $(2, 1)$,这样秩就不唯一。一般常采用秩平均方法处理有结数据的秩。

定义 1.8 将样本 $X_1, X_2, \cdots, X_n$ 从小到大排序后,如果 $X_{(1)} = X_{(2)} = \cdots = X_{(\tau_1)} < X_{(\tau_1+1)} = \cdots = X_{(\tau_1+\tau_2)} < \cdots < X_{(\tau_1+\cdots+\tau_{g-1})} = \cdots = X_{(\tau_1+\cdots+\tau_g)}$,其中 g 是样本中结的个数,τ_i 是第 i 个结的长度,$(\tau_1, \tau_2, \cdots, \tau_g)$ 是 g 个正整数,$\sum_{i=1}^{g}\tau_i = n$,称 $(\tau_1, \tau_2, \cdots, \tau_g)$ 为结统计量。第 i 组样本的秩都相同,是第 i 组样本原秩的平均,如下所示:

$$r_i = \frac{1}{\tau_i}\sum_{k=1}^{\tau_i}(\tau_1 + \tau_2 + \cdots + \tau_{i-1} + k) = \tau_1 + \tau_2 + \cdots + \tau_{i-1} + \frac{1+\tau_i}{2} \tag{1.16}$$

例 1.9 样本数据为 12 个数,其值、秩和结统计量(用 τ_i 表示,为第 i 个结中的观测值数量)如表 1.2 所示:

表 1.2 样本数据的值、秩和结统计量

观测值	2	2	4	7	7	7	8	9	9	9	9	10
秩	1.5	1.5	3	5	5	5	7	9.5	9.5	9.5	9.5	12

其中有 6 个结,结长分别为 2, 1, 3, 1, 4, 1。

1. 有结数据秩与秩平方和的一般性质

在一个有 n 个已排序数据的数列中，有一段由 τ 个数组成的有结数据，如果这个结的第一个数的秩 $R_{r+1} = r+1$，考虑以下两种情况：

(1) 当这 τ 个数完全不同时，每个数的秩都不一样，取这 τ 个数，求它们的秩和：

$$(r+1) + (r+2) + \cdots + (r+\tau) = \tau r + \frac{\tau(\tau+1)}{2} \tag{1.17}$$

这 τ 个数的秩的平方和为

$$(r+1)^2 + (r+2)^2 + \cdots + (r+\tau)^2 = \tau r^2 + \tau r(\tau+1) + \frac{\tau(\tau+1)(2\tau+1)}{6} \tag{1.18}$$

(2) 当这 τ 个数完全相同时，这些数的秩和为

$$\left(r + \frac{\tau+1}{2}\right) + \left(r + \frac{\tau+1}{2}\right) + \cdots + \left(r + \frac{\tau+1}{2}\right) = \tau r + \frac{\tau(\tau+1)}{2} \tag{1.19}$$

这些数的秩的平方和为

$$\left(r + \frac{\tau+1}{2}\right)^2 + \left(r + \frac{\tau+1}{2}\right)^2 + \cdots + \left(r + \frac{\tau+1}{2}\right)^2 = \tau r^2 + \tau r(\tau+1) + \frac{\tau(\tau+1)^2}{4} \tag{1.20}$$

观察式 (1.17)~(1.20) 可以发现，不论这 τ 个数是否全相同，秩的和都是相同的，但是秩的平方和不同，完全不同的数列比完全相同的数列的秩的平方和大 $\dfrac{\tau^3 - \tau}{12}$。

2. 结数为 g 的数据秩的一般性质

假设有 n 个样本，记 R_i 为 $x_i(i = 1, 2, \cdots, n)$ 的不考虑平均秩下的秩。令 $\alpha(i)(i = 1, 2, \cdots, n)$ 为一个计分函数，当结的长度为 1 时，$\alpha(R_i) = R_i$，当结的长度大于 1 时，$\alpha(R_i)$ 取平均秩。

(1) 由式 (1.17) 和式 (1.19)，n 个有结数据的秩和与无结数据的秩和是一样的：

$$\sum_{i=1}^{n} \alpha(R_i) = \sum_{i=1}^{n} \alpha(i) = \frac{(n+1)n}{2}$$

由于无结数据的秩的平方和为

$$\sum_{i=1}^{n} \alpha(R_i)^2 = \frac{n(n+1)(2n+1)}{6}$$

所以结数为 g 的数据的秩的平方和为

$$\sum_{i=1}^{n} \alpha(R_i)^2 = \sum_{i=1}^{n} \alpha(i)^2 = \frac{n(n+1)(2n+1)}{6} - \sum_{j=1}^{g} \frac{\tau_j^3 - \tau_j}{12} \tag{1.21}$$

(2) 对于 $x_1, x_2, \cdots, x_n$ 独立同分布的情况，$\alpha(R_i)$ 等可能地取 $\alpha(i)$，有

$$E(\alpha(R_i)) = \bar{\alpha} = \frac{\sum_{i=1}^{n} \alpha(i)}{n}$$

$$\text{var}(\alpha(R_i)) = \frac{\sum_{i=1}^{n}(\alpha(i) - \bar{\alpha})^2}{n}$$

协方差 $\text{cov}(\alpha(R_i), \alpha(R_j)) = E(\alpha(R_i)\alpha(R_j)) - E(\alpha(R_i) \cdot E(\alpha(R_j))$

由

$$E(\alpha(R_i)\alpha(R_j)) = \frac{\sum_{i \neq j} \alpha(i)\alpha(j)}{n(n-1)} = \frac{n^2 \bar{\alpha}^2 - \sum_{i=1}^{n} \alpha(i)^2}{n(n-1)} \tag{1.22}$$

得

$$\text{cov}(\alpha(R_i), \alpha(R_j)) = \frac{n^2 \bar{\alpha}^2 - \sum_{i=1}^{n} \alpha(i)^2}{n(n-1)} - \bar{\alpha}^2 \tag{1.23}$$

$$= -\frac{\sum_{i=1}^{n}(\alpha(i) - \bar{\alpha})^2}{n(n-1)} \tag{1.24}$$

将式 (1.21) 关于有结数据秩和和秩的平方和的结论代入，可以得到

$$\sum_{i=1}^{n}(\alpha(i) - \bar{\alpha})^2 = \sum_{i=1}^{n} \alpha(i)^2 - n\bar{\alpha}^2$$

$$= \frac{n(n+1)(2n+1)}{6} - \sum_{j=1}^{g} \frac{\tau_j^3 - \tau_j}{12} - \frac{n(n+1)^2}{4}$$

$$= \frac{n(n+1)(n-1)}{12} - \frac{\sum_{j=1}^{g}(\tau_j^3 - \tau_j)}{12} \tag{1.25}$$

注意到 $\bar{\alpha} = \frac{n+1}{2}$，有

$$E(\alpha(R_i)) = \frac{n+1}{2}$$

$$\text{var}(\alpha(R_i)) = \frac{n^2 - 1}{12} - \frac{\sum_{j=1}^{g}(\tau_j^3 - \tau_j)}{12n}$$

$$\text{cov}(\alpha(R_i), \alpha(R_j)) = -\frac{n+1}{12} + \frac{\sum_{j=1}^{g}(\tau_j^3 - \tau_j)}{12n(n-1)}$$

(3) 令 $x_1, x_2, \cdots, x_m$ 为 n 个独立同分布数列中的任意 m 个数，则

$$E\left(\sum_{i=1}^{m} \alpha(R_i)\right) = \sum_{i=1}^{m} E(\alpha(R_i)) = m\bar{\alpha} \tag{1.26}$$

$$\text{var}\left(\sum_{i=1}^{m}\alpha(R_i)\right)=\sum_{i=1}^{m}\text{var}(\alpha(R_i))+2\sum_{i<j}\text{cov}(\alpha(R_i),\alpha(R_j)) \tag{1.27}$$

$$=m\text{var}(\alpha(R_i))+m(m-1)\text{cov}(\alpha(R_i),\alpha(R_j)) \tag{1.28}$$

$$=m\frac{\sum_{i=1}^{n}(\alpha(i)-\bar{\alpha})^2}{n}-m(m-1)\frac{\sum_{i=1}^{n}(\alpha(i)-\bar{\alpha})^2}{n(n-1)} \tag{1.29}$$

$$=\frac{m(n-m)\sum_{i=1}^{n}(\alpha(i)-\bar{\alpha})^2}{n(n-1)} \tag{1.30}$$

将式 (1.25) 代入式 (1.26) 和式 (1.30) 可得,

$$E\left(\sum_{i=1}^{m}\alpha(R_i)\right)=\frac{m(n+1)}{2} \tag{1.31}$$

$$\text{var}\left(\sum_{i=1}^{m}\alpha(R_i)\right)=\frac{m(n-m)(n+1)}{12}-\frac{m(n-m)\sum_{j=1}^{g}(\tau_j^3-\tau_j)}{12n(n-1)} \tag{1.32}$$

1.7 U 统计量

1. 单一样本的 U 统计量和主要特征

我们知道,在参数估计和检验中,充分完备统计量是寻找一致最小方差无偏估计的一条重要的途径,在非参数统计中,类似的统计量也存在。这里我们介绍 U 统计量。

定义 1.9 设 $X_1,X_2,\cdots,X_n$ 取自分布族 $\mathcal{F}=\{F(\theta),\theta\in\Theta\}$,如果待估参数 θ 存在样本量为 k 的无偏估计量 $h(X_1,X_2,\cdots,X_k),k<n$,即满足

$$E(h(X_1,X_2,\cdots,X_k))=\theta,\quad\forall\theta\in\Theta$$

使上式成立的最小样本量为 k,则称参数 θ 是 k 阶可估参数。此时 $h(X_1,X_2,\cdots,X_k)$ 称为参数 θ 的核(kernel)。

一般地,还要求核有对称的形式,也就是说,对 $(1,2,\cdots,k)$ 的任何一个排列 $(i_1,i_2,\cdots,i_k)$,有 $h(X_1,X_2,\cdots,X_k)=h(X_{i_1},X_{i_2},\cdots,X_{i_k})$。如果核本身不对称,可以构造对称的核函数

$$h^*(X_1,X_2,\cdots,X_k)=\frac{1}{k!}\sum_{(i_1,i_2,\cdots,i_k)}h(X_{i_1},X_{i_2},\cdots,X_{i_k})$$

式中,$\sum_{(i_1,i_2,\cdots,i_k)}$ 表示对 $(1,2,\cdots,k)$ 的任意排列 $(i_1,i_2,\cdots,i_k)$(共计 $k!$ 个算式)求和。这时,$h^*(X_1,X_2,\cdots,X_k)$ 是满足定义 1.9 的要求且对称的 θ 的核。

定义 1.10 设 $X_1, X_2, \cdots, X_n$ 为取自分布族 $\mathcal{F} = \{F(\theta), \theta \in \Theta\}$ 的样本, 可估参数 θ 存在样本量为 k 的无偏估计量 $h(X_1, X_2, \cdots, X_k)$, θ 有对称核 $h^*(X_1, X_2, \cdots, X_k)$, 则参数 θ 的 U 统计量定义如下:

$$U(X_1, X_2, \cdots, X_n) = \frac{1}{\binom{n}{k}} \sum_{(i_1, i_2, \cdots, i_k)} h^*(X_{i_1}, X_{i_2}, \cdots, X_{i_k})$$

式中, $\sum_{(i_1, i_2, \cdots, i_k)}$ 表示对 $\{1, 2, \cdots, n\}$ 中所有可能的 k 个数的组合求和.

例 1.10 设 $\mathcal{F} = \{F(\theta), \theta \in \Theta\}$ 为全体一阶矩存在的分布族, 则期望 $\theta = E(X)$ 是一阶可估参数, 有对称核 $h(X_1) = X_1$. 由对称核生成的 U 统计量为

$$U(X_1, X_2, \cdots, X_n) = \frac{1}{\binom{n}{1}} \sum_{i=1}^{n} X_i = \bar{X}$$

例 1.11 设 $\mathcal{F} = \{F(\theta), \theta \in \Theta\}$ 为全体二阶矩有限的分布族, 则方差 $\theta = E(X - E(X))^2$ 是二阶可估参数. 由 $E(X - E(X))^2 = E(X^2) - (E(X))^2$ 可知:

$$h(X_1, X_2) = X_1^2 - X_1 X_2$$

是参数 θ 的无偏估计, 显然它不具有对称性, 构造对称核如下:

$$h^*(X_1, X_2) = \frac{1}{2}[(X_1^2 - X_1 X_2) + (X_2^2 - X_1 X_2)] = \frac{1}{2}(X_1 - X_2)^2$$

相应的 U 统计量为

$$\begin{aligned}
&U(X_1, X_2, \cdots, X_n) \\
&= \frac{1}{\binom{n}{2}} \sum_{i<j} \frac{1}{2}(X_i - X_j)^2 \\
&= \frac{1}{n(n-1)} \sum_{i<j} (X_i^2 + X_j^2 - 2X_i X_j) \\
&= \frac{1}{n(n-1)} \left[\frac{1}{2} \sum_{i \neq j} (X_i^2 + X_j^2) - \sum_{i \neq j} X_i X_j \right] \\
&= \frac{1}{n(n-1)} \left[\frac{1}{2} \sum_{i=1}^{n} \sum_{j=1}^{n} (X_i^2 + X_j^2) - \frac{1}{2} \sum_{i=1}^{n} (X_i^2 + X_i^2) - \sum_{i \neq j} X_i X_j \right] \\
&= \frac{1}{n(n-1)} \left[n \sum_{i=1}^{n} X_i^2 - \left(\sum_{i=1}^{n} X_i \right)^2 \right] \\
&= \frac{1}{n-1} \sum_{i=1}^{n} (X_i - \bar{X})^2
\end{aligned}$$

定理 1.6 设 $X_1, X_2, \cdots, X_n$ 是取自分布族 $\mathcal{F} = \{F(\theta), \theta \in \Theta\}$ 的简单随机样本，θ 是 k 阶可估参数，$U(X_1, X_2, \cdots, X_n)$ 是 θ 的 U 统计量，它的核是 $h(X_1, X_2, \cdots, X_k)$，有

$$E(U(X_1, X_2, \cdots, X_n)) = \theta$$

$$\mathrm{var}(U(X_1, X_2, \cdots, X_n)) = \frac{1}{\binom{n}{k}} \sum_{c=1}^{k} \binom{k}{c}\binom{n-k}{k-c} \sigma_c^2$$

式中，给定 $0 \leqslant c \leqslant k$，如果一组 $\{i_1, i_2, \cdots, i_k\}$ 和另一组 $\{j_1, j_2, \cdots, j_k\}$ 有 c 个元素是一样的，那么

$$\sigma_c^2 = \mathrm{cov}[h(X_{i_1}, X_{i_2}, \cdots, X_{i_k}), h(X_{j_1}, X_{j_2}, \cdots, X_{j_k})]$$
$$= E(h_c(X_1, X_2, \cdots, X_c) - \theta)^2$$

式中，$h_c(x_1, x_2, \cdots, x_c) = E(x_1, x_2, \cdots, x_c, X_{c+1}, \cdots, X_k)$，$\sigma_c^2 = \mathrm{var}((h_c(X_1, X_2, \cdots, X_k))$ 是不降的，也就是说 $\sigma_0^2 = 0 \leqslant \sigma_1^2 \leqslant \sigma_2^2 \leqslant \cdots \leqslant \sigma_k^2$。

解 U 统计量的方差计算如下：

$$\mathrm{var}(U(X_1, X_2, \cdots, X_n)) = E\left[\frac{1}{\binom{n}{k}} \sum (h(X_1, X_2, \cdots, X_k) - \theta)\right]^2$$
$$= \frac{1}{\binom{n}{k}^2} \sum_{(i_1, i_2, \cdots, i_k)} \sum_{(j_1, j_2, \cdots, j_k)} \mathrm{cov}[h(X_{i_1}, X_{i_2}, \cdots, X_{i_k}),$$
$$h(X_{j_1}, X_{j_2}, \cdots, X_{j_k})]$$
$$= \frac{1}{\binom{n}{k}^2} \sum_{c=0}^{k} \binom{n}{k}\binom{k}{c}\binom{n-k}{k-c} \sigma_c^2$$
$$= \frac{1}{\binom{n}{k}} \sum_{c=1}^{k} \binom{k}{c}\binom{n-k}{k-c} \sigma_c^2$$

U 统计量具有很好的大样本性质，下面的定理 1.7 表明，当样本量较大时，U 统计量均方收敛到 σ_1^2，从而 U 统计量是 θ 的相合估计 (consistency)；定理 1.8 表明，U 统计量的极限分布是正态分布。这里仅给出结果，详细的证明参见文献 (孙山泽，2000)。

定理 1.7 设 $X_1, X_2, \cdots, X_n$ 是取自分布族 $\mathcal{F} = \{F(\theta), \theta \in \Theta\}$ 的简单随机样本，θ 是 k 阶可估参数，$U(X_1, X_2, \cdots, X_n)$ 是 θ 的 U 统计量，它的核为 $h(X_1, X_2, \cdots, X_k)$，有

$$E[h(X_1, X_2, \cdots, X_k)]^2 < \infty$$

则
$$\lim_{n\to\infty}\frac{n}{k^2}\mathrm{var}[U(X_1,X_2,\cdots,X_n)]=\sigma_1^2$$

式中，$\sigma_1^2 = \mathrm{cov}[h(X_1,X_{i_2},\cdots,X_{i_k}),h(X_1,X_{j_2},\cdots,X_{j_k})] > 0$，其中 $\{i_2,i_3,\cdots,i_k\}$ 和 $\{j_2,j_3,\cdots,j_k\}$ 取自 $\{1,2,\cdots,n\}$ 且没有相同元素。

定理 1.8(Hoeffding 定理)　设 $X_1,X_2,\cdots,X_n$ 是取自分布族 $\mathcal{F}=\{F(\theta),\theta\in\Theta\}$ 的简单随机样本，θ 是 k 阶可估参数，$U(X_1,X_2,\cdots,X_n)$ 是 θ 的 U 统计量，它的核是 $h(X_1,X_2,\cdots,X_k)$，有

$$E[h(X_1,X_2,\cdots,X_k)]^2 < \infty$$

当 $\sigma_1^2 = \mathrm{cov}[h(X_1,X_{i_2},\cdots,X_{i_k}),h(X_1,X_{j_2},\cdots,X_{j_k})] > 0$ 时，有

$$\sqrt{n}[U(X_1,X_2,\cdots,X_n)-\theta] \xrightarrow{n\to+\infty} N(0,k^2\sigma_1^2)$$

例 1.12　设 $X_1,X_2,\cdots,X_n$ 为取自连续分布族 $\mathcal{F}=\{F(\theta),\theta\in\Theta\}$ 的简单随机样本，待估参数 $\theta = P(X_1+X_2 > 0)$，有核 $h(x_1,x_2) = I(x_1+x_2 > 0)$，后面会知道这个核是 Wilcoxon 检验统计量的核。令

$$U_n^{(2)} = \binom{n}{2}^{-1} \sum_{i<j} I(X_i+X_j > 0)$$

证明：$U_n^{(2)}$ 是二阶可估参数 $P(X_1+X_2 > 0)$ 的 U 统计量，当 $F(\theta)$ 关于 0 对称时，$\sqrt{n}(U_n^{(2)} - 1/2)$ 渐近服从正态分布 $N(0,1/3)$。

证明　根据 0 点对称性，有

$$P(X_1+X_2 > 0, X_1+X_3 > 0)$$
$$= P(X_1 > -X_2, X_1 > -X_3)$$
$$= P(X_1 > X_2, X_1 > X_3)$$
$$= 1/3$$
$$\sigma_1^2 = \mathrm{cov}(h(X_1,X_2),h(X_1,X_3))$$
$$= P(X_1+X_2 > 0, X_1+X_3 > 0) - \theta^2$$

第一项最大；第二项 $\theta = 1/2$，$\sigma_1^2 = 1/3 - (1/2)^2 = 1/12$，$k = 2$。因此，根据定理 1.8 有，$\sqrt{n}(U_n^{(2)} - 1/2)$ 渐近服从正态分布 $N(0,1/3)$。

例 1.13　设 $X_1,X_2,\cdots,X_n$ 为取自连续分布族 $\mathcal{F}=\{F(\theta),\theta\in\Theta\}$ 的简单随机样本，固定 p，假设 m_p 是样本的 p 分位数，$\forall i = 1,2,\cdots,n$，令 $Y_i = I(X_i > m_p)$，定义计数统计量 $T = \sum_{i=1}^{n} Y_i$。证明：T/n 是一阶可估参数 $P(X > m_p)$ 的 U 统计量，T/n 渐近服从正态分布。

证明　$\sigma_1^2 = \text{var}(Y_i) = P(X > m_p)(1 - P(X > m_p))$，因此，根据定理 1.8 有，$\sqrt{n}\left(\dfrac{T}{n} - P(X > m_p)\right)$ 渐近服从正态分布 $N(0, \sigma_1^2)$。也就是说，

$$\frac{T - E(T)}{\sqrt{(\text{var}(T))}} = \frac{\sqrt{n}\left(\dfrac{1}{n}T - P(X > m_p)\right)}{\sqrt{\sigma_1^2}}$$

渐近服从正态分布 $N(0, 1)$。

2. 两样本 U 检验统计量和分布

类似单一样本的 U 统计量的定义，对两样本的情况，有下面的定义：

定义 1.11　设 $X = \{X_1, X_2, \cdots, X_n\}$，$X_1, X_2, \cdots, X_n$ 独立同分布且取自分布族 $\mathcal{F}$，$Y = \{Y_1, Y_2, \cdots, Y_m\}$，$Y_1, Y_2, \cdots, Y_m$ 独立同分布且取自分布族 $\mathcal{G}$，X 与 Y 独立。如果 $h(X_1, X_2, \cdots, X_k)$ 的待估参数 $\theta \in F = \{\mathcal{F}, \mathcal{G}\}$，存在样本量分别为 $k \leqslant n$ 和 $l \leqslant m$ 的样本构成的估计量 $h(X_1, X_2, \cdots, X_k, Y_1, Y_2, \cdots, Y_l)$ 且该估计量是 θ 的无偏估计，即满足

$$E(h(X_1, X_2, \cdots, X_k, Y_1, Y_2, \cdots, Y_l)) = \theta, \quad \forall \theta \in F$$

上述关系成立的最小样本量为 k, l，则称参数 θ 是 (k, l) 可估的，$h(X_1, X_2, \cdots, X_k, Y_1, Y_2, \cdots, Y_l)$ 称为参数 θ 的核 (kernel)。

定义 1.12　$X = \{X_1, X_2, \cdots, X_n\}$，$X_1, X_2, \cdots, X_n$ 独立同分布且取自分布族 $\mathcal{F}$，$Y = \{Y_1, Y_2, \cdots, Y_m\}$，$Y_1, Y_2, \cdots, Y_m$ 独立同分布且取自分布族 $\mathcal{G}$，X 与 Y 独立，(k, l) 可估参数 θ 存在样本量分别为 k, l 的对称无偏估计量 $h(X_1, X_2, \cdots, X_k, Y_1, Y_2, \cdots, Y_l)$，则参数 θ 的 U 统计量定义如下：

$$U(X_1, X_2, \cdots, X_n, Y_1, Y_2, \cdots, Y_m) = \frac{1}{\binom{n}{k}\binom{m}{l}} \sum_{(i_1, i_2, \cdots, i_k)} \sum_{(j_1, j_2, \cdots, j_l)} h(X_{i_1}, X_{i_2}, \cdots, X_{i_k}, Y_{j_1}, Y_{j_2}, \cdots, Y_{j_l})$$

例 1.14　设总体 X 服从分布函数为 $F(x)$ 的分布，Y 服从分布函数为 $G(x)$ 的分布，$X_1, X_2, \cdots, X_n$ 独立同分布且取自分布族 $\mathcal{F}$，$Y_1, Y_2, \cdots, Y_m$ 独立同分布且取自分布族 $\mathcal{G}$，X 与 Y 独立，待估参数 $\theta = P(X > Y)$，考虑 θ 的 U 统计量及其性质。

解　给定 i, j，令

$$h(X_i, Y_j) = I(X_i > Y_j) = \begin{cases} 1, & X_i > Y_i \\ 0, & \text{其他} \end{cases}$$

容易知道：$E(h(X_i, Y_j)) = \theta$，由 $h(X_i, Y_j)$ 张成的 U 统计量定义为

$$U_{nm} = \frac{1}{nm} \sum_{i=1}^{n} \sum_{j=1}^{m} I(X_i > Y_j) \tag{1.33}$$

这个 U 统计量将在第 3 章介绍，它是 Mann 和 Whitney 于 1947 年提出的，称为 Mann-Whitney 统计量，它是 $\theta = P(X > Y)$ 的最小方差无偏估计。如果我们要检验问题：

$$H_0 : F = G \leftrightarrow H_1 : F \geqslant G$$

则可知，在原假设成立的情况下，U 统计量的方差为

$$\operatorname{var}(U_{nm}) = \frac{n+m+1}{12nm}$$

由此可知，当 $n \to \infty, m \to \infty$ 时，

$$\sqrt{12nm} \cdot \frac{U - 0.5}{\sqrt{m+n}} \xrightarrow{\mathcal{L}} N(0,1)$$

故在大样本情况下检验的拒绝域为

$$U \geqslant \frac{1}{2} + \sqrt{\frac{n+m}{12nm}} \cdot U_{1-\alpha}$$

这个检验称为 Mann-Whitney 检验。

案例与讨论：大学正态型成绩单与分布的力量

案例背景

2012 年一则教育新闻报导，某大学正在试行一种正态型成绩单制，正态型成绩单上的成绩是经过正态化处理的。这样一来，学生拿着成绩单无论面试还是求学，面试官都能更准确地获知学生在某门课程群体学习中的真实水平。比如，90 分表示在这项科目上成绩低于他的学生不少于 80%（前 20%），60 分表示他在这项科目上的成绩位于 20% 较低的水平。然而，在接受外界媒体询问时，该大学教务长却表示，近期并不准备将正态型成绩单制推广到所有课程，而仅限于本科通识课。对于部分学生对此制度可能会导致成绩规模性不及格的担忧，发言人表示，这项制度的本意并非是扩大学生不及格的比例，而是为了激发学生的学习动力。

研究生面试官和企业、政府人力资源管理部门最大的困扰是在学生成绩单方面缺乏可比性，不同大学、不同专业、不同教师给分尺度不一。一般而言，声名显赫的大学里教师对学生成绩有很大的自主权，责任心强的教师往往不轻易给学生很高的成绩；学校声誉一般且人才市场饱和度较高的专业教师会考虑给学生更高的成绩，以提高学生在人才市场上的竞争力；人才供不应求的热门专业教师则通过拉开成绩差距来实现多元化人才结构的市场布局。这表明，通过成绩单可一窥大学和专业对人才培养的理念和信心。受人才测定的不确定性、天赋导向论和社会认可度等多种因素影响，学校声誉一直是国家级高端人才选拔的硬指标，然而，名校效应过度发酵也会产生负面影响。大学为社会储备大量人力资源，将哪些人力资源转化成高价值的人力资本是人力招聘中的核心问题，用人单位也需要在对人才未来

能力做出评估时有充分的依据。大学里的成绩是一名学生专业性的基本体现,是评价学生学习新知识能力的基本依据,正态型成绩单增强了市场对能力排名前 20% 学生的识别力。而从学校的管理来看,一旦标准化成绩单在人才选拔市场上的正面效应被培植出来,其示范效应将是不可估量的。另外,对于一些以考取名校为邀功资本乃至入校后学业半途而废的学生而言,用较低水平的成绩适度降低其优越感,警示和唤醒其竞争意识也是有必要的。

综上所述,可以这么看,该大学正态型成绩单的出炉,就是为了调节不确定性人才市场带给大学生的学习心态的失衡。无论市场对人才的风向标如何变化,大学应始终坚持专业根基,不随风摇摆。正态型成绩单无疑像一道加固根基的堤坝,抵制以"水分高分"对人才市场的舞弊,治理教师不敢给差生低分的乱象,让优秀的学生不再因成绩单不如名校生而产生身份上的尴尬,积极为人才市场营造奋进向上、锐意进取的内涵型人才选拔标准。

思考与讨论

(1) 正态型成绩单制是不是一项好的教务策略? 为什么?

(2) 正态型成绩单制要解决的是一个怎样的问题? 这个待解决的问题是在怎样的背景下产生的?

(3) 正态型成绩单制为谁创造了价值? 具有哪些特征的人群会因这项制度的推行而获益? 正态型成绩单制可能会使哪些人群受到伤害?

(4) 如何评价这个策略? 如果你是该校教务长,你会选择怎样做?

习 题

1.1 某批发商从厂家购置一批灯泡,根据合同的规定,灯泡的使用寿命平均不低于 1000h。已知灯泡的使用寿命服从正态分布,标准差是 20h。从总体中随机抽取了 100 只灯泡,得知样本均值为 996h,问: 批发商是否应该购买该批灯泡?

(1) 原假设和备择假设应该如何设置? 给出你的理由。

(2) 在原假设 $\mu < 1000$ 的条件下,给出检验的过程并做出决策。如果不能拒绝原假设,可能是哪里出了问题?

1.2 试证明: 如果 $X_1, X_2, \cdots, X_n$ 独立同分布且来自 $[0,1]$ 上的均匀分布,则对任意的 $s > k$, $X_{(s)} - X_{(k)}$ 服从贝塔分布,第一个参数是 $(s-k)$,第二个参数是 $(n-s+k+1)$。

1.3 试证明: 例 1.5 中,在原假设下,$\lim\limits_{n \to +\infty} E\left(\dfrac{1}{S}\right) = \dfrac{1}{\sigma}$。

1.4 思考布里斯托博士在不知道奶茶加奶顺序的前提下,将 8 杯奶茶全部猜对的可能性。

1.5 将例 1.1 的原假设和备择假设对调,即

$$H_0: \lambda \leqslant 1 \leftrightarrow H_1: \lambda > 1$$

请选择 $T = \sum\limits_{i=1}^{n} X_i$ 作为统计量,当样本量 $n = 100$ 时,对拒绝域 $W_1 = \{T \geqslant 117\}$ 和 $W_2 = \{T \geqslant 113\}$

分别绘制势函数曲线图，在犯第 I, II 类错误的概率相等时，给出弃权域的参数范围，比较两个检验弃权域有怎样的不同。

1.6 设 $X_1, X_2, \cdots, X_{(n)}$ 为具有连续分布函数 $F(x)$ 的 iid(独立同分布) 样本，且具有概率密度函数 $f(x)$，如定义

$$U_i = \frac{F(X_{(i)})}{F(X_{(i+1)})}, \quad i = 1, 2, \cdots, n-1, \quad U_n = F(X_{(n)}) \tag{1.34}$$

证明：$U_1, U_2^2, \cdots, U_n^n$ 为来自 $(0,1)$ 上均匀分布的 iid 样本。

1.7 设随机变量 $Z_1, Z_2, \cdots, Z_N$ 相互独立同分布，分布连续，其对应的秩向量为 $\boldsymbol{R} = (R_1, R_2, \cdots, R_N)$，假定 $N \geqslant 2$，令 $V = R_1 - R_N$，试证明：

$$P(V = k) = \begin{cases} \dfrac{N - |k|}{N(N-1)}, & |k| = 1, 2, \cdots, N-1 \\ 0, & \text{其他} \end{cases}$$

1.8 设随机变量 $X_1, X_2, \cdots, X_n$ 是来自分布函数为 $F(x)$ 的总体的样本，试对下列参数确定：① 参数可估计的自由度；② 对称核 $h(\cdot)$；③ U 统计量；并指明 ④ 适应的分布族 $\mathcal{F}$。这些参数如下：

(1) $P(|X_1| > 1)$；

(2) $P(X_1 + X_2 + X_3 > 0)$；

(3) $E(X_1 - \mu)^3$，其中 μ 为 X 的期望；

(4) $E(X_1 - X_2)^4$。

1.9 考虑参数 $\theta = P(X_1 + X_2 > 0)$，其中随机变量 X_1, X_2 相互独立同分布，有连续分布函数 $F(x)$。定义

$$h(x) = 1 - F(-x) \tag{1.35}$$

请说明 $E(h(X_1)) = \theta$。并回答：$h(X_1)$ 是对称核吗？为什么？

1.10 设 $X_1, X_2, \cdots, X_m$ 和 $Y_1, Y_2, \cdots, Y_n$ 分别为具有连续分布函数的 $F(x)$ 和 $G(y)$ 的相互独立的 iid 样本，$\theta = P(X_1 + X_2 < Y_1 + Y_2)$。

(1) 证明：在 $H_0: F = G$ 之下，$\theta = \dfrac{1}{2}$；

(2) 试求关于 θ 的 U 统计量。

1.11 设 $X_1, X_2, \cdots, X_m$ 和 $Y_1, Y_2, \cdots, Y_n$ 分别为来自连续分布的相互独立的样本，试求 $\theta = \mathrm{var}(X) + \mathrm{var}(Y)$ 的 U 统计量。

1.12 设 $\{X_1, X_2, \ldots, X_n\}$ 为独立同分布的样本，服从分布 $F(x)$，记最小次序统计量 $X_{(1)}$ 的分布函数为 $F_{(1)}(x)$，求最小次序统计量的分布。用 geyser 数据的 duration 变量，每次不放回抽取 20 个数据，计算最小值，共重复 50 次，得到最小值的观测样本 50 个，由 50 个数据计算最小次序统计量 $Y = X_{(1)}$ 的经验分布函数 $\hat{F}_b(y)$。问：

(1) 假设变量 X(duration) 的理论分布是正态分布，先由观测数据估计理论分布密度的参数值，再得出 $\hat{F}(y)$，比较 $\hat{F}_b(y)$ 与 $\hat{F}(y)$ 这两个函数差距有多大。

(2) 假设变量 X(duration) 服从 2 分支的混合正态分布，请先使用极大似然法估计其分布密度参数和分支结构参数，再比较 $\hat{F}_b(y)$ 与 $\hat{F}(y)$ 这两个分布函数差距有多大。

1.13 设 $\{X_1, X_2, \ldots, X_n\}$ 为独立同分布的样本，服从连续分布 $F(x)$。证明：$h(X_1, X_2, X_3) =$

$\text{sgn}(2X_1 - X_2 - X_3)$ 是概率 $\theta(F) = P\left(X_1 > \dfrac{X_2 + X_3}{2}\right) - P\left(X_1 < \dfrac{X_2 + X_3}{2}\right)$ 的无偏估计, 这里符号函数为

$$\text{sgn}(x) = \begin{cases} 1, & x > 0 \\ 0, & x = 0 \\ -1, & x < 0 \end{cases}$$

(1) 证明: X 的分布密度是对称的, 那么 $\theta(F) = 0$;

(2) 从 $N(0,1)$ 中选取随机数 a, 经 $x = \exp(a)$ 变换为一个新的变量 x, 请计算由 x 形成的 $\theta(F)$ 的 U 统计量的观测值, 根据 U 统计量的观测值, 用图示法观察 X 的分布是不是对称的.

1.14 比较图 1.9 中第 1 至 5 组动物寿命在各组中前 10% 最强、10% 最弱和中位数三组分位数之间的差别.

1.15 考虑一个从参数 $\lambda = 1$ 的指数分布中抽取的样本量为 100 的样本.

(1) 给出样本的对数经验生存函数 $\ln S_n(t)$ 的标准差 ($\ln S_n(t)$ 作为 t 的函数);

(2) 从计算机中产生几个类似的样本量为 100 的样本, 画出它们的对数经验生存函数图, 结合图补充对问题 (1) 的回答.

1.16 (数据见 chap1\beenswax.txt) 为探测蜂蜡结构, 生物学家做了很多实验, 每个样本蜡里碳氢化合物 (hydrocarbon) 所占的比例对蜂蜡结构有特殊的意义, 数据中给出了一些观测.

(1) 画出 beenswax 数据的经验累积分布图、直方图和 Q-Q 图;

(2) 找出 0.90, 0.75, 0.50, 0.25 和 0.10 的分位数;

(3) 这个分布是高斯分布吗?

1.17 考虑一个试验: 对减轻皮肤瘙痒的药物进行疗效研究 (Beecher, 1959). 在 10 名 20~30 岁的男性志愿者身上做试验, 比较 5 种药物和安慰剂、无药的效果. (注意, 这批被试者限制了药物评价的范围, 例如, 这个试验不能用于老年人.) 每个被试者每天接受一次治疗, 治疗的顺序是随机的. 对每个被试者首先以静脉注射方式给药, 然后用一种豆科藤类植物 Cowage 刺激前臂, 使其产生皮肤瘙痒, 记录皮肤瘙痒的持续时间. 具体实验细节可参见文献 (Beecher, 1959). 下表给出了皮肤瘙痒的持续时间 (单位: s).

被试者	无药	安慰剂 Placebo	I Papav-erine	II Amin-ophylline	III Morp-hine	IV Pento-barbital	VI Tripele-nnamine
BG	174	263	105	141	199	108	141
JF	224	213	103	168	143	341	184
BS	260	231	145	78	113	159	125
SI	255	291	103	164	225	135	227
BW	165	168	144	127	176	239	194
TS	237	121	94	114	144	136	155
GM	191	137	35	96	87	140	121
SS	100	102	133	222	120	134	129
MU	115	89	83	165	100	185	79
OS	189	433	237	168	173	188	317

用经验生存函数比较不同治疗方法在减轻皮肤瘙痒的作用方面是否有差异.

第 2 章

单变量位置推断问题

单一随机变量位置点估计、置信区间估计和假设检验是参数统计推断的基本内容，其中 t 统计量和 t 检验作为正态分布总体期望均值的推断工具，是我们所熟知的。如果数据不服从正态分布或有明显的偏态表现，那么在 t 统计量和 t 检验推断下的结论不一定可靠。本章将关注三方面的推断问题：① 关于非参数位置检验的基本检验；② 非参数置信区间构造问题；③ 分布的检验。主要内容包括符号检验和分位数推断及其扩展应用、对称分布的 Wicoxon 秩和检验及推断、估计量的稳健性评价、正态记分检验和应用、单一总体拟合优度检验等。最后一节给出单一总体中心位置各种不同检验的渐近相对效率的相关理论成果。

2.1 符号检验和分位数检验

2.1.1 基本概念

符号检验（sign test）是非参数统计中最古老的检验方法之一，最早可追溯到 1701 年苏格兰数理统计学家约翰·阿巴斯诺特（John Arbuthnot）有关伦敦出生的男婴、女婴比率是否超过 1/2 的性别比平衡性研究。该检验被称为符号检验的一个原因是，它所关心的信息只与两类观测值有关。如果用符号"+"和"−"区分，符号检验就是通过符号"+"和"−"的个数来进行统计推断的，故称为符号检验。

下面看一个例子。

例 2.1 假设某城市 16 座预出售的楼盘均价如表 2.1 所示。

表 2.1　16 座预出售的楼盘均价　　　　　　　　（单位：百元/m^2）

36	32	31	25	28	36	40	32
41	26	35	35	32	87	33	35

问：该地楼盘均价是否与媒体公布的 37 百元/m^2 的说法相符？

解　这是一个实际的问题，可以将其转化成一个单一随机变量分布位置参数的假设检验问题。在参数假设检验中，我们所熟知的是正态分布未知参数的检验问题。假设在某一统计时点上楼盘均价服从正态分布 $N(\mu,\sigma^2)$，依照题意和参数统计的基本原理和步骤，可以建立如下原假设和备择假设：

$$H_0 : \mu = 37 \leftrightarrow H_1 : \mu \neq 37$$

其中，μ 是分布均值，原假设 $\mu_0 = 37$，根据样本数据计算样本均值和样本方差，分别为 $\overline{X} = 36.50, S^2 = 200.53$。

由于 $n = 16 < 30$，为小样本，故采用 t 统计量计算检验统计值：

$$t = \frac{\overline{X} - \mu_0}{S/\sqrt{n}} = -0.1412$$

根据自由度 $n - 1 = 16 - 1 = 15$，得 t 检验的 p 值为 0.89，在显著性水平 $\alpha < 0.89$ 以下都不能拒绝原假设。

R 中 t 检验参考程序如下：

```
> attach(build.price)
  [1] 36 32 31 25 28 36 40 32 41 26 35 35 32 87 33 35
> mean(build.price)
  [1] 36.5
> var(build.price)
  [1] 200.5333
> length(build.price)
  16
> t.test(build.price-37)
```

输出结果如下：

```
One-sample t-Test
data:  build.price - 37
t = -0.1412, df = 15, p-value = 0.8896
alternative hypothesis: true mean is not equal to 0
95 percent confidence interval:
 -8.045853  7.045853
sample estimates:
 mean of x
      -0.5
```

t 检验的结果是接受原假设。我们注意到，在 16 个数据中，3 个楼盘的均价高于 37 百元/m²，而另外 13 个楼盘的均价低于 37 百元/m²。由正态分布的对称性可知，如果 37 百元/m² 可以作为正态分布的平均水平，那么从该正态总体中取出的样本分布在 37 百元/m² 左侧（小于 37 百元/m²）与右侧（大于 37 百元/m²）的数量应大致相等，不会出现大比例失衡。然而观察数据发现，3:13 显然难以支持 37 百元/m² 作为正态分布的对称中心的说法，这与 t 检验选择接受原假设的结论并不一致，其原因是样本量太少而显著性证据不充分呢，还是方法使用不当呢？

我们先来回答第一个有关样本量是否不足的问题。让我们换一个角度考虑位置检验推断问题。不妨先试试将 37 理解为总体的中位数，那么数据中应该差不多各有一半在 37 的两侧。计算每一个数据与 37 的差，大于 37 而位于 37 右侧的样本个数为 3，小于 37 而位于 37 左侧的样本个数为 13，这是一个中位数为 37 的分布应有的样本特征吗？在原假设和独立同分布的随机抽样条件下，每一个样本理应等可能地出现在 37 的左侧与右侧，3:13 是一个在中位数两侧分布比例均衡的结果呢，还是一个明显的分布不均的结果？为此需要考虑出现在中位数左侧的样本量，它服从二项分布 $B(16, 0.5)$。在这个分布下很容易计算出，出现 3 个以下样本的可能性是小于 0.05 的（请思考这是怎么计算出来的）。这表明，如果从中位数的角度来看这个问题，中位数 37 受到拒绝，对数据量不充分的猜测完全是错误的。这个分析思路实际上就是符号检验的基本原理。下面给出规范的符号检验推断过程。

假设 $X_1, X_2, \cdots, X_n$ 是来自总体 $\mathcal{F}(M_\mathrm{e})$ 的简单随机样本，M_e 是总体的中位数，有位置模型 (location model)

$$X_i = M_\mathrm{e} + \epsilon_i, i = 1, 2, \cdots, n \tag{2.1}$$

我们感兴趣的是如下假设检验问题：

$$H_0 : M_\mathrm{e} = M_0 \leftrightarrow H_1 : M_\mathrm{e} \neq M_0 \tag{2.2}$$

式中，M_0 是事先给定的待检验中位数值。定义新变量：$Y_i = I\{X_i > M_0\}, Z_i = I\{X_i < M_0\}$，$i = 1, 2, \cdots, n$。

$$S^+ = \sum_{i=1}^n Y_i, \quad S^- = \sum_{i=1}^n Z_i$$

$S^+ + S^- = n'(n' \leqslant n)$，令 $K = \min\{S^+, S^-\}$。在原假设之下，假设检验问题 (2.2) 等价于另一个随机变量 Y 的检验问题，如式 (2.3) 所示，其中 $Y \sim B(1, p), p = P(X > M_0)$。

$$H_0 : p = 0.5 \leftrightarrow H_1 : p \neq 0.5 \tag{2.3}$$

此时，$K \leqslant k$ 可以按照抽样分布 $B(n', 0.5)$ 求解得到，在显著性水平 α 下，检验的拒绝域为

$$2 \times P_{\mathrm{binom}}(K \leqslant k | n', p = 0.5) \leqslant \alpha$$

式中，k 是满足上式的最大的值。也可以通过计算统计量 K 的 p 值做决策：如果统计量 K 的值是 k，$p = 2 \times P_{\mathrm{binom}}(K \leqslant k | n', p = 0.5)$，当 $\alpha > p$ 时，拒绝原假设。也就是说，当大部分数据都在 M_0 的右侧时，S^+ 较大，S^- 较小，则认为中心位置数据大于 M_0；反之，当大部分数据都在 M_0 的左侧时，S^- 较大，S^+ 较小，则认为中心位置的数据小于 M_0。两种现象都是 M_e 不等于 M_0 的直接证据。

例 2.2（例 2.1 续解）根据符号检验，假设检验问题表述为

$$H_0 : M_\mathrm{e} = 37 \leftrightarrow H_1 : M_\mathrm{e} \neq 37 \tag{2.4}$$

式中，M_e 是总体的中位数。如果原假设为真，即 37 是总体的中位数。用 S^+ 表示位于 37 右侧的点的个数，用 S^- 表示位于 37 左侧的点的个数，没有等于 37 的数据，$S^+ + S^- = 16$。在原假设和独立同分布的随机抽样条件下，每个样本等可能出现在 37 的左侧与右侧。也就是说，$S^+ \sim B(n, 0.5)$。从有利于接受备择假设的角度出发，S^+ 过大或过小，都表示 37 不能作为总体的中心。

取 $k = 3$，则 $2 \times P(K \leqslant k | n = 16, p = 0.5) = 2 \times \sum_{i=0}^{3} \binom{16}{i} \left(\frac{1}{2}\right)^{16} \approx 0.0213$。于是，在显著性水平 0.05 之下，拒绝原假设，认为这些数据的中心位置与 37 百元/m^2 存在显著性差异。

符号检验的 R 程序如下：

```
> binom.test(sum(build.price<37),length(build.price),0.5)
```

输出结果如下：

```
Exact binomial test
data:  sum(build.price > 37) and length(build.price)
number of successes = 3, number of trials = 16, p-value = 0.02127
alternative hypothesis: true probability of success is not equal to 0.5
95 percent confidence interval:
 0.04047373 0.45645655
sample estimates:
probability of success
              0.1875
```

对结果的讨论：

我们注意到，在相同的显著性水平之下，t 检验和符号检验看似得到了相反的结论，t 检验的结果中心位置等于 37，符号检验的结果中心位置不等于 37，我们应该采用哪一种分析结论呢？在回答这个问题之前，首先应该明确的是，仅从两个检验过程的结论来评价两种检验并不恰当，这是因为两种方法的分析目标是很不一样的，一个将 37 作为正态分布的均值考虑，而另一个则将 37 作为中位数考虑，各司其职，从不同的角度呈现数据中隐含的参数信息。对问题的理解角度不同，得到看似不同的结论，这在数据分析中是很常见的。

然而结合推断过程的决策细节来做一个选择还是有可能的。首先，在 t 检验中，结论是不能拒绝原假设，它并不表示接受原假设，而是表示要拒绝原假设还需要收集更多的证据。我们知道，要做出接受原假设的决策，还需要计算决策的势，也就是不犯第 II 类错误的概率，这样 t 检验的做出接受原假设的决策的可靠性没有得到保证。由于符号检验在仅假定数据服从常规连续分布的情况下就得到了拒绝的结论，这一结论的风险至少有 0.05 的显著性水平作为保证，表明对于形成可靠性结论而言，已收集到的数据是充分的。

另外，一个经典的假设检验过程通常由以下几个步骤构成：假定随机变量分布族 → 确定假设 → 检验统计量在原假设下的抽样分布 → 由抽样分布计算拒绝域或 p 值并与预设的显著性水平比较 → 做出决策。我们知道，单一连续数据总体中心位置的参数有中位数和均值,样本均值的点估计是总体均值,样本中位数的点估计是总体中位数。对来自正态分布的样本而言,均值与中位数相等;但对于非对称分布而言,中位数较均值而言是对总体中心位置更稳健的估计。

t 检验是在正态总体的假定下得到结果的,接受原假设也必须回到正态的假设分布中,这样就出现了结论不一致的问题,因为在正态分布中这两个位置是同一个位置。既然数据是充分的,使用正态分布的假定又出现了自相矛盾的结果,而符号检验给出了拒绝原假设的可靠性结论。综合而言,不当的分布假定导致 t 检验使用不当才是 t 检验没有成功的原因。也就是说,正是分布假设错误,导致了本该充分的证据没有产生对参数作出可靠性推断的结论,也正因为此,两种检验的结果才看似不一致,实际上,这种不一致仅仅是在正态假设中的不一致。而若放松对总体分布的假定,对要回答的问题的参数进行另一种选择,就会发掘出数据背后可靠的信息,这里符号检验的结果较 t 检验的结果更可信。

类似地,给出符号检验单边假设检验方法,如表 2.2 所示。

表 2.2 符号检验单边假设检验方法

左边检验	$H_0: M_e \leqslant M_0 \leftrightarrow H_1: M_e > M_0$	$P_{\text{binom}}(S^- \leqslant k\|n', p=0.5) \leqslant \alpha$, 式中,$k$ 是满足上式的最大的值
右边检验	$H_0: M_e \geqslant M_0 \leftrightarrow H_1: M_e < M_0$	$P_{\text{binom}}(S^+ \leqslant k\|n', p=0.5) \leqslant \alpha$, 式中,$k$ 是满足上式的最大的值

注:P_{binom} 表示二项分布的分布函数。

2.1.2 大样本的检验方法

当样本量较大时,可以使用二项分布的正态近似进行检验,也就是说,当 $S^+ \sim B\left(n', \dfrac{1}{2}\right)$ 时,$S^+ \dot\sim N\left(\dfrac{n'}{2}, \dfrac{n'}{4}\right)$,定义

$$Z = \frac{S^+ - \dfrac{n'}{2}}{\sqrt{\dfrac{n'}{4}}} \xrightarrow{\mathcal{L}} N(0,1), \quad n \to +\infty \tag{2.5}$$

当 n' 不够大时,可以用 Z 的正态性修正,公式如下:

$$Z = \frac{S^+ - \dfrac{n'}{2} + C}{\sqrt{\dfrac{n'}{4}}} \xrightarrow{\mathcal{L}} N(0,1) \tag{2.6}$$

一般地,当 $S^+ < \dfrac{n'}{2}$ 时,$C = -\dfrac{1}{2}$;当 $S^+ > \dfrac{n'}{2}$ 时,$C = \dfrac{1}{2}$。相应的 p 值为 $2P_{N(0,1)}(Z<z)$。同理,可以得到符号检验大样本假设检验方法,如表 2.3 所示。

表 2.3 符号检验大样本假设检验方法

左侧检验	$H_0: M_e \leqslant M_0 \leftrightarrow H_1: M_e > M_0$	p 值为 $P_{N(0,1)}(Z \geqslant z)$
右侧检验	$H_0: M_e \geqslant M_0 \leftrightarrow H_1: M_e < M_0$	p 值为 $P_{N(0,1)}(Z \leqslant z)$

关于正态性修正的讨论：

对离散分布应用正态性修正是非参数统计推断中较为普遍的做法。我们知道，很多检验统计量都可以表达为独立随机变量和形式的随机变量，它的抽样分布的近似分布都是正态分布。然而，不同抽样分布渐近性的收敛速度却可能很不同，有的分布在样本量较小的时候近似效果就不错，而有的分布则在样本量很大的时候近似效果还不够理想，有的时候还会受到参数本身数值的影响。为克服利用连续分布对离散分布估计在样本量不大时可能出现的尾部概率估计偏差，在对离散分布左、右两侧点的概率分布值进行计算时，不直接采用正态分布值估计，而是通过对分布中心位置进行一定的平移来取得一定的修正效果。

正态性修正的具体定义：假设 X 服从离散分布，X 的所有可能取值为 $\{0,1,2,\cdots,n\}$，如果 X 近似的正态分布为 $N(\mu,\sigma^2)$，当待估计的点 $X=k>n/2$ 时，k 处的概率分布函数 $P(X \leqslant k)$ 用正态分布 $N(\mu-C,\sigma^2)$ 在 k 处的分布函数估计，$C=1/2$，这相当于用位置参数向左平移 $1/2$ 单位的分布来估计 k 的概率分布；同理，当待估计的点 $X=k<n/2$ 时，k 处的概率分布函数 $P(X \leqslant k)$ 用正态分布 $N(\mu-C,\sigma^2)$ 在 k 处的分布函数估计，$C=-1/2$，这相当于用位置参数向右平移 $1/2$ 单位的分布来估计 k 的概率分布。当 $n=30$ 时，二项分布 $B(30,0.5)$、正态分布和正态性正负修正的左、右两端代表点上的分布函数 $P(X \leqslant k)$ 比较如表 2.4 所示。

表 2.4 二项分布 $B(30,0.5)$、正态分布和正态性正负修正的左、右两端代表点上的分布函数 $P(X \leqslant k)$ 比较

k	0	1	2	21	22	23
$B(30,0.5)$	9.31e−10	2.89−08	4.34e−07	9.79e−01	9.92e−01	9.98e−01
$N(15,7.5)$	2.16e−08	1.59e−07	1.03e−06	9.66e−01	9.86e−01	9.95e−01
$N(15-1/2,7.5)$	—	—	—	9.78e−01	9.91e−01	9.97e−01
$N(15+1/2,7.5)$	7.58e−09	5.96e−08	4.12e−07	—	—	—

由表 2.4 可以看出，对较大点处的分布函数做正态分布正修正的结果 $\left(C=\dfrac{1}{2}\right)$ 与二项分布精确分布比较接近，对较小点处的分布函数做正态分布负修正的结果 $\left(C=-\dfrac{1}{2}\right)$ 与二项分布精确分布比较接近。

例 2.3 设某大学有 A 和 B 两个食堂，为了解教职工对两个食堂是否存在倾向性差异，每隔一个月随机安排 50 位教职工填写倾向性调查表，每位回答者只能从两个食堂中选择一个作为自己倾向性更高的食堂。某月得到以下数据：

喜欢 A 食堂的人数：29 人；

喜欢 B 食堂的人数：18 人；

不能区分的人数：3 人。

分析：在显著性水平 $\alpha = 0.10$ 下，是否可以认为，在该大学校园两家食堂被喜爱的程度存在差异?

解 假设检验问题：

$H_0: P(A) = P(B)$，喜欢 A 食堂的教职工与喜欢 B 食堂的教职工比例相等

$H_1: P(A) \neq P(B)$，喜欢 A 食堂的教职工与喜欢 B 食堂的教职工比例不等

分析：这是定性数据的假设检验问题，可以应用符号检验，喜欢 A 食堂的人数设为 S^+，$S^+ = 29$；喜欢 B 食堂的人数设为 S^-，$S^- = 18$，$S^+ + S^- = n' = 47$，$\dfrac{n'}{2} = 23.5$，由于 $S^+ > 23.5$，所以取正修正，应用式 (2.6) 有

$$Z = \frac{29 - 23.5 + \dfrac{1}{2}}{\sqrt{\dfrac{47}{4}}} = 1.75 > Z_{0.05} = 1.645$$

式中，$Z_{0.05}$ 是标准正态分布的 0.05 尾分位点。

结论：在显著性水平 $\alpha = 0.10$ 下拒绝原假设，证据显示，教职工对 A 食堂和 B 食堂的倾向性存在显著差异。

2.1.3 符号检验在配对样本比较中的应用

在对两总体进行比较的时候，配对样本是经常遇到的情况，比如生物的雌雄、人体疾病的有无、前后两次试验的结果、意见的赞成或反对等。这时，设配对观测值为 $(x_1, y_1), (x_2, y_2), \cdots, (x_n, y_n)$。在 n 对样本数据中，若 $x_i < y_i$，则记为"+"；若 $x_i > y_i$，则记为"−"；若 $x_i = y_i$，则记为 0。于是数据可分成三类（+，−，0）。我们只比较"+"和"−"的个数，记"+"和"−"的个数和为 n'，$n' \leqslant n$。问题是两类数据的比例是否相等。假设 P_+ 为"+"的比例，P_- 为"−"的比例，则可以有假设检验：

$$H_0: P_+ = P_-$$

$$H_1: P_+ \neq P_-$$

这类问题只涉及符号，自然可以用符号检验来分析。看下面的例题。

例 2.4 表 2.5 为某瑜伽教练的一个小班 12 位学员每周两次跟班训练一年前后的体重变化比较表，用符号检验分析，参加该教练的瑜伽训练活动对体重的影响效果如何（$\alpha = 0.05$）?

解 假设检验问题：

$$H_0: P(\text{瑜伽训练前体重}) = P(\text{瑜伽训练一年后体重})$$

$$H_1: P(\text{瑜伽训练前体重}) \neq P(\text{瑜伽训练一年后体重})$$

分析：这是定性数据的假设检验问题，可以应用符号检验。瑜伽训练前体重大于瑜伽训练一年后体重的样本个数记为 S^+，$S^+ = 6$；瑜伽训练前体重小于瑜伽训练一年后体重的样本个数记为 S^-，$S^- = 4$；$S^+ + S^- = n' = 10$，$\frac{n'}{2} = 5$。应用式 (2.6)，有

$$Z = \frac{6 - 5 + \frac{1}{2}}{\sqrt{\frac{10}{4}}} = 0.9487 < Z_{0.025} = 1.96$$

式中，$Z_{0.05}$ 是标准正态分布的 0.05 尾分位点。

结论：证据不足，不能拒绝原假设，没有充分证据显示，与训练前相比，瑜伽训练一年后学员体重有明显变化。

表 2.5 瑜伽训练一年前后学员体重变化比较表

学员号	瑜伽训练前体重 (kg)	瑜伽训练后体重 (kg)	符号
1	71	66	+
2	78.5	73	+
3	69	70	0
4	74.5	70	+
5	61.5	64	−
6	68	72	−
7	59	63	−
8	68	63	+
9	57	56.5	0
10	63	67	−
11	62	55	+
12	70	64	+

我们注意到，在对体重数据的分析中，进行符号计数的时候，对学员瑜伽训练前后体重变化未超过 1kg 的都未做符号计数，这是因为采取了"个体体重测量误差在 1kg 以内属于正常体重偏差"这个通用体重测量误差标准。

值得注意的是，在本例结论部分，我们并没有草率地选择接受原假设，而是较为谨慎地选择了"没有充分证据拒绝原假设"来表述结论。这样做的目的是，提醒假设检验的使用者注意接受原假设可能犯第 II 类错误的潜在风险。

2.1.4 分位数检验——符号检验的推广

以上我们主要介绍了中位数的符号检验，实际上以上方法完全可以扩展到单一随机变量分布的任意 p 分位数的检验。假设单一随机变量为 $\mathcal{F}(M_p)$，M_p 是总体的 p 分位数，对于假设检验问题：

$$H_0 : M_p = M_{p_0} \leftrightarrow H_1 : M_p \neq M_{p_0}$$

式中，M_{p_0} 是待检验的 p_0 分位数。上述检验问题等价于

$$H_0 : p = p_0 \leftrightarrow H_1 : p \neq p_0$$

类似中位数的符号检验,定义 $Y_i = I\{X_i > M_{p_0}\}, Z_i = I\{X_i < M_{p_0}\}$,我们注意到,在原假设之下,$Y_i \sim B(1, 1-p_0), Z_i \sim B(1, p_0)$,

$$S^+ = \sum_{i=1}^n Y_i, \quad S^- = \sum_{i=1}^n Z_i$$

式中,S^+ 是数据落在 M_{p_0} 右边的数据量,S^- 是数据落在 M_{p_0} 左边的数据量。假设有效数据量 $n' = S^+ + S^-$,原假设下 $S^- \sim B(n', p_0), S^+ \sim B(n', 1-p_0)$,此时二项分布不再是对称分布,该分位数检验问题的结果如表 2.6 所示。

表 2.6 分位数检验问题结果

$H_0: M_p = M_{p_0} \leftrightarrow H_1: M_p \neq M_{p_0}$	$p_0 > 0.5$ 时,$P_{\text{binom}}\{S^- \leqslant k_1 \mid n', p = p_0\}$ $+ P_{\text{binom}}(\{S^+ \leqslant k_2 \mid n', p = 1-p_0\}) \leqslant \alpha$ $p_0 < 0.5$ 时,$P_{\text{binom}}\{S^+ \leqslant k_1 \mid n', p = 1-p_0\}$ $+ P_{\text{binom}}(\{S^- \leqslant k_2 \mid n', p = p_0\}) \leqslant \alpha$ 式中,k_1, k_2 是满足上式的最大的 k_1, k_2
$H_0: M_p \leqslant M_{p_0} \leftrightarrow H_1: M_p > M_{p_0}$	$P_{\text{binom}}(S^- \leqslant k \mid n', p = p_0) \leqslant \alpha$ 式中,k 是满足上式的最大的 k
$H_0: M_p \geqslant M_{p_0} \leftrightarrow H_1: M_p < M_{p_0}$	$P_{\text{binom}}(S^+ \leqslant k \mid n', p = 1-p_0) \leqslant \alpha$ 式中,k 是满足上式的最大的 k

例 2.5 (例 2.4 续)根据医学知识,降低体重必须通过热量的高消耗来实现,而普通的瑜伽训练重在改善肌肉骨骼结构,增强体质,学员个体差异比较大,并不都能达到降低体重的目标。然而小部分学员可通过课内和课外训练结合的方式,来实现热量消耗从而降低体重。如此一来,考虑将降低体重的中位目标降低到 3/4 分位目标,学员中能否有 1/4 的学员通过瑜伽训练降低体重 2kg 以上?学员训练后体重降低值如表 2.7 所示,显著性水平设为 $\alpha = 0.05$。

表 2.7 学员训练后体重降低值

	5.0	5.5	4.5	−2.5	−4.0	−4.0	5.0	−4.0	7.0	6.0
$M_{0.75}$ 是否 > 2	+	+	+	−	−	−	+	−	+	+

解 假设检验问题:

$$H_0: M_{0.75} \leqslant 2 \leftrightarrow H_1: M_{0.75} > 2$$

$S^+ = 6, S^- = 4$,计算 $P_{\text{binom}(4 \mid 10, 0.75)}(S^- \leqslant 4) = 0.02 < \alpha = 0.05$,因而拒绝原假设,3/4 分位数大于 2,于是认为参加瑜伽训练班并结合个人努力增强脂肪代谢,可以期待身体素质较高的学员达到降低体重的目标。

2.2 Cox-Stuart 趋势存在性检验

在客观世界中会遇到各种各样随时间变动的数据序列,人们通常关心这些数据随时间变化的规律,其中趋势分析是几乎都会分析的内容。在趋势分析中,人们首先关心的是趋势是否存在，比如，收入是否下降了？农产品的产量或某地区历年的降雨量是否随着时间增加了？如果趋势存在，则根据实际需要建立更精细的模型以刻画或度量趋势的程度或变化规律。一些分析习惯于将存在性问题和确定性问题以及影响程度等问题放在一起，由一个模型统一来回答，比如，回归分析就是最常用的趋势分析的工具。通常的做法是用线性回归拟合直线，然后再通过检验验证线性假设的合理性，如果检验通过，则表示回归模型是合适的，线性趋势存在。如果检验未通过，那么趋势是否存在呢？也就是说，当线性趋势没有得到肯定时，是否也该否定其他可能的趋势的存在性呢？显然，答案是否定的。因为存在性是一个一般性问题，而特定形式的模型是所有可能趋势中的某一种，用特殊的形式回答一般性问题，显然存在不可回答的风险。也就是说，当线性趋势被否定时，也许有结构假定不恰当等多种原因，并不能一概否定其他趋势的存在性。我们显然也无法通过穷尽所有可能的结构来回答存在性问题。而即便模型通过了检验，也只能说在模型的假设之下，数据的趋势是存在的。

考克斯（Cox）与斯托特（Stuart）在研究数列趋势问题的时候注意到了这一点。他们于 1955 年提出了一种不依赖于趋势模型的快速判断趋势是否存在的方法，这一方法称为 Cox-Stuart 趋势存在性检验，它的理论基础正是 2.1 节的符号检验。他们的想法是：如果数据有上升趋势，那么排在后面的数据的取值比排在前面的数据显著地大；反之，如果数据有明显的下降趋势，那么排在后面的数据的取值比排在前面的数据显著地小。换句话讲，我们可能生成一些数对，每一个数对是从前后两段数据中各选出一个数据构成的，这些数对可以反映前后数据的变化。为保证数对同分布，前后两个数据的间隔尽可能大，这就意味着可以将数据一分为二，自然形成前后数对；在数据量充足的情况下，也可以将数据一分为三，将中间部分忽略不计，取前后两段数据。为保证数对不受局部干扰，前后两个数据的间隔应较大，数对的数量也不能过少。具体而言，序列 y_s 的趋势问题可表示如下：

$$y_s = \alpha + \Delta s + \epsilon_s, \ s = 1, 2, \cdots, N \tag{2.7}$$

$$H_0 : \Delta \leqslant 0 \leftrightarrow H_1 : \Delta > 0 \tag{2.8}$$

式中，$\Delta > 0$ 表示正趋势参数，ϵ_s 是随机误差项，定义 $s < t$，计算得分：

$$h_{st} = \begin{cases} 1, & y_s > y_t \\ 0, & y_s < y_t \end{cases}$$

Cox-Stuart 统计量定义为

$$S = \sum_{s<t} w_{st} h_{st} \tag{2.9}$$

2.2.1 最优权重 Cox-Stuart 统计量

先考虑正态的情况（假设 N 为偶数），$y_s \sim N(s\Delta, 1)$（忽略 α）。H_0 之下，有 $h_{st} \sim$

$B\left(1, \frac{1}{2}\right)$, $\mu(h_{st}) = P(y_s - y_t > 0)$, ϕ 是标准正态分布的分布函数, 于是有

$$\mu(h_{st}) = \phi\left(-\frac{(s-t)\Delta}{\sqrt{2}}\right) \tag{2.10}$$

$$\mu'(h_{st}) = \left[\frac{\partial \mu(h_{st})}{\partial \Delta}\right]_{\Delta=0} = \frac{s-t}{2\sqrt{\pi}} \tag{2.11}$$

令 $r_{st} = s - t$, 将式 (2.10) 和式 (2.11) 代入式 (2.9), 有

$$\mu'_S = \sum w_{st} \mu'(h_{st}) = \frac{1}{2\sqrt{\pi}} \sum w_{st} r_{st} \tag{2.12}$$

$$\sigma^2_{S|H_0} = \sum w^2_{st} \sigma^2(h_{st}|H_0) = \frac{1}{4} \sum w^2_{st} \tag{2.13}$$

$$C^2_S = \frac{{\mu'_S}^2}{\sigma^2_{S|H_0}} = \frac{1}{\pi} \frac{\left(\sum w_{st} r_{st}\right)^2}{\sum w^2_{st}} \tag{2.14}$$

这里的 C^2_S 是第 1 章讨论的效率。使式 (2.14) 取比较大的值相当于一个两阶段的求解问题: 先固定 r_{st}, 令 w_{st} 变动使式 (2.14) 取大; 再令 r_{st} 变动, 使 C^2_S 继续取大。于是式 (2.14) 最大值的求解问题相当于求解下面的最优化问题:

$$f(w, r) = \sum w_{st} r_{st} - \lambda \sum w^2_{st} \tag{2.15}$$

对 w 求导, 得

$$r_{st} + w_{st} \frac{\partial r_{st}}{\partial w_{st}} - 2\lambda w_{st} = 0 \tag{2.16}$$

$$\text{i.e.} \quad \frac{r_{st}}{w_{st}} + \frac{\partial r_{st}}{\partial w_{st}} = 2\lambda \tag{2.17}$$

$$r_{st} = \lambda w_{st} \text{满足式 (2.17)} \tag{2.18}$$

这表示 S 表达式中的权重与序号间隔成正比时, 统计量的效率达到最大, 由此可以构造出第一个 S 统计量, 记作 S_1:

$$S_1 = \sum_{k=1}^{\lfloor N/2 \rfloor} (N - 2k + 1) h_{k, N-k+1}$$

注意到, 这时 $\{s, t\} = \{(1, N), (2, N-1), \cdots, (K, N-K+1)\}$, $K = \lfloor N/2 \rfloor$。

$$\mu_{S_1|H_0} = \frac{1}{2} \sum (N - 2k + 1) = \frac{1}{8} N^2$$

$$\sigma^2_{S_1|H_0} = \frac{1}{4} \sum (N - 2k + 1)^2 = \frac{1}{24} N(N^2 - 1)$$

于是可以产生如下的第一种假设检验方法，当 $y_s \sim N(\Delta s, 1)$ 时，

$$S_1^* = \frac{S_1 - \frac{1}{8}N^2}{\sqrt{\frac{1}{24}N(N^2-1)}} \overset{N\to+\infty}{\sim} N(0,1)$$

$S_1^* > Z_\alpha$ 时，S_1^* 有下降趋势；反之，$S_1^* < Z_{1-\alpha}$ 时，S_1^* 有上升趋势，Z_α 是标准正态分布 α 尾分位点。

例 2.6 南美洲某国 2015—2017 年 36 个月月度失业率数据如表 2.8 所示，请根据失业率数据进行分析，失业率在 2015 年以后是否有逐年下降的趋势？

表 2.8 某国 2015—2017 年 36 个月月度失业率数据表

年月	1501	1502	1503	1504	1505	1506	1507	1508	1509
失业率 (%)	8.5	7.1	8.2	11.5	7.0	8.2	9.5	7.8	9.2
年月	1510	1511	1512	1601	1602	1603	1604	1605	1606
失业率 (%)	10.2	9.0	9.4	9.2	8.9	10.5	8.9	7.3	8.8
年月	1607	1608	1609	1610	1611	1612	1701	1702	1703
失业率 (%)	8.4	6.9	8.0	7.8	6.3	7.5	8.7	7.0	8.4
年月	1704	1705	1706	1707	1708	1709	1710	1711	1712
失业率 (%)	9.4	8.2	8.6	8.0	7.6	11.1	7.3	5.5	7.0

解 假设检验问题：

$$H_0: \text{该地区 36 个月失业率无变化}$$

$$H_1: \text{该地区 36 个月失业率有下降的趋势}$$

分析：令 $K = N/2 = 36/2 = 18$，失业率数据的 Cox-Stuart S_1 统计量数对见表 2.9。

表 2.9 失业率数据的 Cox-Stuart S_1 统计量数对形成表

y	(y_1, y_{36})	(y_2, y_{35})	(y_3, y_{34})	$\cdots$	(y_{18}, y_{19})
数对	(8.5,7)	(7.1,5.5)	(8.2,7.3)	$\cdots$	(8.8,8.4)
w_{st}	35	33	31	$\cdots$	1
h_{st}	+	+	+	$\cdots$	+

本例中，这 18 个数对按权重相加 $S_1 = 257$，$\mu(S_1) = 162$，$\sigma^2(S_1) = 1942.5$，

$$S_1^* = \frac{S_1 - \frac{1}{8}N^2}{\sqrt{\frac{1}{24}N(N^2-1)}} = \frac{257 - 162}{44.07} = 2.155$$

标准正态分布 p 值为 $P(S_1^* > 2.155) = 0.0156 < \alpha = 0.05$，表明该地失业率有下降趋势。R 程序如下：

```
> UNE.rate
 [1]  8.5  7.1  8.2 11.5  7.0  8.2  9.5  7.8  9.2 10.2  9.0  9.4
[13]  9.2  8.9 10.5  8.9  7.3  8.8  8.4  6.9  8.0  7.8  6.3  7.5
[25]  8.7  7.0  8.4  9.4  8.2  8.6  8.0  7.6 11.1  7.3  5.5  7.0
> N=length(UNE.rate)
> N
[1] 36
> k=N/2
> w=seq(N-2*1+1,N-2*k+1,-2)
> S=sum(w*(UNE.rate[1:(N/2)]-rev(UNE.rate[(N/2+1):N])>0))
> S
[1] 257
> ES=N^2/8
> DS=1/24*N*(N^2-1)
> S.star=(S-ES)/sqrt(DS)
> 1-pnorm(S.star)
[1] 0.01556232
```

2.2.2 无权重 Cox-Stuart 统计量

除最优权重 Cox-Stuart 统计量以外，根据 Cox-Stuart (1955) 文献，还有两种无权重的 Cox-Stuart 统计量，分别记为 S_2 和 S_3，如表 2.10 所示。

表 2.10 Cox-Stuart 趋势检验方法汇总表

统计量表达式	效率	与 S_1 的 ARE 比较	对 y 的分布要求
$S_1 = \sum_{k=1}^{\lfloor N/2 \rfloor}(N-2k+1)h_{k,N-k+1}$	$R^2(S_1) = \dfrac{N^3}{6\pi}$	$\mathrm{ARE}(S_1, S_1) = 1$	正态
$S_2 = \sum_{k=1}^{\lfloor N/2 \rfloor} h_{k, \lfloor N/2 \rfloor + k}$	$R^2(S_2) = \dfrac{N^3}{8\pi}$	$\mathrm{ARE}(S_2, S_1) = 0.91$	与分布无关
$S_3 = \sum_{k=1}^{\lfloor N/3 \rfloor} h_{k, \lfloor \frac{2}{3}N \rfloor + k}$	$R^2(S_3) = \dfrac{4N^3}{27\pi}$	$\mathrm{ARE}(S_3, S_1) = 0.96$	与分布无关

从表 2.10 中可以看到，S_2 与 S_1 的不同有两点：①每个 $h_{s,t}$ 的权重都相同；②数对的构成方式不同，修改了 S_1 首尾相接的组对方式，替换成了间隔相等的顺序组对方式，组对的两个数据点之间的时间间隔由不等长更新为等长。而且数据序列间隔足够长的组对方式保证了组对数据点彼此的独立性，这可以看成对 S_1 的改进。S_2 和 S_3 的等权重计算方式简化了计算，可直接用符号检验解决该问题。虽然在效率上有所损失，但从表的第三列来看效率损失并不大，几乎和带权重的 S_1 效率相当。S_3 的用法是将数据截成三段，只使用序列的最早一段和最末一段数据，S_3 对 S_2 改进后的效率有所提升，而且 S_2 和 S_3 都不依赖于正态分布，有更好的适用性。

下面我们以双边检验为例具体介绍 S_2 的用法。假设检验问题：

H_0：数据序列无趋势 ↔ H_1：数据序列有增长或减少趋势

假设数据序列 $y_1, y_2, \cdots, y_n$ 独立，在原假设之下，同分布为 $F(y)$，令

$$c = \begin{cases} N/2, & \text{如果 } N \text{ 是偶数} \\ (N+1)/2, & \text{如果 } N \text{ 是奇数} \end{cases}$$

取 y_i 和 y_{i+c} 组成数对 (y_i, y_{i+c})。当 N 为偶数时，共有 N 对；当 N 为奇数时，共有 $N-1$ 对。计算每一数对前后两值之差：$D_i = y_i - y_{i+c}$。用 D_i 的符号度量增减。令 S^+ 为正 D_i 的数目，令 S^- 为负 D_i 的数目，$S^+ + S^- = N', N' \leqslant N$。令 $K = \min\{S^+, S^-\}$，显然当正号太多或负号太多，即 K 过小的时候，有趋势存在。

在没有趋势的原假设下，K 服从二项分布 $B(N', 0.5)$，该检验在某种意义上是符号检验的应用的拓展。

对于单边检验问题：

H_0：数据序列无上升趋势 ↔ H_1：数据序列有上升趋势
H_0：数据序列无下降趋势 ↔ H_1：数据序列有下降趋势

结果是类似的，S^+ 很大时（或 S^- 很小时），有下降趋势；反之，S^+ 很小时（或 S^- 很大时），有上升趋势。

和符号检验几乎类似，Cox-Stuart S_2 趋势检验过程总结于表 2.11。

表 2.11 Cox-Stuart S_2 趋势检验过程

原假设：H_0	备择假设：H_1	检验统计量 (K)	p 值
H_0：无上升趋势	H_1：有上升趋势	$S^+ = \sum \text{sign}(D_i)$	$P(S^+ \leqslant k)$
H_0：无下降趋势	H_1：有下降趋势	$S^- = \sum \text{sign}(-D_i)$	$P(S^- \leqslant k)$
H_0：无趋势	H_1：有上升或下降趋势	$K = \min\{S^-, S^+\}$	$2P(K \leqslant k)$
小样本时，用近似正态统计量 $Z = (K \pm 0.5 - N'/2)/\sqrt{N'/4}$，			
$K < N'/2$ 时取减号，$K > N'/2$ 时取加号；			
大样本时，用近似正态统计量 $Z = (K - N'/2)/\sqrt{N'/4}$			
对显著性水平 α，如果 $p < \alpha$，则拒绝 H_0；否则，不能拒绝 H_0			

例 2.7 某地区 32 年的降雨量数据如表 2.12 所示。

问：(1) 该地区前 10 年降雨量是否有变化？

(2) 该地区 32 年的降雨量是否有变化？

解 (1) 假设检验问题：

H_0：该地区前 10 年降雨量无趋势

H_1：该地区前 10 年降雨量有下降趋势

分析：令 $C = N/2 = 10/2 = 5$，降雨量数据前后观测值如表 2.13 所示。

表 2.12 某地区 32 年的降雨量数据表

年份（年）	1971	1972	1973	1974	1975	1976	1977	1978
降雨量（mm）	206	223	235	264	229	217	188	204
年份（年）	1979	1980	1981	1982	1983	1984	1985	1986
降雨量（mm）	182	230	223	227	242	238	207	208
年份（年）	1987	1988	1989	1990	1991	1992	1993	1994
降雨量（mm）	216	233	233	274	234	227	221	214
年份（年）	1995	1996	1997	1998	1999	2000	2001	2002
降雨量（mm）	226	228	235	237	243	240	231	210

表 2.13 降雨量数据前后观测值

(y_1, y_6)	(y_2, y_7)	(y_3, y_8)	(y_4, y_9)	(y_5, y_{10})
(206,217)	(223,188)	(235,204)	(264,182)	(229,230)
−	+	+	+	−

本例中，这 5 个数对的符号为 2 负 3 正，取 $K = \min\{S^+, S^-\}$，p 值为 $P(K \leqslant 2) = \frac{1}{2^{N'}} \sum_{i=0}^{2} \binom{N'}{i} = \frac{1}{2^5}(1 + 5 + 10) = 0.5 > \alpha = 0.05$，表明该地区前 10 年的降雨量没有趋势。这里的数据量太少，一般来说要拒绝原假设是很困难的，没有拒绝原假设，也很难说问题出在什么地方。

(2) 这里的数对增加到 16 个，如表 2.14 所示。

假设检验问题：

$$H_0: 该地区 32 年降雨量无趋势$$
$$H_1: 该地区 32 年降雨量有上升或下降趋势$$

表 2.14 降雨量数据的 Cox-Stuart S_2 趋势检验数对

206	223	235	264	229	217	188	204
216	233	233	274	234	227	221	214
−	−	+	−	−	−	−	−
182	230	223	227	242	238	207	208
226	228	235	237	243	240	231	210
−	+	−	−	−	−	−	−

这 16 个数对的符号为 2 正 14 负。取 $K = \min\{S^+, S^-\}$，p 值为 $2P(K \leqslant 2) = 2 \times \frac{1}{2^{N'}} \sum_{i=0}^{k} \binom{N'}{i} = 0.0042 < \alpha$，对 $\alpha = 0.05$，可以拒绝原假设，这表明该地区 32 年的降雨量有明显的趋势。为比较结果，我们直接做线性回归模型，R 程序如下：

```
data(rain);
year=seq(1971,2002);
anova(lm(rain~(year)))    #anova
function
```

输出结果如下:
```
    Analysis of Variance Table
Response: rain
          Df  Sum Sq  Mean Sq  F value  Pr(>F)
year       1   535.4    535.4   1.5792  0.2186
Residuals 30 10170.1
339.0
```
结果表明,数据的线性趋势并不显著,该地区 32 年降雨量的变化趋势如图 2.1 所示。

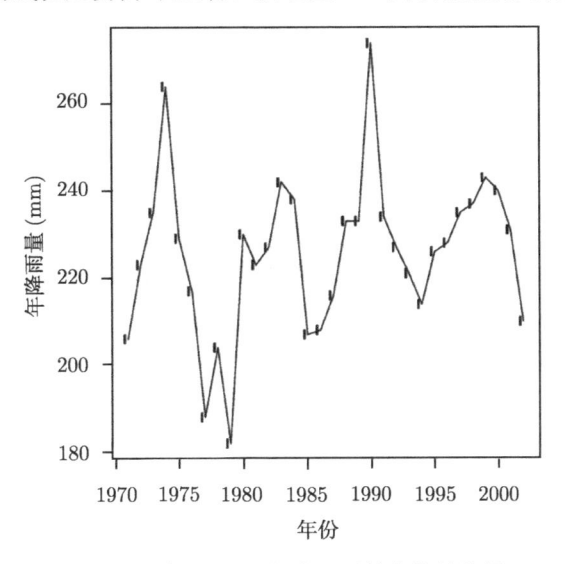

图 2.1 某地区 32 年降雨量的变化趋势图

2.3 随机游程检验

2.3.1 两类随机游程检验

在实际中,经常需要考虑一个序列中数据的出现是否与顺序无关,比如,奖券的中奖是否随机出现?股票价格的变换是否随机?机械制程中产品故障的出现是否有规律?一项大型赛事中赢球是否有规律?若事件的发生并非随机的,而是有规律可循的,那么就可以做出相应的决策。在参数统计中,研究这一问题相当困难,证明数据独立同分布则更难。但是从非参数的角度来看,如果数据有上升或下降的趋势,或有呈周期性变化的规律等特征,均可能表示数据与顺序是有关的,或者说序列不是随机出现的。比如,进出口的逆差和顺差是否随时间呈现某种规律?机械流程中次品的出现是否存在一定的规律?等等。

这类问题一般伴随着一个二元 0/1 序列,我们感兴趣的是其中的 1 或 0 出现的顺序是否随机。在一个二元序列中,0 和 1 交替出现。首先引入以下概念:在一个二元序列中,一个由 0 和 1 连续构成的串称为一个 **游程**,一个游程中数据的个数称为 **游程的长度**。一个序列中的 **游程个数** 用 R 表示,R 表示 0 和 1 交替轮换的频繁程度。容易看出,R 是序列中 0

和 1 交替轮换的总次数加 1。

例 2.8   在下面的 0/1 序列中共有 20 个数，0 的总个数为 $n_0 = 10$，1 的总个数为 $n_1 = 10$。共有 4 个 0 游程，4 个 1 游程，一共 8 个游程 ($R = 8$)。

$$1\ 0\ 0\ 0\ 0\ 1\ 1\ 1\ 0\ 1\ 1\ 0\ 0\ 0\ 0\ 1\ 1\ 1\ 1\ 0$$

如果 0/1 序列中 0 和 1 出现的顺序规律性不强，随机性强，则 0 和 1 的出现不会太集中，也不会太分散。换句话说，可以通过 0 和 1 出现的集中程度度量序列随机性的强弱。我们注意到，如果不考虑序列的长度和序列中 0/1 的个数，孤立地谈随机性意义不大。一个序列的顺序随机性是相对的，只有在固定了 0 和 1 的个数时才有意义。在固定序列长度 n 时，n_1 表示序列中 1 的个数，如果游程个数过少，则说明 0 和 1 相对比较集中；如果游程个数过多，则说明 0 和 1 交替周期特征明显，这些都不符合序列随机性要求。于是，这提供了一种通过游程个数过多或过少来判断序列非随机出现的可能性。

随机游程检验也称为 Wald-Wolfowitz 游程检验，是波兰的瓦尔德（Abraham Wald）和沃夫维兹（Jacob Wolfowitz）两位统计学家提出的。设 $X_1, X_2, \cdots, X_n$ 是一列由 0 或 1 构成的序列，假设检验问题如下：

$$H_0: \text{数据出现顺序随机} \leftrightarrow H_1: \text{数据出现顺序不随机}$$

设 R 为游程个数，$1 \leqslant R \leqslant n$。在原假设成立的情况下，$X_i \sim B(1, p)$，$p$ 是 1 出现的概率，由 n_1/n 确定，R 的分布与 p 有关。假设有 n_0 个 0 和 n_1 个 1，$n_0 + n_1 = n$，出现任何一种不同结构序列的可能性是 $1 / \binom{n}{n_1} = 1 / \binom{n}{n_0}$，注意到 0 游程和 1 游程之间最多差 1，于是得到 R 的条件分布：

$$P(R = 2k) = \frac{2\binom{n_1 - 1}{k - 1}\binom{n_0 - 1}{k - 1}}{\binom{n}{n_1}}$$

$$P(R = 2k + 1) = \frac{\binom{n_1 - 1}{k - 1}\binom{n_0 - 1}{k} + \binom{n_1 - 1}{k}\binom{n_0 - 1}{k - 1}}{\binom{n}{n_1}}$$

建立抽样分布后，根据分布公式就可以得出在 H_0（随机性）成立时 $P(R \geqslant r)$ 或 $P(R \leqslant r)$ 的值，计算拒绝域并进行检验。这些值在 n_0 和 n_1 不大时可以通过计算或查表得出。通常，表中给出的在显著性水平 $\alpha = 0.025, 0.05$ 下 n_0, n_1 对应的临界值 c_1 和 c_2 的值，满足 $P(R \leqslant c_1) \leqslant \alpha$ 及 $P(R \geqslant c_2) \leqslant \alpha$。

当数据序列的量很大, 即 $n \to \infty$ 时, 在原假设下, 根据精确分布的性质可以得到:

$$E(R) = \frac{2n_1 n_0}{n_1 + n_0} + 1$$

$$\text{var}(R) = \frac{2n_1 n_0 (2n_1 n_0 - n_0 - n_1)}{(n_1 + n_0)^2 (n_1 + n_0 - 1)}$$

当 $\dfrac{n_1}{n_0} \to \gamma$ 时,

$$E(R) = \frac{2n_1}{(1+\gamma)} + 1$$

$$\text{var}(R) \approx 4\gamma n_1 / (1+\gamma)^3$$

于是

$$Z = \frac{R - E(R)}{\sqrt{\text{var}(R)}} = \frac{R - 2n_1/(1+\gamma)}{\sqrt{4\gamma n_1/(1+\gamma)^3}} \xrightarrow{\mathcal{L}} N(0,1)$$

可以通过正态分布表得到 p 值和检验结果。这时, 在给定显著性水平 α 后, 可以用近似公式得到拒绝域的临界值:

$$r_l = \frac{2n_1 n_0}{n_1 + n_0} \left[1 + \frac{Z_{\frac{\alpha}{2}}}{\sqrt{n_1 + n_0}} \right]$$

$$r_u = 1 + \frac{2n_1 n_0}{n_1 + n_0} \left[1 - \frac{Z_{\frac{\alpha}{2}}}{\sqrt{n_1 + n_0}} \right]$$

例 2.9 超市一早开门营业, 观察购物的男性和女性是否随机出现, 记录下 26 位顾客的性别 (用 M 表示男性, 用 F 表示女性), 依次如下:

M M F F F F F M M M M M F F M M M M F F F F M M F

解 假设检验问题:

$$H_0: \text{男女出现顺序随机} \leftrightarrow H_1: \text{男女出现顺序不随机}$$

分析: $n = 26, n_0 = 13, n_1 = 13, \alpha = 0.05$, 对于 $n_0 = n_1$ 的情况, 可以调用 R 的函数来直接分析:

```
library(tseries)          #安装软件包
cusq=c(1,1,0,0,0,0,0,1,1,1,1,1,0,0,0,1,1,1,1,0,0,0,0,1,1,0)
#输入0/1数据
runs.test(cusq)
```

输出结果如下:

```
data: cusq
statistic = -2.4019, runs = 8, n1 = 13, n2 = 13, n = 26, p-value = 0.01631
alternative hypothesis: nonrandomness
```

结论: 由于实际观测值 $R = 8, p$ 值很小, 故拒绝原假设。北京退休的大爷大妈们常常三五成群晨练, 晨练结束后三三两两、有说有笑地顺便去超市赶着肉菜刚上架的生鲜时机把一家人一天的餐桌所需买回家，这样就出现了性别上三五成群结伴进超市的景象，对超市卖场而言也形成了一个有规律的小小的早高峰。

例 2.10 在试验设计中，经常关心试验误差（experiment error）是否与序号无关。假设有 A，B，C 三个葡萄品种，采取完全试验设计，每个品种需要重复测量 4 次，安排在 12 块试验田中栽种，共得到 12 组数据，每块试验田的试验收成如表 2.15 所示。试问：误差分布是否按序号随机？

表 2.15 12 块试验田的试验收成表 （单位：kg）

(1) B	(2) C	(3) B	(4) B	(5) C	(6) A	(7) A	(8) C	(9) A	(10) B	(11) C	(12) A
23	24	18	23	19	11	6	22	14	22	27	15

解 假设检验问题：

$$H_0: 试验误差随试验田序号随机出现$$
$$H_1: 试验误差随试验田序号不随机出现$$

完全随机设计观测值（参见式 (4.1)）：

$$x_{ij} = \mu + \mu_i + \varepsilon_{ij} = \bar{x}_{..} + (\bar{x}_{i.} - \bar{x}_{..}) + (x_{ij} - \bar{x}_{i.})$$
$$i = 1, 2, \cdots, k; j = 1, 2, \cdots, n$$

试验误差为 $\varepsilon_{ij} = x_{ij} - \bar{x}_{i.}$，首先计算每个品种的均值 $\bar{A} = 11.5, \bar{B} = 21.5, \bar{C} = 23$，各试验田实际收成的误差成分正负情况如表 2.16 所示。

表 2.16 各试验田实际收成的误差成分正负记录表

(1)	(2)	(3)	(4)	(5)	(6)	(7)	(8)	(9)	(10)	(11)	(12)
+	+	−	+	−	−	−	−	+	+	+	+

分析：现在 $n = 12, n_1 = 7, n_0 = 5, \alpha = 0.05$，查表得 $r_l = 3, r_u = 11$。

结论：由于实际观测值 $3 < r = 5 < 11$，因此不能拒绝原假设。

对于连续型数据，我们也关心数据是否随机出现，这时可以将连续的数据二元化，将连续数据的随机性问题转化成二元数据的离散化问题，这是 Mood 于 1940 年给出的中位数检验法。看下面的例子。

例 2.11 某实习生在实习期迟到的情况被门镜系统记录下来，N 表示正常，F 表示迟到，根据表 2.17 的记录判断这名实习生的迟到行为是不是随机的（$\alpha = 0.10$）。

表 2.17 实习生迟到情况统计表

1	2	3	4	5	6	7
NNN	FF	NNNNNNN	F	NN	FFF	NNNNNN
8	9	10	11	12		13
F	NNNN	FF	NNNNN	F		NNNNNNNNNNNNN

解 假设检验问题：

H_0: 该实习生的迟到行为是随机的 $\leftrightarrow$ H_1: 该实习生的迟到行为不是随机的

本例中 $n_1 = 40, n_0 = 10, R = 13$，根据超几何分布，计算 R 在大样本下的近似正态分布均值和方差如下：

$$E_R = \frac{2n_1 n_0}{n_1 + n_0} + 1 = 17$$

$$\text{Sd}_R = \sqrt{\frac{2n_1 n_0 (2n_1 n_0 - n_0 - n_1)}{(n_1 + n_0)^2 (n_1 + n_0 - 1)}} = 2.213$$

$$Z = \frac{R - E_R}{\text{Sd}_R} = -1.81$$

取 $\alpha = 0.10$，$-1.64 > Z = -1.81$，于是可以认为，这名实习生的迟到行为违反随机性，有一定的规律。游程数小于平均数，这表明该实习生在实习前期迟到状况频繁出现，而在实习后期迟到状况有明显的改善。

2.3.2 三类及多类游程检验

有时候会碰上三类或多类游程检验问题，比如，足球比赛有赢球、输球和平局三种比赛结果状态，如果要看比赛结果随比赛进程是否有规律，可以用三类游程检验。假设一串游程有 k 个不同的值，每类的数据量分别记为 $n_1, n_2, \cdots, n_k$，$\sum_{i=1}^{k} n_i = n$，$p_i = \frac{n_i}{n}$。D. E. 巴顿（Barton D. E.）和 F. N. 戴维（David F. N.）（1957）提出，可以用近似正态的方法来解决三类或多类游程检验问题，可以证明，游程数的期望和方差如下：

$$E(R) = n\left(1 - \sum_{i=1}^{k} p_i^2\right) + 1 \tag{2.19}$$

$$\text{var}(R) = n\left[\sum_{i=1}^{k}(p_i^2 - 2p_i^3) + \left(\sum_{i=1}^{k} p_i^2\right)^2\right] \tag{2.20}$$

于是可以通过

$$Z = \frac{R - E(R)}{\sqrt{\text{var}(R)}}$$

来检验。经验指出，当 $n > 12$ 时，Z 值过大或过小则拒绝原假设。

例 2.12 15 支足球队通过积分赛制争夺冠军，分析冠军队在 14 场比赛中的成绩，有人说其"冠军相"不明显，有人说其获得冠军偶然性较大，请问，根据表 2.18 所示的比赛成绩，能否判断冠军队获胜是遵循一定规律的还是随机的？其中 W 表示冠军队赢球，L 表示冠军队输球，D 表示平局，$\alpha = 0.10$。

表 2.18 冠军队比赛情况统计表

1	2	3	4	5	6	7	8	9	10	11	12	13	14
W	W	W	W	D	D	W	W	L	L	L	L	L	W

解 假设检验问题：

$$H_0: \text{冠军队赢球是随机的} \leftrightarrow H_1: \text{冠军队赢球不是随机的}$$

本例中，不妨记 n_W 为赢球场数，$n_W = 7$；n_L 为输球场数，$n_L = 5$；n_D 为平局场数，$n_D = 2$；$n = n_W + n_L + n_W = 14$。赢球概率 $p_W=7/14$，输球概率 $p_L=5/14$，平局概率 $p_D=2/14$。根据式 (2.19) 和式 (2.20)，R 在大样本下的近似正态分布均值和方差如下：

$$E_R = n(1-p_W^2-p_L^2-p_D^2)+1 = 14\times\left[1-\left(\frac{1}{2}\right)^2-\left(\frac{5}{14}\right)^2-\left(\frac{2}{14}\right)^2\right]+1 = 9.43$$

$$\mathrm{Sd}_R = \sqrt{n((p_W^2+p_L^2+p_D^2-2p_W^3-2p_L^3-2p_D^3)+(p_W^2+p_L^2+p_D^2)^2)} = 1.71$$

$$Z = \frac{R-E_R}{\mathrm{Sd}_R} = -2.59$$

取 $\alpha = 0.10$，$-1.64 > Z = -2.59$，于是可以认为该冠军队获胜是有一定规律的。游程数小于平均数，表明该冠军队获胜的原因是前期赢球场数较多，总的不输场次占近 7 成，保证了后程遭遇强劲对手时虽屡屡落败但依然顽强坚持下来并赢得最后两场比赛的胜利，巩固了前程的总积分，最终登上冠军的领奖台，这是在积分赛制下摆脱弱队晋升强队所必备的战术——"先打分散和孤立的弱队以争取积分上的领先，再集中士气攻克实力强大的劲敌"。表面看来，这个冠军队似乎赢地有些"拖泥带水"。但是，通过游程检验的深度分析，在这场多回合面对强大对手的阻击对抗赛中，一支在技术上优势并不十分强大的队伍，如何科学把握形势变化、精准识别现象本质、清醒明辨行为是非是考验一支队伍战术能力的关键。只有那些不回避失败、不掩盖问题，有效抵御风险、应对挑战的队伍才能坚守信念、贯穿始终、荡气回肠、赢得荣耀。

2.4 Wilcoxon 符号秩检验

给数据"照照镜子"就可以检查对称问题

2.4.1 基本概念

Wilcoxon 符号秩检验是由美国化学家、统计学家 F. 威尔科克森（Frank Wilcoxon）于 1945 年提出来的，用于单变量分布位置的检验。前几节的统计推断都只依赖数据的符号，这类方法对连续分布的形态没有要求。本节主要讨论对称分布，研究对称分布的位置具有普遍意义，原因是，许多不对称的单峰数据分布可通过变换化为对称分布。多峰分布通过混合分布整体表示后，每一个分布也可以用单峰对称分布表示。就对称分布而言，对称中心只有一个，中位数却可能有很多。下面的定理指出，对称分布的对称中心是总体分布的中位数之一。毫无疑问，对称中心是比中位数更重要的位置。因此，关于作为总体的对称中心，有两点需要考虑：

① 由于对称中心是中位数，因此在对称中心的两侧应各有一半左右的数据量；
② 在对称中心的两侧，数据分布的疏密情况应类似。

这时，只考虑数据的符号就不够了，作为刻画数据中心位置的对称中心，要求数据在其两边分布的疏密情况是对称的。不仅如此，如果对称分布的中位数唯一，则中位数就是对称中心，中位数与期望是一致的。因此，就对称分布而言，可以比较不同统计量的检验效率，继而从理论上比较参数方法和非参数方法的效率。

首先，给出对称分布的一些记号：称连续分布 $F(x)$ 关于 θ 对称，如果对 $\forall x \in \mathbb{R}$，有 $F(\theta - x) = P(X < \theta - x) = P(X > \theta + x) = 1 - F(x + \theta)$，称 θ 是分布的**对称中心**。

定理 2.1　X 服从分布函数为 $F(\theta)$ 的分布，且 $F(\theta)$ 关于 θ 对称，总体的对称中心是总体的中位数之一。

证明　对称分布 X 有对称中心 θ，那么 $X - \theta$ 与 $\theta - X$ 关于零点对称，而且有相同的分布：
$$\text{对}\forall x,\text{有} P(X - \theta < x) = P(\theta - X < x)$$
特别地，取 $x = 0$，则
$$P(X < \theta) = P(X > \theta) \Rightarrow P(X < \theta) \leqslant \frac{1}{2}$$
以下证明 $P(X \leqslant \theta) \geqslant \frac{1}{2}$。应用反证法，如果 $P(X \leqslant \theta) < \frac{1}{2}$，那么
$$P(X > \theta) = P(X < \theta) = 1 - P(X \leqslant \theta) > \frac{1}{2}$$
这与上面的结论矛盾，综合两者，有
$$P(X < \theta) \leqslant \frac{1}{2} \leqslant P(X \leqslant \theta)$$
即 θ 是 X 的一个中位数。

先看一个例子：对数据

$$-3.56 \quad -2.22 \quad -0.31 \quad -0.14 \quad 11.12 \quad 12.30 \quad 14.1 \quad 14.3$$

来说，0 是这组数据的中位数，两侧有相等数量的正号和负号；如果只看秩，而不看数据的取值，直觉上认为这是一个以 0 为中心的样本。但实际上，取负值的数据相对在 0 左侧聚集，取正值的数据并非在 0 右侧相等距离的位置聚集，而是在较远处的 10 附近比较集中，而左侧距离 0 间隔相当的位置上负值也不密集。这不满足对称性的要求——在对称中心两边的分布相同。为什么符号检验法失败了？问题出在没有考虑数据绝对值的大小上。Wilcoxon 符号秩统计量的思想是，首先把样本的绝对值 $|X_1|, |X_2|, \cdots, |X_n|$ 排序，其顺序统计量为 $|X|_{(1)}, |X|_{(2)}, \cdots, |X|_{(n)}$。如果数据关于零点对称，对称中心两侧关于对称中心距离相等的位置上数据的疏密情况应该大致相同。这表现为，当数据取绝对值以后，原来取正值的数据与原来取负值的数据交错出现，取正值数据在绝对值样本中的秩和与取负值数据在绝对值样本中的秩和应近似相等。

具体而言，用 R_j^+ 表示 $|X_j|$ 在绝对值样本中的秩，即 $|X_j| = |X|_{(R_j^+)}$。用 $S(x)$ 表示示性函数 $I(x > 0)$，它在 $x > 0$ 时为 1，否则为 0。为方便起见，我们引入**反秩**（antirank）的概念。反秩 D_j 是由 $|X_{D_j}| = |X|_{(j)}$ 定义的。我们还用 W_j 表示与 $|X|_{(j)}$ 相应的原样本点的符号函数，即 $W_j = S(X_{D_j})$，且称 $R_j^+ S(X_j)$ 为符号秩统计量。Wilcoxon **符号秩统计量** 定义为

$$W^+ = \sum_{j=1}^{n} jW_j = \sum_{j=1}^{n} R_j^+ S(X_j)$$

它是正的样本点按绝对值所得秩的和。为说明这些概念，看如下例子。

例 2.13 如样本值为 $9, 13, -7, 10, -18, 4$，则相应的符号秩统计量值如表 2.19 所示。

表 2.19 符号秩统计量值

X_1	X_2	X_3	X_4	X_5	X_6
9	13	-7	10	-18	4
$|X|_{(3)}$	$|X|_{(5)}$	$|X|_{(2)}$	$|X|_{(4)}$	$|X|_{(6)}$	$|X|_{(1)}$
$R_1^+ = 3$	$R_2^+ = 5$	$R_3^+ = 2$	$R_4^+ = 4$	$R_5^+ = 6$	$R_6^+ = 1$
$W_3 = 1$	$W_5 = 1$	$W_2 = 0$	$W_4 = 1$	$W_6 = 0$	$W_1 = 1$
$D_3 = 1$	$D_5 = 2$	$D_2 = 3$	$D_4 = 4$	$D_6 = 5$	$D_1 = 6$

显然，$W^+ = 3 + 5 + 4 + 1 = 13$。

设 $F(x - \theta)$ 对称，原假设为 $H_0 : \theta = 0$，有下面 3 个定理。

定理 2.2 如果原假设 $H_0 : \theta = 0$ 成立，则 $S(X_1), S(X_2), \cdots, S(X_n)$ 独立于 $(R_1^+, R_2^+, \cdots, R_n^+)$。

证明 事实上，因为 $(R_1^+, R_2^+, \cdots, R_n^+)$ 是 $|X_1|, |X_2|, \cdots, |X_n|$ 的函数，而出自随机样本的 $(S(X_i), |X_j|)(i, j = 1, 2, \cdots, n, j \neq i)$ 是互相独立的数对，所以我们只要证明 $S(X_i)$ 和 $|X_i|$ 是互相独立的即可，事实上，

$$P[S(X_i) = 1, |X_i| \leqslant x] = P(0 < X_i \leqslant x) = F(x) - F(0) = F(x) - \frac{1}{2}$$
$$= \frac{2F(x) - 1}{2} = P[S(X_i) = 1] P(|X_i| \leqslant x)$$

下面的定理 2.3 和定理 2.4 平行，读者可自己验证。

定理 2.3 如果原假设 $H_0 : \theta = 0$ 成立，则 $S(X_1), S(X_2), \cdots, S(X_n)$ 独立于 $(D_1, D_2, \cdots, D_n)$。

定理 2.4 如果原假设 $H_0 : \theta = 0$ 成立，则 $W_1, W_2, \cdots, W_n$ 是独立同分布的，其分布为 $P(W_i = 0) = P(W_i = 1) = \frac{1}{2}$。

证明 令 $\boldsymbol{D} = (D_1, D_2, \cdots, D_n), \boldsymbol{d} = (d_1, d_2, \cdots, d_n)$

$$P(W_1 = w_1, W_2 = w_2, \cdots, W_n = w_n)$$
$$= \sum_{d} P[S(X_{D_1}) = w_1, S(X_{D_2}) = w_2, \cdots, S(X_{D_n}) = w_n | \boldsymbol{D} = \boldsymbol{d}] P(\boldsymbol{D} = \boldsymbol{d})$$
$$= \sum_{d} P[S(X_{d_1}) = w_1, S(X_{d_2}) = w_2, \cdots, S(X_{d_n}) = w_n] P(\boldsymbol{D} = \boldsymbol{d})$$
$$= \left(\frac{1}{2}\right)^n \sum_{d} P(\boldsymbol{D} = \boldsymbol{d}) = \left(\frac{1}{2}\right)^n$$

因此有 $P(W_1, W_2, \cdots, W_n) = \prod_{i=1}^{n} P(W_i = w_i)$ 及 $P(W_i = w_i) = \frac{1}{2}$。

2.4.2 Wilcoxon 符号秩检验和抽样分布

1. Wilcoxon 符号秩检验过程

假设样本点 $X_1, X_2, \cdots, X_n$ 来自连续对称的总体分布（符号检验不需要这个假设）。在这个假定下总体中位数等于均值。它的检验目的和符号检验是一样的，即要检验双边问题 $H_0: M = M_0$ 或检验单边问题 $H_0: M \leqslant M_0$ 及 $H_0: M > M_0$，Wilcoxon 符号秩检验的步骤如下。

(1) 对 $i = 1, 2, \cdots, n$，计算 $|X_i - M_0|$；它们表示这些样本点到 M_0 的距离。

(2) 将上面 n 个绝对值排序，并找出它们的 n 个秩；如果有相同的样本点，则每个点取平均秩。

(3) 令 W^+ 等于 $X_i - M_0 > 0$ 的 $|X_i - M_0|$ 的秩的和，而 W^- 等于 $X_i - M_0 < 0$ 的 $|X_i - M_0|$ 的秩的和。注意：$W^+ + W^- = n(n+1)/2$。

(4) 对双边检验 $H_0: M = M_0 \leftrightarrow H_1: M \neq M_0$，在原假设下，$W^+$ 和 W^- 应差不多。因而，当其中之一很小时，应怀疑原假设；在此，取检验统计量 $W = \min\{W^+, W^-\}$。类似地，对 $H_0: M \leqslant M_0 \leftrightarrow H_1: M > M_0$ 的单边检验取 $W = W^-$；对 $H_0: M \geqslant M_0 \leftrightarrow H_1: M < M_0$ 的单边检验取 $W = W^+$。

(5) 根据得到的 W 值，查 Wilcoxon 符号秩检验的分布表以得到在原假设下的 p 值。如果 n 很大，要用正态近似得到一个与 W 有关的正态随机变量 Z 的值，再查表得到 p 值，也可直接在软件中计算得到 p 值。

(6) 如果 p 值小（比如小于或等于给定的显著性水平 0.05），则可以拒绝原假设。实际上，显著性水平 α 可取任何大于或等于 p 值的数。如果 p 值较大，则没有充分证据来拒绝原假设，但不意味着接受原假设。

2. W^+ 在原假设下的精确分布

W^+ 在原假设下的分布并不复杂。我们举一个例子说明如何在简单情况下获得其分布。当 $n = 3$ 时，绝对值的秩只有 1, 2 和 3，但是却有 8 种可能的符号排列。在原假设下，每一个这种排列都是等概率的（在这里，其概率为 1/8），表 2.20 列出了这些可能的情况以及在每种情况下 W^+ 的值。可以看出，$W^+ = 3$ 出现了两次，因而 $P_{H_0}(W^+ = 3) = 2/8$，其余 W^+ 为 0, 1, 2, 4, 5, 6 六个数中之一的概率为 1/8。

表 2.20　Wilcoxon 分布列计算表

秩	符号的 8 种组合							
1	−	+	−	−	+	+	−	+
2	−	−	+	−	+	−	+	+
3	−	−	−	+	−	+	+	+
W^+	0	1	2	3	3	4	5	6
概率	$\dfrac{1}{8}$	$\dfrac{1}{8}$	$\dfrac{1}{8}$	$\dfrac{1}{8}$	$\dfrac{1}{8}$	$\dfrac{1}{8}$	$\dfrac{1}{8}$	$\dfrac{1}{8}$

现在，给出计算 W^+ 概率的一般方法。首先，对 $\forall j$，有

$$E[\exp(t_j W_j)] = \frac{1}{2}\exp(0) + \frac{1}{2}\exp(t_j) = \frac{1}{2}[1+\exp(t_j)]$$

当计算样本量为 n 时，W^+ 的母函数如下：

$$M_n(t) = E[\exp(tW^+)] = E[\exp(t\sum j W_j)]$$
$$= \prod_j E[\exp(t j W_j)] = \frac{1}{2^n}\prod_{j=1}^{n}(1+e^{tj})$$

母函数有展开式

$$M_n(t) = a_0 + a_1 e^t + a_2 e^{2t} + \cdots$$

则 $P_{H_0}(W^+ = j) = a_j$。利用指数相乘的性质，当 $n=2$ 时，Wilcoxon 分布列计算表如表 2.21 所示。

表 2.21 $n=2$ 时的 Wilcoxon 分布列计算表

0	1	2	3
1	1	1	1

第一行是 $M_2(t)$ 的各个指数幂，第二行是这些幂对应的系数（忽略除数 2^2）。

当 $n=3$ 时，我们可以从表 2.21 中通过移位和累加得到指数幂的系数，如表 2.22 所示（忽略除数 2^3）。

表 2.22 $n=3$ 时的 Wilcoxon 分布列计算表

0	1	2	3	4	5	6	
1	1	1	1				
			1	1	1	1	+
1	1	1	2	1	1	1	

表 2.22 中第一行是 $M_3(t)$ 的指数幂；第二行是 $M_2(t)$ 的指数幂对应的系数；第三行是第二行的系数右移三位，是由第三个因子的第二项（e^{3t}）与前面各项相乘得到的，因为是三次幂，所以右移三位；第四行是第二、三两行的和。由此得到 $P(W^+ = k)$。类似地，可通过递推的方法得到任意 n 时 W^+ 的分布，如表 2.23 所示。

表 2.23 任意 n 时 Wilcoxon 分布列计算表

0	1	2	$\cdots$	$\dfrac{n(n+1)}{2}$	
$M_{n-1}(t)$ 的系数					
（右移 $\to n$ 位）			$M_{n-1}(t)$ 的系数		+
$M_n(t)$ 的系数					

下面的函数 dwilxonfun 为 $P(W^+ = x)$ 的一个 R 参考程序，其中 N 是样本量，用来计算 W^+ 的分布密度函数。

```
dwilxonfun=function(N)
{
    a=c(1,1)# when n=1 frequency of W+=1 or 0
```

```
   n=1
pp=NULL # distribute of all size from 2 to N
aa=NULL # frequency of all size from 2 to N
for (i in 2:N)
{
   t=c(rep(0,i),a)
   a=c(a,rep(0,i))+t
   p=a/(2^i)     #density of wilcox distribut when size=N
}
 p
}
N=19
# sample size of expected distribution of W+
dwilxonfun(N)
```

Wilcoxon 分布如图 2.2 所示。

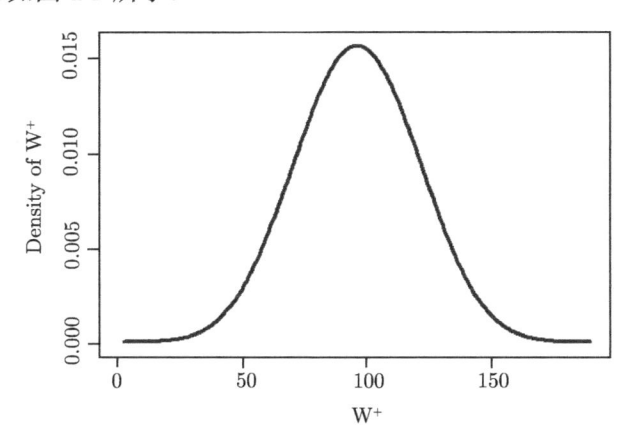

图 2.2 Wilcoxon 分布图

3. 大样本 W^+ 分布

如同对符号检验讨论的那样，如果样本量太大，则可能得不到分布表，这时可以使用正态近似。根据 2.3 节的定理，可以得到

$$E(W^+) = E\left(\sum_{j=1}^{n} jW_j\right) = \frac{1}{2}\sum_{j=1}^{n} j = \frac{1}{2}\frac{n(n+1)}{2} = \frac{1}{4}n(n+1)$$

$$\text{var}(W^+) = \text{var}\left(\sum_{j=1}^{n} jW_j\right) = \frac{1}{4}\sum_{j=1}^{n} j^2 = \frac{1}{24}n(n+1)(2n+1)$$

在原假设下，由此可构造大样本渐近正态统计量，原假设下的近似计算如下：

$$Z = \frac{W^+ - n(n+1)/4}{\sqrt{n(n+1)(2n+1)/24}} \xrightarrow{\mathcal{L}} N(0,1)$$

计算出 Z 值后,可由正态分布表查出检验统计量对应的 p 值,如果 p 值过小,则拒绝原假设 $H_0: \theta = M_0$。在小样本情况下使用连续性修正如下:

$$Z = \frac{W^+ - n(n+1)/4 \pm C}{\sqrt{n(n+1)(2n+1)/24}} \xrightarrow{\mathcal{L}} N(0,1)$$

当 $W^+ > n(n+1)/4$ 时,用正连续性修正,$C = 0.5$;当 $W^+ < n(n+1)/4$ 时,用负连续性修正,$C = -0.5$.

如果数据有 g 个结,在小样本情况下可以用正态近似公式:

$$Z = \frac{W^+ - n(n+1)/4 \pm C}{\sqrt{n(n+1)(2n+1)/24 - \sum_{i=1}^{g}(\tau_i^3 - \tau_i)/48}} \xrightarrow{\mathcal{L}} N(0,1)$$

在大样本情况下,用正态近似公式:

$$Z = \frac{W^+ - n(n+1)/4}{\sqrt{n(n+1)(2n+1)/24 - \sum_{i=1}^{g}(\tau_i^3 - \tau_i)/48}} \xrightarrow{\mathcal{L}} N(0,1)$$

计算出 Z 值以后,查正态分布表对应的 p 值。如果 p 值很小,则拒绝原假设。

下面举例说明如何应用 Wilcoxon 符号秩检验,并将它与符号检验的结果相比较,分析在解决位置参数检验问题时各自的特点。

例 2.14 为了解垃圾邮件对大型公司决策层工作的影响程度,某网站调查了 19 家大型公司 CEO,得到他们邮箱里每天收到的垃圾邮件数据(单位:封):

$$310 \quad 350 \quad 370 \quad 377 \quad 389 \quad 400 \quad 415 \quad 425 \quad 440 \quad 295$$
$$325 \quad 296 \quad 250 \quad 340 \quad 298 \quad 365 \quad 375 \quad 360 \quad 385$$

从平均意义上来看,垃圾邮件数据的中心位置是否超出 320?

解 首先,我们先作数据的直方图,如图 2.3 所示。在直方图上,没有明显的迹象表明数据的分布不是对称的,因此采用 R 内置函数 wilcox.test 来假设检验:

$$H_0: \theta = M_0 \leftrightarrow H_1: \theta \neq M_0$$

R 程序如下:
```
wilcox.test(spammail-320)
```
输出结果如下:
```
    Wilcoxon signed rank test

data:  spammail - 320 V = 158, p-value = 0.009453 alternative
hypothesis: true location is not equal to 0
```

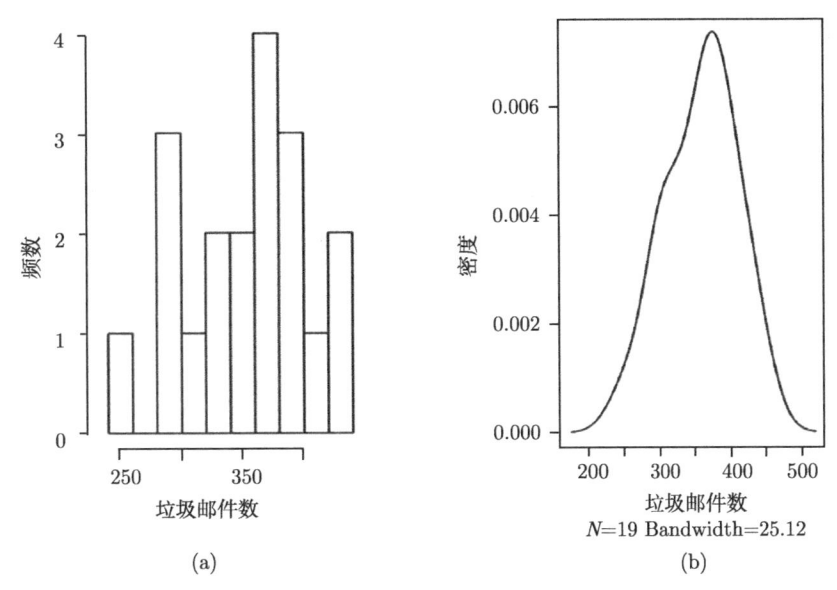

图 2.3 垃圾邮件的直方图和分布密度曲线图

为方便比较，下面采用 binom.test 函数进行参数位置检验，R 程序如下：

```
> suc.num<-sum(spammail>320)
> n=length(spammail)
> binom.test(suc.num,n,0.5)
```

输出结果如下：

```
Exact binomial test
data:  sum(spammail > 320) and 19 number of successes = 14, number
of trials = 19, p-value = 0.06357 alternative hypothesis: true
probability of success is not equal to 0.5 95 percent confidence
interval:
0.4879707 0.9085342
sample estimates: probability of success
           0.7368421
```

其中，suc.num 表示数据中大于 320 的样本数。从结果看，虽然两个检验都拒绝了原假设，但是 wilcox.test 输出的 p 值比 binom.test 小一些，这表明在对称性的假定之下，Wilcoxon 符号秩检验采用了比符号检验更多的信息，因而可能得到更可靠的结果。值得注意的是，这里假定了总体分布的对称性。如果对称性不成立，则还是符号检验的结果更为可靠。

4. 由 Wilcoxon 符号秩检验导出的 Hodges-Lehmann 估计量

定义 2.1 假设 $X_1, X_2, \cdots, X_n$ 为简单随机样本，计算任意两个数的平均，将得到一组长度为 $\frac{n(n+1)}{2}$ 的新数据。这组数据称为 Walsh 平均值，即 $\left\{ X'_u : X'_u = \frac{X_i + X_j}{2}, i \leqslant j, u = 1, 2, \cdots, \frac{n(n+1)}{2} \right\}$。

定理 2.5 前面定义的 Wilcoxon 符号秩统计量 W^+ 可以表示为

$$W^+ = \# \left\{ \frac{X_i + X_j}{2} > 0, \quad i \leqslant j; i,j = 1, 2, \cdots, n \right\}$$

即 W^+ 是 Walsh 平均值中符号为正的个数。

证明 记 $X_{i_1}, X_{i_2}, \cdots, X_{i_p}$ 为 p 个正的样本点，以原点为中心，以 X_{i_1} 为半径画闭区间 $I_1 = [-X_{i_1}, X_{i_1}]$。$X_{i_1}$ 绝对值的秩 $R_{i_1}^+$ 等于 I_1 中样本点的个数。注意：I_1 中样本点和 X_{i_1} 构成的平均值都大于 0。将这个过程对每一个样本点重复一遍，就得到了所有秩和，这些秩和恰好为 Walsh 平均值大于 0 的个数。

如果中心位置不是 0，而是 θ，则定义统计量如下：

$$W^+(\theta) = \# \left\{ \frac{X_i + X_j}{2} > \theta, i \leqslant j; i, j = 1, 2, \cdots, n \right\}$$

用 $W^+(\theta)$ 作为检验 $H_0 : \theta = \theta_0 \leftrightarrow H_1 : \theta \neq \theta_0$ 的统计量，则这个检验是无偏检验。

定义 2.2 假设 $X_1, X_2, \cdots, X_n$ 独立同分布且取自 $F(x - \theta)$，若 F 对称，则定义 Walsh 平均值的中位数如下：

$$\hat{\theta} = \text{median} \left\{ \frac{X_i + X_j}{2}, i \leqslant j; i, j = 1, 2, \cdots, n \right\}$$

并将其作为 θ 的 Hodges-Lehmann 点估计量。

例 2.15 一个食物研究所在检测某种香肠的肉含量时，随机测出如表 2.24 所示的数据。

表 2.24 香肠肉含量 (%)

62	70	74	75	77	80	83	85	88

解 假定分布是对称的，Walsh 平均的数据量记为 NW, $\text{NW} = \dfrac{n(n+1)}{2} = 45$，可以用下面的 R 程序计算中心位置的点估计：

```
> a <-c(62,70,74,75,77,80,83,85,88)
> walsh <-NULL
> for (i in 1:(length(a)-1))
> for (j in (i+1):length(a))
> walsh <-c(walsh,(a[i]+a[j])/2)
> walsh=c(walsh,a)
> NW=length(walsh)
> median(walsh)
> 77.5
```

2.5 估计量的稳健性评价

本节主要介绍估计量的稳健性（robustness）评价准则。稳健性的英文是 "robust"，用于评价当观测和分布发生微小变化时，估计量会不会受到太大影响。稳健性概念首先由博克斯（Box，1953）提出，后来被汉佩尔（Hampel）和休伯（Huber）不断发展起来。约翰·图基（Tukey，1960）给出了一个例子：假设有 n 个观测 $Y_i \sim N(\mu, \sigma^2)(i = 1, 2, \cdots, n)$，目标是估计 σ^2。有两个估计量：一个估计量是 $\hat{\sigma}^2 = s^2$，另一个估计量是 $\tilde{\sigma}^2 = d^2\pi/2$，其中

$$d = \frac{1}{n}\sum_i |Y_i - \bar{Y}|$$

由于 $d \to \sqrt{2/\pi}\sigma$，于是 $\tilde{\sigma}^2$ 是 σ^2 的渐近无偏估计。而且可以得到 $\text{ARE}(\tilde{\sigma}^2, s^2) = 0.876$。图基进一步指出，如果 Y_i 以 $1-\epsilon$ 从 $N(\mu, \sigma^2)$ 中取得，以一个很小的概率 ϵ 从 $N(\mu, 9\sigma^2)$ 中取得，ARE 会呈现出如表 2.25 所示的变化：

表 2.25　ARE 随 ϵ 变化表

$\epsilon\%$	0	0.1	0.2	1	5
$\text{ARE}(\tilde{\sigma}^2, s^2)$	0.876	0.948	1.016	1.44	2.04

从表 2.25 中可以看出，估计量 s^2 的优越性仅仅表现在噪声数据不足 1% 的场景中，这表明在实际中 s^2 作为估计量对噪声数据的"免疫力"十分低下，缺乏效率上的稳健性（robustness of efficiency）。

常用的稳健性评价准则有三类：敏感曲线（sensitivity curve）、影响函数（Influence Function，IF）及其失效点（Breakdown Point，BP）。

1. 敏感曲线

假设 θ 是待估分布函数 F 的参数，观测 $x = \{x_1, x_2, \cdots, x_n\}$ 来自分布 F，$\hat{\theta}_n$ 是 θ 的估计量，如果增加一个异常点 x，形成一个新数据 $x = \{x_1, x_2, \cdots, x_n, x\}$，那么估计量变成 $\hat{\theta}_{n+1}$，敏感曲线定义为

$$S(x, \hat{\theta}) = \frac{\hat{\theta}_{n+1} - \hat{\theta}_n}{1/(n+1)}$$

敏感曲线用于评估估计量受外界异常干扰的能力。

例 2.16　取例 2.1 数据的前 13 个数据，取异常值在 $[1, 15]$ 和 $[60, 80]$ 之间，每次增加一个异常值，比较三类估计量——样本均值、样本中位数和 HL（Hodges-Lehmann）——数值随异常数据的变化，制作敏感曲线并进行分析，如图 2.4 所示。

从图 2.4 来看，样本均值是无界的，中位数和 HL 是有界的，有界的含义是，当数据受到轻度干扰时，估计值会稳定在一个固定值附近。

2. 影响函数

敏感曲线依赖于观测数据，另一种评价估计量稳健性的方法只依赖于分布，称为影响函数，由汉佩尔（Hampel，1974）首先提出。它表示给定分布 F 的一个样本，在任意点 x 处加入一个额外观测对统计量 T（近似或标准化）的影响。具体而言，如果 X 以 $1-\epsilon(0 \leqslant \epsilon \leqslant 1)$ 的概率来自既定分布 F，而以 ϵ 的概率来自另一个任意污染分布 δ_x，此时的混合分布表

示为

$$F_{x,\delta} = (1-\epsilon)F + \epsilon\delta_x$$

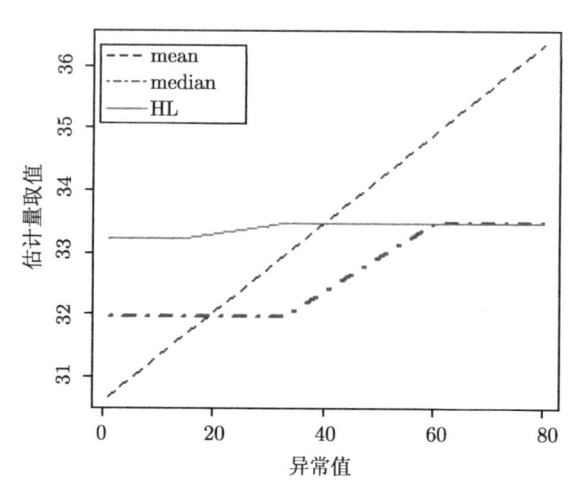

图 2.4 三类估计量的敏感曲线分析图

统计量 T 的影响函数就定义为

$$\text{IF}(x,T,F) = \lim_{\epsilon \to 0} \frac{T[(1-\epsilon)F + \epsilon\delta_x] - T(F)}{\epsilon}$$

从定义来看，影响函数 $\text{IF}(x,T,F)$ 是统计量 T 在一个既定分布 F 下的一阶导数，其中点 x 是有限维的概率分布空间中的坐标。如果某个统计量的 IF 值有界，就称该统计量对微小污染具有稳健性。

如果一个估计量的影响函数是有界的，就称该估计量是稳健的。在比例和中心都不变的情况下，样本均值的影响函数是 x，中位数的影响函数是 $\text{sign}(x)$，HL 的影响函数是 $F(x)-0.5$，这么来看，样本均值不是稳健的，中位数和 HL 估计都是稳健的。

3. 失效点

失效点是一种全局稳健性评价方法。一般意义下，失效点（BP）是指：原始数据中混入了异常数据时，在估计量给出错误模型估计之前，异常数据量相对于原始数据量的最大比例。失效点是估计量对异常数据的最大容忍度。汉佩尔（Hampel, 1968）给出了失效点的近似求解方法。多纳赫和休伯（Donoho & Huber 1983）提出了一种回归分析下失效点的定义，这个定义在有限样本条件下是这样给出的：

$$\epsilon_n^*(\hat{\beta},Z) = \min\left\{\frac{m}{n}, \text{bias}(m,\hat{\beta},Z) \to \infty\right\}$$

式中，Z 为自变量与因变量组成的观测值空间，$\hat{\beta}$ 为回归估计向量，偏差函数 bias 表示从 Z 空间上 n 个观测中，将其中任意 m 个值做任意大小替换后（即考虑了最坏情况下有离群点的情况），导致回归估计不可用时所能允许的替换样本量的最小值，记为 ABP（Asymptotic

Breakdown Point）。回归估计的失效点表示的是导致估计值 $\hat{\beta}$ 无意义过失误差的额外样本量的最小比例。从定义来看，它衡量的是偏离模型分布的距离，超过该距离，统计量就变得完全不可靠。BP 值越小，估计值越不稳健。

样本均值的失效点为 $BP = \dfrac{1}{n}$，$ABP = 0$。因为使任意一个 x_i 变成足够大的数据之后，估计出来的均值就不再正确了，渐近失效点为 0。样本中位数的失效点数为 $\dfrac{n-1}{2}$，$ABP = 0.5$。HL 估计量的失效点数为 $ABP = 0.29$。

2.6 单组数据的位置参数置信区间估计

2.6.1 顺序统计量位置参数置信区间估计

1. 用顺序统计量构造分位数置信区间的方法

在参数的区间估计中，可以通过样本函数构造随机区间，使该区间包括待估参数的可能性达到一定可靠性。如果待估参数就是分位数点 m_p，则自然想到用样本的顺序统计量构造区间估计。

样本 $X_1, X_2, \cdots, X_n$ 独立取自同一分布 $F(x)$，$X_{(1)}, X_{(2)}, \cdots, X_{(n)}$ 是样本的顺序统计量，对 $\forall i < j$，注意到

$$P(X_i < m_p) = p, \quad \forall i = 1, 2, \cdots, n$$

$$\begin{aligned}
&P(X_{(i)} < m_p < X_{(j)}) \\
&= P(\text{在 } m_p \text{ 之前至少有 } i \text{ 个样本点}, \text{在 } m_p \text{ 之前不能多于 } j-1 \text{ 个样本点}) \\
&= \sum_{h=i}^{j-1} \binom{n}{h} p^h (1-p)^{n-h}
\end{aligned}$$

如果能找到合适的 i 与 j 使上式大于等于 $1-\alpha$，这样的 $(X_{(i)}, X_{(j)})$ 就构成了 m_p 置信度为 $100(1-\alpha)\%$ 的置信区间。当然，为了得到精度高的置信区间，理想结果应该是找到使概率最接近 $1-\alpha$ 的 i 与 j。

我们也注意到，对 $P(X_{(i)} < m_p < X_{(j)})$ 的计算只用到二项分布和 p，没有用到有关 $f(x)$ 的具体结构，所以总可以根据事先给定的 α，求出满足上式的合适的 i 和 j。这一方法显然适用于一切连续分布，类似的方法称为**不依赖于分布的**（distribution free）**统计推断方法**。

如果我们要求的是中位数的置信区间，那么上式简化为

$$P(X_{(i)} < m_e < X_{(j)}) = \sum_{h=i}^{j-1} \binom{n}{h} \left(\dfrac{1}{2}\right)^n$$

例 2.17 表 2.26 所示为 16 名学生在一项体能测试中的成绩，求由顺序统计量构成的置信度为 95% 的中位数的置信区间。

表 2.26 16 名学生在一项体能测试中的成绩

82	53	70	73	103	71	69	80
54	38	87	91	62	75	65	77

解 我们将采用两步法搜索最优的置信区间。

(1) 首先确定使概率大于 $1-\alpha$ 的所有可能区间为备选区间 $(X_{(i)}, X_{(j)})(i<j)$;

(2) 从中选出长度最短的区间作为最终的结果。

第一步:所有可能的置信区间共计 $\frac{16 \times 15}{2}=120$ 个,置信度在 95% 以上的置信区间有 24 个,结果如表 2.27 所示。

表 2.27 体能测试中成绩的置信度在 95% 以上的置信区间

下限	上限	置信度	下限	上限	置信度
38	80	0.9615784	54	87	0.9958191
38	82	0.9893494	54	91	0.9976501
38	87	0.9978943	54	103	0.9978943
38	91	0.9997253	62	80	0.9509583
38	103	0.9999695	62	82	0.9787292
53	80	0.9613342	62	87	0.9872742
53	82	0.9891052	62	91	0.9891052
53	87	0.9976501	62	103	0.9893494
53	91	0.9994812	65	82	0.9509583
53	103	0.9997253	65	87	0.9595032
54	80	0.9595032	65	91	0.9613342
54	82	0.9872742	65	103	0.9615784

第二步:从这些区间里面找到长度最短的区间,为 $(X_{(5)}, X_{(13)}) = (65, 82)$,置信度为 0.9509583。

在例 2.17 中,得到精度最优的 Neyman 置信区间 $(X_{(5)}, X_{(13)})$,其序号不对称,这是常见的。在实际中,为方便起见,常常选择指标对称的置信区间。

具体定义:求满足置信度为 $100(1-\alpha)\%$ 的最大的 k 所构成的置信区间 $(X_{(k)}, X_{(n-k+1)})$ (这里 k 可以为 0)。如果要求对称的置信区间,则 k 应满足

$$1-\alpha \leqslant P(X_{(k)} < M_e < X_{(n-k+1)}) = \frac{1}{2^n} \sum_{i=k}^{n-k} \binom{n}{i}$$

于是,编写 R 程序计算如下:

```
alpha=0.05
n=length(stu)
conf=pbinom(n,n,0.5)-pbinom(0,n,0.5)
for (k in 1:n)
{   conf=pbinom(n-k,n,0.5)-pbinom(k,n,0.5)
    if (conf<1-alpha) {loc=k-1;break}
    print(loc)
}
```

在例 2.17 中，所求对称的置信区间为 $(X_{(4)}, X_{(13)}) = (62, 82)$，比例题中选出的置信区间略微长了一些。

2. 在对称分布中用 Walsh 平均法求解置信区间

2.4 节给出了对称分布中心的 Walsh 平均法，自然可想到应用 Walsh 平均顺序统计量构造对称中心的置信区间。

定理 2.6 原始数据为 $X_1, X_2, \cdots, X_n \stackrel{\text{i.i.d.}}{\sim} F(x-\theta)$，若 F 对称，利用 Walsh 平均法可以得到 θ 的置信区间。首先按升幂排列 Walsh 平均值，记为 $W_{(1)}, W_{(2)}, \cdots, W_{(N)}$，$N = \dfrac{n(n+1)}{2}$。则对称中心 θ 的置信度为 $100(1-\alpha)\%$ 的置信区间为

$$(W_{(k)}, W_{(N-k+1)})$$

式中，k 是满足 $P(W_{(j)} < \theta < W_{(N-j+1)}) \geqslant 1 - \alpha$ 的最大的 j。

例 2.18（数据文件 chap2\scot.txt） 苏格兰红酒享誉世界，品种繁多，本例收集了音乐会上备受青睐的 21 种威士忌的储存年限（原酒在橡木桶中的储存年限），如果假设这些年限来自对称分布，试用 Walsh 平均法给出这些收藏年限中位数的置信区间。

解 下面给出本例的 R 参考程序。

```
#Walsh.AL.scot is the Walsh transform
NL=length(Walsh.AL.scot) alpha=0.05 for (k in seq(1,NL/2,1)) {
    F=pbinom(NL-k,NL,0.5)-pbinom(k,NL,0.5)
    if (F<1-alpha)
    {   IK=k-1
        break
    }
} sort.Walsh.AL.scot=sort(Walsh.AL.scot)
Lower=sort.Walsh.AL.scot[IK] Upper=sort.Walsh.AL.scot[NL-IK+1]
c(Lower,Upper)
```

输出结果如下：

13.50 14.75

与用顺序统计量求出的置信区间（7.5, 19.5）比较，显然 Walsh 平均法的结果更为精确。

2.6.2 基于方差估计法的位置参数置信区间估计

置信区间估计中最核心的内容是求解估计量（或统计量）的方差，Bootstrap 方法是常用的不依赖于分布的求解统计量 $T_n = g(X_1, X_2, \cdots, X_n)$ 的方差的方法。在本小节中，我们首先介绍方差估计的 Bootstrap 方法，然后介绍用 Bootstrap 方法构造置信区间的方法。

1. 方差估计的 Bootstrap 方法

令 $V_F(T_n)$ 表示统计量 T_n 的方差，F 表示未知的分布（或参数），$V_F(T_n)$ 是分布 F 的

函数。比如 $T_n = n^{-1} \sum_{i=1}^{n} X_i$，那么

$$V_F(T_n) = \frac{\sigma^2}{n} = \frac{\int x^2 \mathrm{d}F(x) - \left(\int x \mathrm{d}F(x)\right)^2}{n}$$

是 F 的函数。

在 Bootstrap 方法中，我们用经验分布函数替换分布函数 F，用 $V_{\hat{F}_n}(T_n)$ 估计 $V_F(T_n)$。由于 $V_{\hat{F}_n}(T_n)$ 通常很难通过计算得到，因此在 Bootstrap 方法中利用重抽样的方法计算 v_{boot} 来近似 $V_{\hat{F}_n}(T_n)$。Bootstrap 方法估计统计量方差的具体步骤如下：

(1) 从经验分布 $\hat{F}_n$ 中重抽样 $X_1^*, X_2^*, \cdots, X_n^*$；

(2) 计算 $T_n^* = g(X_1^*, X_2^*, \cdots, X_n^*)$；

(3) 重复步骤 (1)、(2) 共 B 次，得到 $T_{n,1}^*, T_{n,2}^*, \cdots, T_{n,B}^*$；

(4) 计算

$$v_{\text{boot}} = \frac{1}{B} \sum_{b=1}^{B} \left(T_{n,b}^* - \frac{1}{B} \sum_{r=1}^{B} T_{n,r}^* \right)^2$$

经验分布在每个样本点上的概率密度为 $1/n$，步骤 (1) 相当于从原始数据中有放回地简单随机抽取 n 个样本。

由大数定律，当 $B \to \infty$ 时，$v_{\text{boot}} \xrightarrow{\text{a.s.}} V_{\hat{F}_n}(T_n)$。$T_n$ 的标准差 $\hat{\text{Sd}}_{\text{boot}} = \sqrt{v_{\text{boot}}}$。以下关系表示了 Bootstrap 方法的基本思想：

$$v_{\text{boot}} \to V_{\hat{F}_n}(T_n) \sim V_F(T_n)$$

从上面的步骤很容易得到由 Bootstrap 方法对中位数的方差进行估计的基本步骤：

给定数据 $X = (X_{(1)}, X_{(2)}, \cdots, X_{(n)})$

for (b in 1 to B)

$X_{m,b}^* =$ 样本量为 m、对 X 进行有放回简单随机抽样得到的样本；

$M_b = X_{m,b}^*$ 的中位数；

end for

$$v_{\text{boot}} = \frac{1}{B} \sum_{b=1}^{B} \left(M_b - \frac{1}{B} \sum_{b=1}^{B} M_b \right)^2$$

$\text{Sd}_{\text{median}} = \sqrt{v_{\text{boot}}}$

例 2.19 （见 chap2\ 数据 nerve.txt）用 Bootstrap 方法对 nerve 数据估计中位数的方差，以下给出 R 参考程序：

```
X=nerve
Median.nerve=median(X)
TBoot=NULL
n=20
B=1000
SD.nerve=NULL
for (i in 1:B)
{
    Xsample=sample(X,n,T)
    Tboot=median(Xsample)
    TBoot=c(TBoot,Tboot)
    SD.nerve=c(SD.nerve,sd(TBoot))
}
Sd.median.nerve=sd(TBoot)
plot(1:B,SD.nerve,col=4)
hist(TBoot,col=3)
```

在以上程序中，Bootstrap 试验共进行 1000 次，每次 Bootstrap 样本量 m 设为 20，Tboot 向量中保存了每次 Bootstrap 样本的中位数。$B = 1000$ 时，R 软件计算所得中位数的抽样标准差为 $\text{Sd}_{\text{median}} = 0.0052$。我们制作了 1000 次对中位数进行估计的直方图和当 Bootstrap 试验次数增加时中位数标准差估计的变化情况图，如图 2.5 所示。从图中可以观察到，中位数的估计抽样分布为单峰形态，有略微右偏倾向。当 Bootstrap 试验次数增加到 400 以后，中位数估计的标准差趋于稳定。

(a) 中位数估计直方图　　(b) 中位数标准差估计变化图

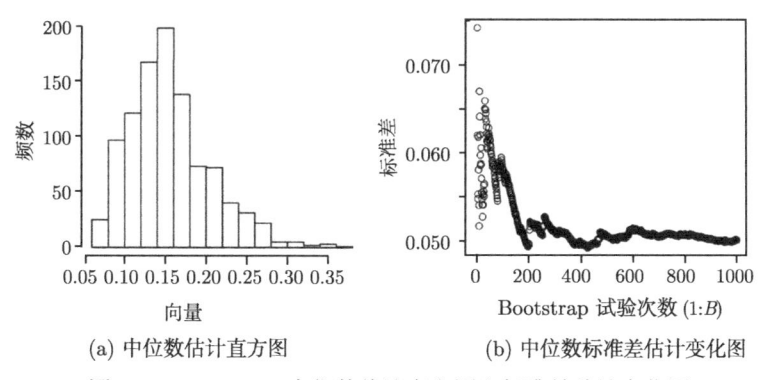

图 2.5　Bootstrap 中位数估计直方图和标准差估计变化图

2. 位置参数的置信区间估计

(1) 正态置信区间

当有证据表明 T_n 的分布接近正态分布时，正态置信区间是最简单的一种构造置信区间的方法：

置信度为 $100(1-\alpha)\%$ 的 Bootstrap 正态置信区间为

$$\left(T_n - z_{\frac{\alpha}{2}}\hat{\text{Sd}}_{\text{boot}}, T_n + z_{\frac{\alpha}{2}}\hat{\text{Sd}}_{\text{boot}}\right) \tag{2.21}$$

当然，应用这一方法的前提是 T_n 的分布接近正态分布，否则，正态置信区间的精确度很低。

(2) 枢轴量置信区间

若无法确定估计量 T_n 的分布是否正态或有证据否定 T_n 的分布为正态的可能，那么可以运用枢轴量（pivotal）的方法给出 Bootstrap T_n 的置信区间。首先回顾枢轴量的概念：一个统计量和参数 θ 的函数 $G(T_n,\theta)$，如果 $G(T_n,\theta)$ 的分布与 θ 无关，而且是可以求得的，那么就可以通过求解 G 分布的分位数，将求 θ 上、下置信限的问题转化成方程组求根问题，从而解决置信区间问题。因此，枢轴量是一种比较传统的求解置信区间的方法。比如，在参数推断中，典型的枢轴量有 $\dfrac{\bar{X}-\mu}{\sigma_0/\sqrt{n}} \sim N(0,1)$，$\dfrac{(n-1)S^2}{\sigma^2} \sim \chi^2(n-1)$。

假设 θ 是待估参数，$\hat{\theta}$ 是估计量，$\hat{\theta}-\theta$ 是抽样误差，这个函数的分位点为 $\delta_{\frac{\alpha}{2}}, \delta_{1-\frac{\alpha}{2}}$，则有

$$P(\hat{\theta}-\theta \leqslant \delta_{\frac{\alpha}{2}}) = \frac{\alpha}{2}$$

$$P(\hat{\theta}-\theta \leqslant \delta_{1-\frac{\alpha}{2}}) = 1-\frac{\alpha}{2}$$

于是

$$P(\hat{\theta}-\delta_{1-\frac{\alpha}{2}} \leqslant \theta \leqslant \hat{\theta}-\delta_{\frac{\alpha}{2}}) = 1-\alpha$$

$\hat{\theta}-\delta_{1-\frac{\alpha}{2}}$ 和 $\hat{\theta}-\delta_{\frac{\alpha}{2}}$ 就是 θ 的置信下限和置信上限。下面只要得到 $\hat{\theta}-\theta$ 的 $\dfrac{\alpha}{2}$ 和 $1-\dfrac{\alpha}{2}$ 分位数估计即可。

求解思路是用 $\hat{\theta}$ 估计 θ，用 Bootstrap 样本 $\theta_j^*(j=1,2,\cdots,B)$ 的分位点估计 $\hat{\theta}$ 的分位点，即将 $\hat{\theta}_{\frac{\alpha}{2}}^* - \hat{\theta}$ 作为对 $(\hat{\theta}-\theta)_{\frac{\alpha}{2}}$ 的估计，将 $\hat{\theta}_{1-\frac{\alpha}{2}}^* - \hat{\theta}$ 作为对 $(\hat{\theta}-\theta)_{1-\frac{\alpha}{2}}$ 的估计。即

$$\hat{\delta}_{1-\frac{\alpha}{2}} = \hat{\theta}_{1-\frac{\alpha}{2}}^* - \hat{\theta}$$

$$\hat{\delta}_{\frac{\alpha}{2}} = \hat{\theta}_{\frac{\alpha}{2}}^* - \hat{\theta}$$

于是

$$\hat{\theta} - \hat{\delta}_{1-\frac{\alpha}{2}} = 2\hat{\theta} - \hat{\theta}_{1-\frac{\alpha}{2}}^*$$

$$\hat{\theta} - \hat{\delta}_{\frac{\alpha}{2}} = 2\hat{\theta} - \hat{\theta}_{\frac{\alpha}{2}}^*$$

置信度为 $100(1-\alpha)\%$ 的 Bootstrap 枢轴量置信区间为

$$C_n = \left(2\hat{\theta}_n - \hat{\theta}_{1-\frac{\alpha}{2}}^*, 2\hat{\theta}_n - \hat{\theta}_{\frac{\alpha}{2}}^*\right) \tag{2.22}$$

(3) 分位数置信区间

要求 θ 的置信区间，假设存在 T 的一个单调变换 $U=m(T)$ 使得 $U \sim N(\phi,\sigma^2)$，其中 $\phi = m(\theta)$。那么可以通过 T 的 Bootstrap 采样构造 θ 的置信区间。我们不需要知道变换的具体形式，仅知道存在一个单调变换即可。

令 $U_j^* = m(T_j^*), j = 1, 2, \cdots, B$，因为 m 是一个单调变换，所以有 $U_{\alpha/2}^* = m(T_{\alpha/2}^*)$，这里 $U_{\alpha/2}^* \approx U - \sigma z_{\alpha/2}$，且 $U_{1-\alpha/2}^* \approx U + \sigma z_{\alpha/2}$，$z_{\alpha/2}$ 是标准正态分布的 $\alpha/2$ 尾分位数，那么有

$$\begin{aligned}
P\left(T_{\alpha/2}^* \leqslant \theta \leqslant T_{1-\alpha/2}^*\right) &= P\left(m(T_{\alpha/2}^*) \leqslant m(\theta) \leqslant m(T_{1-\alpha/2}^*)\right) \\
&= P\left(U_{\alpha/2}^* \leqslant \phi \leqslant U_{1-\alpha/2}^*\right) \\
&\approx P\left(U - \sigma z_{\alpha/2} \leqslant \phi \leqslant U + \sigma z_{\alpha/2}\right) \\
&= 1 - \alpha
\end{aligned}$$

满足转换后为正态分布条件的变换 m 仅在很少的情况下存在，更一般的情况是，我们可以将 Bootstrap 样本的分位点作为统计量的置信区间。

置信度为 $100(1-\alpha)\%$ 的 Bootstrap 分位数置信区间为

$$C_n = \left(T_{\alpha/2}^*, T_{1-\alpha/2}^*\right) \tag{2.23}$$

式中，$T_{\alpha/2}^*$ 是统计量 T^* Bootstrap 的 $\alpha/2$ 尾分位数。

例 2.20 对 nerve 数据中位数用三种方法构造 95% 的置信区间。

解 令 $B = 1000, n = 20$，结果如下：

方法	95% 的置信区间
正态	(0.058225, 0.24177)
枢轴量	(0.039875, 0.220000)
分位数	(0.084875, 0.265000)

R 参考程序如下：
```
Alpha=0.05
Lcl=Median.nerve+qnorm(0.025,0,1)*Sd.median.nerve
Ucl=Median.nerve-qnorm(0.025,0,1)*Sd.median.nerve
NORM.interval=c(Lcl,Ucl)

Lcl=2*Median.nerve-quantile(TBoot,0.975)
Ucl=2*Median.nerve-quantile(TBoot,0.025)
PIVOTAL.interval=c(Lcl,Ucl)

Lcl=quantile(TBoot,0.025)
Ucl=quantile(TBoot,0.975)
QUATILE.interval=c(Lcl,Ucl)
```

2.7 正态记分检验

由前面的 Wilcoxon 秩和检验可知，如果 $X_1, X_2, \cdots, X_n$ 为独立同分布的连续型随机变量，那么秩统计量 $R_1, R_2, \cdots, R_n$ 在 $1, 2, \cdots, n$ 上有均匀分布。

秩定义了数据在序列中数量大小的位置和序，它们与未知分布 $F(x)$ 的 n 个 p 分位点一一对应。我们知道，分布函数是单调增函数，秩大意味着对应分布中较大的分位点，秩小则对应着分布中较小的分位点。不同的分布所对应的点虽然不同，但是序相同，也就是说，由秩对应到不同分布的分位点之间的单调关系不变。可见，这里分布不是本质的，完全可以选用熟悉的分布，比如，用正态分布作为参照，将秩转化为相应的正态分布的分位点，这样，就可以将依赖于秩的检验，化为对分位点大小的检验。同时它提供了将顺序数据转化为连续数据的一种思路。这种以正态分布作为转换记分函数，将 Wilcoxon 秩检验进行改进的方法称为 **正态记分检验**。

正态记分检验可以用在许多检验问题中，它有多种不同的形式。具体来说，正态记分检验的基本思想就是把升幂排列的秩 R_i 用升幂排列的正态分位点代替。比如，最直接的想法是用 $\Phi^{-1}(R_i/(n+1))$ 来代替每一个样本的值。为了保证变换后的和为正，一般不直接采用 $\Phi^{-1}(R_i/(n+1))$ 作为记分，而是稍微改变一下：

$$s(i) = \Phi^{-1}\left(\frac{n+1+R_i}{2n+2}\right), \ i = 1, 2, \cdots, n$$

式中，$s(i)$ 表示第 R_i 个数据的正态记分。

对于假设检验问题 $H_0: M = M_0 \leftrightarrow H_1: M \neq M_0$，具体实现步骤如下。

(1) 把 $|X_i - M_0|(i = 1, 2, \cdots, n)$ 的秩按升幂排列，并加上相应的 $X_i - M_0$ 的符号，成为符号秩。

(2) 用相应的正态记分代替这些秩，如果 r_i 为 $|X_i - M_0|$ 的秩，则相应的符号正态记分为

$$s_i = \Phi^{-1}\left[\frac{1}{2}\left(1 + \frac{r_i}{n+1}\right)\right] \text{sign}(X_i - M_0)$$

式中，

$$\text{sign}(X_i - M_0) = \begin{cases} 1, & X_i > M_0 \\ -1, & X_i < M_0 \end{cases}$$

用 W 表示所有符号记分 s_i 之和，即 $W = \sum_{i=1}^{n} s_i$，则正态记分检验统计量为

$$T^+ = \frac{W}{\sqrt{\sum_{i=1}^{n} s_i^2}}$$

(3) 如果观测值的总体分布接近于正态或者在大样本情况下，可以认为 T^+ 近似地有标准正态分布。这对于很小的样本（无论是否有结）也适用。这样可以很方便地计算 p 值。实际上，如果记 $\Phi_+(x) \equiv 2\Phi(x) - 1 = P(|X| \leqslant x)$，则有

$$\Phi_+^{-1}\left(\frac{i}{n+1}\right) = \Phi^{-1}\left[\frac{1}{2}\left(1 + \frac{i}{n+1}\right)\right]$$

大约等于 $E|X|_{(i)}$。也就是说，它和期望正态记分相近。

(4) 当 T^+ 大的时候，可以考虑拒绝原假设。

例 2.21 这是吴喜之 (1999) 书中的一个例子。以下是亚洲 10 个国家 1996 年每 1000 个新生儿的（按从小到大次序排列）死亡数（按照世界银行的"世界发展指标"，1998）：

日本	以色列	韩国	斯里兰卡	叙利亚	中国	伊朗	印度	孟加拉国	巴基斯坦
4	6	9	15	31	33	36	65	77	88

对于该新生儿死亡率的例子，我们考虑两个假设检验 $H_0: M \geqslant 34 \leftrightarrow H_1: M < 34$ 和 $H_0: M \leqslant 16 \leftrightarrow H_1: M > 16$。

计算结果列在表 2.28 中。

为了计算 T^+ 方便，标出了带有 $X_i - M_0$ 符号的 s_i^+，即所谓的"符号 s_i^+"，它等于 $\text{sign}(X_i - M_0)s_i^+$。

表 2.28 亚洲 10 个国家新生儿死亡率 (‰) 一例的正态记分检验计算结果
（数据按 $|X_i - M_0|$ 升幂排列（左边 $M_0 = 34$，右边 $M_0 = 16$））

$H_0: M \geqslant 34 \leftrightarrow H_1: M < 34$				$H_0: M \leqslant 16 \leftrightarrow H_1: M > 16$			
X_i	$\|X_i - M_0\|$	符号秩	符号 s_i^+	X_i	$\|X_i - M_0\|$	符号秩	符号 s_i^+
33	1	-1	-0.114	15	1	-1	-0.114
36	2	2	0.230	9	7	-2	-0.230
31	3	-3	-0.349	6	10	-3	-0.349
15	19	-4	-0.473	4	12	-4	-0.473
9	25	-5	-0.605	31	15	5	0.605
6	28	-6	-0.748	33	17	6	0.748
4	30	-7	-0.908	36	20	7	0.908
65	31	8	1.097	65	49	8	1.097
77	43	9	1.335	77	61	9	1.335
88	54	10	1.691	88	72	10	1.691
$W = 1.156, T^+ = 0.409$				$W = 5.217, T^+ = 1.844$			
p 值 $= \Phi(T^+) = 0.659$				p 值 $= 1 - \Phi(T^+) = 0.033$			
结论：不能拒绝 H_0（水平 $\alpha < 0.659$）				结论：$M > 16$（水平 $\alpha < 0.033$）			

实际上，这里也可以使用统计量 $W \equiv |W^+ - W^-|$ 做检验。W 也存在临界值表。在原假设下的大样本正态近似统计量为

$$Z = \frac{W}{\sqrt{\sum_i R_i^2}}$$

它的分母在无结的情况下为 $\sqrt{n(n+1)(2n+1)/6}$。对于 $H_0: M \geqslant 34 \leftrightarrow H_1: M < 34$，$W = \sum s_i = 1.156$，$T^+ = 0.409$，$p$ 值 $= \Phi(T^+) = 0.659$；而对于 $H_0: M \leqslant 16 \leftrightarrow H_1: M > 16$，$W = \sum s_i = 5.217$，$T^+ = 1.844$，$p$ 值 $= 1 - \Phi(T^+) = 0.033$。这和前面的 T^+ 正态记分检验结果完全一样，这种相似之处正是源于它们所代表的信息是等价的。

如定义所示，这里的正态记分检验对应于 Wilcoxon 符号秩检验 (统计量为 W^+)，正态

记分检验有较好的大样本性质。对于正态总体,它比许多基于秩的检验更好。而对于一些非正态总体,虽然结果可能不如一些基于秩的检验,但它又比 t 检验要好。表 2.29 列出了上述正态记分 (NS^+) 相对于 Wilcoxon 符号秩检验 (W^+) 在不同总体分布下的 ARE 值。

表 2.29 正态记分检验相对于 Wilcoxon 符号秩检验在不同总体下的 ARE 值

总体分布	均匀	正态	Logistic	重指数	Cauchy
ARE(NS^+, W^+)	$+\infty$	1.047	0.955	0.847	0.708

实际上,在使用以秩定义的检验统计量的地方都可以把秩替换成正态记分而形成相应的正态记分统计量,从而将顺序的数据化为定量数据进行分析。

对该例第二个检验可以使用 R 语言函数 ns,如下所示:

```
ns(baby,16)
$two.sided.pvalue
[1] 0.06515072
$T
[1] 1.844223
$s
[1]  0.7478586  0.9084579  0.6045853 -0.1141853 -0.2298841
-0.3487557 -0.4727891  1.0968036  1.3351777  1.6906216
```

2.8 分布的一致性检验

在数据分析中,经常要判断一组数据是否来自某一特定的分布(比如,对连续型分布,常判断数据是否来自正态分布;而对离散型分布,常需要判断数据是否来自某一事先假定的分布,常见的分布有二项分布、Poisson 分布)或判断实际观测频数与期望频数是否一致。本节我们将关注这些问题。我们从一般到特殊,首先判断实际观测频数与期望频数是否一致,重点介绍 Pearson χ^2 拟合优度检验法;当总体均值和方差未知时,我们将介绍两种检验数据是否偏离正态分布的常用方法:Kolmogrov-Smirnov 检验法和 Lilliefor 检验法。

2.8.1 χ^2 拟合优度检验

1. 实际观测频数与期望频数一致性检验

当一组数据的类型为类别数据(categorical data)时,其中 n 个观测值可分为 c 种类别,对每一类别可计算其发生频数,称为实际观测频数(observed frequency),记为 $O_i (i = 1, 2, \cdots, c)$,如表 2.30 所示。

表 2.30 实际观测频数表

类别	1	2	$\cdots$	c	总计
实际观测频数	O_1	O_2	$\cdots$	O_c	n

我们想了解每一类别发生的概率是否与理论分布 $\{p_i, i = 1, 2, \cdots, c\}$ 一致,即有如下假

设检验问题

$$H_0: 总体分布为 p_i, \forall i = 1, 2, \cdots, c \quad (F(x) = F_0(x))$$
$$H_1: 总体分布不为 p_i, \exists i = 1, 2, \cdots, c \quad (F(x) \neq F_0(x))$$

若原假设成立,则期望频数(expected frequency)应为 $E_i = np_i$ $(i = 1, 2, \cdots, c)$,因此可以将实际观测频数 (O_i) 与期望频数 (E_i) 是否接近作为检验总体分布与理论分布是否一致的标准,通常采用如下定义的 Pearson χ^2 统计量:

$$\chi^2 = \sum_{i=1}^{c} \frac{(O_i - E_i)^2}{E_i} = \sum_{i=1}^{c} \frac{O_i^2}{E_i} - n \tag{2.24}$$

结论:当实际观测 χ^2 值大于自由度 $v = c - 1$ 的 χ^2 值,即 $\chi^2 > \chi^2_{\alpha, c-1}$ 时,拒绝 H_0,表示数据分布与理论分布不符。

例 2.22 调查发现,某美发店上半年各月顾客数如表 2.31 所示。

表 2.31 上半年各月顾客数表

月份	1	2	3	4	5	6	总计
顾客数(百人)	27	18	15	24	36	30	150

该店经理想了解各月顾客数是否服从均匀分布。

解 假设检验问题:

H_0:各月顾客数符合均匀分布 $1:1$ $\left(即各月顾客数比例 p_i = p_0 = \dfrac{1}{6}, \forall i = 1, 2, \cdots, 6\right)$

H_1:各月顾客数不符合均匀分布 $1:1$ $\left(即各月顾客数比例 p_i \neq p_0 = \dfrac{1}{6}, \exists i = 1, 2, \cdots, 6\right)$

统计分析如表 2.32 所示。

表 2.32 实际观测频数与期望频数汇总表

月份	1	2	3	4	5	6	总计
实际观测频数 O_i	27	18	15	24	36	30	150
期望频数 E_i	25	25	25	25	25	25	150

表 2.32 中,$E_i = np_i = 150 \times \dfrac{1}{6} = 25, i = 1, 2, \cdots, 6$。

由式 (2.24) 得

$$\begin{aligned}\chi^2 &= \frac{(27-25)^2}{25} + \frac{(18-25)^2}{25} + \frac{(15-25)^2}{25} \\ &\quad + \frac{(24-25)^2}{25} + \frac{(36-25)^2}{25} + \frac{(30-25)^2}{25} \\ &= 12\end{aligned}$$

结论:实测 $\chi^2 = 12 > \chi^2_{0.05, 6-1} = 11.07$,接受 H_1,认为到该店消费的顾客数各月比例

不相等,即 $p_i \neq \dfrac{1}{6}$。

2. 泊松分布的一致性检验

例 2.23 调查某农作物根部蚜虫的分布情况,结果如表 2.33 所示,问:蚜虫在某农作物根部的分布是否为泊松分布?

表 2.33 某农作物根部蚜虫的分布

每株虫数 x(只)	0	1	2	3	4	5	6 以上	总计
实际株数 O_i(株)	10	24	10	4	1	0	1	50

解 假设检验问题:

$$H_0: 蚜虫在某农作物根部的分布是泊松分布$$
$$H_1: 蚜虫在某农作物根部的分布不是泊松分布$$

若蚜虫在农作物根部的分布为泊松分布,则分布列为

$$P(X=x) = \frac{e^{-\lambda}\lambda^x}{x!}, \quad x=0,1,2,\cdots$$

式中,λ 是泊松分布的期望,是未知的,需要用观测值估计,其估计值如下:

$$\hat{\lambda} = \bar{x} = (0\times 10 + 1\times 24 + \cdots + 6\times 1)/50 = 1.3$$

因而

$$\hat{p}_0 = \frac{e^{-1.3} \times 1.3^0}{0!} = 0.2725$$

$$\hat{p}_1 = \frac{e^{-1.3} \times 1.3^1}{1!} = 0.3543$$

$$\hat{p}_2 = \frac{e^{-1.3} \times 1.3^2}{2!} = 0.2303$$

$$\hat{p}_3 = \frac{e^{-1.3} \times 1.3^3}{3!} = 0.0998$$

$$\hat{p}_4 = \frac{e^{-1.3} \times 1.3^4}{4!} = 0.0324$$

$$\hat{p}_5 = 1 - \hat{p}_0 - \hat{p}_1 - \hat{p}_2 - \hat{p}_3 - \hat{p}_4 = 0.0107$$

根据泊松分布计算各 x_i 类别下的期望频数 $E_i = np_i (i=0,1,2,3)$,由于每株虫数为 3、4、5、6 以上的实际株数较少,此处作了合并,得表 2.34。

表 2.34　农作物根部蚜虫实际株数和期望株数计算表

每珠虫数（只）	实际株数 O_i（株）	泊松概率 p_i	期望株数 E_i（株）	$\dfrac{(O_i-E_i)^2}{E_i}$
0	10	0.2725	13.625	0.9644
1	24	0.3543	17.715	2.2298
2	10	0.2303	11.515	0.1993
3	6	0.1429	7.145	0.1835
总计	50			3.577

由式 (2.24) 得

$$\chi^2 = \frac{10^2}{13.625} + \cdots + \frac{6^2}{7.145} - 50 = 3.577 < \chi^2_{0.05,2} = 5.991$$

结论：由表 2.34 可知，$\chi^2 = 3.577 < \chi^2_{0.05,2} = 5.991$，不能拒绝 H_0，不能排除蚜虫在某农作物根部的分布不是泊松分布。

3. 正态分布一致性检验

χ^2 拟合优度检验也可用于检验一组数据是否服从正态分布。

例 2.24　从某地区高中二年级学生中随机抽取 45 位学生，量得体重如表 2.35 所示，问：该地区学生体重（单位：kg）分布是否为正态分布？

表 2.35　45 位学生体重抽样数据表　　（单位：kg）

36	36	37	38	40	42	43	43	44	45	48	48	50	50	51
52	53	54	54	56	57	57	57	58	58	58	58	58	59	60
61	61	61	62	62	63	63	65	66	68	68	70	73	73	75

解　假设检验问题：

H_0：某地区高中二年级学生体重分布为正态分布

H_1：某地区高中二年级学生体重分布不为正态分布

分析：将上述体重数据以 10 为间隔分为 5 组（class），每组实际观测频数如表 2.36 所示。

表 2.36　以 10 为间隔分组体重频数分布表

体重（kg）	30～40	40～50	50～60	60～70	70～80
频数	5	9	16	12	3

由表 2.36 可知，分组数据的平均值为 $\bar{X} = 54.78$；样本方差为 $S^2 = 120.4040$；样本标准差为 $S = 10.9729$。其中分组均值和分组样本方差依下式计算

$$\bar{X} = \frac{\sum_{i=1}^{K} f_i X_i}{\sum_{i=1}^{K} f_i}$$

$$S^2 = \frac{\sum_{i=1}^{K} f_i(X_i - \bar{X})^2}{\sum_{i=1}^{K} f_i}$$

式中，K 是组数，f_i 是第 i 组的频数。

根据正态分布计算实际观测频数和期望频数，如表 2.37 所示。

表 2.37 学生体重实际观测频数与期望频数计算表

分组	上组限 b_i	实际观测频数	标准正态值 $Z_i = (b_i - \hat{\mu})/S$	累计概率 $F_0(x)$	组间概率 p_i	期望频数 $E_i = np_i$	$(O_i - E_i)^2/E_i$
30~40	40	5	−1.35	0.0885	0.0766	3.45	0.6964
40~50	50	9	−0.44	0.3300	0.2415	10.87	0.3217
50~60	60	16	0.48	0.7190	0.3890	17.51	0.1302
60~70	70	12	1.39	0.9177	0.1987	8.94	1.0474
70~80	80	3	2.30	0.9893	0.0716	3.22	0.0150
80 以上		0		1.0000	0.0107	0.48	
							2.2107

结论：由表 2.37 可知，实际观测 $\chi^2 = 2.2107 < \chi^2_{0.05,2} = 5.991$，不能拒绝 H_0，没有理由怀疑该地区高中二年级学生的体重不服从正态分布。

2.8.2 Kolmogorov-Smirnov 正态性检验

Kolmogorov-Smirnov 正态性检验（简称 K-S 检验）用来检验单一简单随机样本 $X_1, X_2, \cdots, X_n$ 是否来自某一指定分布 $F_0(\cdot)$，比如，检验一组数据是否来自正态分布。K-S 检验方法的原理是用样本数据的经验分布函数与指定理论分布函数比较，若两者之间的差很小，则推论该样本取自某指定分布族；若两者之差很大，则拒绝接受样本来自某指定分布。假设检验问题如下：

$$H_0: \text{样本所来自的总体服从某指定分布}$$
$$H_1: \text{样本所来自的总体不服从某指定分布}$$

K-S 检验统计量定义如下：

$$D_n = \max_{1 \leqslant r \leqslant n} \left\{ \max \left(\left| F_0(x_{(r)}) - \frac{r-1}{n} \right|, \left| F_0(x_{(r)}) - \frac{r}{n} \right| \right) \right\}$$

式中，$x_{(1)} \leqslant x_{(2)} \leqslant \cdots \leqslant x_{(n)}$ 是对样本从小到大的排序，Kolmogrov 于 1933 年给出了证明：

$$\lim_{n \to \infty} P(D_n \leqslant x) = \sum_{j=-\infty}^{+\infty} (-1)^j \exp(-2nj^2 x)$$

令 $F_0(x)$ 表示待检验分布的理论分布函数，$\hat{F}_n(x)$ 表示样本的经验分布函数，D_n 如式 (2.25) 所示：

$$D_n = \max_{1 \leqslant r \leqslant n} \left| \hat{F}_n(x_{(r)}) - F_0(x_{(r)}) \right| \tag{2.25}$$

当 X 为连续分布时，式 (2.25) 中的 D_n 可以简化，D_n 表示的是理论分布 $F_0(x)$ 与经验分布函数 $\hat{F}_n(x)$ 每一个样本之差的最大值。

结论：当统计量 $D_n > D_\alpha$ 时（见附表 14），拒绝 H_0；反之，则不拒绝 H_0。

例 2.25 35 位健康成年男性在进食前的血糖值如表 2.38 所示，试检验这组数据是否来自均值为 $\mu = 5.24$、标准差为 $\sigma = 0.42$ 的正态分布。

表 2.38　35 位健康成年男性进食前的血糖值　　（单位：mmol/L）

4.98	5.24	5.31	4.91	5.04	4.71	5.31	4.71	5.51	5.64	5.24	4.44	5.04	5.71
5.71	5.04	6.04	4.44	5.24	5.11	5.51	5.04	5.31	5.24	5.24	5.04	6.04	5.64
4.98	5.04	5.11	6.04	4.91	5.24	5.11		$n=35$					

解　假设检验问题：

H_0：健康成年男性进食前的血糖值服从正态分布

H_1：健康成年男性进食前的血糖值不服从正态分布

通过观察计算经验分布值，根据正态分布计算理论分布值，进而得到 D_n。计算过程如表 2.39 所示。

表 2.39　D_n 计算过程表

血糖值 x	频数 f	累计频数 F	经验分布 $\hat{F}_n(\cdot) = F/n$	标准化值 $Z = (x-\mu)/\sigma$	理论分布 $F_0(\cdot)$	$|\hat{F}_n(\cdot) - F_0(\cdot)|$
4.44	2	2	0.0571	−1.9048	0.0284	0.0287
4.71	2	4	0.1143	−1.2619	0.1035	0.0108
4.91	2	6	0.1714	−0.7857	0.2160	0.0446
4.98	2	8	0.2286	−0.6190	0.2679	0.0393
5.04	6	14	0.4000	−0.4762	0.3170	0.0830
5.11	3	17	0.4857	−0.3095	0.3785	0.1072
5.24	6	23	0.6571	0	0.5000	0.1571
5.31	3	26	0.7429	0.1667	0.5662	0.1767*
5.51	2	28	0.8000	0.6429	0.7398	0.0602
5.64	2	30	0.8571	0.9524	0.8295	0.0276
5.71	2	32	0.9143	1.1190	0.8684	0.0459
6.04	3	35	1.0000	1.9048	0.9716	0.0284

* 该值是本列最大值。

结论：表 2.39 中的 $F_0(x)$ 是根据 $Z = (x - 5.24)/0.42$ 的标准化值查附表 1 而得的。实际观测 $D_n = \max|\hat{F}_n(x) - F_0(x)| = 0.1767 < D_{0.05,35} = 0.23$（见附表 14），故不能拒绝 H_0，不能说明健康成年男性进食前的血糖值不服从正态分布。当样本量 n 较大时，可以用 $D_{\alpha,n} = 1.36/\sqrt{n}$ 求得结果，比如，上述 $D_{0.05,35} = 1.36/\sqrt{35} = 0.2299 \approx 0.23$。

该例题也可以调用 R 中的函数 ks.test 求解：
```
data(healthy)
ks.test(healthy,pnorm,80,5.9)
```
输出结果如下：
```
        One-sample Kolmogorov-Smirnov test
data:   healthy
D = 0.17667, p-value = 0.2246
alternative hypothesis: two-sided
```

χ^2 拟合优度检验与 Kolmogorov-Smirnov 正态性检验都通过对比实际观测值与理论分布值之间的差异进行检验。不过它们之间的不同在于：前者主要用于类别数据，而后者主要用于有计量单位的连续和定量数据，χ^2 拟合优度检验虽然也可以用于定量数据，但必须先将数据分组才能获得实际观测频数，而 Kolmogorov-Smirnov 正态性检验可以直接对原始数据的 n 个观测值进行检验，K-S 检验使用了数据的秩信息，对数据的利用较完整。

2.8.3 Lilliefor 正态分布检验

当总体均值和方差未知时，Lilliefor(1967) 提出用样本的均值 ($\bar{X}$) 和标准差 (S) 代替总体的期望 μ 和标准差 σ，然后使用 Kolmogorov-Smirnov 正态性检验。首先对原始数据 X_i 标准化：

$$Z_i = \frac{X_i - \bar{X}}{S}, i = 1, 2, \cdots, n$$

定义 L 统计量：

$$L = \max|\hat{F}_n(x) - F_0(z)| \tag{2.26}$$

例 2.26　（例 2.25 续）由例 2.25 中的 35 位健康成年男性血糖值（单位：毫摩尔/升）可知，样本均值

$$\bar{X} = (4.98 + 5.24 + \cdots + 5.11)/35 = 182.86/35$$
$$= 5.2246$$

样本方差

$$S^2 = \frac{1}{35-1}(4.98^2 + 77^2 + \cdots + 5.24^2 - 182.86^2/35)$$
$$= (960.6846 - 955.3651)/34$$
$$= 5.3195/34$$
$$= 0.1565$$
$$S = 0.3955$$

根据标准正态分布计算理论分布值，如表 2.40 所示。

表 2.40 健康成年男性血糖实际观测值与理论分布值计算表

血糖浓度 x	频数 f	累计频数 F	经验分布 $\hat{F}_n(\cdot)$	标准化值 $Z=(x-\bar{x})/S$	理论分布值 $F_0(\cdot)$	$\|\hat{F}_n(\cdot)-F_0(\cdot)\|$
4.44	2	2	0.0571	−1.7253	0.0422	0.0149
4.71	2	4	0.1143	−1.1281	0.1296	0.0153
4.91	2	6	0.1714	−0.6857	0.2464	0.0751
4.98	2	8	0.2286	−0.5309	0.2977	0.0691
5.04	6	14	0.4000	−0.3982	0.3452	0.0548
5.11	3	17	0.4857	−0.2433	0.4039	0.0818
5.24	6	23	0.6571	0.0442	0.5176	0.1395
5.31	3	26	0.7429	0.1991	0.5789	0.1640*
5.51	2	28	0.8000	0.6415	0.7394	0.0606
5.64	2	30	0.8571	0.9290	0.8236	0.0335
5.71	2	32	0.9143	1.0839	0.8608	0.0535
6.04	3	35	1.0000	1.8138	0.9651	0.0349

* 该值是这一列最大值。

由表 2.40 可知，实际 $L=0.1640<L_{0.05,35}=0.23$，不能否认这些健康成年男性血糖值服从正态分布。

2.9 单一总体渐近相对效率比较

假设 $X_1,X_2,\cdots,X_n$ i.i.d. $F(x-\theta)$，$F(x)\in\Omega_S$，根据第 1 章的介绍，只要 Pitman 条件满足，我们可通过求 $\mu'_n(0)$ 和 $\sigma_n(0)$ 找到一个统计量的效率 C，从而可用不同统计量的效率得到渐近相对效率（ARE）。下面根据本章定义的几个非参数统计量，结合参数统计中常用的统计量进行一些比较。这里我们用 $f(x)$ 表示 $F(x)$ 的概率密度函数。

(1) 记符号统计量 $S=\#\{X_i>0,1\leqslant i\leqslant n\}$，有

$$E(S)=n[1-F(-\theta)]$$

$$\text{var}(S)=n[1-F(-\theta)]F(-\theta)$$

可取 $\mu_n(\theta)=E(S)$ 及 $\sigma_n^2(\theta)=\text{var}(S)$，于是有

$$\mu'_n(0)=nf(0),\quad \sigma_n^2(0)=\frac{n}{4},\quad C_S=2f(0)$$

式中，C_S 表示符号统计量的效率。

(2) 定义

$$p_1=P(X_1>0)$$
$$p_2=P(X_1+X_2>0)$$
$$p_3=P(X_1+X_2>0,X_1>0)$$
$$p_4=P(X_1+X_2>0,X_1+X_3>0)$$

对 Wilcoxon 符号秩统计量 $W^+ = \left\{ \dfrac{X_i + X_j}{2} > 0, i, j = 1, 2, \cdots, n \right\}$，可以证明

$$E(W^+) = np_1 + \frac{n(n-1)}{2}p_2$$

$$\mathrm{var}(W^+) = np_1(1-p_1) + \frac{n(n-1)}{2}p_2(1-p_2) + 2n(n-1)(p_3 - p_1 p_2) + \frac{n(n-1)(n-2)}{2}(p_4 - p_2^2)$$

注意到 $p_1 = 1 - F(-\theta), p_2 = \int [1 - F(-x-\theta)]f(x-\theta)\mathrm{d}x$

$$\mu_n(\theta) = E(W^+) = n(1 - F(-\theta)) + \frac{n(n-1)}{2}\int [1 - F(-x-\theta)]f(x-\theta)\,\mathrm{d}x$$

有

$$\mu_n'(0) = nf(0) + n(n-1)\int f^2(x)\,\mathrm{d}x$$

取 $\sigma_n^2(0) = \mathrm{var}(W^+)$，得

$$C_{W^+} = \sqrt{12}\psi \int f^2(x)\,\mathrm{d}x$$

式中，ψ^2 为总体的方差因子，C_{W^+} 为 Wilcoxon 符号秩统计量的效率。

(3) 对传统的 t 统计量，记 $\sigma_f = \int x^2 f(x)\,\mathrm{d}x$。取

$$\mu_n(\theta) = \sqrt{n}\frac{\theta}{\sigma_f}, \quad \sigma_n(0) = 1$$

有 $C_t = \dfrac{1}{\sigma_f}$。式中，$C_t$ 表示 t 统计量的效率。

由 ARE 的定义，$e_{12} = \dfrac{C_1^2}{C_2^2}$，则上述三个统计量之间的 ARE 如下：

$$\mathrm{ARE}(S, W^+) = \frac{C_S^2}{C_{W^+}^2} = \frac{f^2(0)}{3\left[\int f^2(x)\,\mathrm{d}x\right]^2}$$

$$\mathrm{ARE}(S, t) = \frac{C_S^2}{C_t^2} = 4\sigma_f^2 f^2(0)$$

$$\mathrm{ARE}(W^+, t) = \frac{C_{W^+}^2}{C_t^2} = 12\sigma_f^2 \left[\int f^2(x)\,\mathrm{d}x\right]^2$$

因此，对任意给定的分布，都可计算上面的 ARE，见表 2.41。

表 2.41 不同分布下常用的检验 ARE 效率比较

分布	$U(-1,1)$	$N(0,1)$	logistic	重指数
密度	$\frac{1}{2}I(-1,1)$	$\dfrac{\exp\left(-\dfrac{x^2}{2}\right)}{\sqrt{2\pi}}$	$\mathrm{e}^{-x}(1+\mathrm{e}^{-x})^{-2}$	$\dfrac{\mathrm{e}^{-\lvert x \rvert}}{2}$
$\mathrm{ARE}(W^+, t; F)$	1	$\dfrac{3}{\pi}$	$\dfrac{\pi^2}{9}$	$\dfrac{3}{2}$
$\mathrm{ARE}(S, t; F)$	$\dfrac{1}{3}$	$\dfrac{2}{\pi}$	$\dfrac{\pi^2}{12}$	2

下面例子讨论了当正态分布有不同程度"污染"时，ARE(W^+, t) 的不同结果。

例 2.27 假定随机样本 $X_1, X_2, \cdots, X_n$ 来自分布 $F_\varepsilon = (1-\varepsilon)\Phi(x) + \varepsilon\Phi\left(\dfrac{x}{3}\right)$。式中，$\Phi(x)$ 为 $N(0,1)$ 的分布函数，易见

$$\int f_\varepsilon^2(x)\,\mathrm{d}x = \frac{(1-\varepsilon)^2}{2\sqrt{\pi}} + \frac{\varepsilon^2}{6\sqrt{\pi}} + \frac{\varepsilon(1-\varepsilon)}{\sqrt{5\pi}}, \qquad \sigma_{f_\varepsilon}^2 = 1 + 8\varepsilon$$

由上面的公式得

$$\mathrm{ARE}(W^+, t) = \frac{3(1+8\varepsilon)}{\pi}\left[(1-\varepsilon)^2 + \frac{\varepsilon^2}{3} + \frac{2\varepsilon(1-\varepsilon)}{\sqrt{5}}\right]^2$$

对不同的 ε，W^+ 与 t 的 ARE 比较如表 2.42 所示。

表 2.42 不同混合结构 ε 下 W^+ 与 t 的 ARE 比较

ε	0	0.01	0.03	0.05	0.08	0.10	0.15
ARE(W^+, t)	0.955	1.009	1.108	1.196	1.43197	1.373	1.497

从表 2.41 和表 2.42 可以看出，只用到样本中大小次序方面信息的 Wilcoxon 符号秩检验和符号检验，当总体分布 F 为 $N(0,1)$ 时，相对于 t 检验的效率并不算差。当总体分布偏离正态分布时，比如，在 logistic 分布和重指数分布下，符号检验和 W_n^+ 检验基本上都优于 t 检验。可以证明，对任何总体分布，Wilcoxon 符号秩检验对 t 检验的渐近相对效率绝不低于 0.864。这说明，非参数检验在使用样本的效率上不比参数检验差很多，有时甚至会更好。

之前提到，一个检验统计量及与其关联的估计量有同样的效率。上面的符号统计量、Wilcoxon 符号秩统计量和 t 统计量分别相应于样本中位数、Walsh 平均的中位数及样本均值，这些都是 Hodges-Lehmann 估计量的特例。一般地，有下面的估计效率 C 的定理。

定理 2.7 假设 $\hat{\theta}$ 为相应于满足 Pitman 条件的统计量 V 的 Hodges-Lehmann 估计量。如果 V 的效率为 C，则

$$\lim_{n\to\infty} P(\sqrt{n}(\hat{\theta} - \theta) < a) = \Phi(aC)$$

即渐近地有 $\sqrt{n}(\hat{\theta} - \theta) \sim N(0, C^{-2})$。

表 2.43 所示为 t 检验 (t)、符号检验 (S)、Wilcoxon 符号秩检验 (W^+) 之间的 ARE 范围，其中带星号 (*) 的是分布为非单峰时的结果。

表 2.43 t, s 和 W^+ 的 ARE 范围

	t	S	W^+
t		$(0, 3); (0, \infty)^*$	$\left(0, \dfrac{125}{108}\right)$
S	$\left(\dfrac{1}{3}, \infty\right); (0, \infty)^*$		$\left(\dfrac{1}{3}, \infty\right); (0, \infty)^*$
W^+	$\left(\dfrac{108}{125}, \infty\right)$	$(0, 3); (0, \infty)^*$	

由表 2.43 可看出，$0.864 = \frac{108}{125} < \text{ARE}(W^+, t) < \infty$，无穷大在分布为 Cauchy 分布时出现，很明显，在分布未知时，非参数方法有很强的优越性。在用 Pitman 渐近相对效率时，要注意这个概念只对大样本适用，并且它只局限在 H_0 点的一个邻域中进行比较。

案例与讨论 1：排球比赛中的局点

案例背景

北京时间 2018 年 10 月 19 日，2018 年女排世锦赛半决赛，中国女排对阵意大利女排。最终苦战 5 局，中国女排以 2:3 惜败意大利而无缘决赛。事后，中国队的教练组对比赛进行了复盘，试图通过统计分析方法找到中国女排失利的主要原因以及各局比赛的转折点。对此，你有什么看法？

数据说明与约定

(1) 原始数据介绍

本案例所使用的原始数据有三栏，分别记录了每回合的得失分情况、得失分时间以及该回合所属的局数，其中得失分情况由 0-1 序列表示，0 代表中国队失分，1 代表得分。

(2) 连续游程

游程（run）是相同的事件或符号组成的序列，我们将一段连续的得分或失分定义为"连续游程"。在排球比赛中连续游程具有重要的意义，可证明，只有连续游程出现，比赛才能够分出胜负，不仅如此，连续的得分对于球队气势的提升也是十分重要的，因此我们在本题中着重研究连续游程。定义某队的"连续游程数"为该队各段连续得分（失分）游程中的回合数之和除以 2。显然，一队连续游程数占优与比分占优之间存在着很强的正相关性（可自行模拟证明）。

(3) 胜率

不妨将中国队的得分与失分看作 0-1 马尔可夫链，状态之间的转移矩阵如下：

$$\begin{bmatrix} P_{00} & P_{01} \\ P_{10} & P_{11} \end{bmatrix}$$

我们可以根据某点及其之前的比赛得失分情况，计算得到该点的转移矩阵 P，其中 $P_{00} = \frac{n_{00}}{(n_{00} + n_{01})}$。只要转移概率均大于 0，则由此转移矩阵决定的马尔可夫链就是遍历的，它具有唯一的极限分布 (P_0, P_1)。$P_1 = \frac{1 - P_{00}}{2 - P_{00} - P_{11}}$ 则代表，在此转移概率下，经过足够多的轮数后，中国队每回合得分的概率。因此，我们可以用 P_1 来估计中国队目前的表现是否能使其在多回合后占据优势，不妨称 P_1 为"胜率"。

问题

(1) 从各局比赛两队的连续游程数角度看，意大利队相对于中国队有哪些优势？

(2) 尝试对局点进行定义。根据定义，参考上述给出的数据说明与约定，使用不同方法确定各局局点，并分析所得结果。

提示

下面是提示分析流程图：为比较两支球队各自的优势，除个人技术优势外，队伍的拼搏精神和队员的心理素质都可以通过比赛得分获得解读。分析中不仅需要看每局比分，更要整理出各支球队的连续得分能力，尤其是关键场次局点前后队伍的表现，于是整理出如下的分析流程图和各局胜率图，如图 2.6 和图 2.7 所示。

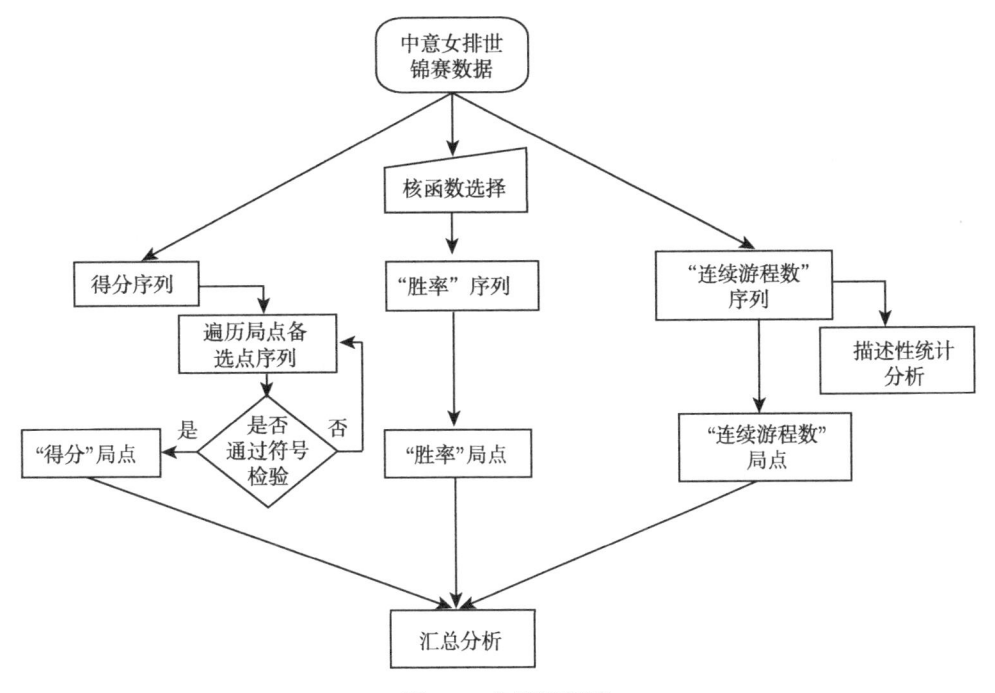

图 2.6　分析流程图

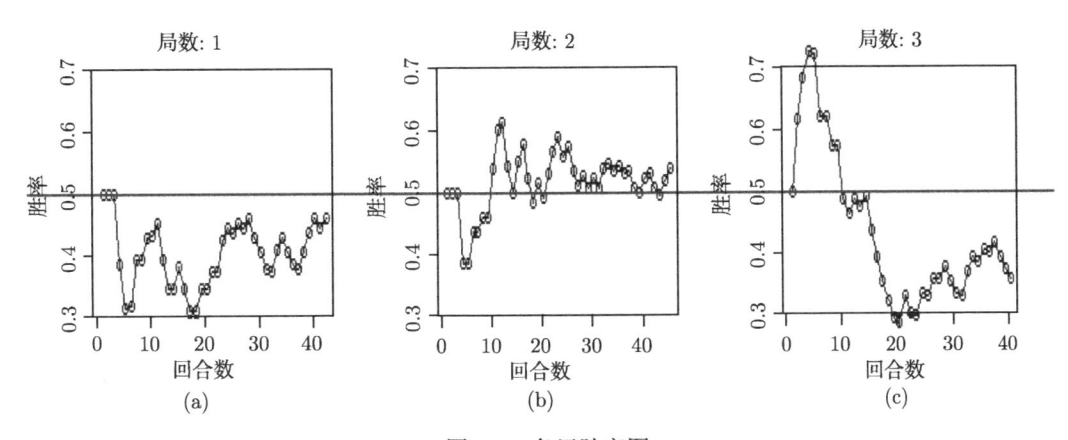

图 2.7　各局胜率图

图 2.7　各局胜率图 (续)

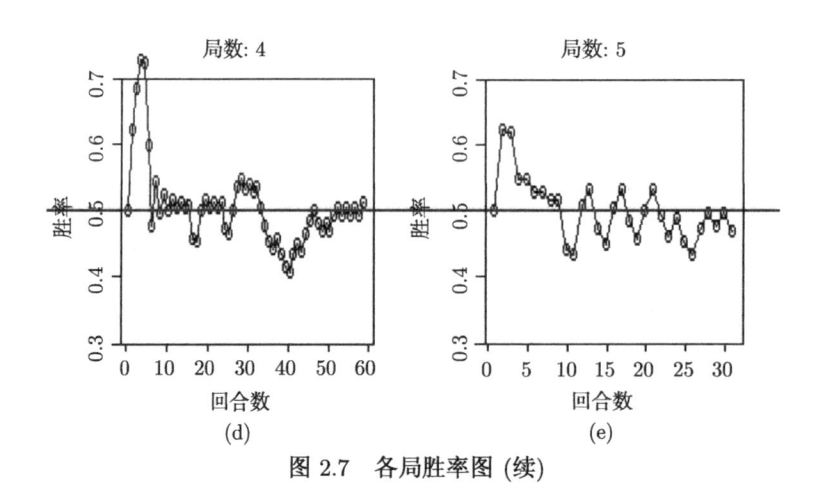

案例与讨论 2：我们发明了趋势，趋势是我们理解的那样吗？

现有东北地区 96 个气象站 1961—2005 年 45 年的平均气温和降水量资料。有学术论文根据数据对东北地区这 45 年间的气候变化和突变现象进行研究，结果表明：这 45 年间，东北地区年平均气温变化在 2.45~5.72℃之间，年平均气温呈现显著上升趋势，在 1988—1989 年间发生了由低温到高温的突变；东北地区四季平均气温均呈现升高的趋势，其中冬季气温升幅最大，夏季气温升幅最小。东北地区年平均气温和季节平均气温年代际变化亦呈现明显的升高趋势，年平均气温、春季平均气温和冬季平均气温均在 1981—1990 年开始升高，夏季平均气温和秋季平均气温在 1991—2000 年开始升高。在 1982—1983 年间发生了降水量由少到多的突变。四季降水量变化呈现不同的趋势，其中春季和冬季降水量呈现增多的趋势，夏季和秋季降水量呈现减少的趋势，如图 2.8 所示。

问题

(1) 从图 2.8 来看，这些结果来自于怎样的模型假设？这些模型在建模过程中产生的结论有什么问题？

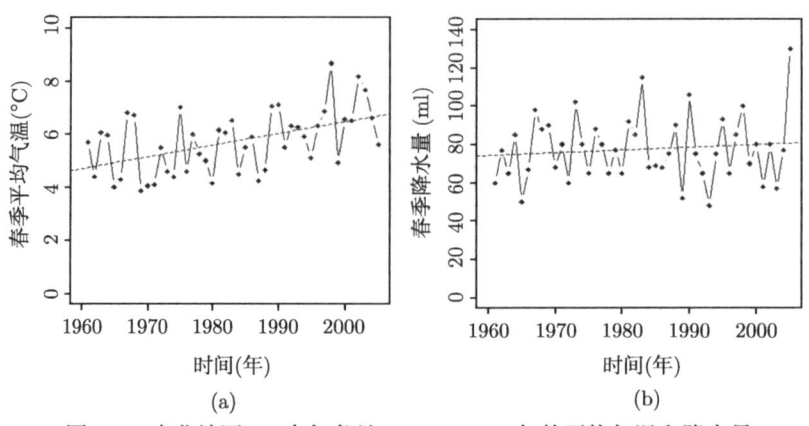

图 2.8　东北地区 96 个气象站 1961—2005 年的平均气温和降水量

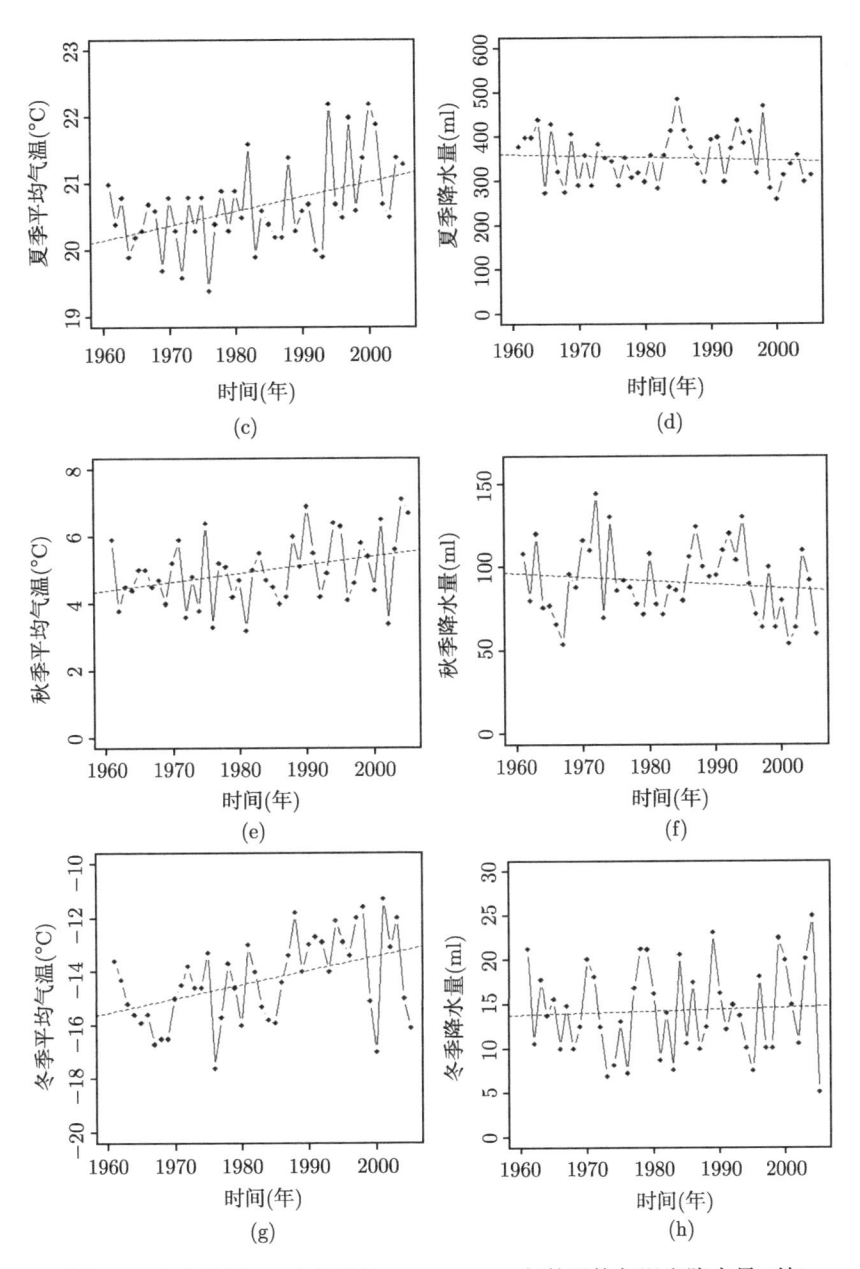

图 2.8 东北地区 96 个气象站 1961—2005 年的平均气温和降水量 (续)

(2) 如果由你来分析这些问题，你的分析流程是怎样的？为什么？

(3) 请比较 S_1、S_2 和 S_3 三种方法在该数据的趋势判断上的差异。

习　题

2.1 超市经理想了解每位顾客在该超市购买的商品平均件数是否为 10 件，随机观察了 12 位顾客，得到如下数据：

顾客编号	1	2	3	4	5	6	7	8	9	10	11	12
件数 (件)	22	9	4	5	1	16	15	26	47	8	31	7

(1) 采用符号检验进行决策。

(2) 采用 Wilcoxon 符号秩检验进行决策,将其结果与符号检验的结果相比较。

2.2 (1) 请对例 2.6 的失业率和时间(月)建立线性回归模型,观察一次项的估计结果,解释该结果和例题中 S_1 结果的不同之处。

(2) 请根据 S_3 的性质 ($\mu(S_3|H_0) = N/6$; $\sigma^2(S_3|H_0) = N/12$) 将上述数据分为三段,只保留前后两段,用 S_3 进行检验,给出检验结果。(提示:可尝试使用 R 中 library(trend) 中的函数 cs.test 辅助分析。)

2.3 设下表所示为拥有 10 万人口的某城市 15 年来每年的车祸死亡率。请分别使用 S_1 和 S_2 分析死亡率是否有逐年增加的趋势。

(%)

17.3	17.9	18.4	18.1	18.3	19.6	18.6	19.2	17.7
20.0	19.0	18.8	19.3	20.2	19.9			

2.4 下表中的数据是两场篮球联赛中三分球的进球次数,考察两场联赛三分球进球次数是否存在显著性差异。

(1) 采用符号检验;

(2) 采用配对 Wilcoxon 符号秩检验;

(3) 在这些数据中哪个检验更好?为什么?

	三分球进球次数	
队伍序号	联赛 1	联赛 2
1	91	81
2	46	51
3	108	63
4	99	51
5	110	46
6	105	45
7	191	66
8	57	64
9	34	90
10	81	28

2.5 一个监听装置收到如下信号:

0 1 0 1 1 1 0 0 1 1 0 0 0 0 1 1 1 1 1 1 1 1 1 0 1 0 0 1 1 1 0 1 0 1 0 1 0 0

0 0 0 0 0 1 0 1 1 0 0 1 1 1 0 1 0 1 0 0 0 1 0 0 1 0 1 0 1 0 0 0 0 0 0 0 0

能否说该信号是纯粹随机干扰信号?

2.6 某品牌消毒液质检部要求每瓶消毒液的平均容积为 500ml,现从流水线上的某台装瓶机器上随机抽取 20 瓶,测得其容量如下表所示。

(单位:ml)

509	505	502	501	493	498	497	502	504	506
505	508	498	495	496	507	506	507	508	505

试检查这台机器装多装少是否随机。

2.7 六位妇女参加减肥试验，试验前后体重如下表所示，选择适当方法判断她们的减肥计划是否成功。

妇女编号	1	2	3	4	5	6
试验前体重 (lb)	174	192	188	182	201	188
试验后体重 (lb)	165	186	183	178	203	181

2.8 （见 chap2\AQI）已知一组北京市某年某月某天 34 个观测站的空气质量指数实地观测数据，表中列出了有关空气质量指数和级别的对应关系。问：如果要判断这一日北京市整体的空气质量，应该设计怎样的假设检验？

2.9 试给出 p 分位数的 Bootstrap 置信区间求解程序，并对例 1.2 的数据汇总求解 0.75 和 0.25 分位数的置信区间。

2.10 以下给出的是申请进入法学院学习的学生的 LSAT 测试成绩和 GPA 成绩。

LSAT（分）	576	635	558	578	666	580	555	661
	651	605	653	575	545	572	594	
GPA（分）	3.39	3.30	2.81	3.03	3.44	3.07	3.00	3.43
	3.36	3.13	3.12	2.74	2.76	2.88	3.96	

每个数据点用 $X_i = (Y_i, Z_i)$ 表示，其中，$Y_i = \text{LSAT}_i$，$Z_i = \text{GPA}_i$。

(1) 计算 Y_i 和 Z_i 的相关系数。

(2) 使用 Bootstrap 方法估计相关系数的标准误差。

(3) 计算置信度为 0.95 的相关系数 Bootstrap 枢轴量置信区间。

2.11 构造一个模拟比较 4 个 Bootstrap 置信区间的方法。$n = 50$，$T(F) = \int (x-\mu)^3 \mathrm{d}F(x)/\sigma^3$ 是偏度。从分布 $N(0,1)$ 中抽出样本 $Y_1, Y_2, \cdots, Y_n$，令 $X_i = e^{Y_i}, i = 1, 2, \cdots, n$。根据样本 $X_1, X_2, \cdots, X_n$ 构造 $T(F)$ 的 4 种类型的置信度为 0.95 的 Bootstrap 置信区间。多次重复上述步骤，估计 4 种区间的真实覆盖率。

2.12 令 $X_1, X_2, \cdots, X_n \sim N(\mu, 1)$。估计 $\hat{\theta} = e^{\overline{X}}$ 是参数 $\theta = e^\mu$ 的 MLE（极大似然估计）。用 $\mu = 5$ 生成 100 个观测的数据集。

(1) 用枢轴量方法获得 θ 的 0.95 置信区间和标准差。用参数 Bootstrap 方法获得 θ 的 0.95 置信区间和估计标准差。用非参数 Bootstrap 方法获得 θ 的 0.95 置信区间和估计标准差。比较两种方法的结果。

(2) 画出参数和非参数 Bootstrap 观测的直方图，观察图形并给出对 $\hat{\theta}$ 分布的判断。

2.13 在白令海捕捉的 12 岁的某种鱼的长度（单位：cm）样本如下表所示。

长度 (cm)	64	65	66	67	68	69	70	71	72	73	74	75	77	78	83
数目（条）	1	2	1	1	4	3	4	5	3	3	0	1	6	1	1

你是否同意所声称的 12 岁的这种鱼的长度的中位数总是在 69~72cm 之间？

2.14 为考察两种生产方法的生产效率是否有显著差异，随机抽取 10 人用方法 A 进行生产，抽取 12 人用方法 B 进行生产，并记录下 22 人的日产量。A 方法：92, 69, 72, 40, 90, 53, 85, 87, 89, 88；B

方法：78, 95, 58, 65, 39, 67, 64, 75, 60, 80, 83, 96。请问：两种方法生产效率的影响不同吗？用 wilcox.test 应该怎样设置假设？得到怎样的结果？该题目可以使用随机游程方法来解决吗？

2.15 某社会学家欲了解抑郁症的发病率是否在一年内随季节的不同而不同，他使用了来自一所大医院的病人数据，按一年 4 个季节（比如，冬季 =12 月、1 月和 2 月）依次记录过去 5 年中第一次被确诊为抑郁症的病人数（单位：人），结果如下。

季节 病人数（人）	春季 495	夏季 503	秋季 491	冬季 581	总计 2070

请问：抑郁症发病率是否与季节有关？

2.16 运用模拟方法从标准正态分布中每次抽取样本量 $n=30$ 的样本进行 Wilcoxon 符号秩检验：

(1) 分别在显著性水平 $\alpha = 0.1, 0.05, 0.01$ 的条件下，基于对 α 的估计结果，即经验显著性水平，得到 α 的一个 95% 的置信区间。

(2) 将 (1) 中的标准正态分布变为自由度分别为 1, 2, 3, 5, 10 的 t 分布，重新做 (1) 中的分析。

2.17 两个估计量置信区间长度的平方的期望之比，是度量这两个估计量的效率高低的指标。通过 10000 次模拟，每次样本量为 30，分别在总体服从 $N(0,1)$ 和自由度为 2 的 t 分布时，比较 Hodges-Lehmann 统计量和样本均值的效率（95% 置信区间）。

2.18 有一个标准化的变量 X，其分布可表示为 $X = (1-I_\epsilon)Z + cI_\epsilon Z$，其中 $0 \leqslant \epsilon \leqslant 1$，服从 $n=1$ 且成功概率为 ϵ 的二项分布，Z 服从标准正态分布，$c > 1$，且 I_ϵ 和 Z 是相互独立的随机变量。当从 X 的分布中抽样时，有比例为 $(1-\varepsilon)100\%$ 的观测是由分布 $N(0,1)$ 生成的，但有比例为 $\varepsilon 100\%$ 的观测是由分布 $N(0,c^2)$ 生成的，后者的观测大多为异常值。我们称 X 服从分布 $CN(c,\epsilon)$。

(1) 使用 R 函数中的 rbinom 和 rnorm，自行编写一个函数，从分布 $CN(c,\varepsilon)$ 中抽取样本量为 n 的随机样本，制作样本直方图和箱线图，探究它的分布。

(2) 从分布 $N(0,1)$ 和 $CN(16, 0.25)$ 中各抽取样本量为 100 的样本，分别制作样本直方图和箱线图，比较结果。

第 3 章

两独立样本数据的位置和尺度推断

在单一样本的推断问题中，引人关注的是总体位置的估计问题。在实际应用中，常常涉及两个不同总体的位置参数或尺度参数的比较问题，比如，两支股票中哪支红利更高？两种汽油中哪种对环境的污染更少？两种市场营销策略哪种更有效？等等。

假定两独立样本

$$X_1, X_2, \cdots, X_m \stackrel{\text{i.i.d.}}{\sim} F_1\left(\frac{x-\mu_1}{\sigma_1}\right); \quad Y_1, Y_2, \cdots, Y_n \stackrel{\text{i.i.d.}}{\sim} F_2\left(\frac{x-\mu_2}{\sigma_2}\right)$$

而且 $X_1, X_2, \cdots, X_m, Y_1, Y_2, \cdots, Y_n$ 相互独立。其中 μ_1, μ_2 是位置参数，σ_1, σ_2 是尺度参数，有关 μ_1 和 μ_2 的估计与检验问题称为两样本的位置参数问题。有关 σ_1 和 σ_2 的估计与检验问题称为两样本的尺度参数问题。

对位置参数问题，本章只考虑如下简单情况：

$$X_1, X_2, \cdots, X_m \stackrel{\text{i.i.d.}}{\sim} F_1(x) = F(x); \quad Y_1, Y_2, \cdots, Y_n \stackrel{\text{i.i.d.}}{\sim} F_2(x) = F(y-\mu)$$

两样本具有相似的分布。此时，典型的假设检验问题表示如下：

$$H_0 : \mu = 0 \leftrightarrow H_1 : \mu > 0$$

这时，两样本的位置比较相当于中位数之间的比较，即如果 $\mu > 0$，则 Y 的取值在平均意义上比 X 大。假设分布函数是连续的，在分布函数上表现为：给定 c，如果 $F_1(c) \geqslant F_2(c)$，那么 $1 - F_1(c) \leqslant 1 - F_2(c)$，有 $P(X > c) \leqslant P(Y > c)$。也就是说：

$$\begin{aligned}
P(Y < X) &= \int_{-\infty}^{+\infty} \int_{-\infty}^{x} \mathrm{d}[F(y-\mu)F(x)] \\
&= \int_{-\infty}^{+\infty} F(x-\mu) \, \mathrm{d}F(x) \\
&\leqslant \int_{-\infty}^{+\infty} F(x) \, \mathrm{d}F(x) = \frac{1}{2}
\end{aligned}$$

对于两样本中位数位置检验,本章将介绍两种常用的分析方法:Brown-Mood 中位数检验与 Mann-Whitney 秩和检验。讨论 ROC 曲线和 Mann-Whitney 统计量的关系,引入置换检验的相关概念。

对尺度参数问题,假设

$$X_1, X_2, \cdots, X_m \sim F\left(\frac{x-\mu_1}{\sigma_1}\right); \quad Y_1, Y_2, \cdots, Y_n \sim F\left(\frac{x-\mu_2}{\sigma_2}\right)$$

F 处处连续,且 $X_1, X_2, \cdots, X_m, Y_1, Y_2, \cdots, Y_n$ 相互独立。

假设检验问题为

$$H_0: \sigma_1 = \sigma_2 \leftrightarrow H_1: \sigma_1 \neq \sigma_2$$

对于两样本尺度参数的检验,本章将介绍两种方法:Mood 方法和 Moses 方法。

3.1 Brown-Mood 中位数检验

1. 假设检验问题

Brown-Mood 中位数检验是由布朗(Brown, 1948—1951)和沐德(Mood, 1950)提出的,该方法用于检验两组数据的中位数是否相同,该检验有时也称为 Westernberg-Mood 检验,也可以视为 Fisher 精确性检验的一种特殊形式。假设 $X_1, X_2, \cdots, X_m, Y_1, Y_2, \cdots, Y_n$ 是两组相互独立的样本,来自两个分布 $F(x)$ 和 $F(y-\mu)$,有相应的中位数 med_X 和 med_Y。假设检验问题为

$$H_0: \text{med}_X = \text{med}_Y \leftrightarrow H_1: \text{med}_X > \text{med}_Y \tag{3.1}$$

在原假设之下,如果两组数据有相同的中位数,则将两组数据混合后,两组数据的混合中位数 med_{XY} 与 med_X 和 med_Y 相等,两组数据应该比较均匀地分布在 med_{XY} 两侧。因此,与符号检验类似,检验的第一步是找出混合数据的样本中位数 M_{XY},将 X 和 Y 按照分布在 M_{XY} 的左右两侧分为四类,对每一类计数,形成 2×2 列联表,如表 3.1 所示。

表 3.1 X 和 Y 按照分布在 M_{XY} 两侧计数表

	X	Y	总计
$> M_{XY}$	A	B	t
$< M_{XY}$	C	D	$(m+n)-(A+B)$
总计	m	n	$m+n \equiv A+B+C+D$

令 A, B, C, D 表示上述列联表中 4 个类别的样本点数,A 表示左上角取值,即 X 样本中大于 M_{XY} 的点数。t 表示混合样本中大于 M_{XY} 的样本点数,它依赖于 $m+n$ 的奇偶性。

当 m, n 和 t 固定时，A 在原假设下满足超几何分布

$$P(A=k) = \frac{\binom{m}{k}\binom{n}{t-k}}{\binom{m+n}{t}}, k \leqslant \min\{m,t\}$$

在给定 m, n 和 t 时，若 A 的值太大，可以考虑拒绝原假设，接受单边检验 ($H_1: M_X > M_Y$)。同理，可以得到另外一个单边检验 ($H_1: M_X < M_Y$) 和双边检验的解决方案，如表 3.2 所示。

表 3.2　Brown-Mood 中位数检验的基本内容

原假设 H_0	备择假设 H_1	检验统计量	p 值
$H_0: M_X \leqslant M_Y$	$H_1: M_X > M_Y$	A	$P_{\text{hyper}}(A \geqslant a)$
$H_0: M_X \geqslant M_Y$	$H_1: M_X < M_Y$	A	$P_{\text{hyper}}(A \leqslant a)$
$H_0: M_X = M_Y$	$H_1: M_X \neq M_Y$	A	$P_{\text{hyper}}(A \leqslant c) + P_{\text{hyper}}(A \geqslant c')$
对水平 α，如果 p 值 $< \alpha$，则拒绝 H_0；否则，不能拒绝			

例 3.1　为研究两不同品牌同一规格显示器在某市不同商场的零售价格是否存在差异，收集了出售 A 品牌的 9 家商场的零售价格数据（单位：元）和出售 B 品牌的 7 家商场的零售价格数据，如表 3.3 所示。

表 3.3　两种不同品牌显示器在不同商场的零售价格

A 品牌零售价格	698	688	675	656	655	648	640	639	620
B 品牌零售价格	780	754	740	712	693	680	621		

解　$M_{XY} = 676.5$，得到如表 3.4 所示列联表。

表 3.4　两种显示器价格按分布在零售价格中位数两侧的计数表

	X 样本	Y 样本	总计
观测值大于 M_{XY} 的数目	2	6	8
观测值小于 M_{XY} 的数目	7	1	8
总计	9	7	16

在比较不同商场显示器零售价格的例 3.1 中，$a = 2$，备择假设 $H_1: M_X < M_Y$。做单边检验时，p 值为 $P(A \leqslant 2) = 0.0203$。这个 p 值相当小，因而拒绝原假设。对于两个方差相等的正态总体，该检验相对于 t 检验的 ARE 为 $2/\pi = 0.637$，而符号检验相对于 t 检验的 ARE $= 2/\pi$，二者几乎相等，这表明它和单样本情况的符号检验同属一类。

这个检验常用于估计 $\theta = M_X - M_Y$ 的置信区间。如果假设 X 与 $Y - \theta$ 独立同分布，这表示在位置漂移（location shifting）假设成立的条件下，置信水平为 $100(1-\alpha)\%$ 的 θ 的置信区间可以从下列区间产生

$$Y_{(n-c'+1)} - X_{(c')} \leqslant \theta \leqslant Y_{(n-c)} - X_{(c+1)}$$

式中，$c < c'$，满足 $\Pr[A \leqslant c] + \Pr[A \geqslant c'] = \alpha$ 的最大的 c 和最小的 c'。

2. 大样本检验

对于大样本的情况，在原假设下，可以利用超几何分布的正态近似进行检验：

$$Z = \frac{A - mt/(m+n)}{\sqrt{mnt(m+n-t)/(m+n)^3}} \xrightarrow{\mathcal{L}} N(0,1)$$

对于小样本的情况，也可以使用连续性修正：

$$Z = \frac{A \pm 0.5 - mt/(m+n)}{\sqrt{mnt(m+n-t)/(m+n)^3}} \xrightarrow{\mathcal{L}} N(0,1)$$

例 3.2 （例3.1 续）用 R 语言编写的程序算得 p 值为 0.02，结论与用精确分布检验一致。

在 R 中编写计算 Brown-Mood 中位数检验的程序：

```
BM.test<-function(x, y, alt)
{   xy    <- c(x, y)
    md.xy <- median(xy)
    t     <- sum(xy> md.xy)
    lx    <- length(x)
    ly    <- length(y)
    lxy   <- lx + ly
    A     <- sum(x > md.xy)
    if(alt == "greater")
        { w <- 1-phyper(A-1, lx, ly, t)}
    else if (alt == "less")
        { w <- phyper(A, lx, ly, t) }
    conting.table_matrix(c(A, lx-A, lx, t-A, ly-(t-A), ly, t, lxy-t, lxy),
                    3, 3)
    col.name<-c("X", "Y", "X+Y")
    row.name<-c(">MXY", "<MXY", "TOTAL")
    dimnames(conting.table)<-list(row.name,col.name)
    list(contingency.table=conting.table, p.value = w)
}
```

输出结果如下：

```
 > BM.test(X,Y,"less")
$contingency.table:
       X Y X+Y
 >MXY  2 6  8
 <MXY  7 1  8
 TOTAL 9 7 16

$p.value:
[1] 0.02027972
```

值得注意的是，我们这里虽然只给出了中位数的检验，但是任意 p 分位数 M_p 的检验都是类似的，只是大于 M_p 的 t 不再是 $\frac{m+n}{2}$，而是 $(m+n)(1-p)$，其他结果都是类似的。请读者试完成习题。

3.2 Wilcoxon-Mann-Whitney 秩和检验

1. 无结 Wilcoxon-Mann-Whitney 秩和检验

前面的 Brown-Mood 检验与符号检验的思想类似，仅仅比较了两组数据的符号。与单样本的 Wilcoxon 符号秩检验类似，检验也可利用更多的样本信息。这里假定两总体分布有类似形状，不假定对称，即样本 $X_1, X_2, \cdots, X_m \sim F(x-\mu_1)$；$Y_1, Y_2, \cdots, Y_n \sim F(x-\mu_2)$，检验问题为

$$H_0: \mu_1 = \mu_2 (\mu = \mu_1 - \mu_2 = 0) \leftrightarrow H_1: \mu_1 \neq \mu_2 (\mu = \mu_1 - \mu_2 \neq 0) \tag{3.2}$$

把样本 $X_1, X_2, \cdots, X_m$ 和 $Y_1, Y_2, \cdots, Y_n$ 混合在一起，将 $m+n$ 个数按照从小到大的顺序排列起来。每一个 Y 观测值在混合排列中都有自己的秩。令 R_i 为 Y_i 在这 N 个数中的秩（Y_i 是第 R_i 小的），再令 I_m 和 I_n 分别表示两样本的指标集，则

$$R_i = \#\{X_j < Y_i, j \in I_m\} + \#\{Y_k \leqslant Y_i, k \in I_n\}$$

显然，如果这些秩的和 $W_Y = \sum_{i=1}^{n} R_i$ 过小，则 Y 样本的值从平均意义上来看偏小，这时可以怀疑原假设。同样，对于 X 样本也可以得到 W_X。称 W_Y 或 W_X 为 Wilcoxon **秩和统计量**（Wilcoxon rank-sum statistics）。

根据单样本的 Wilcoxon 符号秩检验可知

$$W_Y = \sum_{i=1}^{n} R_i = \#\{X_j < Y_i, j \in I_m, i \in I_n\} + \frac{n(n+1)}{2}$$

记

$$W_{XY} = \#\{X_j < Y_i, j \in I_m, i \in I_n\}$$
$$W_{YX} = \#\{Y_i < X_j, j \in I_m, i \in I_n\}$$

式中，W_{XY} 表示混合样本中 Y 观测值大于 X 观测值的个数，它是对 Y 相对于 X 的秩求和。

$$W_Y = W_{XY} + \frac{n(n+1)}{2} \tag{3.3}$$

$$W_X = W_{YX} + \frac{m(m+1)}{2} \tag{3.4}$$

而 $W_X + W_Y = \frac{(n+m)(n+m+1)}{2}$，于是有

$$W_{XY} + W_{YX} = nm$$

在原假设之下，W_{XY} 与 W_{YX} 同分布，它们称为Mann-Whitney **统计量**。从式 (3.3) 和式 (3.4) 中可以发现，Wilcoxon 秩和统计量与 Mann-Whitney 统计量是等价的。事实上，Wilcoxon 秩和检验于 1945 年首先由威尔科克森（Wilcoxon）提出，主要针对两样本量相同的情况。1947 年，曼（Mann）和惠特尼（Whitney）又在考虑到不等样本的情况下补充了这一方法。因此，也称两样本的秩和检验为 Wilcoxon-Mann-Whitney 检验（简称 W-M-W 检验）。事实上，Mann-Whitney 检验还称为 Mann-Whitney U 检验，原因是 W_{XY} 可以化为 U 统计量。为了解原假设下 W_Y 或 W_X 的分布性质，给出有关 R_i 的以下定理。

定理 3.1 在原假设下，

$$P(R_i = k) = \frac{1}{n+m}, \ k = 1, 2, \cdots, n+m$$

$$P(R_i = k, R_j = l) = \begin{cases} \dfrac{1}{(n+m)(n+m-1)}, & k \neq l \\ 0, & k = l \end{cases}$$

由此容易得到

$$E(R_i) = \frac{n+m+1}{2}$$

$$\text{var}(R_i) = \frac{(n+m)^2 - 1}{12}$$

$$\text{cov}(R_i, R_j) = -\frac{n+m+1}{12}, \ i \neq j$$

由 $W_Y = \sum_{i=1}^{n} R_i$ 及 $W_Y = W_{XY} + n(n+1)/2$，有

$$E(W_Y) = \frac{n(n+m+1)}{2}, \ \text{var}(W_Y) = \frac{mn(n+m+1)}{12}$$

及

$$E(W_{XY}) = \frac{mn}{2}, \ \text{var}(W_{XY}) = \frac{mn(n+m+1)}{12}$$

这些公式是计算 Mann-Whitney-Wilcoxon 统计量的分布和 p 值的基础。

定理 3.2 在原假设下，若 $m, n \to +\infty$，且 $\dfrac{m}{m+n} \to \lambda$，$0 < \lambda < 1$，有

$$Z = \frac{W_{XY} - \dfrac{mn}{2}}{\sqrt{\dfrac{mn(m+n+1)}{12}}} \xrightarrow{\mathcal{L}} N(0,1) \tag{3.5}$$

$$Z = \frac{W_X - \dfrac{m(m+n+1)}{2}}{\sqrt{\dfrac{mn(m+n+1)}{12}}} \xrightarrow{\mathcal{L}} N(0,1) \tag{3.6}$$

对于双边检验，令 $K = \min\{W_X, W_Y\}$，此时，K 可以通过正态分布 $N(a,b)$ 求得任意点的分布函数，a,b 由式 (3.5) 和式 (3.6) 确定。在显著性水平 α 下，检验的拒绝域为

$$2P_{\text{norm}}(K < k|a,b) \leqslant \alpha$$

式中，k 是满足上式的最大的 k。也可以通过计算统计量 K 的 p 值做决策，即 p 值为 $2P_{\text{norm}}(K < k|a,b)$。

例 3.3 研究不同饲料对雌鼠体重增加是否有差异，相关数据如表 3.5 所示。

表 3.5 喂不同饲料的两组雌鼠在 8 周内增加的体重

饲料	鼠数	各鼠增加的体重 (g)									
高蛋白	12	134	146	104	119	124	161	107	83	113	129	97	123
低蛋白	7	70	118	101	85	112	132	94				

解 假设检验问题：

$$H_0: \mu_1 = \mu_2 \leftrightarrow H_1: \mu_1 \neq \mu_2 \tag{3.7}$$

先将两组数据从小到大混合排列，并注明组别与秩，如表 3.6 所示。

表 3.6 两样本 W-M-W 秩和检验表

体重 (g)	70	83	85	94	97	101	104	107	112	113
组别	低	高	低	低	高	低	高	高	低	高
秩	1	2	3	4	5	6	7	8	9	10
体重 (g)	118	119	123	124	129	132	134	146	161	
组别	低	高	高	高	高	低	高	高	高	
秩	11	12	13	14	15	16	17	18	19	

令 Y 为低蛋白组，$n = 7$，X 为高蛋白组，R_i 是低蛋白组在混合样本中的秩。

$$W_Y = \sum_{i=1}^{m} = 1 + 3 + 4 + 6 + 9 + 11 + 16 = 50$$

根据式 (3.3)，可计算出 $W_{XY} = W_Y - \dfrac{n(n+1)}{2} = 50 - \dfrac{7 \times 8}{2} = 22$。当 $m = 12$, $n = 7$ 时正态分布的临界值 $q_{0.05}$ 为 46，也可直接计算 $W_{XY} = 22$ 的 p 值，用 R 程序计算后可得：$p = 0.1003 > 0.05$，没有显著性差异。R 程序如下：

```
weight.low=c(134,146,104,119,124,161,107,83,113,129,97,123)
weight.high=c(70,118,101,85,112,132,94)
wilcox.test(weight.high, weight.low)
```

输出结果如下：

```
        Wilcoxon rank sum test
data:  weight.high and weight.low
W = 22, p-value = 0.1003
alternative hypothesis: true location shift is not equal to 0
```

例 3.4 Richard 2005 年给出一个例子,是关于服用某类药物对被试者视觉刺激反应时间的影响研究。研究者随机将 8 名被试者放在实验条件下,7 名放在控制条件下,用毫秒记录被试者的视觉刺激反应时间。这里测量上的问题是,视觉刺激反应时间受其他不可测且不能忽略的因素(比如个体潜在反应时间或个体解决问题的时间差异)影响,于是我们的测量可能会是有偏的。数据有偏的直接结果是,视觉刺激反应时间虽然不可能小于 0,但可能会无穷大。这是信息不充分的典型情况。测量数据如表 3.7 所示。

表 3.7 计算 Mann-Whitney U 统计量

实验组		控制组		Mann-Whitney U 统计量
时间 (ms)	秩	时间 (ms)	秩	
140	4	130	1	
147	6	135	2	
153	8	138	3	$U = mn + \dfrac{m(m+1)}{2} - R_1$
160	10	144	5	$= 8 \times 7 + \dfrac{8 \times (8+1)}{2} - 81$
165	11	148	7	$= 56 + \dfrac{72}{2} - 81$
170	13	155	9	$= 56 + 36 - 81$
171	14	168	12	$= 11$
193	15			
$R_1 = 81$		$R_2 = 39$		
$m = 8$		$n = 7$		

原假设 H_0:两组秩之间的差异是偶然产生的。

备择假设 H_1:两组秩之间的差异不是偶然产生的。

检验统计量:Mann-Whitney U 统计量。

显著性水平:$\alpha = 0.05$。

样本量:$m = 8, n = 7$。

拒绝原假设的临界值:$U \leqslant 11$ 或 $U \geqslant 46$。如果 U 在两个临界值以外,就拒绝原假设。因为本例中 $U = 11$,所以拒绝原假设。

2. 带结时的计算公式

当 X 和 Y 中有相同数值时,也就是说数据有结,如用 $(\tau_1, \tau_2, \cdots, \tau_g)$ 表示混合样本的结,则相同的数据采用平均秩(如果数字相同则取平均秩)。此时,大样本近似的 Z 应修正为

$$Z = \dfrac{W_{XY} - mn/2}{\sqrt{\dfrac{mn(m+n+1)}{12} - \dfrac{mn\left(\sum\limits_{i=1}^{g}\tau_i^3 - \sum\limits_{i=1}^{g}\tau_i\right)}{12(m+n)(m+n-1)}}}$$

式中,τ_i 是第 i 个结的结长;而 g 是所有结的个数。

关于 Wilcoxon 秩和检验（Mann-Whitney 检验）的总结如表 3.8 所示。

表 3.8　Wilcoxon 秩和检验（Mann-Whitney 检验）总结表

原假设: H_0	备择假设: H_1	检验统计量 (K)	p 值
$M_X = M_Y$	$M_X > M_Y$	W_{XY} 或 W_Y	$P(K \leqslant k)$
$M_X = M_Y$	$M_X < M_Y$	W_{YX} 或 W_X	$P(K \leqslant k)$
$M_X = M_Y$	$M_X \neq M_Y$	$\min(W_{YX}, W_{XY})$ 或 $\min(W_X, W_Y)$	$2P(K \leqslant k)$
大样本时，用上述近似正态统计量计算 p 值			

这里，虽然从表面看是按照备择假设的方向选择 W_X 或 W_Y 作为检验统计量的，但是实际上，往往是按照实际观察的 W_X 和 W_Y 的大小来确定备择假设的。在选定备择假设之后，比如 $H_1: M_X > M_Y$，我们之所以选 W_Y 或 W_{XY} 作为检验统计量，是因为它们的观测值比 W_X 或 W_{YX} 的小，因而计算或查表（表只有一个方向）要方便些。如果利用大样本正态近似，则可以选择任意一个作为检验统计量。

3. $M_X - M_Y$ 的点估计和区间估计

$M_X - M_Y$ 的点估计很简单，只要把 X 和 Y 的观测值成对相减（共有 mn 对），然后求它们的中位数即可。就例 3.3 来说，差 $M_X - M_Y$ 的点估计为 18.5。

如果要求 $\theta \equiv M_X - M_Y$ 的 $100(1-\alpha)\%$ 置信区间，有以下两种方法。

（1）将 $\theta = M_X - M_Y$ 作为待估参数，用 Bootstrap 方法分别估计 M_X 和 M_Y，取二者的差，得到 Bootstrap $\hat{\theta}^*$，求出 $\hat{\theta}$ 的方差，再用第 2 章的方法求解。以下给出求 $M_X - M_Y$ 的 $100(1-\alpha)\%$ 置信区间的 R 参考程序：

```
x1=firstsample
x2=secondsample
n1=length(x1)
n2=length(x2)
th.hat=median(x2)-median(x1)
B=1000
Tboot=    #vector of length Bootstrap
for (i in 1:B)
{
    xx1=   #sample of size n1 with replacement from x1
    xx2=   #sample of size n2 with replacement from x2
    Tboot[i]=median(xx2)-median(xx1)
}
se=sd(Tboot)
Normal.conf=c(th.hat+qnorm(0.025)*se,th.hat+qnorm(0.975)*se)
Percentile.conf=c(quantile(Tboot,0.025),quantile(Tboot,0.975))
Provotal.conf=(2*th.hat+quantile(Tboot,0.025),
   +2*th.hat-quantile(Tboot,0.025))
```

（2）计算 X 与 Y 的差，求排序后的中位数，具体步骤如下：

① 得到所有 mn 个差 $X_i - Y_j$。
② 记按升幂次序排列的这些差为 $D_1, D_2, \cdots, D_N$, $N = mn$。
③ 从表中查出 $W_{\alpha/2}$, 它满足 $P(W_{XY} \leqslant W_{\alpha/2}) = \alpha/2$, 则所要求的置信区间为 $(D_{W_{\alpha/2}}, D_{mn+1-W_{\alpha/2}})$。

在例 3.3 中（$N = 12 \times 7 = 84$），如果要求 $\Delta = M_X - M_Y$ 的 95% 置信区间，有 $\alpha/2 = 0.025$；对于 $m = 12$, $n = 7$, 查置信区间表得 $W_{0.025} = 10$。再找出 $D_{19} = -3$ 及 $D_{84+1-19} = D_{66} = 42$。因此，区间 $(-3, 42)$ 为所求的 $\Delta = M_X - M_Y$ 的 95% 置信区间。

对于差异具有统计意义的两组呈正态分布的样本来说，W-M-W 检验相对于两样本的 t 检验的渐近相对效率是 0.955；而对于总体为非正态分布（如非对称分布）的样本来说，W-M-W 检验比两样本 t 检验的效率高得多，事实上这时的渐近相对效率能高达无穷大，所以 W-M-W 检验对于两样本的情况是十分适用的。

3.3 Mann-Whitney U 统计量与ROC 曲线

Mann-Whitney是带着检验面具的ROC

在机器学习中常常要建立二分类学习器，常用测试数据检测学习器的性能。一个学习器的学习性能用 ROC 曲线表示，它最早运用于军事领域，后来逐步运用到医学领域。它的基本原理是，首先对学习器产生的得分从大到小排序，依次将每个测试数据点选为一个二分类阈值，得到一对（正确率（TPR），假阳率（FPR））值，其中，TPR 表示把正样例（+）预测为正样例（+）的数据比例，而 FPR 表示把负样例（−）预测为正样例（+）的数据比例，将 TPR 设为 y 轴，将 FPR 设为 x 轴。在坐标 (0,0) 处将所有的样例全部预测为负样例，这时 TPR 和 FPR 均为 0。在由 FPR 和 TPR 构成的直角坐标系里，如果该曲线和横轴所夹的面积较大，则表示该学习器的学习性能较好。这里有一个统计问题，就是如何计算该曲线与横轴所夹面积。假设测试数据的数据量为 n, 其中正样例为 e 笔，负样例为 e' 笔，$e + e' = n$。只有当 TPR 上升时，ROC 曲线与横轴之间才会有新增面积。也就是说，新增面积只与正样例作为阈值有关。如果将第 i 个正样例（+）设置为当前阈值，将 f_i 个负样例（−）预测为正样例（+），此时新增面积如图 3.1 所示（截图引自 S.J.Mason, 2002）。

由图 3.1 可知，新增 ROC 曲线下的面积为

$$新增面积 = \frac{e' - f_i}{e'e}$$

整个 ROC 曲线下的面积 AUC 表示为

$$\text{AUC} = \frac{1}{e'e}\sum_{i=1}^{e}(e' - f_i) = 1 - \frac{1}{e'e}\sum_{i=1}^{e}f_i \tag{3.8}$$

要求出 ROC 曲线下的面积（式 (3.8)），需要解出 $F = \sum_{i=1}^{e} f_i$, 计算公式如下：

$$F = \sum_{i=1}^{e} f_i = \sum_{i=1}^{e}(e' - r_i) = e'e - \sum_{i=1}^{e} r_i \tag{3.9}$$

式中，r_i 表示在该测试集中第 i 个正样例得分高于负样例得分的点数，也是每个正样例得分混合序列中的相对秩，假设得分中不存在数值相等的结，将这些信息代入 AUC 的计算公式中得到

$$\text{AUC} = 1 - \frac{1}{e'e} \sum_{i=1}^{e} f_i = \frac{1}{e'e} \sum_{i=1}^{e} r_i = \frac{U}{e'e} \tag{3.10}$$

也就是说，AUC 与 Mann-Whitney U 统计量的大小是等价的，AUC 值越大，就意味着 Mann-Whitney U 统计量的值越大，它们之间只差一个归一化参数 $e'e$。

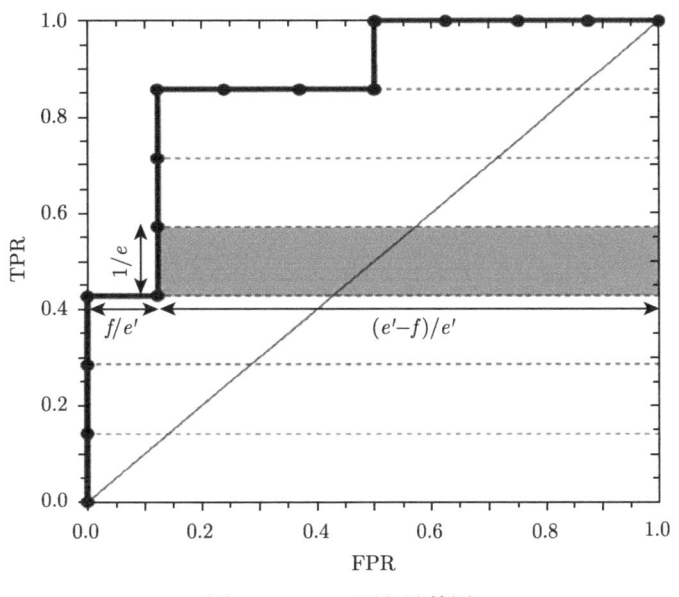

图 3.1 ROC 面积计算图

例 3.5 假设已经得出一系列样例被划分为正类的概率（得分），按从大到小排序，表 3.9 所示是个示例，表中共有 20 个测试样例，"分类"列表示每个测试样例真实的类别标签（+ 表示正样例，− 表示负样例），"得分"列表示每个测试样例属于正样例的概率。

表 3.9 测试样例的真实分类和得分数据表

ID	分类	得分	ID	分类	得分
1	+	0.9	11	+	0.4
2	+	0.8	12	−	0.39
3	−	0.7	13	+	0.38
4	+	0.6	14	−	0.37
5	+	0.55	15	−	0.36
6	+	0.54	16	−	0.35
7	−	0.53	17	+	0.34
8	−	0.52	18	−	0.33
9	+	0.51	19	+	0.30
10	−	0.505	20	−	0.10

接下来，按得分由高到低的顺序，依次将"得分"值所对应的样例作为阈值，当测试样例属于正样例的概率大于或等于这个阈值时，我们认为它是正样例，否则为负样例。举例来说，对于表 3.9 的第 4 个样例，其"得分"值为 0.6，那么样例 1, 2, 3, 4 都被认为是正样例，因为它们的"得分"值都大于等于 0.6，而其他样例则被认为是负样例。每次选取一个不同的样例点作为阈值，就可以得到一组 FPR 和 TPR，即 ROC 曲线上的一点。这样，共计产生 20 组 FPR 和 TPR 的值，将它们画在 ROC 曲线上，结果如图 3.2 所示。

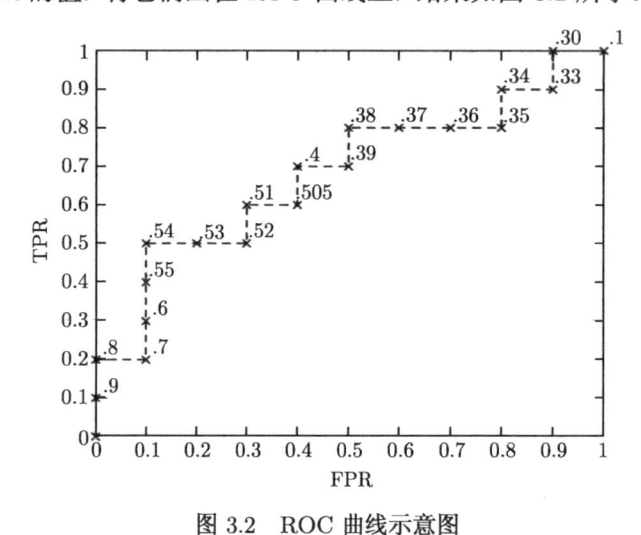

图 3.2 ROC 曲线示意图

由图 3.2，首先由数据的得分秩根据两类的符号计算出正样例相对于负样例的秩和如下：

$$U = 1 + 2 + 5 + 6 + 7 + 9 + 9 + 9 + 10 + 10 = 68$$

结合式 (3.10)，计算出 AUC 面积，为 0.68，表示此时该二分类器性能比较好。

3.4 置换检验

置换检验（Permutation Test）是一种非参数检验，可以用来检验两个分布是否相同，它不基于大样本渐近理论，主要用于小样本。假设 $X_1, X_2, \cdots, X_{n_1} \sim F_X$ 和 $Y_1, Y_2, \cdots, Y_{n_2} \sim F_Y$ 是两个独立样本。原假设是两个样本来自同一个分布，比如，交通事故中驾驶员受伤程度与是否使用安全带的分布是否有不同。具体而言，这里的统计假设检验问题是

$$H_0 : F_X = F_Y \Leftrightarrow H_1 : F_X \neq F_Y$$

令 $T(x_1, x_2, \cdots, x_{n_1}, y_1, y_2, \cdots, y_{n_2})$ 是一个检验统计量，常用两组数据的位置差来表示

$$T(x_1, \cdots, x_{n_1}, y_1, \cdots, y_{n_2}) = |\bar{X}_{n_1} - \bar{Y}_{n_2}|$$

考虑原假设，两组数据混合在一起就是一个分布，这样 X 与 X 之间、Y 与 Y 之间以及 X 与 Y 之间均可以互相置换，于是可以考虑由该数据形成的 $(n_1 + n_2)!$ 种置换，对每一

种置换计算统计量 T，形成统计量的置换样本 $T_1, T_2, \cdots, T_N$，其中 $N = (n_1 + n_2)!$，T 取每种置换的可能性是 $1/N$，用 $\mathbb{P}_p$ 表示 T 的置换分布（permutation distribution）。令 t_0 表示检验统计量的观测值，如果 T 很大，则拒绝原假设，那么置换检验的 p 值为

$$p = \mathbb{P}_p(T > t_0) = \frac{1}{N!} \sum_{j=1}^{N!} I(T_j > t_0)$$

在实际中，如果 N 比较大，把 $N!$ 种不同的置换都试验一遍是不现实的，可以从置换集中随机抽取数据，计算近似的 p 值，以下是置换检验 p 值的 Bootstrap 计算方法：

(1) 计算检验统计量的观测值 $t_0 = T(X_1, X_2, \cdots, X_{n_1}, Y_1, Y_2, \cdots, Y_{n_2})$。

(2) 随机置换数据，用置换数据再次计算检验统计量的值 B 次，令 $T_1, T_2, \cdots, T_B$ 表示置换样本后 T 的观测值。

(3) 近似的 p 值为

$$p \approx \frac{1}{B} \sum_{j=1}^{B} I(T_j > t_0) \tag{3.11}$$

例 3.6 在家教育和幼儿园教育是两种教育方式，两种教育方式对孩子社会认知能力的影响有怎样的差异并不明确，已有教育学理论认为，将孩子送入幼儿园有助于提升孩子的社会认知能力。设置如下假设：

原假设 H_0：送入幼儿园的孩子和在家教育的孩子的社会认知能力没有差异

备择假设 H_1：送入幼儿园的孩子的社会认知能力高于在家教育的孩子的社会认知能力

数据：实验对象是幼儿园适龄双胞胎，共计 $n = 8$ 对，在研究期初在每一对中随机选出一位送到幼儿园，另一位在家教育；研究期结束后，16 个孩子统一接受同一套社会认知能力测试，测试数据如表 3.10 所示（分值高代表社会认知能力强）。

表 3.10 两种不同教育方式下孩子社会认知能力测试得分表

幼儿园教育 (x)	82	69	73	43	58	56	76	65
在家教育 (y)	63	42	74	37	51	43	80	62
两者分值差异 d	19	27	−1	6	7	13	−4	3

解 这是配对两样本位置检验问题，假设模型表达为

$$d_i = \text{me} + \epsilon_i, i = 1, 2, \cdots, 8$$

式中，me 是位置中心，Wilcoxon 检验 p 值 $= 0.027$。现在计算置换检验的 p 值，R 程序如下：

```
> d=school-home
> dpm=c(d,-d)
> n=length(d)
> B=500
> dbs=matrix(sample(dpm,n*B,replace=TRUE),ncol=n)
```

```
> wilcox.teststat=function(x)wilcox.test(x)$statistic
> bs.teststat=apply(dbs,1,wilcox.teststat)
> mean(bs.teststat>=wilcox.teststat(dpm))
[1] 0
```

3.5 Mood 方差检验

对于尺度参数的检验与两样本的位置参数有关，如果不知道位置参数，则一般很难通过秩检验判断两组数据的离散程度。比如，有如表 3.11 所示的两组数据。

表 3.11 两组独立样本实验数据

样本 1	48	56	59	61	84	87	91	95
样本 2	2	22	49	78	85	89	93	97

观察数据可以看出，第二组数据比第一组数据分散，但从秩的角度却很难区分。所以 Mood 检验法假定两位置参数相等，不失一般性，假定为零。于是有样本 $X_1, X_2, \cdots, X_m \sim F\left(\dfrac{x}{\sigma_1}\right)$ 和 $Y_1, Y_2, \cdots, Y_n \sim F\left(\dfrac{x}{\sigma_2}\right)$，我们的检验问题为

$$H_0 : \sigma_1^2 = \sigma_2^2 \leftrightarrow H_1 : \sigma_1^2 \neq \sigma_2^2$$

F 处处连续，且 $X_1, X_2, \cdots, X_m, Y_1, Y_2, \cdots, Y_n$ 相互独立，令 R_i 为 X_i 在混合样本中的秩，当 H_0 成立时，$X_1, X_2, \cdots, X_m, Y_1, Y_2, \cdots, Y_n$ 独立同分布，即

$$E(R_i) = \sum_{i=1}^{m+n} \frac{i}{m+n} = \frac{m+n+1}{2}$$

当 H_0 成立时，对样本 X，考虑秩统计量

$$M = \sum_{i=1}^{m} \left(R_i - \frac{m+n+1}{2}\right)^2 \tag{3.12}$$

如果它的值偏大，则 X 的方差也可能偏大，可以对大的 M 拒绝原假设。这种方法由 Mood 于 1954 年提出，称为 Mood 检验。

在原假设 H_0 下，M 的分布可以由秩的分布性质得出。这里给出大样本近似。在原假设下，当 $m, n \to \infty$ 并且 $m/(m+n)$ 趋于常数时，有

$$E(M) = m(m+n+1)(m+n-1)/12 \tag{3.13}$$

$$\mathrm{var}(M) = mn(m+n+1)(m+n+2)(m+n-2)/180 \tag{3.14}$$

$$Z = \frac{M - E(M)}{\sqrt{\mathrm{var}(M)}} \xrightarrow{\mathcal{L}} N(0,1) \tag{3.15}$$

当样本量比较小时，比如 $m+n<30$，可以用连续性修正：

$$Z=\frac{M-E(M)\pm 0.5}{\sqrt{\text{var}(M)}}\xrightarrow{\mathcal{L}} N(0,1) \qquad (3.16)$$

也可以采用 Laubscher 等人于 1968 年提出的建议，修正如下：

$$Z=\frac{M-E(M)}{\sqrt{\text{var}(M)}}+\frac{1}{2\sqrt{\text{var}(M)}}\xrightarrow{\mathcal{L}} N(0,1) \qquad (3.17)$$

例 3.7 假定有 5 位健康成年人的血液，分别用手工 (x) 和仪器 (y) 两种方法测量血液中的血糖值，测量结果如表 3.12 所示，问：两种测量方法的精确度是否存在差异？（显著性水平 $\alpha=0.05$。）

表 3.12 两种测量方法的测量结果数据表　　（单位：mmol/L）

手工 (x)	4.5	6.5	7	10	12
仪器 (y)	6	7.2	8	9	9.8

解 假设检验问题：

H_0：两种测量血糖值的方法的方差相同，即 $\sigma_1^2=\sigma_2^2$

H_1：两种测量血糖值的方法的方差不同，即 $\sigma_1^2\neq\sigma_2^2$

统计分析：将两样本混合，计算混合秩，如表 3.13 所示。

表 3.13 两样本混合之后的混合秩

血糖值 (mmol/L)	4.5	6	6.5	7	7.2	8	9	9.8	10	12
秩	1	2	3	4	5	6	7	8	9	10
组别	x	y	x	x	y	y	y	y	x	x

设 $m=n=5, (m+n+1)/2=(5+5+1)/2=5.5$。根据式 (3.12)，有

$$M=(1-5.5)^2+(3-5.5)^2+(4-5.5)^2+(9-5.5)^2+(10-5.5)^2$$
$$=61.25$$

由附表 9，$M_{0.025,5,5}=15.25, M_{0.975,5,5}=61.25, M=61.25$。由于 $15.25<M=61.25=61.25$，故不能拒绝 H_0，表示两种测量方法的精确度没有明显差异。

若用式 (3.13) 和式 (3.14) 分别计算，则

$$E(M)=m(m+n+1)(m+n-1)/12$$
$$=5(5+5+1)(5+5-1)/12$$
$$=41.25$$
$$\text{var}(M)=mn(m+n+1)(m+n+2)(m+n-2)/180$$

$$= 5 \times 5(5+5+1)(5+5+2)(5+5-2)/180$$
$$= 146.6667$$

代入式 (3.16)，得

$$Z = \frac{1}{\sqrt{\text{var}(M)}}\left[M - E(M) + \frac{1}{2}\right]$$
$$= \frac{1}{146.6667}[61.25 - 41.25 + 0.5]$$
$$= \frac{20.5}{12.1106}$$
$$= 1.6927 < Z_{0.05/2} = 1.96$$

所得结论与第一种方法相同。

3.6 Moses 方差检验

Moses 于 1963 年提出了另一种检验两总体方差是否相等的方法，该方法不需事先假设两分布平均值相等，因此应用较广。

设 $x_1, x_2, \cdots, x_m$ 为第一个分布的随机样本，第一个总体的方差为 σ_1^2。设 $y_1, y_2, \cdots, y_n$ 为第二个分布的随机样本，第二个总体的方差为 σ_2^2。

假设检验问题：

$$H_0 : 两分布方差相等，即 \sigma_1^2 = \sigma_2^2$$
$$H_1 : 两分布方差不等，即 \sigma_1^2 \neq \sigma_2^2$$

统计分析：Moses 方差检验的统计值 T 求法如下。

(1) 将两样本各分成几组，比如，第 1 组样本随机分成 m_1 组，每组含 k 个观测值，记为 $A_1, A_2, \cdots, A_{m_1}$；同理，第 2 组样本随机分成 m_2 组，每组含 k 个观测值，记为 $B_1, B_2, \cdots, B_{m_2}$。

(2) 分别求各小组样本的离差平方和如下：

$$\text{SSA}_r = \sum_{x_i \in A_r}(x_i - \bar{x})^2, \quad r = 1, 2, \cdots, m_1$$
$$\text{SSB}_s = \sum_{y_i \in B_s}(y_i - \bar{y})^2, \quad s = 1, 2, \cdots, m_2$$

(3) 将两样本各小组的平方和 SSA_r、SSB_s $(r = 1, 2, \cdots, m_1, s = 1, 2, \cdots, m_2)$ 混合排序，按大小定秩。

(4) 计算第 1 组样本 m_1 组平方和的秩和，用 S 表示，则 Moses 的统计值 T_M 为

$$T_M = \frac{S - m_1(m_1 + 1)}{2}$$

如果两组数据的方差存在很大差异,从平均来看,一组数据的平方和比另一组数据的平方和小,因此查 Mann-Whitney 的 W_α 值表(见附表 4),若实际 $T_M < W_{0.025,m_1,m_2}$ 或 $T_M > W_{0.975,m_1,m_2} = m_1 m_2 - W_{0.025}$,则拒绝 H_0,反之则不能拒绝 H_0。

例 3.8 设中风病人与健康成人血液中血尿酸水平如表 3.14 所示。

表 3.14 中风病人与健康成人血液中血尿酸水平数据表　　(单位:μmol/L)

| 中风病人 (x) | 8.2 | 10.7 | 7.5 | 14.6 | 6.3 | 9.2 | 11.9 | 5.6 | 12.8 | 5.2 | 4.9 | 13.5 | $m = 12$ |
| 健康成人 (y) | 4.7 | 6.3 | 5.2 | 6.8 | 5.6 | 4.2 | 6.0 | 7.4 | 8.1 | 6.5 | | | $n = 10$ |

假设检验问题:

H_0:中风病人与健康成人血液中血尿酸水平的变异相同,即 $\sigma_1^2 = \sigma_2^2$

H_1:中风病人与健康成人血液中血尿酸水平的变异不同,即 $\sigma_1^2 \neq \sigma_2^2$

统计分析:现在将中风病人随机分成 4 组 ($m_1 = 4$),每组 3 人 ($k = 3$),将健康成人分成 3 组 ($m_2 = 3$),每组 3 人 ($k = 3$),把多出的 1 人去除。各组血尿酸水平及其平方和如表 3.15 和表 3.16 所示。

表 3.15 中风病人各组血尿酸水平及其平方和

中风病人 (x)	观测值			平方和 (SSA)	秩
1	8.2	14.6	11.9	20.65	5
2	10.7	6.3	5.2	16.94	4
3	7.5	5.6	12.8	27.85	6
4	9.2	4.9	13.5	36.98	7

表 3.16 健康成人各组血尿酸水平及其平方和

健康成人 (y)	观测值			平方和 (SSB)	秩
1	4.7	6.8	6.0	2.25	2
2	6.3	5.6	7.4	1.65	1
3	5.2	4.2	8.1	8.21	3

如果取较小的 $S = \min(SSA, SSB) = \min(22, 6) = 6$,则

$$T_M = \frac{S - m_2(m_2+1)}{2} = \frac{6 - 3(3+1)}{2} = -3$$

查附表 4,$W_{0.025,4,3} = 0$,统计量 $T = -3 < W_{0.025} = 0$,因此拒绝 H_0。

案例与讨论:等候还是离开

案例背景

一家中餐厅"师徒帮帮带"坐落在一所著名高等学府内,其提供的套餐虽然只有两类:套餐 C 和套餐 H,但因为套餐营养全面、质量上乘、口感绝佳而远近闻名,每到午餐时间,

总是有很多学生来此用餐。该餐厅为保证质量，目前只有两个柜台窗口 W_1 和 W_2，每个窗口指定一位师傅，每次接受一个订单，现场独立加工，一个订单加工完成后，才允许接受下一个订单。商学院的研究生根据餐厅提供的汇总数据分析发现，W_1 窗口师傅单位时间内能够完成的数量比 W_2 窗口多，其服务更快一些；但新闻学院学生经亲身体验发现，W_2 比 W_1 窗口更快一些。那么对于排 W_1 窗口还是排 W_2 窗口的两种不同排队策略，你怎么看？

数据说明与约定

该案例的数据存储在一个"waitingline.xls"文件中，共三个工作簿，分别涉及服务时间、数据说明和到达人数。工作簿 3 为到达人数数据，包括以 20 分钟为单位，连续 5 个工作日餐馆午饭高峰期到达人数的数据。

为简化分析，有如下约定：

（1）顾客到达餐厅之前对选择套餐 C 还是套餐 H 是确定的，排队后选餐类型不再改变。

（2）每位顾客只点一份餐。如果有柜台没有顾客等待，顾客将优先选择此柜台。如果两个柜台都至少有一个顾客在等待服务，他可以选择排队或离开餐馆。

（3）顾客决定选择排队还是离开，只受到队伍长度、两个队伍的排队时间及自身排队时间忍耐值三个因素影响。

研讨问题

问题 1. 根据案例背景和数据约定，请思考以下问题：

（1）在不考虑顾客排队时间忍耐值的情况下，W_1 窗口中没有排队的概率、W_2 窗口中没有排队的概率，以及新到的顾客必须排队的概率是多少？

（2）套餐 C 和套餐 H 各自的服务时间有什么统计规律？

问题 2. 如果 W_1 窗口的排队序列是 CHCHC，W_2 窗口的排队序列是 CCCHH，两个窗口各有同等数量的顾客在等候接受服务，若仅仅考虑排队时间，那么排哪支队伍比较合适？理由是什么？

问题 3. 如果 W_1 窗口的排队序列是 CCCCH，W_2 窗口的排队序列是 CCHCC。正好有位刚到的学生只有 30 分钟可以等待，那么你建议的排队策略是什么（可靠性为 75%）？

习　题

3.1 在一项研究毒品对人体攻击性影响的实验中，组 A 使用安慰剂，组 B 使用毒品。实验后进行攻击性测试，测量得分（得分越高表示攻击性越强）如下：

（1）给出这个实验的原假设。

（2）画出表现这些数据特点的曲线图。

（3）分析这些数据用哪种检验方法最合适。

（4）用你选择的检验对数据进行分析。

(5) 是否有足够的证据拒绝原假设？如何解释数据？

组 A	组 B
10	12
8	15
12	20
16	18
5	13
9	14
7	9
11	16
6	

3.2 试针对例 3.1 进行如下操作：

(1) 给出 0.25 分位数的检验内容（包括假设、过程和决策）。

(2) 应用(1)的结果分析两组数据的 0.25 分位数是否有差异，对结果进行合理解释。

(3) 给出 0.75 分位数的检验内容（包括假设、过程和决策）。

(4) 应用(3)的结果分析两组数据的 0.75 分位数是否有差异，对结果进行合理解释。

3.3 一家大型保险公司的人事主管宣称，在人际关系方面受过训练的保险代理人会给潜在顾客留下更好的印象。为了检验这个假设，从最近雇用的职员中随机选出 22 人，一半接受人际关系方面的课程训练，剩下的 11 个人组成控制组。在训练之后，22 人都在一个与顾客的模拟会面中被观察，观察者以 20 分制 (1～20) 对他们在建立与顾客关系方面的表现进行评级，得分越高，评级越高。数据在下表中列出。

受过人际关系的训练组	控制组
18	12
15	13
9	9
10	8
14	1
16	2
11	7
13	5
19	3
20	2
6	4

(1) 这项研究的原假设和备择假设各是什么？

(2) 画出表示这些数据特点的曲线图。

(3) 你认为分析这些数据用哪种检验方法最合适？

(4) 用你选择的检验方法对数据进行分析。

(5) 是否有足够的证据拒绝原假设？如何解释数据？

3.4 两个学院教师一年的课时量如下（单位：学时）：

A 学院：221 166 156 186 130 129 103 134 199 121 265 150 158 242 243 198 138 117

B 学院：488 593 507 428 807 342 512 350 672 589 665 549 451 492 514 391 366 469

根据这两个样本判断,两个学院教师讲课的课时是否不同?估计其差别。从两个学院教师讲课的课时来看,教师完成讲课任务的情况是否类似?给出检验和判断。

3.5 对 A 和 B 两块土壤的有机质含量抽检结果如下,试用 Mood 和 Moses 两种方法检验两组数据的方差是否存在差异。

A	8.8 8.2	5.6 4.9	8.9 4.2	3.6 7.1	5.5 8.6	6.3 3.9
B	13.0 14.5 18.9 14.6	16.5 22.8 19.8 14.5	20.7 19.6	18.4 21.3	24.2 19.6	11.7

3.6 根据第 1 章问题 1 的数据,请选择合适的方法进行中位数检验,比较两者的结果。

第 4 章

多组数据位置推断

很多时候需要对多组数据的分布位置进行比较,传统问题中需要通过试验组和对照组试验研究结构来采集数据,需要考虑不同的组是否对响应变量的结果有影响。传统假设检验的方法是分析样本数据并通过抽样分布方法计算其 p 值。如果该 p 值小于某一显著性阈值,则可拒绝相应的原假设。然而,当许多假设一起检验时,总体错误率将随着原假设数量的增多而急剧上升。分析的主要工具是方差分析,不同的试验设计选择不同的方差分析模型。无论采用哪一种方差分析,在参数统计推断中,一般都需要数据满足正态分布假定。当先验信息或数据不足以支持正态假定时,就需要借助非参数方法解决。另外,在高维问题上,多重检验与特征选择密切相关,特征选择问题可以描述为假设检验问题,即特定的数据特征是否为数据所描述问题的相关特征。本章将介绍 Bonferroni 校正法则、BH 控制过程和高阶鉴定法 HC 的稀疏弱信号检验理论与算法。

本章中,一般假定多个总体有相似的连续分布(除位置不同外,其他条件差异不大),多组之间是独立样本。形式上,假定 k 个独立样本有连续分布函数 $F_1, F_2, \cdots, F_k$,假设检验问题可表示为

$$H_0: F_1 = F_2 = \cdots = F_k \leftrightarrow H_1: F_i(x) = F(x + \theta_i), i = 1, 2, \cdots, k$$

这里 F 是某连续分布函数族,各组之间位置的差异简化为位置参数 θ_i,θ_i 可能不全相同。本章主要介绍五种方法,其中前两种主要基于完全随机设计之下的位置比较,后三种针对完全区组和不完全均衡区组设计。为此,我们首先在 4.1 节简要回顾试验设计的基本概念。

4.1 试验设计和方差分析的基本概念回顾

在实际中,经常需要比较多组独立数据均值之间的差异存在性问题,例如,材料研究中需要比较不同温度下试验结果的差异,临床试验中需要比较不同药品的疗效,产品质量检测中需要比较采用不同工艺所生产产品的强度,市场营销中需要比较不同地区的产品销售量等。如果差异存在,还希望找出较好的。在试验设计中,称温度、药品、工艺和地区等影响元素为**因素**(factor),因素的不同状态称为不同的**处理或水平**。例如,在 $200°C, 400°C, 160°C$

三个温度值下，比较高度钢的抗拉强度，1.0GPa，1.2GPa，1.5GPa 就是三个处理或水平。试验设计和方差分析的主要内容是研究不同的影响因素（也包括因子）如何影响试验的结果。

有时影响结果的因素不止一个，比如，还有催化剂，需要考虑催化剂含量的 0.5% 和 1.5% 两个处理水平。这样，就要进行各种因素不同水平（level）的组合试验和重复抽样。由于各种处理的影响，抽样结果不尽相同，总会存在偏差（bias），这些偏差就是所谓试验误差。试验误差若太大，则不利于比较差异。于是，一种组合里不允许有太多的样本。另外，还需要考虑一个组里的数据是否满足同质性，在抽取数据时，需要根据数据来源的随机性考虑如何更好地设计试验，需要根据试验材料（如人、动物、土地）的性质、试验时间、试验空间（环境）及法律规章的可行性制定合理的试验方案，用尽量少的样本和合适的方法分析试验观测值，达到试验目的。这都是试验设计中要考虑的基本问题。

在进行试验时，试验者一般应遵循三个基本原则。

(1) 重复性原则：重复次数越多，抽样误差越小，但非抽样误差越大。

(2) 随机性原则：随机安排各种处理，消除人为偏见和主观臆断。

(3) 适宜性原则：采用合适的试验设计，剔除外界环境因素的干扰。

多样本均值比较，一般不能简单地用两样本 t 均值比较解决。比如，要比较三种处理之间的位置差异，三种处理的两两比较共有 $\binom{3}{2}=3$ 种，假设两两处理比较的显著性水平为 $\alpha=0.05$，三次比较的显著性水平只有 $1-(1-\alpha)^3=0.1426$。也就是说，只要拒绝一个检验，就可能犯第 I 类错误，第 I 类错误的发生概率是 14.26%，而不是当初设定的 0.05。如果要比较的是 8 组，第 I 类错误的发生概率是 76.22%。因此多总体均值的比较都采用方差分析法。

方差分析的基本原理是将不同因素对试验结果的影响分解为两方面，即因素之间的差异和不明因素的随机误差两项。先以单因素方差分析为例，回顾参数方差分析的基本原理。单因素方差分析模型没有区组影响，因而有较简单的表达式：

$$x_{ij}=\mu+\mu_i+\varepsilon_{ij}, i=1,2,\cdots,k, j=1,2,\cdots,n_i \tag{4.1}$$

式中，x_{ij} 表示第 i 种处理的第 j 个重复观测，n_i 表示第 i 种处理的观测样本量。假设有 k 个总体 $F(x-\mu_i), i=1,2,\cdots,k$，即 k 种处理，在各总体为等方差正态分布以及观测值独立的假定下，假设问题为

$$H_0:\mu_1=\mu_2=\cdots=\mu_k=\mu \leftrightarrow H_1:\mu_i\neq\mu_j, \exists i,j, i\neq j \tag{4.2}$$

将观测值重新整理并表达如下：

$$x_{ij}-\bar{x}_{..}=(\bar{x}_{i.}-\bar{x}_{..})+(x_{ij}-\bar{x}_{i.}), i=1,2,\cdots,k, j=1,2,\cdots,n_i$$

令 x_{ij} 表示第 i 种处理的第 j 个样本，将两边平方后为

$$\underbrace{\sum(x_{ij}-\bar{x}..)^2}=\underbrace{\sum n_i(\bar{x}_{i.}-\bar{x}..)^2}+\underbrace{\sum(x_{ij}-\bar{x}_{i.})^2} \tag{4.3}$$

$$\text{SST(总平方和)} = \text{SSt(处理平方和)} + \text{SSE(误差平方和)} \tag{4.4}$$

在正态假定之下，可以将各自的平方和与自由度综合成方差分析表，如表 4.1 所示。

表 4.1 方差分析表

变异来源	自由度	平方和	均方	实际观测 F 值
处理	$k-1$	SSt	MSt	MSt/MSE
误差	$n-k$	SSE	MSE	
总计	$n-1$	SST		

对假设检验问题 (4.2)，令检验统计量为

$$F = \frac{\text{MSt}}{\text{MSE}} = \frac{\sum\limits_{i=1}^{k} n_i(\overline{x}_{i.}-\bar{x})^2/(k-1)}{\sum\limits_{i=1}^{k}\sum\limits_{j=1}^{n_i}(x_{ij}-\overline{x}_{i.})^2/(n-k)}$$

式中，$\bar{x}_{i.} = \sum\limits_{j=1}^{n_i} x_{ij}/n_i$，$\bar{x} = \sum\limits_{i=1}^{k}\sum\limits_{j=1}^{n_i} x_{ij}/n$。若假定各处理数据满足正态分布且等方差，则 F 在 H_0 下的分布为自由度为 $(k-1, n-k)$ 的 F 分布。若 $F = \text{MSt}/\text{MSE} > F_{(\alpha)}(k-1, n-k)$，则考虑拒绝原假设：

$$H_0: \mu_1 = \mu_2 = \cdots = \mu_k \leftrightarrow H_1: \text{并非所有 } \mu_i \text{ 都相等} \tag{4.5}$$

不同的试验设计有不同的方差分析方法，下面分别说明。

1. 完全随机设计

先看一个例子。

例 4.1 假设有 A, B, C 三种饲料配方用于北京鸭饲养，比较采用不同饲料喂养对北京鸭体重增加的影响。每种饲料重复观测 4 次，需要 12 只北京鸭参与试验，采用完全随机设计，挑选 12 只体质相当的北京鸭。比如，采用体形相近且健康的北京鸭。随机将三种饲料分配给不同的北京鸭进行试验，两个月后北京鸭增加的体重 (kg) 如表 4.2 所示。

表 4.2 不同饲料喂养两个月后北京鸭体重增加数据表 1

饲料	B	C	B	A
体重增加 (kg)	2.0	2.8	1.8	1.5
饲料	A	B	C	C
体重增加 (kg)	1.4	2.4	2.5	2.1
饲料	C	A	A	B
体重增加 (kg)	2.6	1.9	2.0	2.2

解 这是一个典型的完全随机设计（Completely Randomized Design，CRD）的例子，是最简单的一种试验设计。在这个例子中，影响因素只有"饲料"一个，因此分析这种数据的方法称为单因素方差分析。

为保证样本无偏性，应用完全随机设计须具备以下两个条件：

(1) 试验材料（动物、植物、土地）为同质；

(2) 各处理（如饲料配方）要随机安排试验材料。

假设检验问题：

$H_0: \mu_1 = \mu_2 = \mu_3 \leftrightarrow H_1: \exists i, j, i \neq j, i, j = 1, 2, 3, \mu_i \neq \mu_j$（至少有一对处理均值不等）。

在进行方差分析之前通常需要将表 4.2 整理成表 4.3，便于计算各项均值和方差。

表 4.3 不同饲料喂养两个月后北京鸭体重增加数据表 2

重复	处理				和
	1	2	3	4	
A	1.4	1.9	2.0	1.5	6.8
B	2.0	2.4	1.8	2.2	8.4
C	2.6	2.8	2.5	2.1	10.0
	6	7.1	6.3	5.8	25.2

各项平方和计算如下：

$$\text{总平方和} \quad \text{SST} = 1.4^2 + \cdots + 2.1^2 - 25.2^2/12 = 2.00$$

$$\text{处理平方和} \quad \text{SSt} = \frac{1}{4}(6.8^2 + \cdots + 10^2) - 25.2^2/12 = 1.28$$

$$\text{误差平方和} \quad \text{SSE} = \text{SST} - \text{SSt} = 2 - 1.28 = 0.72$$

得出方差分析表，如表 4.4 所示。

表 4.4 方差分析表

因子	自由度	平方和	均方	F 值	F_α	
					0.05	0.01
饲料 (t)	2	1.28	0.64	8*	4.26	8.02
误差 (E)	9	0.72	0.08			
总计 (T)	11	2.00				

* 表示 0.05 显著性水平下显著。以下同。

结论：设 $\alpha = 0.05$，如表 4.4 所示，$F = 8 > F_{0.05}(2, 9) = 4.26$，接受 H_1，表示三种饲料在增加北京鸭体重方面存在差异。

以下是 R 软件中单因素方差分析的函数和输出结果：

```
*** Analysis of Variance Model ***
    >   aov(formula = y ~ x, data = xy, na.action = na.exclude)
    >              x Residuals
 Sum of Squares  1.28     0.72
Deg. of Freedom    2        9
```

```
Residual standard error: 0.043
Estimated effects are balanced
          Df  Sum of Sq  Mean Sq   F Value   Pr(F)
       x   2     1.28      0.64       8      0.001
Residuals  9     0.72      0.08
```

2. 完全随机区组设计

在实践中，除处理之外，往往还有别的因素起作用。假设需要对 A, B, C, D 四种处理方法的凝血时间设计比较试验，每种处理方法重复观测 5 次。换句话说，应该随机将 20 位正常人分为 5 组，每组 4 人，分别接受 4 种不同的处理，共生成 $4 \times 5 = 20$ 份血液，供四种处理方法进行凝血试验比较。由经验可知，由于每个人体质不同，自然凝血时间的差异可能比较大。如果恰好自然凝血时间较短的人的血液都分配给较差的处理方法，而自然凝血时间较长的人的血液分配给较好的处理方法，最后可能测不出哪种处理方法更有效。这是因为在凝血试验中，不同条件的人构成了另一个因素，称为**区组**（block）。如果只取 5 位正常人的血液，每人的血液分成 4 份，随机分配 4 种处理方法，这就是完全随机区组设计，其中人为区组。

四种处理的凝血时间见表 4.5，从表中可以看出，影响结果的因素有处理和区组（人）两个。

表 4.5 四种处理的凝血时间测量结果表 （单位：s）

处理	区组					处理和 $x_{i.}$
	I	II	III	IV	V	
A	8.4	10.8	8.6	8.8	8.4	45.0
B	9.4	15.2	9.8	9.8	9.2	53.4
C	9.8	9.9	10.2	8.9	8.5	47.3
D	12.2	14.4	9.8	12.0	9.5	57.9
区组和 $x_{.j}$	39.8	50.3	38.4	39.5	35.6	$203.6 = x_{..}$

如果影响结果的因素有区组，则需要用两因素方差分析模型表示。为简单起见，这里只给出主效应的表示模型，这表示处理与区组之间的交互作用不予考虑，模型如下：

$$x_{ij} = \mu + \tau_i + \beta_j + \varepsilon_{ij}$$

$$i = 1, 2, \cdots, k(\text{处理数})$$

$$j = 1, 2, \cdots, b(\text{区组数})$$

式中，x_{ij} 表示第 i 个因子的第 j 个区组的观测，每个因子的观测量为 b，每个区组的观测量为 k，τ_i 是第 i 个处理的效应，β_j 是第 j 个区组的效应。

假设检验问题为 $H_0 : \mu_1 = \mu_2 = \mu_3 = \mu_4 \leftrightarrow H_1 : \mu_i \neq \mu_j, \exists i, j, i \neq j$。

如果随机地把所有处理分配到所有的区组中，使得总的变异可以分解为

(1) 处理造成的变异；

(2) 区组内的变异；

(3) 区组之间的变异。

那么，对于完全随机区组试验，正态总体条件下的检验统计量为

$$F = \frac{\text{MSt}}{\text{MSE}} = \frac{\sum_{i=1}^{k} b(\bar{x}_{i\cdot} - \bar{x}_{\cdot\cdot})^2/(k-1)}{\sum_{i=1}^{k}\sum_{j=1}^{b}(x_{ij} - \bar{x}_{i\cdot} - \bar{x}_{\cdot j} + \bar{x})^2/[(k-1)(b-1)]}$$

式中，$\bar{x}_{i\cdot} = \sum_{j=1}^{b} x_{ij}/b$, $\bar{x}_{\cdot j} = \sum_{i=1}^{k} x_{ij}/k$, $\bar{x}_{\cdot\cdot} = \sum_{i=1}^{k}\sum_{j=1}^{b} x_{ij}/n$, $n = kb$。统计量 F 在原假设下为自由度为 $(k-1, n-k)$ 的 F 分布。要检验区组之间是否有区别，只要把上面公式中的 i 和 j 交换、k 和 b 交换并考虑对称的问题即可。

各效应平方和计算如下：

总平方和

$$\text{SST} = \sum\sum (x_{ij} - \bar{x}_{\cdot\cdot})^2$$
$$= \sum\sum x_{ij}^2 - x_{\cdot\cdot}^2/kb$$
$$= 8.4^2 + \cdots + 9.5^2 - 203.6^2/20 = 68.672$$

区组平方和

$$\text{SSB} = k\sum_{}^{b}(x_{\cdot j} - \bar{x}_{\cdot\cdot})^2$$
$$= \sum x_{\cdot j}^2/k - x_{\cdot\cdot}^2/kb$$
$$= \frac{1}{4}(39.8^2 + \cdots + 35.6^2) - 203.6^2/20$$
$$= 31.427$$

处理平方和

$$\text{SSt} = b\sum_{}^{k}(\bar{x}_{i\cdot} - \bar{x}_{\cdot\cdot})^2$$
$$= \sum x_{i\cdot}^2/n - x_{\cdot\cdot}^2/kb$$
$$= \frac{1}{5}(45.0^2 + \cdots + 57.9^2) - 203.6^2/20$$
$$= 20.604$$

误差平方和

$$\text{SSE} = \text{SST} - \text{SSB} - \text{SSt} = 16.641$$

四种血液凝固处理的双因素方差分析表如表 4.6 所示，实际区组 $F_b=5.6654>F_{0.01,4,12}=5.41$，这表示区组 (人) 对凝血时间的影响有显著差异；处理 $F_t=4.9524>F_{0.05,3,12}=3.49$，表示不同的处理对凝血时间的影响有差别。图 4.1 给出四种凝血时间观测值分处理箱线图，图中也显示了凝血处理间的差异。处理均值间存在差异，到底哪些处理之间存在差异还需要进一步的检验，这里省略。

表 4.6　双因素方差分析表

因素	自由度	平方和	均方	F 值	F_α	
					0.05	0.01
区组 (B)	$5-1=4$	31.427	7.8568	5.6654**	3.26	5.41
处理 (t)	$4-1=3$	20.604	6.8680	4.9524*	3.49	5.95
误差 (E)	$19-7=12$	16.641	1.3868			
总计 (T)	$20-1=19$	68.672				

* 表示 0.05 显著性水平下显著。以下同。

** 表示 0.01 显著性水平下显著。

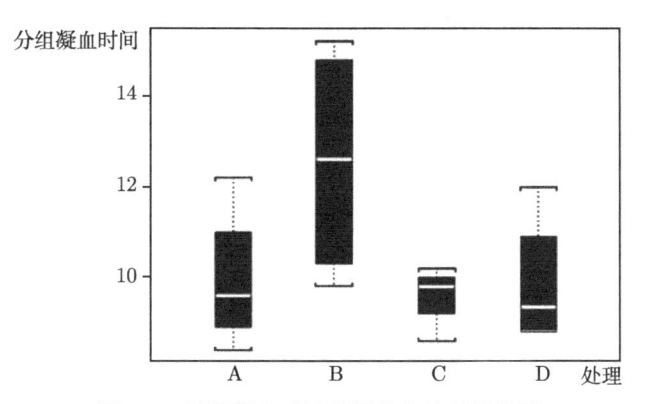

图 4.1　四种凝血时间观测值分处理箱线图

完全随机区组的试验设计的基本使用条件如下：

(1) 试验材料为异质，试验者根据需要将其分为几组，几个性质相近的试验单位组成一个区组（比如，一个人的血液分成四份，此人即同一区组，不同人为不同区组），使区组内试验个体之间的差异相对较小，而区组间的差异相对较大；

(2) 每个区组内的试验个体按照随机安排全部参加试验的各种处理；

(3) 每个区组内的试验数等于处理数。

3. 均衡的不完全区组设计

以上介绍的完全随机区组设计要求每个处理都出现在每个区组中，但在实际问题中，不一定能够保证每个区组都有对应的样本出现，此时就有了不完全区组设计。当处理组非常大，而同一区组的所有样本数又不允许太大时，在一个区组中可能无法包含所有的处理，此时只能在同一区组内安排部分处理，即不是所有的处理都被用于各区组的试验中，这种区组设计称为不完全区组设计 (incomplete block)。在不完全区组设计中，最常用的就是均衡不完全区组设计 (balanced incomplete block design)，简称 BIB 随机区组设计。具体而言，每个区组安排相等处理数的不完全区组设计。假定有 k 个处理和 b 个区组,区组样本量为 t(它表示区组中最多可以安排的处理个数),均衡的不完全区组设计 BIB(k,b,r,t,λ) 满足以下条件:

(1) 每个处理在同一区组中最多出现一次;

(2) 区组样本量为 t,t 为每个区组设计的样本量,t 小于处理个数 k;

(3) 每个处理出现在同样多的 r 个区组中;

(4) 每两个处理在一个区组中相遇的次数一样 (λ 次)。

用数学的语言来说,这些参数满足:

(1) $kr = bt$;

(2) $\lambda(k-1) = r(t-1)$;

(3) $b \geqslant r$ 或 $k > t$。

如果 $t = k, r = b$,则为完全随机区组设计。

例 4.2   比较四家保险公司 A,B,C,D 在 Ⅰ, Ⅱ, Ⅲ, Ⅳ 四个不同城市的保险经营业绩,假设以当年签订保险协议的份数为衡量业绩的标志。

解   由于四家保险公司未必在四所城市都有经营网点,即便有经营网点,但分支机构的经营年限也可能各有不同,于是某些数据不可直接参与比较,因此采取 BIB 设计,得到如表 4.7 所示数据(单位:万份)。

表 4.7   不同城市保险公司绩效的 BIB 设计

保险公司 (处理)	城市 (区组)			
	Ⅰ	Ⅱ	Ⅲ	Ⅳ
A	34	28		59
B		30	36	45
C	36	44	48	
D	40		54	60

很容易看出 BIB 设计的均衡性质。这里 $(k,b,r,t,\lambda) = (4,4,3,3,2)$。

4.2   多重检验问题

1. FDR 基本原理

考虑 m 个假设检验

$$H_{0j}: \mu_j = 0 \leftrightarrow H_{1j}: \mu_j \neq 0, \quad j = 1, 2, \cdots, m$$

令 $p_1, p_2, \cdots, p_m$ 是这 m 个检验的 p 值,如果 $p_j < \alpha/m$,则拒绝原假设,这就是 Bonferroni 校正法则。

定理 4.1   Bonferroni 校正法则的错误拒绝原假设的概率小于或等于 α。

证明   令 R 表示至少有一个原假设被错误拒绝的事件,令 R_j 表示第 j 个原假设被错误拒绝的事件,由式 $P(\bigcup_{j=1}^m R_j) \leqslant \sum_{j=1}^m P(R_j)$,于是有

$$P(R) = P\left(\bigcup_{j=1}^{m} R_j\right) \leqslant \sum_{j=1}^{m} P(R_j) = \sum_{j=1}^{m} \frac{\alpha}{m} = \alpha$$

例 4.3 在第 1 章问题 1.2 的基因例子中，$\alpha = 0.05$，根据 Bonferroni 校正法则，对应的检验水准为 $0.05/12533 = 3.99\text{E}-6$，对任何一个 p 值小于 $3.99\text{E}-6$ 的基因，都可以说两种病之间存在显著差异。

Bonferroni 校正法则是比较保守的，因为它的出发点是力求不犯一个错拒原假设的错误。然而在实际中，比如，在基因表达分析中，研究者需要尽可能多地识别出表达了差异的少数基因。研究者能够容忍和允许在 R 次拒绝中产生少量的错误识别，只要相对于所有拒绝 H_0 的次数而言错误识别数足够少，这样的技术就值得被关注，于是产生了错误发现（false discovery）概念。到底什么才是错误率足够小呢？这就需要在错误发现 V 和总拒绝次数 R 之间寻找一种平衡，即在检验出尽可能多的候选基因的同时，将错误发现控制在一个可以接受的范围内，本加米尼 (Benjamini) 和哈克博格 (Hochberg, 1995) 提出的错误发现率为上述平衡提供了一种可能。

表 4.8 给出了各种可能出现的检验类型，m_0 和 m_1 分别表示在 m 次多重检验中真实 H_0 和非真实 H_0 的个数，V 表示在所有 R 次拒绝 H_0 的决定中错误拒绝了 H_0 的次数。

表 4.8 m 次多重检验中结果的类型

	不拒绝 H_0	拒绝 H_0	总计
H_0 为真	U	V	m_0
H_0 为假	T	S	m_1
总计	W	R	m

定义错误发现率 (FDP) 如下：

$$\text{FDP} = \begin{cases} V/R, & R \geqslant 0 \\ 0, & R = 0 \end{cases}$$

FDP 是错误拒绝原假设的比例，注意到在表 4.8 中，除 m、R 和 W 外，其他量均是不能直接观察到的随机变量，于是需要估计所有 R 次拒绝中错误发现的期望比例 $\text{FDR} = E(\text{FDP})$，本加米尼和哈克博格给出了一个基于 p 值逐步向下的 FDR 的控制程序，称为 BH 检验。控制程序如下：

---

(1) 令 $p_{(1)} \leqslant p_{(2)} \leqslant \cdots \leqslant p_{(m)}$ 表示排序后的 p 值；
(2) $H_{(i)}$ 是对应于 $p_{(i)}$ 的原假设，定义 Bonferroni 型多重检验过程；
(3) 令 $k = \max\left\{i : p_{(i)} \leqslant \dfrac{i}{m}\alpha\right\}$；
(4) 拒绝所有的 $H_{(i)}, i = 1, 2, \cdots, k$。

定理 4.2（Benjamini 和 Hochberg(1995)） 如果应用了上述控制程序，那么无论有多少原假设是正确的，也无论原假设不真时 p 值的分布是什么，都有

$$\text{FDR} = E(\text{FDP}) \leqslant \frac{m_0}{m}\alpha \leqslant \alpha$$

例 4.4 假设有 15 个独立的假设检验，得到如表 4.9 所示的由小到大排序的 p 值。

表 4.9 15 个独立的假设检验由小到大排序的 p 值

0.0024	0.0056	0.0096	0.0121	0.0201	0.0278	0.0298	0.0344
0.0349	0.3240	0.4262	0.5719	0.6528	0.7590	1.0000	

在 $\alpha = 0.05$ 的显著性水平下，Bonferroni 校正法则拒绝所有 p 值小于 $\alpha/15 = 0.0033$ 的假设，因此有 1 个假设被拒绝了。对于 BH 检验，使得 $p_{(i)} < i\alpha/m$ 的最大的 $i = 4$，也就是说：

$$p_{(4)} = 0.0121 < 4 \times 0.05/15 = 0.013$$

因此拒绝前 4 个 p 值最小的假设。

2. FDR 的相关讨论

多重检验的目标是对整体检验错误率进行控制，Bonferroni 校正法则和 BH 检验都是通过确定一个显著性水平的阈值，从而使检验结果犯第 I 类错误的概率整体被限制在某一固定水平 α。除这两者之外，常用的还有族错误率测度 FWER（Family Wise Error Rate）。FWER 定义为 $P(V > 1)$，即错误拒绝原假设的概率。Bonferroni 校正法则直接控制 FWER，使得 FWER$\leqslant \alpha$。两者相比较，可以证明，控制 FWER 相当于控制 FDR。

定理 4.3 FWER$\geqslant$ FDR，对 FDR 的控制相当于对 FWER 的弱控制。

证明 令 $Q = \dfrac{V}{V+S}$，$Q_e = E(Q)$，在第一种情况下，当所有的原假设都为真时，$m_0 = m, S = 0, V = R$。如果 $V = 0$，则 $Q = 0$；如果 $V > 0$，则 $Q = 1$。于是，$E(Q) = P(V \geqslant 1)$，这表明 FWER 与 FDR 等效。在第二种情况下，当原假设不都为真时，若 $m_0 < m$，可以证明 FDR<FWER。此时如果 $V > 0$，则 $V/R \leqslant 1$，这样，$P(V \geqslant 1) \geqslant Q$，两边同时取期望，得 $P(V \geqslant 1) \geqslant Q_e$。于是，FDR$\leqslant$ FWER，因此，控制了 FWER 也就一定控制了 FDR。

4.3 HC 高阶鉴定法

吐槽 p 值之前先数数
检验有没有做足数量

对于多重检验，BH 检验通过决定一个显著性水平的阈值，将检验结果犯第 I 类错误的概率整体限制在某一固定水平。这个方法有一个隐含的假设：数据中拒绝原假设的信号是很强的或者说大部分是很强的，由此可以直接用 p 值恢复信号。BH 检验的关注点在于控制信号错误发现率，实际上还有一个关注点就是对信号错误发现率大小的估计。如果有的信号

错误发现率小，有的信号错误发现率大，而我们仅仅将假信号的比例控制在一定水平下，却对其错误发现率不做出有效的估计，那么很有可能因为信号太弱而导致 FDR 无法将信号检测出来。为理解这一点，可以假想这么一个例子：待检测的检验数量是 100，其中有 90 个检验的 p 值大于 0.2，10 个检验的 p 值在 $[0.001, 0.01]$ 之间，假设最小的三个检验的 p 值是 $(0.003, 0.007, 0.009)$，选取 $\alpha = 0.05$，BH 检验的最小阈值是 $0.05/100 = 0.0005$。观察每个检验的 p 值，没有一个 p 值小于阈值 $(0.003 > 0.0005)$，BH 检验未能成功地检测出信号。但是，如果不是 90 个检验的 p 值大于 0.2，而是与原假设数量相等的 10 个检验的 p 值大于 0.2，那么此时对应到三个最小的 p 值的阈值分别为 $(0.0025, 0.005, 0.0075)$，BH 检验至少可以检测出三个信号。我们从这个例子中发现，BH 检验有两个明显的缺陷：一是阈值强烈地依赖于一个主观的值 α；二是阈值与信噪比有关，如果噪声比较多，就会妨碍信号的有效检出，也就是说出现了"抑真效应"，有时会检测不出信号，有时会检测出错误的信号。心理学上有个"破窗效应"，在道理上与"抑真效应"有相近之处，说的是，如果一栋大楼有扇窗户破了而未受到重视，并没有得到及时修补，不久整栋楼所有窗户都会被人莫名其妙地打破，这表明噪声杂多的地方信号小，鉴别微弱信号的技术十分必要。

那么怎样才能在信号数量不多的情况下仍然可以将其鉴别出来呢？大卫·多诺霍 (David Donoho) 和金加顺 (Jiashun Jin, 2004, 2016) 提出了 HC 高阶鉴定法理论。这个理论建立了稀疏和弱信号的分析框架，其核心就是 HC 高阶鉴定法的概念和分析逻辑。

这个理论首先分析了多重检验中奈曼-皮尔逊（Neyman-Pearson）似然比检验中检验数量和信号强弱之间的关系，指出信号的稀疏性与强弱性是决定数据分析进程进而决定方法预测性能的根本。假设有如下两个检验：

$$H_0 : X_1 \overset{\text{iid}}{\sim} N(0,1)$$
$$H_1^{(i)} : X_i \overset{\text{iid}}{\sim} (1-\epsilon_p)N(0,1) + \epsilon_p N(\tau_p, 1), \quad 1 \leqslant i \leqslant p$$

当 $p \to \infty$ 时，用参数 (ϵ_p, τ_p) 表示信号的稀疏性和强弱性，ϵ_p 和 τ_p 与检验数量 p 和信号强度 r 之间的关系表达如下：

$$\epsilon_p = p^{-\beta}, \qquad \tau_p = \sqrt{2r \log p}, \qquad 0 < \beta, r < 1$$

当 $\epsilon_p \ll 1/\sqrt{p}$ 且很小时，表明只有极少的非零均值，β 越大，τ_p 越小，则信号越稀疏。当 τ_p 较小时，信号相对较弱，r 较小。根据信号的稀疏性和强弱性有 β 和 r 的相图，如图 4.2 所示（参见 David Donoho & Jiashun Jin (2004)）。

大卫·多诺霍和金加顺 (2004) 的论文中将参数的估计区域划分成三个部分：可估计区域（Estimable）、可检测区域（Detectable）以及不可检测区域（Undetectable）。这里使用的是概率强度，横坐标 β 越大，表示信号越稀疏；纵坐标 r 越大，表示信号越强。β 较小、信号强度 r 较大的稠密区域是可估计区域（Estimable），信号强度 r 较大而 β 较小的稀疏区域是

可检测区域 (Detectable), β 较大、信号强度 r 较小的区域是不可检测区域 (Undetectable)。在可估计区域, 用现在常见的惩罚方法基本可以较好地恢复, 能够实现信号与噪声的分离; 对于可检测区域, 虽然知道里面有信号, 但是几乎不可能将它们与噪声区分开, 这也是 BH 检验失效的区域, 如果要做信号检测、分类、聚类等工作, 进行有效的推断还是有可能的。此时进行推断的框架不是 BH 检验, 而需要一个对稀疏和弱信号更敏感的框架, 这个名字来自于约翰·图基 (John Tukey) 1976 年 "高级统计学"(stat411) 课程讲义的笔记——高阶鉴定法 (Higher Criticism, 简称 HC 鉴定法)。

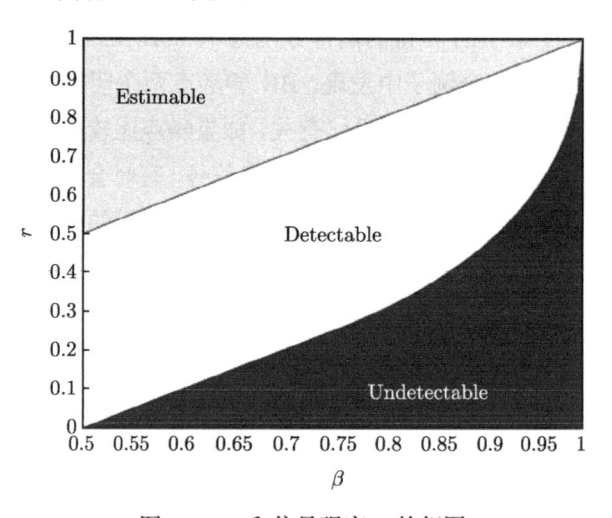

图 4.2 β 和信号强度 r 的相图

HC 鉴定法的经典算法如下:

(1) 对每个检验计算一个统计量得分, 根据统计量得分计算 p 值;

(2) 对 p 值进行排序, 得 $\pi_{(1)} < \pi_{(2)} < \cdots < \pi_{(p)}$;

(3) 计算第 k 个 HC 得分, 相当于计算二阶 z 得分:

$$\mathrm{HC}_{p,k} = \sqrt{p}\left[\frac{k/p - \pi_{(k)}}{\sqrt{\pi_{(k)}(1-\pi_{(k)})}}\right]$$

(4) 取最大值, 计算相应的 $\mathrm{HC}_{p*} = \max_{1\leqslant k \leqslant p\alpha_0}\{\mathrm{HC}_{p,k}\}$, 找到对应的 k, 前 k 个检验可以认为是真显著的, 拒绝所有的 $H_{(i)}, i = 1, 2, \cdots, k$。

例 4.5 (例 4.4 续) 假设每组检验的样本量 $n = 30$, 编写 R 程序。

(1) 根据例 4.4 数据, 运用 HC 鉴定法的经典算法计算阈值和 k 值, 对比 BH 检验和 HC 鉴定法之间阈值的差别。

(2) 调用 chap4\HC 数据, 重新运行程序, 比较 BH 检验和 HC 鉴定法之间阈值的差别。

解 (1) 程序略, 可以计算出 HC 得分, 如表 4.10 所示。

表 4.10　15 个独立检验按 HC 鉴定法经典算法的 p 值依次排序的 HC 得分

	1	2	3	4	5	6	7
	5.0869	6.6294	7.5626	9.0177	8.6442	8.7684	9.9507
8	9	10	11	12	13	14	15
10.6025	11.9253	2.8358	2.4054	1.7854	1.7398	1.5787	0.0000

从表 4.10 中可以看出，HC 得分先增后降，在第 9 个检验上达到最大，如图 4.3(a) 所示，HC 鉴定法选择拒绝的检验数量是 9，而 BH 检验选择拒绝的检验数量是 4，观察 p 值的分布可发现，HC 鉴定法的阈值正好选在两组 p 值间隔最大的位置，而 BH 检验的结果则比较保守而且随意。可以看出，在信号比较强、p 值相对稠密的情况下，HC 鉴定法的效果比较理想。

(2) chap4\HC 数据有 80 个检验的 p 值，其中前 15 个检验与例 4.4 相同，其余的 65 个检验都是 p 值较大的检验，运用 BH 检验在 $\alpha=0.05$ 显著性水平下只能检出 2 个检验，功效有所下降，而 HC 鉴定法则依然保持了较高的鉴别能力，最大值在第 9 个检验上取得，如图 4.3(b) 所示。

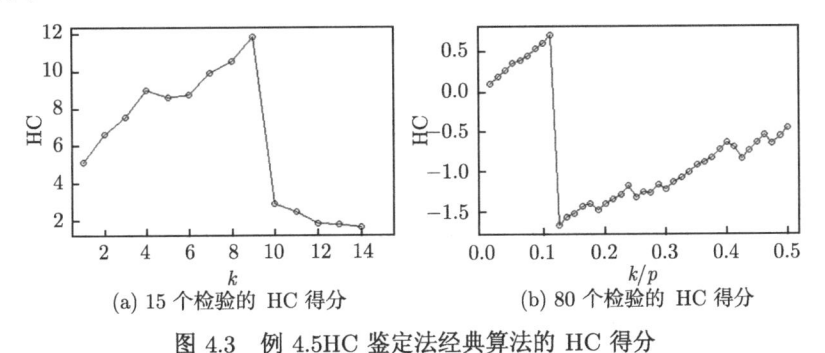

图 4.3　例 4.5HC 鉴定法经典算法的 HC 得分

例 4.6　该例子来自大卫·多诺霍和金加顺 (2016) 的文章，其中使用了美国哈佛医学院高登 (G.J.Gordon, 2002) 提供的肺癌微阵列数据，共有 181 个组织样本——31 个恶性胸膜间皮瘤样本（Malignant Pleural Mesothelioma, MPM）和 150 个肺癌样本（Adenocarcinoma, ADCA），每个样本包括 12533 条基因。该数据的主要目标是从 12533 条基因中找到对识别两类疾病最有效的特征，文中提出的 IF-PCA 算法中使用 K-S 检验输出 p 值，对 p 值排序，计算第 k 个 HC 得分，产生一个 HC 鉴定法的改进算法，计算二阶 z 得分如下：

$$\mathrm{HC}_{p,k} = \frac{\sqrt{p}(k/p - \pi_{(k)})}{\sqrt{k/p + \max\{\sqrt{n}(k/p - \pi_{(k)}), 0\}}} \tag{4.6}$$

取最大值，计算相应的 $\mathrm{HC}_{p*} = \max_{1 \leqslant k \leqslant p/2, \pi_{(k)} < (\log p)/p} \{\mathrm{HC}_{p,k}\}$，找到对应的 k，前 k 个检验可以认为是真显著的，而且 HC 阈值 t_p^{HC} 是第 k 大的 K-S 统计量得分。图 4.4 绘制了 K-S 统计量得分（备注：D 统计量与样本量 $\sqrt{n}$ 的乘积）、p 值以及 HC 随实际检验的比例 k/p 变化的曲线，从曲线上看，虚线是阈值所在位置，p 值在 0.01 左右以下的检验在 HC 鉴定法中得到拒绝，这个阈值是由图 (c) HC 最大值所确定的，HC=5.0476，选出的特征数量为 261，错误例数只有 5 例。

从图 4.4 和预测性能来看，HC 鉴定法不仅通过推断实施了有效的特征选择，而且在强弱信号的识别任务中展现了良好的区分能力。

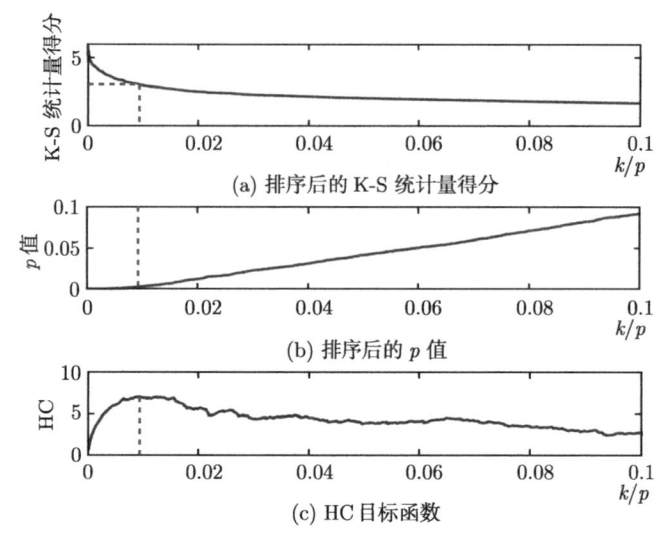

图 4.4　K-S 统计量得分、p 值及 HC 得分随实际检验的比例 k/p 变化的曲线

（大卫·多诺霍和金加顺在高登 2002 年的基因数据上运用 HC 鉴定法的分析结果）

4.4　Kruskal-Wallis 单因素方差分析

1. Kruskal-Wallis 检验的基本原理

Kruskal-Wallis 检验是 1952 年由 Kruskal 和 Wallis 二人提出的。它是一个将两样本 W-M-W 检验推广到三个或更多组检验的方法。回想两样本中心位置检验的 W-M-W 检验：首先混合两个样本，找出各个观测值在混合样本中的秩，按各自样本组求和，如果差异过大，则可以认为两组数据的中心位置存在差异。这里的想法是类似的，如果数据完全随机设计，则先把多个样本混合起来求秩，再按样本组求秩和。考虑到各个处理的观测数可能不同，可以比较各个处理之间的平均秩差异，从而达到比较的目的。在计算所有数据的混合样本秩时，如果遇到相同的观测值，则像从前一样用秩平均法确定秩。Kruskal-Wallis 方法也称为 H 检验法。H 检验法的基本前提是数据的分布是连续的，除位置参数不同以外，分布是相似的。

对例 4.1 中的检验问题，完全随机设计的数据形态如表 4.11 所示。

表 4.11　完全随机设计的数据形态

	总体 1	总体 2	$\cdots$	总体 k
重复测量	x_{11} x_{21} $\vdots$ $x_{n_1 1}$	x_{12} x_{22} $\vdots$ $x_{n_2 2}$	$\cdots$ $\cdots$ $\vdots$ $\cdots$	x_{1k} x_{2k} $\vdots$ $x_{n_k k}$

记 x_{ij} 代表第 j 总体的第 i 个观测值，n_j 为第 j 个总体中样本的重复次数（replication）。

现在将表 4.11 中的所有数据从小到大给秩，最小值给秩 1，次小值给秩 2，依次类推，最大值的秩为 $n = n_1 + n_2 + \cdots + n_k$。如果有相同秩，则采取平均秩。令 R_{ij} 为观测值 x_{ij} 的秩，每个观测值的秩如表 4.12 所示。

表 4.12 完全随机设计数据的秩

	总体 1	总体 2	$\cdots$	总体 k
重复测量	R_{11}	R_{12}	$\cdots$	R_{1k}
	R_{21}	R_{22}	$\cdots$	R_{2k}
	$\vdots$	$\vdots$	$\vdots$	$\vdots$
	$R_{n_1 1}$	$R_{n_2 2}$	$\cdots$	$R_{n_k k}$
秩和	$R_{.1}$	$R_{.2}$	$\cdots$	$R_{.k}$

假设检验问题为

$$H_0: k \text{个总体位置相同} \ (\mu_1 = \mu_2 = \cdots = \mu_k = \mu)$$
$$H_1: k \text{个总体位置不同} \ (\mu_i \neq \mu_j, \quad i \neq j)$$

对每一个样本观测值的秩求和，得到 $R_{.j} = \sum\limits_{i}^{n_j} R_{ij}, j = 1, 2, \cdots, k$。第 j 组样本的秩平均为

$$\bar{R}_{.j} = R_{.j}/n_j$$

观测值的秩从小到大依次为 $1, 2, \cdots, n$，则所有数据混合后的秩和为

$$R_{..} = 1 + 2 + \cdots + n = n(n+1)/2$$

下面分析 $R_{.j}$ 的分布。假定有 n 个研究对象和 k 种处理方法，把 n 个研究对象分配给第 j 种处理，分配后的秩为 $R_{1j}, R_{2j}, \cdots, R_{n_j j}$。给定 n_j 后，所有可能的分法共 $\binom{n}{n_1, \cdots, n_k}$ 种，这是多项分布的系数，在原假设下，所有可能的分法都是等可能的，有

$$P_{H_0}(R_{ij} = r_{ij}, j = 1, 2, \cdots, k, i = 1, 2, \cdots, n_j) = \frac{1}{\binom{n}{n_1, n_2, \cdots, n_k}}$$

定理 4.4 在原假设下，

$$E(\bar{R}_{.j}) = \frac{n+1}{2}$$
$$\text{var}(\bar{R}_{.j}) = \frac{(n-n_j)(n+1)}{12n_j}$$
$$\text{cov}(\bar{R}_{.i}, \bar{R}_{.j}) = -\frac{n+1}{12}$$

因而，在 H_0 下，$\bar{R}_{.j}$ 应该与 $\dfrac{n+1}{2}$ 非常接近，如果某些 $\bar{R}_{.j}$ 与 $\dfrac{n+1}{2}$ 相差很远，则可以考虑原假设不成立。

混合数据各秩的平方和为

$$\sum\sum R_{ij}^2 = 1^2 + 2^2 + \cdots + n^2 = n(n+1)(2n+1)/6$$

因此混合数据各秩的总平方和为

$$\begin{aligned}
\text{SST} &= \sum_{j=1}^{k}\sum_{i=1}^{n_j}(R_{ij} - \bar{R}_{..})^2 \\
&= \sum\sum R_{ij}^2 - R_{..}^2/n \\
&= n(n+1)(2n+1)/6 - [n(n+1)/2]^2/n \\
&= \frac{1}{6}n(n+1)(2n+1) - \frac{1}{4}n(n+1)^2 \\
&= n(n+1)(n-1)/12
\end{aligned}$$

其总方差估值（总均方）为

$$\text{var}(R_{ij}) = \text{MST} = \text{SST}/(n-1) = n(n+1)/12$$

各样本处理间平方和为

$$\begin{aligned}
\text{SSt} &= \sum_{j=1}^{k} n_j(\bar{R}_{.j} - \bar{R}_{..})^2 \\
&= \sum^{k} R_{.j}^2/n_j - R_{..}^2/n \\
&= \sum R_{.j}^2/n_j - n(n+1)^2/4
\end{aligned}$$

用处理间平方和除以总均方就得到 Kruskal-Wallis 的 H 值：

$$\begin{aligned}
H &= \text{SSt}/\text{MST} \\
&= \frac{\sum R_{.j}^2/n_j - n(n+1)^2/4}{n(n+1)/12} \\
&= \frac{12}{n(n+1)}\sum R_{.j}^2/n_j - 3(n+1)
\end{aligned} \tag{4.7}$$

在原假设下，H 近似服从自由度为 $k-1$ 的 $\chi^2(k-1)$ 分布。

结论：当统计量 H 的值 $> \chi_\alpha^2(k-1)$ 时，拒绝原假设，接受 H_1 假设，表示处理间有差异。

当原假设被拒绝时，应进一步比较哪两组样本之间有差异。Dunn 于 1964 年提议，可以用下列检验公式继续检验两两样本之间的差异：

$$d_{ij} = |\bar{R}_{.i} - \bar{R}_{.j}|/\text{SE} \tag{4.8}$$

式中，$\bar{R}_{.i}$ 与 $\bar{R}_{.j}$ 为第 i 种和第 j 种处理的平均秩，SE 为两平均秩差的标准误差，它的计算公式如下：

$$\text{SE} = \sqrt{\text{MST}\left(\frac{1}{n_i} + \frac{1}{n_j}\right)}$$

$$=\sqrt{\frac{n(n+1)}{12}\left(\frac{1}{n_i}+\frac{1}{n_j}\right)}, \forall i,j=1,2,\cdots,k, i\neq j \quad (4.9)$$

当 $n_i = n_j$ 时，简化为

$$\text{SE}=\sqrt{k(n+1)/6} \quad (4.10)$$

若 $|d_{ij}| \geqslant Z_{1-\alpha^*}$，则表示第 i 种与第 j 种处理间有显著差异；反之则表示差异不显著。式中 $\alpha^* = \alpha/[k(k-1)]$，$\alpha$ 为显著性水平，Z 为标准正态分布的分位数值。

例 4.7 为研究 4 种不同的药物对儿童咳嗽的治疗效果，将 25 个体质相似的病人随机分为 4 组，各组人数分别为 8 人、4 人、7 人和 6 人，各自采用 A, B, C, D 共 4 种药物进行治疗。假定其他条件均保持相同，5 天后测量每个病人每天的咳嗽次数，据此比较 4 种药物的疗效，如表 4.13 所示（单位：次），试比较这 4 种药物的疗效是否相同。

表 4.13　4 种药物疗效比较表

	A	秩	B	秩	C	秩	D	秩
重复测量	80	1	133	3	156	4	194	7
	203	8	180	6	295	15	214	9
	236	10	100	2	320	16	272	12
	252	11	160	5	448	21	330	17
	284	14			465	23	386	19
	368	18			481	25	475	24
	457	22			279	13		
	393	20						
处理内秩和 $R_{.j}$		104		16		117		88
处理内平均秩 $\bar{R}_{.j}$		13		4		16.7		14.7

解 假设检验问题：

$$H_0: \mu_1 = \mu_2 = \cdots = \mu_4 = \mu$$

$$H_1: \text{至少有两个} \mu_i \neq \mu_j$$

统计分析：由式 (4.7)，有

$$H = \frac{12}{25 \times (25+1)}\left[\frac{104^2}{8} + \frac{16^2}{4} + \frac{117^2}{7} + \frac{88^2}{6}\right] - 3 \times (25+1)$$
$$= 8.072088$$

结论：$H = 8.072088 > \chi^2_{0.05,3} = 7.814728$，故接受 H_1，显示 4 种药物疗效不等。在 R 中可以调用 Kruskal-Wallis 检验程序如下：

```
> drug
 [1]  80 203 236 252 284 368 457 393 133 180 100 160 156
[14] 295 320 448 465 481 279 194 214 272 330 386 475
> gr.drug
 [1] 1 1 1 1 1 1 1 1 2 2 2 2 3 3 3 3 3 3 3 4 4 4 4 4 4
> kruskal.test(drug, gr.drug)
```

```
        Kruskal-Wallis rank sum test
data:   drug and gr.drug
Kruskal-Wallis chi-square = 8.0721, df = 3, p-value = 0.0445
alternative hypothesis: two.sided
```

既然得到 4 种药物疗效不同的结果,那么就可以利用 Dunn 方法进行两两之间的比较。成对样本共有 $k(k-1)/2 = 4(4-1)/2 = 6$ 组,4 种药物疗效的平均秩分别为

$$\bar{R}_{.1} = 13, \quad \bar{R}_{.2} = 4, \quad \bar{R}_{.3} = 16.7, \quad \bar{R}_{.4} = 14.7$$

$$n_1 = 8, \quad n_2 = 4, \quad n_3 = 7, \quad n_4 = 6$$

$$\alpha = 0.05, \quad \alpha^* = 0.05/4(4-1) = 0.0042$$

$$Z_{1-0.0042} = Z_{0.9958} = 2.638$$

由 Dunn 给出的 SE 计算公式 (式 (4.9) 和式 (4.10)) 得如表 4.14 所示两两比较结果。

表 4.14　Dunn 两两比较表

比较式	$\|\bar{R}_{.i} - \bar{R}_{.j}\|$	SE	d_{ij}	$Z_{0.9958}$
A VS B	13−4=9	4.506939	1.9969207	2.638
A VS C	$\|13 - 16.7\| = 3.7$	3.809059	0.9713686	2.638
A VS D	$\|13 - 14.7\| = 1.7$	3.974747	0.4277002	2.638
B VS C	$\|4 - 16.7\| = 12.7$	4.612999	2.7530896*	2.638
B VS D	$\|4 - 14.7\| = 10.7$	4.750731	2.2522850	2.638
C VS D	$\|14.7 - 16.7\|=2$	4.094615	0.4884464	2.638

由表 4.14 所示 4 种药物疗效的比较结果可知,仅 B 与 C 有显著性差异,其他疗效之间都不存在显著性差异。这也说明主要的差异在 B 与 C,这与直观比较吻合。

2. 有结的检验

若各处理观测值有结,则 H 校正式如下:

$$H_c = \frac{H}{1 - \dfrac{\sum\limits^{g}(\tau_j^3 - \tau_j)}{n^3 - n}} \tag{4.11}$$

式中,τ_j 为第 j 个结的长度,g 为结的个数。

若统计量 H_c 的值 $> \chi^2_{\alpha, k-1}$,则接受 H_1,表示处理间有差异,这时 Dunn 用于检验任意两组样本之间差异的公式应调整为

$$SE = \sqrt{\left(\frac{n(n+1)}{12} - \frac{\sum\limits^{g}(\tau_i^3 - \tau_i)}{12(n-1)} \right) \left(\frac{1}{n_i} + \frac{1}{n_j} \right)} \tag{4.12}$$

若 $|d_{ij}| \geqslant Z_{1-\alpha^*}$,则表示第 i 个处理与第 j 个处理间有显著性差异;反之则表示差异不显著。式中 $\alpha^* = \alpha/[k(k-1)]$,$\alpha$ 为显著性水平。

例 4.8 表 4.15 所示为 3 种番茄的产量 (kg/m²) 比较表，试比较 3 种番茄的产量是否相同。

表 4.15 番茄产量比较表

	A	B	C
	2.6(9)	3.1(14)	2.5(7.5)
	2.4(5.5)	2.9(11.5)	2.2(4)
	2.9(11.5)	3.2(16)	1.5(3)
	3.1(14)	2.5(7.5)	1.2(1)
	2.4(5.5)	2.8(10)	1.4(2)
		3.1(14)	
秩和 $R_{\cdot j}$	45.5	73	17.5
重复观测值	5	6	5
秩平均 $\bar{R}_{\cdot j}$	9.10	12.17	3.50

注：括号内数据为混合样本中的秩。

解 假设检验问题：

$$H_0 : 3 \text{ 种番茄产量相同}$$
$$H_1 : 3 \text{ 种番茄产量不同}$$

统计分析：由式 (4.7) 有

$$H = \frac{12}{16 \times (16+1)} \times \left[\frac{45.5^2}{5} + \frac{73^2}{6} + \frac{17.5^2}{5}\right] - 3(16+1)$$
$$= 9.1529$$

由式 (4.11) 得

$$H_c = \frac{9.1529}{1 - \dfrac{42}{16^3 - 16}} = 9.2482$$

结校正值的计算如表 4.16 所示。

表 4.16 结校正值计算表

同秩	5.5	7.5	11.5	14	和
τ_i	2	2	2	3	$\sum(\tau_i^3 - \tau_i) = 42$
τ_i^3	6	6	6	24	

结论：$H_c = 9.2482 > \chi^2_{0.05,2} = 5.991$，因而接受 H_1，表示 3 种番茄产量不相等。有关任意两种产量之间的差异比较留为作业。

通常，传统上处理这类问题的参数方法是在正态假设下的 F 检验。如果总体分布有密度 f，可以得到 H 对 F 检验的渐近相对效率：

$$\text{ARE}(H, F) = 12\sigma^2 \left(\int_{-\infty}^{\infty} f^2(x)\mathrm{d}x\right)^2$$

它和前面提到的 Wilcoxon 检验对 t 检验的 ARE 相等,这是合理的。因为无论是单样本的 Wilcoxon 检验、两样本的 Mann-Whitney 检验还是多样本的 Kruskal-Wallis 检验,与之相关的估计量都来源于混合样本秩和的比较方法,而单样本和两样本的 t 检验、多样本的 F 检验都基于正态假设的同样考虑,因而它们之间的渐近相对效率自然与样本组数无关。

4.5 Jonckheere-Terpstra 检验

1. 无结 Jonckheere-Terpstra 检验

正如一般的假设检验问题有双边检验问题和单边检验问题一样,多总体问题的备择假设也可能是有方向性的,比如:样本的位置显现出上升和下降的趋势,这种趋势从统计上来看是否显著?

也就是说:假设 k 个独立样本 $X_{11}, X_{12}, \cdots, X_{1n_1}; \cdots; X_{k1}, X_{k2}, \cdots, X_{kn_k}$ 分别来自有同样形状的连续分布函数 $F(x-\theta_1); F(x-\theta_2); \cdots; F(x-\theta_k)$,我们感兴趣的是有关这些位置参数某一方向的假设检验问题:

$$H_0: \theta_1 = \theta_2 = \cdots = \theta_k \leftrightarrow H_1: \theta_1 \leqslant \theta_2 \leqslant \cdots \leqslant \theta_k$$

H_1 中至少有一个不等式是严格的。如果样本呈下降趋势,则 H_1 的不等式反号。

与 Mann-Whitney 检验类似,如果一个样本中观测值小于另一个样本中观测值的个数较多或较少,则可以考虑两总体的位置之间有大小关系。这里的思路也是类似的。

第一步,计算:

$$W_{ij} = \text{样本 } i \text{ 中观测值小于样本 } j \text{ 中观测值的个数}$$
$$= \#(X_{iu} < X_{jv}, \ u = 1, 2, \cdots, n_i, v = 1, 2, \cdots, n_j)$$

第二步,对所有的 W_{ij} 在 $i<j$ 范围求和,这样就产生了 Jonckheere-Terpstra 统计量:

$$J = \sum_{i<j} W_{ij}$$

它从 0 到 $\sum_{i<j} n_i n_j$ 变化,利用 Mann-Whitney 统计量的性质容易得到如下定理。

定理 4.5 在 H_0 成立的条件下,

$$E_{H_0}(J) = \frac{1}{4}\left(N^2 - \sum_{i=1}^k n_i^2\right)$$

$$\text{var}_{H_0}(J) = \frac{1}{72}\left[N^2(2N+3) - \sum_{i=1}^k n_i^2(2n_i+3)\right]$$

式中,$N = \sum_{i}^{k} n_i$。类似于 Wilcoxon-Mann-Whitney 统计量,当 J 很大时,应拒绝原假设。

从 (n_1, n_2, n_3) 及显著性水平 α 得到在原假设下的临界值 c，它满足 $P(J \geqslant c) = \alpha$。

当样本量大到超过表的范围时，可以用正态近似，有以下定理。

定理 4.6 在 H_0 成立的条件下，当 $\min\{n_1, n_2, \cdots, n_k\} \to \infty$，而且 $\lim\limits_{n_i \to +\infty} \dfrac{n_i}{\sum\limits_{i=1}^{k} n_i} = \lambda_i \in (0, 1)$ 时，

$$Z = \dfrac{J - \left(N^2 - \sum\limits_{i=1}^{k} n_i^2\right)/4}{\sqrt{\left[N^2(2N+3) - \sum\limits_{i=1}^{k} n_i^2(2n_i+3)\right]/72}} \xrightarrow{\mathcal{L}} N(0, 1)$$

这样，在给定显著性水平 α 下，如果 $J \geqslant E_{H_0}(J) + Z_\alpha \sqrt{\mathrm{var}_{H_0}(J)}$，则拒绝原假设。

例 4.9 为测试不同的医务防护服的功能，让三组体质相似的受试者分别着不同的防护服，记录受试者每分钟心脏跳动的次数，每人试验 5 次，得到 5 次试验的平均数，列于表 4.17。根据医学理论判断，这三组受试者的心跳次数可能存在如下关系：第一组 $\leqslant$ 第二组 $\leqslant$ 第三组。下面用这些数据验证这一论断是否可靠。

表 4.17　三组受试者心跳次数测试数据

第一组	125	136	116	101	105	109		
第二组	122	114	131	120	119	127		
第三组	128	142	128	134	135	131	140	129

解 设 θ_i $(i = 1, 2, 3)$ 表示第 i 组的位置参数，则假设检验问题：

$$H_0: \theta_1 = \theta_2 = \theta_3 \leftrightarrow H_1: \theta_1 \leqslant \theta_2 \leqslant \theta_3$$

因此采用 Jonckheere-Terpstra 检验，W_{ij} 计算如下：

$$W_{12} = 25, \quad W_{13} = 42, \quad W_{23} = 44.5$$

则 $J = W_{12} + W_{13} + W_{23} = 111.5$。结合 R 程序并参考 SPSS 结果计算得 $P(J \geqslant 111.5) = 0.02/2 = 0.01$，于是有理由拒绝原假设 H_0，认为医学临床经验在显著性水平 $\alpha > 0.02$ 下是可靠的。

在大样本情况下，因为 $n_1 = n_2 = 6, n_3 = 8$，则有 $E(J) = 66, \sqrt{\mathrm{var}(J)} = 14.38$。因此，$z = \dfrac{112 - 66}{14.38} = 3.198$，$P(Z \geqslant 3.198) = 0.0007$。于是可以在显著性水平 $\alpha \geqslant 0.01$ 时拒绝原假设，也就是说，这三个总体的位置的确有上升趋势。

在 R 中，需要加载软件包 clinfun，用其中的函数 jonckheere.test 求解 JT 统计量和计算 p 值，jonckheere.test 在 R 中的主要作用是判断组的位置参数是否有显著的大小顺序，其中的 p 值就是用 JT 统计量的正态分布近似计算出来的。R 程序如下：

```
> G1=c(125,136,116,101,105,109)
> G2=c(122,114,131,120,119,127)
> G3=c(128,142,128,134,135,131,140,129)
> G123 <- list(G1,G2,G3)
> n <- c(length(G1),length(G2),length(G3))
> group_label <- as.ordered(factor(rep(1:length(n),n)))
> jonckheere.test(unlist(G123), group_label, alternative="increasing")
> Jonckheere-Terpstra test
```

输出结果如下:

```
data:
JT = 111.5, p-value = 0.0007822
alternative hypothesis: increasing
Warning message:
In jonckheere.test(unlist(G123), group_label, alternative =
"increasing"): Sample size > 100 or data with ties
p-value based on normal approximation. Specify nperm for permutation
p-value
```

另外，作为比较，也给出 SPSS 的输出结果，如图 4.5 所示。

Jonckheere-Terpstra Test [a]

	VAR00001
Number of Levels in VAR00002	3
N	20
Observed J-T Statistic	111.500
Mean J-T Statistic	66.000
Std. Deviation of J-T Statistic	14.375
Std. J-T Statistic	3.165
Asymp. Sig. (2-tailed)	0.002

a. Grouping Variable: VAR00002

图 4.5 SPSS 输出结果

医学防护服的效果比较箱线图如图 4.6 所示。

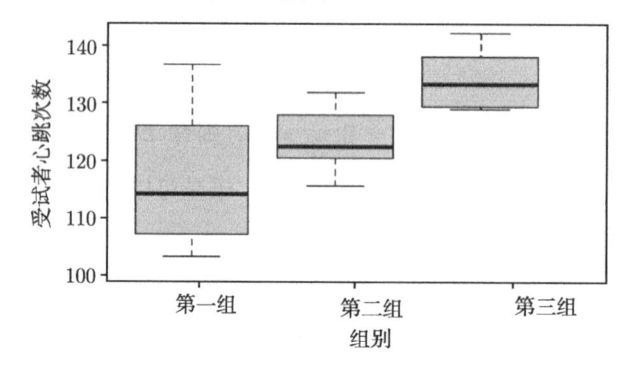

图 4.6 医学防护服的效果比较箱线图

2. 带结的 Jonkheere-Terpstra 检验

如果有结出现，则 W_{ij} 可稍微变形为

$$W_{ij}^* = \#(X_{ik} < X_{jl}, \quad k=1,2,\cdots,n_i, l=1,2,\cdots,n_j)$$
$$+ \frac{1}{2}\#(X_{ik} = X_{jl}, \quad k=1,2,\cdots,n_i, l=1,2,\cdots,n_j) \tag{4.13}$$

J 也相应地变为

$$J^* = \sum_{i<j} W_{ij}^* \tag{4.14}$$

类似于 Wilcoxon-Mann-Whitney 统计量，当 J^* 大时，应拒绝原假设。对于有结时 Jonkheere-Terpstra 统计量 J^* 的零分布，由于它与结统计量有关，因此造表比较困难。但是当样本容量较大时，可用如下的正态近似：

当 $\min(n_1, n_2, \cdots, n_k) \to \infty$ 时，

$$\frac{J^* - E_{H_0}(J^*)}{\sqrt{\operatorname{var}_{H_0}(J^*)}} \xrightarrow{\mathcal{L}} N(0,1)$$

式中，

$$E_{H_0}(J^*) = \frac{N^2 - \sum_{i=1}^{k} n_i^2}{4}$$

$$\operatorname{var}_{H_0}(J^*) = \frac{1}{72}\left[N(N-1)(2N+5) - \sum_{i=1}^{k} n_i(n_i-1)(2n_i+5) - \sum_{i=1}^{k} \tau_i(\tau_i-1)(2\tau_i+5)\right]$$
$$+ \frac{1}{36N(N-1)(N-2)}\left[\sum_{i=1}^{k} n_i(n_i-1)(n_i-2)\right] \cdot \left[\sum_{i=1}^{k} \tau_i(\tau_i-1)(\tau_i-2)\right]$$
$$+ \frac{1}{8N(N-1)}\left[\sum_{i=1}^{k} n_i(n_i-1)\right] \cdot \left[\sum_{i=1}^{k} \tau_i(\tau_i-1)\right]$$

式中，$\tau_1, \tau_2, \cdots, \tau_k$ 为混合样本的结统计量。根据大样本近似，就可以对有结的情况进行检验了。

例 4.10 为研究三组教学法对儿童记忆英文单词能力的影响，将 18 名英文水平、智力、年龄等各方面条件相当的儿童随机分成三组，每组分别采用不同的教学法施教。在学习一段时间后对三组儿童记忆英文单词的能力进行测试，测试成绩如表 4.18 所示。教学法的研究者凭经验认为三组成绩应该按 A, B, C 次序增加排列（两个不等号中至少有一个是严格的），判断研究者的经验是否可靠。

表 4.18　三组教学法的测试成绩

A	40	35	38	43	44	41
B	38	40	47	44	40	42
C	48	40	45	43	46	44

解 本例的假设检验问题：

$$H_0: 三组成绩相等 \leftrightarrow H_1: \theta_1 \leqslant \theta_2 \leqslant \theta_3$$

易得 $W_{12}^* = 22$, $W_{13}^* = 30.5$, $W_{23}^* = 26.5$, 因此, 由式 (4.14) 得 $J^* = 79$。查表得 $p = 0.02306$, 对显著性水平 $\alpha \geqslant 0.02306$ 能拒绝原假设。如果用正态近似, 则 $p = 0.0217$, 结果和精确的比较一致。

附注：Jonckheere-Terpstra 检验是由 Terpstra(1952) 和 Jonckheere(1954) 独立提出的, 它比 Kruskal-Wallis 检验有更强的势。Daniel(1978) 和 Leach(1979) 对该检验进行过详细的说明。

4.6 Friedman 秩方差分析法

前面的 Kruskal-Wallis 检验和 Jonckheere-Terpstra 检验都是针对完全随机试验数据的分析方法。当各处理的样本重复数据存在区组之间的差异时, 必须考虑区组对结果的影响。对于随机区组的数据, 传统的方差分析要求试验误差是正态分布的, 当数据不符合这一前提条件时, Friedman(1937) 建议采用秩方差分析法, 相应的检验称为 Friedman 检验。Friedman 检验对试验误差没有正态分布的要求, 仅仅依赖于每个区组内所观测的秩次。

1. Friedman 检验的基本原理

假设有 k 个处理和 b 个区组, 数据观测值如表 4.19 所示。

表 4.19 完全随机区组数据分析结构表 (x_{ij})

		处理 1	处理 2	$\cdots$	处理 k
区组	区组 1	x_{11}	x_{12}	$\cdots$	x_{1k}
	区组 2	x_{21}	x_{22}	$\cdots$	x_{2k}
	$\vdots$	$\vdots$	$\vdots$	$\vdots$	$\vdots$
	区组 b	x_{b1}	x_{b2}	$\cdots$	x_{bk}

与大部分方差分析的检验问题一样, 这里关于位置参数的假设检验问题为

$$H_0: \theta_1 = \theta_2 = \cdots = \theta_k \leftrightarrow H_1: \exists i, j \in 1, 2, \cdots, k, i \neq j, \theta_i \neq \theta_j \qquad (4.15)$$

由于区组的影响, 不同区组中的秩没有可比性, 比如, 要对比不同化肥的增产效果, 优质土地即便不施肥, 也可能比施了优等肥的劣质土地产量高。但是, 如果按照不同的区组收集数据, 那么同一区组中不同处理之间的比较是有意义的, 也就是说, 假设其他影响因素相同的情况下, 在劣质土地上比较不同的肥料增产效果是有意义的。因此, 首先应在每一个区组内分配各处理的秩, 从而得到秩数据表, 如表 4.20 所示。

如果 R_{ij} 表示第 i 个区组中第 j 个处理在第 i 区组中的秩, 则秩按照处理求和为 $R_{\cdot j} = \sum_{i=1}^{b} R_{ij}$, $j = 1, 2, \cdots, k$, $\bar{R}_{\cdot j} = R_{\cdot j}/b$。

表 4.20 完全随机区组秩数据表 (R_{ij})

	处理 1	处理 2	$\cdots$	处理 k	和 $R_i.$
区组 1	R_{11}	R_{12}	$\cdots$	R_{1k}	$\dfrac{k(k+1)}{2}$
区组 2	R_{21}	R_{22}	$\cdots$	R_{2k}	$\dfrac{k(k+1)}{2}$
$\vdots$	$\vdots$	$\vdots$	$\vdots$	$\vdots$	$\vdots$
区组 b	R_{b1}	R_{b2}	$\cdots$	R_{bk}	$\dfrac{k(k+1)}{2}$
秩和 $R_{.j}$	$R_{.1}$	$R_{.2}$	$\cdots$	$R_{.k}$	$\dfrac{k(k+1)}{2}$

在原假设成立的情况下，各处理的平均秩 $\bar{R}_{.j}$ 有下面的性质。

定理 4.7 在原假设 H_0 下，

$$E(\bar{R}_{.j}) = \frac{k+1}{2}$$

$$\mathrm{var}(\bar{R}_{.j}) = \frac{k^2-1}{12b}$$

$$\mathrm{cov}(\bar{R}_{.i}, \bar{R}_{.j}) = -\frac{k+1}{12}$$

证明 易知

$$R_{..} = b(1 + 2 + \cdots + k) = bk(k+1)/2$$

$$\bar{R}_{..} = R_{..}/bk = (k+1)/2$$

$$\mathrm{var}(R_{ij}) = \sum_{}^{b}\sum_{}^{k}(R_{ij} - \bar{R}_{..})^2/bk$$

$$= \frac{1}{bk}\left[\sum\sum R_{ij}^2 - R_{..}^2/bk\right]$$

$$= \frac{1}{bk}\left[\frac{bk(k+1)(2k+1)}{6} - \frac{bk(k+1)^2}{4}\right]$$

$$= \frac{(k+1)(k-1)}{12}$$

各处理间平方和为

$$\mathrm{SSt} = n\sum(\bar{R}_{.j} - \bar{R}_{..})^2$$

$$= \sum^{k} R_{.j}^2/b - R_{..}^2/bk$$

$$= \sum R_{.j}^2/b - bk(k+1)^2/4$$

Friedman 的 Q' 公式为

$$Q' = \frac{\text{SSt}}{\text{var}(R_{ij})} = \frac{12}{(k+1)(k-1)}\left[\sum R_{\cdot j}^2/b - bk(k+1)^2/4\right]$$

Friedman 建议用 $(k-1)/k$ 乘以 Q'，得校正式

$$\begin{aligned}Q &= \frac{12}{bk(k+1)}\sum R_{\cdot j}^2 - \frac{12bk(k+1)^2(k-1)}{4(k+1)(k-1)k} \\ &= \frac{12}{bk(k+1)}\sum R_{\cdot j}^2 - 3b(k+1)\end{aligned} \tag{4.16}$$

Q 值近似服从自由度 $\nu = k-1$ 的 χ^2 分布。

当数据有相同秩时，Q 值校正式如下：

$$Q_{\text{c}} = \frac{Q}{1 - \dfrac{\sum\limits_{i}^{g}(\tau_i^3 - \tau_i)}{bk(k^2-1)}} \tag{4.17}$$

式中，τ_i 为第 i 个结的长度，g 为结的个数。结论：若实测 $Q < \chi_{0.05,k-1}^2$，则不拒绝 H_0，反之则接受 H_1。

例 4.11 设有来自 A, B, C, D 4 个地区的 4 名厨师制作名菜——京城水煮鱼，想比较它们的品质是否相同。4 位美食评委的评分结果如表 4.21 所示，试检验 4 个地区制作的京城水煮鱼品质有无区别。

表 4.21　4 位评委的评分结果表

美食评委	地区				
	A	B	C	D	
1	85(4)	82(2)	83(3)	79(1)	
2	87(4)	75(1)	86(3)	82(2)	
3	90(4)	81(3)	80(2)	76(1)	
4	80(3)	75(1.5)	81(4)	75(1.5)	
秩和 $R_{\cdot j}$	15	7.5	12	5.5	$R_{\cdot\cdot} = 40$

注：表中括号内数据为每位评委品尝 4 种菜后所给评分的秩。

解　由于不同评委在口味和美学欣赏上存在差异，因此适合用 Friedman 检验方法来比较。

假设检验问题：

H_0：4 个地区的京城水煮鱼品质相同

H_1：4 个地区的京城水煮鱼品质不同

统计分析：$b=4$（区组数），$k=4$（处理数）。

结校正计算如表 4.22 所示。

表 4.22 结校正计算表

相同的秩	1.5	
τ_i	2	
$\tau_i^3 - \tau_i$	6	$(\tau_i^3 - \tau_i) = 6$

由式 (4.16)，有

$$Q = \frac{12}{4 \times 4 \times (4+1)}[15^2 + 7.5^2 + 12^2 + 5.5^2] - 3 \times 4 \times (4+1)$$
$$= 8.325$$

由式 (4.17)，结合表 4.22 有

$$Q_c = \frac{8.325}{1 - \dfrac{6}{4 \times 4(4^2-1)}}$$
$$= 8.5385$$

结论：实际测量 $Q_c = 8.5385 > \chi^2_{0.05,3} = 7.814$，接受 H_1，认为 4 个地区的菜品质上存在显著差异。在 R 中进行 Friedman 检验的函数语法如下：

friedman.test(y, groups, blocks)

例 4.11 的 R 程序如下：

```
> BeijingFish
 [1] 85 82 83 79 87 75 86 82 90 81 80 76 80 75 81 75
> treat.BF
 [1] 1 2 3 4 1 2 3 4 1 2 3 4 1 2 3 4
> block.BF
 [1] 1 1 1 1 2 2 2 2 3 3 3 3 4 4 4 4
> friedman.test(BeijingFish, treat.BF, block.BF)
```

输出结果如下：

```
Friedman rank sum test
data:  BeijingFish and treat.BF and block.BF
Friedman chi-square = 8.5385, df = 3, p-value = 0.0361
alternative hypothesis: two.sided
```

2. Hollander-Wolfe 两处理间比较

当秩方差分析结果样本之间有差异时，Hollander-Wolfe(1973) 提出两样本（处理）间的比较公式：

$$D_{ij} = |R_{.i} - R_{.j}|/\text{SE} = \frac{|R_{.i} - R_{.j}|}{\sqrt{b^2 S^2_{R_{ij}}(\frac{1}{b} + \frac{1}{b})}} \tag{4.18}$$

式中，$R_{.i}$ 与 $R_{.j}$ 为第 i 个与第 j 个样本（处理）的秩和，$S^2_{R_{ij}}$ 是 R_{ij} 的方差的无偏估计，

由于

$$S^2_{R_{ij}} = \frac{k}{k-1} \mathrm{var} R_{ij} = \frac{(k+1)(k-1)}{12} \cdot \frac{k}{k-1} = \frac{k(k+1)}{12}$$

$$\mathrm{SE} = \sqrt{\frac{b^2 k(k+1)}{12}\left(\frac{2}{b}\right)} = \sqrt{bk(k+1)/6}$$

若有相同秩，则

$$\mathrm{SE} = \sqrt{\frac{bk(k+1)}{6} - \frac{b\sum_{i=1}^{g}(\tau_i^3 - \tau_i)}{6(k-1)}} \tag{4.19}$$

式中，τ_i 为同秩观测值个数，g 为同秩组数。当实测 $|D_{ij}| \geqslant Z_{1-\alpha^*}$ 时，表示两样本间有差异，反之则无差异。$\alpha^* = \alpha/k(k-1)$，α 为显著性水平，$Z_{1-\alpha^*}$ 为标准正态分布分位数。

例 4.12 由例 4.7 知，4 个地区所做的京城水煮鱼品质上有显著差异，成对样本比较有 $k(k-1)/2 = 4(4-1)/2 = 6$ 种，4 种京城水煮鱼的秩和分别为

$$R_{.1} = 15, \quad R_{.2} = 7.5, \quad R_{.3} = 12, \quad R_{.4} = 5.5$$

设

$$\alpha = 0.025, \quad \alpha^* = 0.025/4(4-1) = 0.0083$$

$$Z_{1-0.0083} = Z_{0.9917} = 2.395$$

由式 (4.19) 得

$$\mathrm{SE} = \sqrt{\frac{4 \times 4(4+1)}{6} - \frac{4 \times 6}{6(4-1)}} = 3.464$$

再利用式 (4.18) 得表 4.23。

表 4.23　两两处理的 Hollander-Wolfe 计算表

比较式	$|R_{.i} - R_{.j}|$	SE	D_{ij}	$Z_{0.9917}$
A VS B	15−7.5=7.5	3.464	2.165	2.395
A VS C	15−12=3	3.464	0.866	2.395
A VS D	15−5.5=9.5	3.464	2.742*	2.395
B VS C	12−7.5=4.5	3.464	1.299	2.395
B VS D	7.5−5.5=2	3.464	0.577	2.395
C VS D	12−5.5=6.5	3.464	1.876	2.395

由表 4.23 所示 4 种京城水煮鱼的品质比较结果可知，仅 A 与 D 有差别，其他京城水煮鱼品质间差异不显著。

4.7 随机区组设计数据的调整秩和检验

当随机区组设计数据的区组数较大或处理组数较小时，Friedman 检验的效果就不太好了。因为 Friedman 检验的编秩是在每一个区组内进行的，这种编秩的方法仅限于区组内的效应（response），不同区组间效应的直接比较是无意义的。为了去除区组效应，可以将区组的平均值或中位数作为区组效应的估计值，然后将每个观测值与估计值相减来反映处理之间的差异，这样可消除区组之间的差异。

于是 Hodges 和 Lehmmann 于 1962 年提出了调整秩和检验（aligned ranks test），也称为 Hodges-Lehmmann 检验，简记为 HL 检验。对于假设检验问题：

$$H_0: \theta_1 = \theta_2 = \cdots = \theta_k \leftrightarrow H_1: \exists i,j \in 1,2,\cdots,k, \ i \neq j, \ \theta_i \neq \theta_j$$

样本结构参见表 4.24，调整秩和检验的主要计算步骤如下。

(1) 对每一个区组 i, $i = 1, 2, \cdots, b$ 来说，计算其某一位置的估计值，如均值或中位数。以下计算以均值为例，即 $\bar{X}_{i.} = \dfrac{1}{k}\sum_{j=1}^{k} X_{ij}$。

(2) 每一个区组中的每一个观测值减去均值，即 $\mathrm{AX}_{ij} = X_{ij} - \bar{X}_{i.}$，相减后的值称为调整后的观测值（aligned observation）。

(3) 对调整后的观测值，像 Kruskal-Wallis 检验中一样，对全部数据求混合后的秩，相同的用平均秩，AX_{ij} 的秩仍然记为 R_{ij}，这样编得的秩为调整秩（aligned ranks）。

(4) 用 $\bar{R}_{.j}$ 表示第 j 个处理的平均秩，即 $\bar{R}_{.j} = \dfrac{1}{b}\sum_{i=1}^{b} R_{ij}$。在原假设之下，$\bar{R}_{.j}$ 应与 $\dfrac{1}{kb}\sum R_{ij} = \dfrac{kb+1}{2}$ 相等。于是可以使用

$$\tilde{Q} = c \cdot \sum_{j=1}^{k}\left(\bar{R}_{.j} - \frac{kb+1}{2}\right)^2$$

作为检验统计量，当 $\tilde{Q}$ 取大值时，考虑拒绝 H_0。

(5) Hodges-Lehmmmann 指出，当

$$c = \frac{(k-1)b^2}{\sum_{i,j}(R_{ij} - \bar{R}_{i.})^2}$$

时 (这里 $R_{i.} = \frac{1}{k}\sum_{j=1}^{k} R_{ij}$),

$$\tilde{Q} = \frac{(k-1)b^2}{\sum_{i,j}(R_{ij}-\bar{R}_{i.})^2} \sum_{j=1}^{k}\left(\bar{R}_{.j} - \frac{kb+1}{2}\right)^2$$

$$= \frac{(k-1)\left[\sum_{j=1}^{k} R_{.j}^2 - \frac{kb^2(kb+1)^2}{4}\right]}{\frac{1}{6}kb(kb+1)(2kb+1) - \frac{1}{k}\sum_{i=1}^{b} R_{i.}^2}$$

式中, $R_{.j} = \sum_{i=1}^{b} R_{ij}$, $R_{i.} = \sum_{j=1}^{k} R_{ij}$, 检验统计量 $\tilde{Q}$ 的原假设分布近似于自由度 $\nu = k-1$ 的 χ^2 分布, 所以结果可以和 χ^2 分布表进行比较, 这里 k 为处理组数。

当数据中有结存在时,用平均秩法定秩,这时 $\tilde{Q}'$ 统计量为

$$\tilde{Q}' = \frac{(k-1)\left[\sum_{j=1}^{k} R_{.j}^2 - \frac{kb^2(kb+1)^2}{4}\right]}{\sum_{i,j} R_{ij}^2 - \frac{1}{k}\sum_{i=1}^{b} R_{i.}^2}$$

例 4.13 现研究一种高血压患者的血压控制效果,经验表明,控制效果与病人本身的肥胖程度和身高类型有关。现将高血压病人按控制方法分为 4 类: A, B, C, D。从这 4 类病人中随机抽取 8 名病人做完全区组设计试验。进行一段时间的高血压控制治疗后,血压指数(经过一定变化后)如表 4.24 所示。

表 4.24 高血压患者进行控制治疗后的血压指数数据表 (单位: mmHg)

处理	区组							
	Ⅰ	Ⅱ	Ⅲ	Ⅳ	Ⅴ	Ⅵ	Ⅶ	Ⅷ
A	130	157	115	125	112	160	121	120
B	124	153	109	117	117	147	113	128
C	120	154	118	121	116	139	114	116
D	122	151	101	122	114	130	116	105

试问: 4 种血压控制方法对不同病人的降压效果是否有差异?

解 对于这个问题,我们先使用 Friedman 检验,求出区组内秩,如表 4.25 所示。由此可算得 Friedman 检验统计量 $Q = 6.45$, 查表知, 此时的 $p = 0.092$, 如果取 $\alpha = 0.05$, 则不能拒绝原假设。但是从原始数据表中可以看出,区组间的差异是显著的,于是使用 HL 检验。

表 4.25 Friedman 检验区组内秩表

处理	秩								$R_{\cdot j}$
A	4	4	3	4	1	4	4	3	27
B	3	2	2	1	4	3	1	4	20
C	1	3	4	2	3	2	2	2	19
D	2	1	1	3	2	1	3	1	14

首先计算这 8 个区组效应的估计值，分别为

I	II	III	IV	V	VI	VII	VIII
124.00	153.75	110.75	121.25	114.75	144.00	116.00	117.25

由此可以得到下面全体 $X_{ij} - X_{\cdot j}$ 的秩，如表 4.26 所示。

表 4.26 Hodges-Lehmmann 秩数据表

处理	平均秩								秩和
A	29	25	27	26	8.5	32	28	23	198.5
B	17.5	14.5	12	5	22	24	7	31	133
C	6	19	30	16	21	4	10.5	13	119.5
D	10.5	8.5	3	20	14.5	1	17.5	2	77

计算 HL 检验统计量的值，$\tilde{Q}' = 8.44$。由 χ^2 近似知，HL 检验的 $p = 0.038$，对于 $\alpha = 0.05$，拒绝原假设，即认为对病人采取不同的高血压控制方法，会影响血压控制效果，这与医学观察证据的结果是一致的，这也表明 Friedman 检验与 HL 检验有显著不同。

4.8 Cochran 检验

一个完全区组设计的特殊情况是，观测值只取"是"或"否"、"同意"或"不同意"、"1"或"0"等二元定性数据。这时，由于有太多重复数据，秩方法的应用受到限制。Cochran(1950) 提出 Q 检验法，测量多处理之间的差异是否存在。

假定有 k 个处理和 b 个区组，样本为计数数据，其数据形态如表 4.27 所示。

表 4.27 只取二元数据的完全随机区组数据表

		处理				和
		1	2	$\cdots$	k	
区组	1	n_{11}	n_{12}	$\cdots$	n_{1k}	$n_{1\cdot}$
	2	n_{21}	n_{22}	$\cdots$	n_{2k}	$n_{2\cdot}$
	$\vdots$	$\vdots$	$\vdots$	$\vdots$	$\vdots$	$\vdots$
	b	n_{b1}	n_{b2}	$\cdots$	n_{bk}	$n_{b\cdot}$
	和	$n_{\cdot 1}$	$n_{\cdot 2}$	$\cdots$	$n_{\cdot k}$	N

假设检验问题：

H_0: k 个总体分布相同（或各处理发生的概率相等）

H_1: k 个总体分布不同（或各处理发生的概率不等）

统计分析：以表 4.27 所示观测值 $n_{ij} \in \{0,1\}$ 为计数数据，$n_{.j}$ 为第 j 个处理中 1 的个数，即 $n_{.j} = \sum_{i=1}^{b} n_{ij}, j = 1, 2, \cdots, k$，显然各个处理之间的差异可以由 $n_{.j}$ 之间的差异显示出来。n_i 为每一个区组中 1 的个数。$\sum_{j=1}^{k} n_{.j} = \sum_{i=1}^{b} n_{i.} = N$，每个单元格的成功概率用 p_{ij} 表示。

当 H_0 成立时，每一区组 i 内的成功概率 p_{ij} 相等，对 $\forall j = 1, 2, \cdots, k, \forall i, p_{i1} = p_{i2} = \cdots = p_{ik} = p_{i.}$，$n_{ij}$ 服从两点分布 $B(1, p_{i.})$。

$\text{var}(n_{.j})$ 为 $n_{.j}$ 的方差：

$$\begin{aligned}\text{var}(n_{.j}) &= \text{var}\left(\sum_{i=1}^{b} n_{ij}\right) \\ &= \sum_{i=1}^{b} \text{var}(n_{ij}) \\ &= \sum_{i=1}^{b} \hat{p}_{ij}(1 - \hat{p}_{ij})\end{aligned} \qquad (4.20)$$

将 $\hat{p}_{ij} = \hat{p}_{i.} = n_{i.} \dfrac{1}{k}$ 代入式 (4.20)，得

$$\begin{aligned}\text{var}(n_{.j}) &= \sum_{i=1}^{b} n_{i.} \frac{1}{k}\left(1 - n_{i.} \frac{1}{k}\right) \\ &= \frac{1}{k^2} \sum_{i=1}^{b} (k n_{i.} - n_{i.}^2)\end{aligned}$$

式 (4.20) 的估计值一般都很小，因而用 $k/(k-1)$ 修正，得到式 (4.21)：

$$\text{var}(n_{ij}) = \frac{n_{i.}(k - n_{i.})}{k(k-1)} \qquad (4.21)$$

将式 (4.21) 代入式 (4.20)，得到估计值

$$\text{var}(n_{.j}) = \sum_{i=1}^{b} \{n_{i.}(k - n_{i.})/[k(k-1)]\} \qquad (4.22)$$

在大样本情况下，$n_{.j}$ 近似服从正态分布，即

$$\frac{n_{.j} - E(n_{.j})}{\sqrt{\text{var}(n_{.j})}} \overset{L}{\sim} N(0, 1) \qquad (4.23)$$

式中，$E(n_{.j})$ 为 $n_{.j}$ 的期望值，一般用样本估计：

$$E(n_{\cdot j}) = \frac{1}{k}\sum n_{\cdot j} = \frac{N}{k} \qquad (4.24)$$

一般 $n_{\cdot j}$ 间并非相互独立的,但当 $n_{\cdot j}$ 足够大时,Tate 和 Brown(1970) 认为 $n_{\cdot j}$ 近似独立,故式 (4.23) 平方后可以累加,得自由度 $v = k-1$ 的近似 χ^2 分布:

$$\sum_{j=1}^{k}\left[\frac{n_{\cdot j} - E(n_{\cdot j})}{\sqrt{\operatorname{var}(n_{\cdot j})}}\right]^2 = \sum_{j=1}^{k}\frac{[n_{\cdot j} - E(n_{\cdot j})]^2}{\operatorname{var}(n_{\cdot j})} \qquad (4.25)$$

将式 (4.22) 及式 (4.24) 代入式 (4.25),得 Cochran 检验统计量:

$$\begin{aligned}Q &= \sum_{j=1}^{k}\frac{\left(n_{\cdot j} - \dfrac{N}{k}\right)^2}{\displaystyle\sum_{i=1}^{k}\{n_{i\cdot}(k - n_{i\cdot})/[k(k-1)]\}} \\ &= \frac{(k-1)\left[\sum n_{\cdot j}^2 - \left(\sum n_{\cdot j}\right)^2/k\right]}{\sum n_{i\cdot} - \sum n_{i\cdot}^2/k}\end{aligned} \qquad (4.26)$$

结论:当 Cochran 检验统计量 $Q < \chi^2_{0.05,k-1}$ 时,不能拒绝 H_0,反之则接受 H_1。

例 4.14 将 A, B, C 三种榨汁机分给 10 位家庭主妇使用,用于比较三种榨汁机的受喜爱程度是否相同。家庭主妇对于喜欢的品牌给 1 分,否则给 0 分,调查结果如表 4.28 所示。

表 4.28 家庭主妇对三种榨汁机的喜爱程度统计表

		家庭主妇										和 $n_{\cdot j}$
		1	2	3	4	5	6	7	8	9	10	
榨汁机	A	0	0	0	1	0	0	0	0	0	1	2
	B	1	1	0	1	0	1	0	0	1	1	6
	C	1	1	1	1	1	1	1	1	1	0	9
和 $n_{i\cdot}$		2	2	1	3	1	2	1	1	2	2	17

假设检验问题:

$$H_0: 三种榨汁机的受喜爱程度相同$$

$$H_1: 三种榨汁机的受喜爱程度不同$$

统计分析:由于各家庭主妇饮食和做家务的习惯不同,对各榨汁机的功能使用情况也有差异,故应以家庭主妇为区组。由式 (4.25),有

$$\begin{aligned}\sum n_{\cdot j} &= \sum R_j = 17,\ k = 3 \\ \sum n_{i\cdot}^2 &= 2^2 + 2^2 + \cdots + 2^2 = 33 \\ \sum n_{\cdot j}^2 &= 2^2 + 6^2 + 9^2 = 121 \\ Q &= \frac{(3-1)(121 - 17^2/3)}{17 - 33/3} = \frac{49.3333}{6} \\ &= 8.2222\end{aligned}$$

结论：实际测得 $Q = 8.2222 > \chi^2_{0.05,2} = 5.991$，接受 H_1，表示三种榨汁机的受喜爱程度不同，榨汁机 C 较受欢迎。实际上，三种榨汁机受喜爱程度的概率点估计（$\hat{p}_{.1} = 0.12$, $\hat{p}_{.2} = 0.35$, $\hat{p}_{.3} = 0.53$）也支持了这一结论。

R 程序如下：

```
candid1=c(0,0,0,1,0,0,0,0,0,1)
candid2=c(1,1,0,1,0,1,0,0,1,1)
candid3=c(1,1,1,1,1,1,1,1,1,0)
candid=matrix(c(candid1,candid2,candid3),nrow=10,ncol=3)
nidot.candid=apply(candid,1,sum)
ndotj.candid=apply(candid,2,sum)
k=ncol(candid)
Q=(k-1)*((k*sum(ndotj.candid^2)-(sum(ndotj.candid))^2))/
  +(k*sum(nidot.candid)-sum(nidot.candid^2))
pvalue.candid=pchisq(Q,k-1,lower.tail=F)
```

输出结果如下：

```
pvalue.candid
[1] 0.01638955
```

由于 $p = 0.0164$，远小于 0.05，于是拒绝原假设。

4.9 Durbin 不完全区组分析法

由 4.1 节的预备知识可知，当处理组非常大，而区组中可允许样本量有限时，一个区组很难包含所有处理，于是出现了不完全的数据设计结构，其中较为常见的是均衡不完全区组 BIB 设计。Durbin 于 1951 年提出一种秩检验，该检验可用于均衡不完全区组设计。

采用 4.1 节的记号，X_{ij} 表示第 j 个处理第 i 个区组中的观测值，R_{ij} 为第 i 个区组中第 j 个处理的秩，将处理相加得 $R_{.j} = \sum_{i=1}^{b} R_{ij}$, $j = 1, 2, \cdots, k$。

当 H_0 成立时，不难得到

$$E(R_{.j}) = \frac{r(t+1)}{2},\ j = 1, 2, \cdots, k$$

k 个处理的秩和在 H_0 下是非常接近的，秩总平均为 $\frac{1}{k}\sum_{j=1}^{k} R_{.j} = \frac{1}{k}\sum R_{ij} = \frac{r(t+1)}{2}$。

当某处理效应大时，反映在秩上，其秩和与秩总平均之间的差异也较大，于是可以构造统计量：

$$D = \frac{12(k-1)}{rk(t^2-1)} \sum_{j=1}^{k} \left[R_{.j} - \frac{r(t+1)}{2} \right]^2 \tag{4.27}$$

$$= \frac{12(k-1)}{rk(t^2-1)} \sum_{j=1}^{k} R_{.j}^2 - \frac{3r(k-1)(t+1)}{t-1} \tag{4.28}$$

显然, 在完全区组设计 $(t=k, r=b)$ 时, D 统计量等同于 Friedman 统计量。对于显著性水平 α, 如果 D 很大, 比如大于或等于 $D_{1-\alpha}$, 这里 $D_{1-\alpha}$ 为最小的满足 $P_{H_0}(D \geqslant D_{1-\alpha}) = \alpha$ 的值, 则可以对于显著性水平 α 拒绝原假设。原假设下精确分布只对有限的几组 k 和 b 计算过, 实践中人们常用大样本近似。在原假设下, 对于固定的 k 和 t, 当 $r \to \infty$ 时, $D \to \chi^2_{(k-1)}$。对于小样本, 该 χ^2 近似不太精确。

此外, 当数据中有结存在时, 实践表明, 只要其长度不大, 结统计量对 D 统计量的影响就不大。

例 4.15 设需要对 4 种饲料 (处理) 的养猪效果进行试验, 用于比较饲料的质量。选 4 头母猪所生的小猪进行试验, 每头所生的小猪体重相当, 选择三头进行试验。三个月后所有小猪增加的体重 (单位: 磅) 如表 4.29 所示, 试比较 4 种饲料质量有无差别。

表 4.29 4 种饲料的养猪效果数据表

饲料	区组 (胎别)				和 $R_{\cdot j}$
	I	II	III	IV	
A	73(1)	74(1)		71(1)	3
B		75(2.5)	67(1)	72(2)	5.5
C	74(2)	75(2.5)	68(2)		6.5
D	75(3)		72(3)	75(3)	9

注: 括号内数据为各区组内按 4 种处理观测值大小分配的秩。

解 假设检验问题:

$$H_0 : 4 \text{ 种饲料质量相同}$$
$$H_1 : 4 \text{ 种饲料质量不同}$$

统计分析: 由式 (4.27), $t=3$, $k=4$, $r=3$, $v=4-1=3$, 则

$$\begin{aligned} Q &= \frac{12(4-1)}{3 \times 4(3+1)(3-1)}(3^2 + 5.5^2 + 6.5^2 + 9^2) \\ &\quad - \frac{3 \times 3(4-1)(3+1)}{3-1} \\ &= 60.9375 - 54 \\ &= 6.9375 \end{aligned}$$

结论: 实测 $Q = 6.9375 < \chi^2_{0.05,3} = 7.814$, 不拒绝 H_0, 没有明显迹象表明 4 种饲料质量之间存在差异。

案例与讨论: 薪酬、学历与不定时工作时间之间的关系

案例背景

哈佛大学图书馆墙上有一条训言: 教育等同收入 (The education level represents the

income）。俗话说，知识改变命运。知识能带给人们基本的生活保障。根据美国人口普查局的统计，2008 年，美国高中学历以下的人口每周中位收入是 426 美元，高中学历的人口每周中位收入是 591 美元，大专学历的人口每周中位收入是 736 美元，大学学历的人口每周中位收入是 978 美元，硕士学历的人口每周中位收入是 1228 美元，职业性学历（如律师、医生等）的人口每周中位收入是 1228 美元，博士学历的人口每周中位收入是 1555 美元。（中华商报，2009 年第 38 期）经济合作与发展组织（OECD）发布的 2008 年度《教育概览》指出，各成员国追求高学历动力依然强劲，在过去 10 年间，劳动力市场对高学历人才的需求在大幅增加，大多数情况下，劳动力随着受教育程度的提高，收入也相应提高。国内领先的网络招聘企业中华英才网 2008 年 9 月发布的《中华英才网 2008 年度薪酬报告》的人口统计学分析表明，薪酬关于学历（大专以下、大专、本科、硕士（不含 MBA）、博士）整体上是呈递增关系的，但是 MBA 的薪酬是高于硕士（不含 MBA）和博士的。

问题提出

企业关心学历对职工薪酬的影响，现收集到某行业某地区 20 家企业人力资源部的相关数据，借此分析不同层次学历、工龄、不定时工作时间与薪酬之间的影响关系。

数据说明与约定

(1) 数据来源：某企业人力资源部数据（见教学资源）。

(2) 数据格式：txt 纯文本格式。

(3) 变量说明：5 个变量——educ（学历），salary-ini（入职薪酬，单位为美元），salary-cur（目前薪酬，单位为美元），workyear（工龄，单位为年），timeforservice（不定时工作时间，指与内部其他职工沟通协调工作时间，单位为小时）——都是整型变量。

研讨问题

根据案例背景和数据约定，请思考以下问题：

(1) 不同学历对职工入职薪酬有怎样的影响？

(2) 选取一家企业，分析职工薪酬与工龄有怎样的关系，如果将工龄分成三段作为区组，再来看学历对薪酬的影响，会发现什么规律？

(3) 将 20 家企业的薪酬关系全部拿来分析，问题 (2) 的规律还一致地成立吗？问题 (2) 的规律不成立的企业和问题 (2) 的规律成立的企业内部职工人数有怎样的结构性差异？请根据数据结合文献《城市劳动力市场中户籍歧视的变化：农民工的就业与工资》给出分析。

(4) 政府每年要修补约两万个城市道路坑洞。道路坑洞积水是发生道路坍塌的一个警示信号，为有效配置资源，政府为以上 20 家企业职工配备便携式智能手环。该应用利用智能设备的加速度计和 GPS 数据，以非主动方式探测道路坑洞，然后将位置和坑洞数据及时上报给市政府。薪酬高的职工有更多的机会接触到更多的职工，被认为有更多的机会反映坑洞问题。请问：将智能手环发给薪酬高的职工以便及时发现亟需修补的坑洞，有怎样的设计缺陷？

习　题

4.1　对 A, B, C 三个灯泡厂生产的灯泡（三个品牌）进行寿命测试，每个品牌随机试验不等量灯泡，结果得到如下寿命数据（单位：天），试比较三个品牌灯泡寿命是否相同。

品牌	灯泡寿命（天）				
A	83	64	67	62	70
B	85	81	80	78	
C	88	89	79	90	95

4.2　在 R 中编写程序，完成例 4.7 的 Dunn 检验。

4.3　假设有 10 个独立的假设检验，得到如下有顺序的 p 值：

0.00017	0.00448	0.00671	0.00907	0.01220
0.33626	0.39341	0.53882	0.58125	0.98617

在 $\alpha = 0.05$ 的显著性水平下，计算 Benferroni 检验和 BH 检验拒绝原假设的个数。

4.4　针对例 4.5 的第一组 15 个检验的数据，编写函数使用 IF-PCA 方法计算 HC 值 (式 (4.6))，它拒绝原假设的数量与例题中的结果一样吗？

4.5　请对第 1 章的问题 2 里的 Gordon 研究，通过习题 4.4 编写的程序进行基因有效性的检验，绘制 HC 图，判断无效基因的数量。

4.6　下表是美国三大汽车公司（A, B, C, 三种处理）的 5 种不同的车型某年产品的油耗，在 R 中编写函数完成 Hodges-Lehmmann 调整秩和检验。试分析不同公司产品的油耗是否存在差异，请将 Friedman 检验与 Hodges-Lehmmann 调整秩和检验的结果进行比较。

(单位：英里/油耗 (mpg))

汽车公司	车型				
	I	II	III	IV	V
A	20.3	21.2	18.2	18.6	18.5
B	25.6	24.7	19.3	19.3	20.7
C	24.0	23.1	20.6	19.8	21.4

4.7　在一项健康试验中有三种生活方式，它们的减肥效果如下表所示。

生活方式	1	2	3
一个月后 减少的体重 (500g)	3.7	7.3	9.0
	3.7	5.2	4.9
	3.0	5.3	7.1
	3.9	5.7	8.7
	2.7	6.5	
n_i	5	5	4

人们想要知道，从这些数据能否得出它们的减肥效果（位置参数）一样的结论。如果减肥效果不同，试根据以上数据选择方法检验哪种效果最好，哪种最差。

4.8　为考察三位推销员甲、乙、丙的推销能力，设计试验，让推销员向指定的 12 位客户推销商品，若客户对推销员的推销服务满意，则给 1 分，否则给 0 分，所得结果如下页表所示。试检验三位推销员的推销效果是否相同。请问该题目可以使用 χ^2 检验进行分析吗？请讨论比较的结论。

推销员	客户											
	1	2	3	4	5	6	7	8	9	10	11	12
甲	1	1	1	1	1	1	0	0	1	1	1	0
乙	0	1	0	1	0	0	0	1	0	0	0	0
丙	1	0	1	0	0	1	0	1	0	0	0	1

4.9 现有 A, B, C, D 4 种驱蚊药剂，在南部 4 个地区试用，观察试验效果。受试验条件所限，每种药剂只在三个地区试验，每一试验使用 400 只蚊子，其死亡数如下。如何检验 4 种药剂的药效是否不同？

药剂	地区			
	1	2	3	4
A	356	320	359	
B	338	340		385
C	372		380	390
D		308	332	348

第 5 章

分类数据的关联分析

分类变量与分类变量之间的关系是统计结构中的重要参数,其中变量的数据类型常常以计数数据的方式呈现。本章主要分成三个部分,第一部分主要是分类变量独立性检验,包括 χ^2 独立性检验和 Fisher 独立性检验、齐性检验和 McNemar 检验。第二部分是变量关联分析的扩展,主要介绍了分层 Mantel-Haenszel 检验和关联规则,第三部分是 Ridit 检验法和对数线性模型。

5.1 $r \times s$ 列联表和 χ^2 独立性检验

假设 n 个随机试验的结果按照两个变量 A 和 B 分类,A 取值为 $A_1, A_2, \cdots, A_r$,B 取值为 $B_1, B_2, \cdots, B_s$。将变量 A 和 B 的各种情况的组合用一张 $r \times s$ 列联表表示,则该列联表称为 $r \times s$ 二维列联表,如表 5.1 所示。其中 n_{ij} 表示 A 取 A_i 及 B 取 B_j 的频数,$\sum_{i=1}^{r}\sum_{j=1}^{s} n_{ij} = n$,其中,

$$n_{i.} = \sum_{j=1}^{s} n_{ij}, i=1,2,\cdots,r, \ \text{表示各行之和}$$

$$n_{.j} = \sum_{i=1}^{r} n_{ij}, j=1,2,\cdots,s, \ \text{表示各列之和}$$

$$n_{..} = \sum_{j=1}^{s} n_{.j} = \sum_{i=1}^{r} n_{i.}$$

表 5.1 $r \times s$ 二维列联表

	B_1	B_2	$\cdots$	B_s	总计
A_1	n_{11}	n_{12}	$\cdots$	n_{1s}	$n_{1.}$
$\vdots$	$\vdots$	$\vdots$	$\vdots$	$\vdots$	$\vdots$
A_r	n_{r1}	n_{r2}	$\cdots$	n_{rs}	$n_{r.}$
总计	$n_{.1}$	$n_{.2}$	$\cdots$	$n_{.s}$	$n_{..}$

令 $p_{ij} = P(A=A_i, B=B_j), i=1,2,\cdots,r, j=1,2,\cdots,s$。$p_{i.}$ 和 $p_{.j}$ 分别表示 A 和 B

的边缘概率。对于二维 $r \times s$ 列联表，如果变量 A 和 B 独立，或者说没有关联，则 A 和 B 的联合概率应等于 A 和 B 的边缘概率之积。

于是分类变量独立性的问题可以描述为以下假设检验问题：

$$H_0: p_{ij} = p_{i\cdot}p_{\cdot j}, \ 1 \leqslant i \leqslant r, \ 1 \leqslant j \leqslant s$$

我们注意到，如果两个变量之间没有关系，那么观测频数与期望频数之间的总体差异应该很小；反之，如果观测频数与期望频数之间的差异足够大，那么就可以推断两个变量之间存在相互依赖关系。在原假设下，$r \times s$ 列联表每格期望值为

$$m_{ij} = \frac{n_{i\cdot}n_{\cdot j}}{n_{\cdot\cdot}}, \ 1 \leqslant i \leqslant r, \ 1 \leqslant j \leqslant s$$

则可以定义统计量

$$\chi^2 = \sum_{i=1}^{r}\sum_{j=1}^{s}\frac{(n_{ij}-m_{ij})^2}{m_{ij}} \tag{5.1}$$

如果有 $m_{ij} > 5$，则 χ^2 近似服从自由度为 $(s-1)(r-1)$ 的 χ^2 分布。如果 Pearson χ^2 值过大或 p 值过小，则拒绝原假设，认为行变量与列变量存在关联。像这样没有指出两变量之间更细微的相关或其他特殊的关系的关联，称为一般性关联 (general association)。

例 5.1 为研究血型与肝病之间的关系，对 295 名肝病患者及 638 名非肝病患者（对照组）调查不同血型的得病情况，如表 5.2 所示，问：血型与肝病之间是否存在关联？

表 5.2 血型与肝病间的关系 （单位：人）

血型	肝炎	肝硬化	对照	总计
O	98	38	289	425
A	67	41	262	370
B	13	8	57	78
AB	18	12	30	60
总计	196	99	638	933

本例中的行变量和列变量都是分类变量，因而可用 chisq.test 求出 χ^2 值，R 程序如下：

```
> blood <-read.table("bloodtyp.txt",header=T)
> chisq.test(blood)
```

输出结果如下：

```
    Pearson's chi-square test with Yates' continuity correction
 data:  blood
 X-square = 15.073, df = 6, p-value = 0.020
```

表 5.2 中输出了 Pearson χ^2 检验结果，自由度为 $(3-1)(4-1)=6$，χ^2 值为 15.073，p 值为 0.020。由于 p 值小于 0.05，故可以拒绝血型与病种独立的假设，认为血型与肝病有一定关联。

为达到 χ^2 检验的效果，一般需要保证在应用 χ^2 检验时满足一些特殊的假定条件。具体而言，要测量不同类之间是否独立，频数过小的单元格不能太多。比如，Siegel 和 Castellan(1988) 指出，行数或列数中至少其一超过 2，期望频数低于 5 的单元格的数目不超过总单元格数目的 20%，单元格中的期望频数不小于 1。

当实际观测次数过少时，Pearson χ^2 检验会有很大偏差，Wilk(1995) 建议改用有偏的 χ^2 值：

$$G^2 = -2 \sum\sum n_{ij}\ln(n_{ij}/m_{ij})$$
$$= -2\left(\sum\sum n_{ij}\ln(n_{ij}) - \sum\sum n_{ij}\ln(m_{ij})\right)$$

式中，G^2 称为似然比卡方值 (likelihood ratio chi-square)。G^2 在原假设下与 Pearson χ^2 统计量分布相同，近似服从自由度为 $(s-1)(r-1)$ 的 χ^2 分布。如果 G^2 值过大或原假设下 p 值很小，则拒绝原假设，认为行变量与列变量存在强关联。

5.2 χ^2 齐性检验

在 5.1 节中，我们回答了交叉列联表里行变量与列变量之间相关关系的检验问题，比如，某种血型的病人患某一类疾病较多，另一类疾病更容易发生在另一种血型上。在交叉列联表的使用中，还常常会有另一种用法，其中行变量表示不同的区组，列变量表示我们感兴趣的处理，我们希望回答的是，列变量在不同处理组的比例分布在各个区组之间是否一致，这类检验问题称为齐性检验。先看下面的例题。

例 5.2 简·奥斯汀 (1775—1817) 是英国著名女作家，在其短暂的一生中为世界文坛奉献出许多经久不衰的作品，如《理智与情感》(1811)、《傲慢与偏见》(1813)、《曼斯菲尔德花园》(1814)、《爱玛》(1815) 等。在其身后，奥斯汀的哥哥亨利主持了遗作《劝导》和《诺桑觉寺》两部作品的出版，很多热爱奥斯汀的文学爱好者自发研究后面两部作品与奥斯汀本人的语言风格是否一致。以下是一个例子，表 5.3 中收集了代表作《理智与情感》、《爱玛》以及遗作《劝导》前两章 (分别以 I，II 标记) 中常用代表词的出现频数，希望研究不同作品之间在常用词汇的比例上是否存在差异，并借此为作品真迹鉴别提供证据。

表 5.3 不同作品中选词频率统计表   (单位：频数)

单词	《理智与情感》	《爱玛》	《劝导》I	《劝导》II
a	147	186	101	83
an	25	26	11	29
this	32	39	15	15
that	94	105	37	22
with	59	74	28	43
without	18	10	10	4

齐性检验问题的一般表述为

$$\text{对 } \forall i=1,2,\cdots,r, H_0: p_{i1}=\cdots=p_{ir}=p_{i\cdot} \leftrightarrow H_1: \text{等式不全成立} \tag{5.2}$$

本例中，p_{ij} 是第 i 个词条在第 j 部著作中出现的概率，根据节选章节出现该词条的频数估计。在原假设下，这些概率应视为与不同著作无关，因此 n_{ij} 的期望值为 $e_{ij} = n_{\cdot j}p_{i\cdot}$，

$p_i.$ 用其原假设下的估计值 $\hat{p}_i. = n_i./n..$ 代替。这时的观测值为 n_{ij}，而期望值为 $e_{ij} \equiv \frac{n_i. n_{.j}}{n..}$，于是构造 χ^2 检验统计量来反映观测数和期望数的差异：

$$Q = \sum_{ij} \frac{(n_{ij} - e_{ij})^2}{e_{ij}} = \sum_{i,j} \frac{n_{ij}^2}{e_{ij}} - n..$$

该 χ^2 统计量和独立性检验的统计量形式上完全一致，近似服从自由度为 $(r-1)(c-1)$ 的 χ^2 分布。R 程序如下：

```
Jane=matrix(c(147,186,101,83,25,26,11,29,32,
       +39,15,15,94,105,37,22,59,74,28,43,18,10,10,4),byrow=T,4)
chisq.test(Jane)
```

输出结果如下：
```
Pearson's Chi-squared test
data:   Jane
X-squared = 45.5775, df = 15, p-value = 6.205e-05
```

该例子的 $Q = 45.58$，p 值为 6.205×10^{-5}，于是拒绝原假设，认为后两部作品未必全部为简·奥斯汀的真迹。

5.3 Fisher 精确性检验

Pearson χ^2 检验要求二维列联表中只有 20% 以下单元格的期望数小于 5。对于 2×2 列联表，如果 2×2 列联表中有一个单元格（对 $r \times s$ 列联表而言，实际上是 25% 以上的单元格）期望数小于 5，则 R 程序会输出警告提示，此时应当用 Fisher 精确检验法（Fisher's exact test, Fisher-Irwin test 或 Fisher-Yates test; Fisher, 1935a,b; Yates, 1934）。下面我们仅以 2×2 列联表为例，介绍 Fisher 精确检验法。假设典型的 2×2 列联表如表 5.4 所示。

表 5.4 典型的 2×2 列联表

	B_1	B_2	总计
A_1	n_{11}	n_{12}	$n_1.$
A_2	n_{21}	n_{22}	$n_2.$
总计	$n_{.1}$	$n_{.2}$	$n..$

如果固定行和和列和，那么在原假设条件下出现在四格表中的各数值分别为 n_{11}, n_{12}, n_{21} 及 n_{22}，假设边缘频数 $n_1., n_2., n_{.1}, n_{.2}$ 和 $n..$ 都是固定的。在 A 和 B 独立的原假设下，对任意的 i, j，n_{ij} 服从超几何分布：

$$P\{n_{ij}\} = \frac{n_1.! n_2.! n_{.1}! n_{.2}!}{n..! n_{11}! n_{12}! n_{21}! n_{22}!} \tag{5.3}$$

由于 4 个单元格中只要有一个数值确定，另外 3 个也就确定了，因此只要对 n_{11} 的分布进行分析就足够了。下面举例说明 n_{11} 的分布。

比如, 行总数为 5, 3, 列总数为 5, 3 时, 所有可能的表为 4 种, 如下所示:

$$
\begin{array}{cccc}
2\ 3 & 3\ 2 & 4\ 1 & 5\ 0 \\
3\ 0 & 2\ 1 & 1\ 2 & 0\ 3
\end{array}
$$

n_{11} 所有可能的取值为 2,3,4,5。但是在独立的原假设下, 出现这些值的可能性是不同的。第二个较最后一个表更像是独立的情况, 因此 $P(n_{11}=3) > P(n_{11}=5)$, 用式 (5.3) 容易计算出 n_{11} 取这些值的概率, 如表 5.5 所示。

表 5.5 n_{11} 取值的概率

n_{11} 取值	2	3	4	5
概率	0.1785714	0.5357143	0.2678571	0.01785714

当然, n_{11} 取各种可能值的概率之和为 1。由此很容易得到各种有关的概率, 比如

$$P(n_{11} \leqslant 3) = P(n_{11}=2) + P(n_{11}=3) = 0.1785714 + 0.5357143 = 0.7142857$$

在原假设下 (齐性或独立性), n_{ij} 的各种取值都不会是小概率事件, n_{11} 过大或过小都可能导致拒绝原假设, 由此可以进行各种检验。

由式 (5.3) 可得

$$E(n_{11}) = \frac{n_{.1}n_{1.}}{n_{.1}+n_{.2}} \tag{5.4}$$

$$\mathrm{var}(n_{11}) = \frac{n_{.1}n_{1.}n_{2.}n_{.2}}{n_{..}^2(n_{..}-1)} \tag{5.5}$$

在大样本情况下, 在原假设下, n_{11} 近似服从正态分布。将 n_{11} 标准化为

$$Z = \frac{\sqrt{n_{..}}(n_{11}n_{22}-n_{12}n_{21})}{\sqrt{n_{1.}n_{2.}n_{.1}n_{.2}}} \xrightarrow{\mathcal{L}} N(0,1)$$

我们注意到, 分子正好是 2×2 列联表所对应方阵的行列式。行列式越大, 表示行列关系越强; 行列式接近零, 表示方阵降秩, 这正是两变量独立的典型特征。

例 5.3 为了解某种药物的治疗效果, 采集药物 A 与 B 的疗效数据整理成 2×2 列联表, 如表 5.6 所示。

表 5.6 某病两种药物的疗效数据 (单位: 例)

药物	疗效		总计
	有效	无效	
A	8	2	10
B	7	23	30
总计	15	25	40

解 在这个问题中, 某些类别的例数较少, 期望频数也较小, 一般的 χ^2 检验不适用, 尝试用 Fisher 精确检验法。

统计分析：如果固定边缘值 $(15,25,10,30)$，那么在原假设条件下出现在四格表中的各数值分别为 n_{11}, n_{12}, n_{21} 及 n_{22}，它们的概率按超几何分布为

$$P\{n_{11}=8\} = \frac{n_{1\cdot}!n_{2\cdot}!n_{\cdot 1}!n_{\cdot 2}!}{n_{\cdot\cdot}!n_{11}!n_{12}!n_{21}!n_{22}!}$$

$$= \frac{15!25!10!30!}{40!8!2!7!23!} = 0.0023 \tag{5.6}$$

用 fisher.test 函数可以计算得到 $P(n_{11} \geqslant 8) = 0.0024$。作为比较，我们还用了 χ^2 检验，此时 Pearson 统计量为 8，p 值为 0.0047，R 程序如下：

```
> fisher.test(medicine)
  Fisher's Exact Test for Count Data
data:  medicine
p-value = 0.002429
alternative hypothesis: true odds ratio is not equal to 1
> chisq.test(medicine)
```

输出结果如下：

```
Pearson's Chi-squared test with Yates' continuity correction
data:  medicine
X-squared = 8, df = 1, p-value = 0.004678
Warning message:
Chi-squared asymptotic algorithm may not be correct in: chisq.test
(medicine)
```

在上面的程序中，进行 χ^2 检验时出现了警告信息，另外也发现，单元格中数据量较少的时候，用 χ^2 检验近似得到的 p 值与 Fisher 精确检验法得到的 p 值相差较大。

1951 年 Freeman Halton 将 2×2 的情形推广到 $r\times s$ 的情形，此时假设 X 变量取值为 $i=1,2,\cdots,r$，Y 变量取值为 $j=1,2,\cdots,s, r,s>2$，有如表 5.7 所示 $r\times s$ 二维列联表：

表 5.7 $r\times s$ 二维列联表

	1	2	$\cdots$	s	总计
1	n_{11}	n_{12}	$\cdots$	n_{1s}	$n_{1\cdot}$
$\vdots$	$\vdots$	$\vdots$	$\vdots$	$\vdots$	$\vdots$
r	n_{r1}	n_{r2}	$\cdots$	n_{rs}	$n_{r\cdot}$
总计	$n_{\cdot 1}$	$n_{\cdot 2}$	$\cdots$	$n_{\cdot s}$	$n_{\cdot\cdot}$

各交叉处数值的联合分布服从多元超几何分布（multivariate hypergeometric distribution）。那么 p 值为 $\dfrac{\prod_i n_{i+}! \prod_j n_{+j}!}{n! \prod_{ij} n_{ij}!}$。

例 5.4 猩红热是一种儿童急症，常并发急性鼻窦炎、咽部炎症和急性中耳炎，出现 6 种症状：① 剧烈头痛 ② 流大量脓涕 ③ 鼻塞 ④ 嗅觉减退 ⑤ 咽部疼痛 ⑥ 扁桃体红肿，表 5.8 统计了 24 位病人的情况，这 24 位病人确诊后分别患有三种疾病——① 急性鼻窦

炎 ② 咽部炎症 ③ 急性中耳炎，6 种症状分布情况如表 5.8 所示，分析症状与疾病之间的关系。

表 5.8 24 位病人的症状与疾病统计数据 （单位：位）

		症状						总计
		1	2	3	4	5	6	
疾病	1	1	1	0	1	8	0	11
	2	0	1	1	1	0	1	4
	3	1	0	0	0	7	1	9
总计		2	2	1	2	15	2	$n_{..}=24$

解 根据公式可以计算出 p 值，为 $5.7689E-05$，由此可以拒绝原假设，认为症状和三种疾病之间有紧密的关系，其中猩红热主要表现为急性鼻窦炎，有时会伴有并发症状——咽部疼痛、剧烈头痛、流大量脓涕和嗅觉减退。

5.4 McNemar 检验

McNemar 检验，中文译名为麦克尼马尔检验（McNemar Test），用于配对计数数据的分析，主要分析配对数据中控制组和处理组的频率或比率是否有差异，在比较同一批观测对象用药前后或实验前后的结果有无差异时非常有效。配对数据中控制组和处理组均为 0/1 数据，如"是"或"否"、"阳性"或"阴性"、"有反应"或"无反应"、"有效"或"无效"等。该检验只适用于二分变量，对于非二分变量，应在分析前进行数据变换。

假设配对样本有两个观测量 $X=1/0$ 和 $Y=1/0$，X 和 Y 一共有 4 种结果，分别为 $(0,0),(0,1),(1,0)$ 和 $(1,1)$，每种结果出现的概率用 $p_{i,j}$ ($i=0,1; j=0,1$) 表示，McNemar 检验问题为

$$H_0: \ p_{01}-p_{10}=0 \leftrightarrow H_1: \ p_{01}-p_{10} \neq 0$$

有如下 (见表 5.9) 四格列联表：

表 5.9 四格列联表

	0	1	总计
0	n_{00}	n_{01}	$n_{1.}$
1	n_{10}	n_{11}	$n_{2.}$
总计	$n_{.1}$	$n_{.2}$	$n_{..}$

$p_{10}-p_{01}$ 的估计是 $\hat{p}_{10}-\hat{p}_{01}=\dfrac{n_{01}}{n}-\dfrac{n_{10}}{n}$。这是两个比例之差，它的标准差是

$$\text{SE}(\hat{p}_{10}-\hat{p}_{01})=\sqrt{\dfrac{\hat{p}_{10}+\hat{p}_{01}-(\hat{p}_{10}-\hat{p}_{01})^2}{n}}$$

可以使用 Wald 统计量，它是用一个正态 z 得分和其标准差相除得到的比率，这里用这个比率的平方来产生一个度量差异的得分，得到如下 χ^2 检验统计量：

$$\chi^2=\dfrac{(n_{01}-n_{10})^2}{n_{01}+n_{10}}$$

在 H_0 检验下，该统计量服从 $\chi^2(1)$ 的分布，可以在 $\chi^2(1)$ 分布下根据 χ^2 值过大来拒绝原假设。

例 5.5 有 131 份血清样品，对每份样品分别进行两种血清学检验 A 和 B，检验结果如表 5.10 所示。问：A、B 两种检验方法的阳性检出率是否不同？

表 5.10　A 和 B 两种方法的检验结果　　　　　　　　（单位：份）

B 方法	A 方法		总计
	1	0	
1	80	10	90
0	31	10	41
总计	111	20	131

解　计算得到 $\chi^2 = \dfrac{(10-31)^2}{10+31} = 10.76$，自由度为 1，$p$ 值为 0.0018，如果对该数据表做 χ^2 拟合优度检验，则发现 p 值为 0.0896，无法发现 A 和 B 在不一致上的关联性。

McNemar 检验主要利用了非主对角线单元格上的信息，它关注的是行变量和列变量两者之间不一致的评价，用于比较两个评价者各自存在怎样的倾向。对于一致性较好的大样本数据，McNemar 检验可能会失效。例如，对 10 000 个案例进行一致性评价，假设其中 9980 个评价信息都是完全一致的，一致的评论信息集中在主对角线上。不一致的评价信息共计 20 例，5 例位于左下区，15 例位于右上区，显然，此时一致性相当好。但如果使用 McNemar 检验，反而会得出两种评价有差异的结论来。

5.5　Mantel-Haenszel 检验

很多研究都涉及分层数据结构，比如，在产品研究中，需要根据城市和农村特点分别研究不同人群对产品或服务的满意程度；由于不同类型的医院收治的病人特征不同，要对不同的医院研究不同治疗方案对病人的治疗效果。这里城市和农村是问题的两个层，研究所涉及的不同医院也是不同的层。于是在回答处理与反应结果之间是否独立的问题时，需要首先按层计算差异，再将各层的差异进行综合比较，从而做出综合的判断。一个较为简单的情况是，每层都有一个 2×2 列联表，于是多个层涉及多个 2×2 列联表。例如，在 3 个中心临床试验中，每个医院随机地把病人分为试验组和对照组，疗效分为有效和无效两种，每个医院的数据形成一个 2×2 列联表。

以医院为例，令分层结构 $h = 1, 2, \cdots, k$，n_{hij} 为第 h 层四格列联表的观测频数，h 为多层四格列联表的第 h 层，第 h 层观测病案数为 n_h，$\sum_{h=1}^{k} n_h = n$。

假设检验问题：

H_0：试验组与对照组在治疗效果上没有差异

H_1：试验组与对照组在治疗效果上存在差异

表 5.11 所示为第 h 层四格列联表各单元格的记号。

表 5.11　第 h 层四格列联表各单元格记号

	有效	无效	总计
试验组	n_{h11}	n_{h12}	$n_{h1.}$
对照组	n_{h21}	n_{h22}	$n_{h2.}$
总计	$n_{h.1}$	$n_{h.2}$	n_h

当原假设 H_0 成立时，先求出第 h 层 n_{h11} 的期望 $E(n_{h11})$ 和方差 $\mathrm{var}(n_{h11})$：

$$E(n_{h11}) = \frac{n_{h1.} n_{h.1}}{n_h}$$

$$\mathrm{var}(n_{h11}) = \frac{n_{h1.} n_{h2.} n_{h.1} n_{h.2}}{n_h^2 (n_h - 1)}$$

不同组与疗效之间的关系可用 Mantel-Haenszel 1959 年提出的 Q_{MH} 统计量表示：

$$Q_{\mathrm{MH}} = \frac{\left(\sum_{h=1}^{k} n_{h11} - \sum_{h=1}^{k} E(n_{h11}) \right)^2}{\sum_{h=1}^{k} \mathrm{var}(n_{h11})}$$

式中，k 为层数。

定理 5.1　$\forall h = 1, 2, \cdots, k$ 层，$\forall i = 1, 2$ 行，$n_{hi.} = \sum_{j=1}^{2} n_{hij}$ 不小于 30 时，统计量 Q_{MH} 近似服从自由度等于 1 的 χ^2 分布。

例 5.6　对两家医院考察某治癌药的疗效，将试验组 (药品 A) 与对照组 (药品 B，安慰剂) 对比记录其疗效，如表 5.12 所示。

表 5.12　不同医院治癌药疗效比较

医院	药品	有效	无效	总计
1	A	50	15	65
	B	92	90	182
	总计	142	105	247
医院	药品	有效	无效	总计
2	A	47	135	182
	B	5	60	65
	总计	52	195	247

解　R 程序如下：

```
HA=matrix(c(50,92,15,90),2)
HB=matrix(c(47,5,135,60),2)
m=c(HA,HB); x=array(m,c(2,2,2))
mantelhaen.test(x)
```

输出结果如下：

```
Mantel-Haenszel chi-squared test with continuity correction
data:   x Mantel-Haenszel X-squared = 21.9443, df = 1, p-value =
```

```
2.807e-06 alternative hypothesis: true common odds ratio is not
equal to 1 95 percent confidence interval:
2.080167 6.099585
sample estimates: common odds ratio
 3.562044
```

得到 Mantel-Haenszel 检验的结果 $Q_{\mathrm{MH}} = 21.9443$, p 值为 2.807×10^{-6}, 说明治癌药有效果。进一步比较各层发现, 在第 1 家医院, 药品 A 相对于药品 B (安慰剂) 疗效显著; 在第 2 家医院, 无论药品 A 还是药品 B, 疗效都倾向于不明显。

进一步计算发现, 如果不按分层结构计算分类变量的关系, 则只能得出两分类变量无关的结论, 参见习题 5.6。

Mantel-Haenszel 检验消除了层次因素的干扰, 提高了检验出变量关联性的可靠性。

5.6 关联规则

前面几节中, 我们给出了两个分类变量的关系度量和检验方法, 这些方法都是针对两个固定变量进行的。实际中, 常常会碰到大规模变量的选择问题。比如, 超市的购物篮数据中, 哪些物品在选购时相比另一些物品而言更倾向于同时被选中? 这是消费者购买行为分析中的核心问题。再如, 购买面包和牛奶的人是否更倾向于购买牛肉汉堡和番茄酱? 如何从为数众多的变量中用最快的方法将关联性最强的两组或更多组变量选出来, 是值得关注的一个技术问题。该问题自然引发了大规模数据探索分析中的核心技术问题, 即关联规则的有效取得。

5.6.1 关联规则基本概念

给定一个事务数据表 D, 设 m 个待研究的不同变量的取值构成有限项集 $I = \{i_1, i_2, \cdots, i_m\}$, 其中每一条记录 T 是 I 中 k 项组成的集合, 称为 k **项集**, 即 $T \subseteq I$, 如果对于 I 的子集 X, 有 $X \subseteq T$, 则称该交易 T 包含 X。一条**关联规则**是一个形如 $X \Rightarrow Y$ 的形式, 其中 $X \subseteq I, Y \subseteq I$, 且 $X \cap Y = \varnothing$。X 称为关联规则的前项, Y 称为关联规则的后项。我们关注的是两组变量对应的项集 X 和 Y 之间因果依存的可能性。关联规则中常涉及两个基本的度量: 支持度 (support) 和可信度 (confidence)。

关联规则的**支持度** S 定义为 X 与 Y 同时出现在一次事务中的可能性, 由 X 和 Y 在 D 中同时出现的事务数占总事务数的比例估计, 反映了 X 与 Y 同时出现的可能性, 即

$$S(X \Rightarrow Y) = |T(X \vee Y)|/|T|$$

式中, $|T(X \vee Y)|$ 为同时包含 X 和 Y 的事务数, $|T|$ 为总事务数。关联规则的支持度用于测度关联规则在数据库中的普适程度, 是对关联规则重要性 (或适用性) 的衡量。支持度高, 表示规则具有较好的代表性。

关联规则的**可信度**用于测度后项对前项的依赖程度，定义为在出现项集 X 的事务中出现项集 Y 的比例，即

$$C(X \Rightarrow Y) = |T(X \vee Y)|/|T(X)|$$

式中，$|T(X)|$ 为包含 X 的事务数，$|T(X \vee Y)|$ 为同时出现 X 和 Y 的事务数。可信度高，说明 X 发生引起 Y 发生的可能性大。可信度是一个相对指标，是对关联规则准确度的衡量，可信度高，表示 Y 依赖于 X 的可能性比较大。

关联规则的支持度和可信度都是位于 $0 \sim 100\%$ 之间的数。我们的主要目的是建立变量值之间可信度和支持度都比较高的关联规则。最常见的关联规则是最小支持度－可信度关联规则，即支持度和可信度都在给定的最小支持度和最小可信度以上的关联规则，表示为 $X \Rightarrow Y$（支持度 S，置信度 C）关联规则。Apriori 算法是这类关联规则的代表。

5.6.2 Apriori 算法

常用的关联规则算法有 Apriori 算法和 CARMA 算法。其中 Apriori 算法是由 Agrawal, Imielinski 和 Swami 于 1993 年设计的对静态数据库计算关联规则的代表性算法，Apriori 还是许多序列规则和分类算法的重要组成部分。而 CARMA 算法则是动态计算关联规则的代表。Apriori 是发现布尔关联规则所需频繁项集的基本算法，即每个变量只取 1 或 0。

Apriori 算法主要以搜索满足最小支持度和可信度的频繁 k 项集为目的，频繁项集的搜索是算法的核心内容。如果 k_1 项集 A 是 k_2 项集 B 的子集 $(k_1 < k_2)$，那么称 B 由 A 生成。我们知道 k_1 项集 A 的支持度不大于任何它的生成集 (k_2 项集 B)。支持度随项数增加呈递减规律，于是可以从较小的 k 开始向下逐层搜索 k 项集，如果较低的 k 项集不满足最小支持度条件，则由该 k 项集生成的 n 项集 $(n > k)$ 都不满足最小条件，从而可能有效地截断大项集的生长，削减非频繁项集的候选项集，有效地遍历满足条件的大项集。

具体而言，首先从频繁 1 项集开始，支持度满足最小条件的项集记作 L_1。从 L_1 寻找频繁 2 项集的集合 L_2，如此下去，直到频繁 k 项集为空，寻找每个 L_k 都要扫描一次数据库。

表 5.13 所示为人为编制的一组购物篮数据，这组数据有 5 次购买记录。下面我们以此为例说明 Apriori 算法的原理。

表 5.13 购物篮数据表

购物篮序号 (Basket-Id)	A	B	C
t_1	1	0	0
t_2	0	1	0
t_3	1	1	1
t_4	1	1	0
t_5	0	1	1

在表 5.13 中，t_i 表示第 i 笔购物交易，$A=1$ 表示某次交易中用户购买了 A。显然可以将表 5.13 转化为项集形式，如表 5.14 所示。

预先将支持度和可信度分别设定为 0.4 和 0.6，执行 Apriori 算法如下：

（1）扫描数据库，搜索 1 项集，从中找出频繁 1 项集 $L_1 = \{A, B, C\}$。

（2）在频繁 1 项集中将任意两项组合生成候选 2 项集 C_2，比如，从频繁 1 项集 L_1 可生成候选 2 项集 $C_2 = \{AB, AC, BC\}$，扫描数据库找出频繁 2 项集 $L_2 = \{AB, BC\}$。

（3）从频繁 2 项集按照上一步的方法构成候选 3 项集 C_3，找出频繁 3 项集。因为 $s(A \vee B \vee C) = 20\%$，低于设定的最小支持度，所以到第三步算法停止，$L_3 = \varnothing$。

表 5.14　购物篮交易数据表

交易序号 (Tid)	项集 (Items)
t_1	A
t_2	B
t_3	ABC
t_4	AB
t_5	BC

找出频繁项集之后，构造关联规则。继续上面的例子，下面是构造出的一些关联规则。

关联规则 1：支持度为 0.4，可信度为 0.67，

$$A \Rightarrow B$$

关联规则 2：支持度为 0.4，可信度为 1，

$$C \Rightarrow B$$

例 5.7　Adult 数据取自 1994 年的美国人口调查局数据库，最初用来预测个人年收入是否超过 5 万美元。它包括 age（年龄）、workclass（工作类型）、education（教育）、race（种族）、sex（性别）等 15 个变量，共 48842 个观测。我们对这个数据集运用 Apriori 算法，发现了一些有意义的关联规则。R 程序如下：

```
install.packages("arules")
library(arules)
library(Matrix)
library(lattice); data("Adult") ## Mine association rules
myrules=apriori(Adult, parameter
            = list(supp = 0.7, conf = 0.9,target = "rules"))
write(myrules[1:10])
```

表 5.15 所示为关联规则输出结果。

值得注意的是，并非可信度越高的关联规则越有意义。比如，某超市里，80% 的女性 (A) 购买了某类商品 (B)($A \to B$)，但这个商品的购买率也是 80%，也就是说，女性购买

率和男性购买率是一样的，即 $P(B|A) = P(B|\overline{A})$，通常这类关联规则实用性不大。如果 $P(B|A) > P(B)$，则说明由 A 决定的 B 更有意义，于是就产生了评价关联规则的第三个概念——提升度 (lift)。提升度定义为

$$L(A \Rightarrow B) = \frac{C(A \Rightarrow B)}{T(B)}$$

式中，$T(B)$ 为购买 B 的事务数，它是关联度量 $P(A,B)/(P(A)P(B))$ 的一个估计。当 $P(B) > \frac{1}{2}$ 时，可以证明，当提升度 $L(A \Rightarrow B) > 1$ 时，有 $P(B|A) > P(B|\overline{A})$，这表示规则 $A \Rightarrow B$ 的集中度较好。

表 5.15　关联规则输出结果

ID	规则	支持度	可信度	覆盖范围	提升度	计数
1	$\{\} \to \{capital-gain=None\}$	0.917	0.917	1	1	44807
2	$\{\} \to \{capital-loss=None\}$	0.953	0.953	1	1	46560
3	$\{race=White\} \to$ $\{native-country=United-States\}$	0.788	0.922	0.855	1.023	38493
4	$\{race=White\} \to$ $\{capital-gain=None\}$	0.782	0.914	0.855	0.997	38184
5	$\{race=White\} \to$ $\{capital-loss=None\}$	0.814	0.952	0.855	0.998	39742
6	$\{native-country=United-States\}$ $\to \{capital-gain=None\}$	0.822	0.916	0.897	0.998	40146
7	$\{native-country=United-States\}$ $\to \{capital-loss=None\}$	0.855	0.953	0.897	0.999	41752
8	$\{capital-gain=None\} \to$ $\{capital-loss=None\}$	0.871	0.949	0.917	0.996	42525
9	$\{capital-loss=None\} \to$ $\{capital-gain=None\}$	0.871	0.913	0.953	0.996	42525
10	$\{race=White, native-country$ $-United-States\} \to \{capital-gain=None\}$	0.720	0.913	0.788	0.995	35140

5.7　Ridit 检验法

实际中经常需要对某个抽象概念进行递增或递减的顺序性测量。比如，通过测量病人对几种药物治疗的反应程度，以判断病人对不同药物的反应程度是否存在差异，不仅要测量差异，而且要测量整体的反应程度由弱逐渐变强或感受由正到负是怎样顺序分布的。类似的问题在行为学研究中同样存在，比如，在几个不同的问项上设定量表来测量用户对产品或服务的满意程度，受访者对相邻程度的级别差异感知不等距，比如对严重不满意与不满意之间的感知差异不大，但对满意和不满意之间的感知比较敏锐。再如，通过病人的药物反应程度对药物进行评价或分级时，病人可能会存在一定的级别感知盲区，比如，4 级痛感不代表 1 级痛感的 4 倍；10 分钟精神忧郁感也不可认为是 1 分钟精神忧郁感的 10 倍；药物使 4 级痛感减轻至 3 级不会与 2 级痛感减轻至 1 级的感知一致。这类问题的共同特征是：当采用量表测量受访者的感知时，隐含的假设是受访者对不同程度的感知不存在盲点，而且相邻顺序

程度之间的级差是等距的。而现实中由于人为或个体感知的差异，相邻测量顺序之间的差距并非等距的。这样，我们虽然可能比较容易测量到顺序级别的数据，但却不能想当然地认为不同级别之间的差距遵循等级差原则。如果各个顺序之间的级差不等距，就会导致错误的比较和结论。一个自然的想法是根据已测量的数据的分布，重新计算量表级差并替代原始测量数据，以作出接近客观的评价。

Bross 于 1958 年提出一种非参数检验的 Ridit 分析方法。Ridit 是 relative to identified distribution 的缩写和 Unit 的词尾 it 的组合，也称为参照单位分析法。它的基本原理是：取一个样本数较多的组或将几组数据汇总成为参照组，根据参照组的样本结构将原来各组响应数变换为参照得分——Ridit 得分，利用变换后的 Ridit 得分进行各处理之间强弱的公平比较。

1. Ridit 得分及计算

考虑 $r \times s$ 双向列联表，如表 5.16 所示。

表 5.16　$r \times s$ 双向列联表

	B_1	B_2	$\cdots$	B_s	总计
A_1	O_{11}	O_{12}	$\cdots$	O_{1s}	$O_{1\cdot}$
$\vdots$	$\vdots$	$\vdots$	$\vdots$	$\vdots$	$\vdots$
A_r	O_{r1}	O_{r2}	$\cdots$	O_{rs}	$O_{r\cdot}$
总计	$O_{\cdot 1}$	$O_{\cdot 2}$	$\cdots$	$O_{\cdot s}$	$O_{\cdot\cdot}$

行向量 A 是关于不同比较组或不同处理的分类变量，$A_1, A_2, \cdots, A_r$ 表示不同的处理；列向量 B 是顺序尺度变量，不失一般性，一般假定 $B_1 < B_2 < \cdots < B_s$；O_{ij} 表示回答第 i 个处理（类）在第 j 个顺序类上的响应数。需要检验的问题：$A_1, A_2, \cdots, A_r$ 个不同处理的强弱程度是否存在差异。

假设检验问题：

$$H_0: A_1, A_2, \cdots, A_r \text{之间没有强弱顺序}$$
$$H_1: \text{至少存在一对} A_i, A_j, \text{使得} A_i \neq A_j \text{成立} \tag{5.7}$$

为比较不同处理之间的强弱顺序，回想在 Kruskal-Wallis 检验中，我们用每个处理的秩和或平均秩作为代表值，参与处理之间差异的比较。秩和或平均秩可以理解为各不同处理的综合得分，这是多总体位置比较的基础。假定每个处理的得分分布在不同的 s 个顺序类上，假设 v_j 是第 j 个顺序类的得分，那么可以计算第 i 个处理的得分如下：

$$R_i = \sum_{j=1}^{s} v_j p(j|i)$$
$$= \sum_{j=1}^{s} v_j \frac{p_{ij}}{p_{i\cdot}}$$

式中，$p_{i\cdot}$ 为第 i 个处理类的边缘概率，p_{ij} 为第 i 个处理类第 j 个顺序类的联合概率，$p(j|i)$

为条件概率。但是，v_j 在很多情况下很不明确，有时为计算方便，以等距数据替代。比如，在 Likert 5 级量表中，$s=5$，v_j 按照 $j=1,2,\cdots,5$ 的顺序分别表示非常不重要、不重要、一般、重要和非常重要。这些顺序类常常以 $1,2,3,4,5$ 表示，1 表示弱，5 表示强。但是，正如本节起始段落所言，如此人为指定等距得分进行计算的结果常常与事实不符。

Ridit 得分选择用累积概率得分表示各顺序类真实的强弱顺序，假设顺序类中第 j 类的边缘分布是 $p_{\cdot j}, j=1,2,\cdots,s$。第 j 类的顺序强度定义如下：

$$R_1 = \frac{1}{2} p_{\cdot 1}$$

$$\vdots$$

$$R_j = \sum_{k=1}^{j-1} p_{\cdot k} + \frac{1}{2} p_{\cdot j}, \ j=2,3,\cdots,s$$

$$= \frac{F_{j-1}^B + F_j^B}{2}$$

式中，

$$F_j^B = \sum_{k=1}^{j} p_{\cdot k}, \ j=2,3,\cdots,s$$

式中，F_j^B 是 B 的累积概率。从上面的定义来看，$R_1 < R_2 < \cdots < R_s$，这符合顺序类的等级度量特征。

定理 5.2 上面定义的 Ridit 得分满足如下性质：

$$R = \sum_{j=1}^{s} R_j p_{\cdot j} \equiv \frac{1}{2}$$

如果定义

$$R_i = \sum_{j=1}^{s} R_j p(j|i) \tag{5.8}$$

则 $R = \sum_{i=1}^{r} R_i p_{i \cdot} \equiv \frac{1}{2}$。

证明 为简单起见，只证明第一个等式，第二个等式留给读者自己证明。

$$R = \sum_{j=1}^{s} R_j p_{\cdot j} = \sum_{j=1}^{s} \frac{F_{j-1}^B + F_j^B}{2} p_{\cdot j}$$

$$= \frac{1}{2} \left(\sum_{j=1}^{s} \sum_{k=1}^{j-1} p_{\cdot j} p_{\cdot k} + \sum_{j=1}^{s} \sum_{k=1}^{j} p_{\cdot j} p_{\cdot k} \right)$$

$$= \frac{1}{2} \left(2 \sum_{j=1}^{s} \sum_{k=1}^{j-1} p_{\cdot j} p_{\cdot k} + \sum_{j=1}^{s} p_{\cdot j}^2 \right)$$

$$= \frac{1}{2}\left(\sum_{j=1}^{s} p_{\cdot j}\right)^2 = \frac{1}{2}$$

另外, 注意到 Ridit 得分是用累积概率 F_j^B 定义的, 这正是 Ridit 得分法区别于人为定分法的实质所在. 通常的 Likert 量表采用的是均匀分布, 如果各顺序类响应数均匀, 则这样的假设是可能的. 但是, 如果各顺序类响应人数不等, 则如此定级可能就不客观. 在实际计算中, F_j^B 需要用样本估计, 为方便计算, 下面给出 Ridit 计算的步骤, 并将计算过程列于表 5.17 中.

(1) 计算各顺序类响应总数的一半 $H_j = \frac{1}{2}O_{\cdot j}$, 得到行 (1).

(2) 将行 (1) 右移一格, 第一格为 0, 其余为累计前一级 $(j-1)$ 的累积频率 $C_j, C_j = \sum_{k=1}^{j-1} O_{\cdot k}$, 得到行 (2).

(3) 将行 (1) 与行 (2) 对应位置相加, 即得到行 (3), 行 (3) 中 $N_j = H_j + C_j$.

(4) 计算各顺序类的 Ridit 得分 $R_j = \frac{N_j}{O_{\cdot\cdot}}$, 得到行 (4).

(5) 将 R_j 的值按照 O_{ij} 占 $O_{i\cdot}$ 的权重重新配置第 i,j 位置的 Ridit 得分: $R_{ij} = \frac{O_{ij}}{O_{i\cdot}} R_{\cdot j}$.

(6) 计算第 i 个处理 (类) 的 Ridit 得分: $R_i = \sum_{j=1}^{s} R_{ij}$, 这些 Ridit 得分的期望值为 0.5.

表 5.17 各顺序级别 R_j 计算表

步骤	B_1	B_2	$\cdots$	B_s	总计
A_1	O_{11}	O_{12}	$\cdots$	O_{1s}	$O_{1\cdot}$
$\vdots$	$\vdots$	$\vdots$	$\vdots$	$\vdots$	$\vdots$
A_r	O_{r1}	O_{r2}	$\cdots$	O_{rs}	$O_{r\cdot}$
总计	$O_{\cdot 1}$	$O_{\cdot 2}$	$\cdots$	$O_{\cdot s}$	$O_{\cdot\cdot}$
(1)	$H_1 = \frac{1}{2}O_{\cdot 1}$	$H_2 = \frac{1}{2}O_{\cdot 2}$	$H_j = \frac{1}{2}O_{\cdot j}$	$H_s = \frac{1}{2}O_{\cdot s}$	
(2)	0	$C_2 = \sum_{k=1}^{1} O_{\cdot k}$	$C_j = \sum_{k=1}^{j-1} O_{\cdot k}$	$C_s = \sum_{k=1}^{s-1} O_{\cdot k}$	
(3)	N_1	N_2	$N_j = H_j + C_j$	N_s	
(4)	R_1	R_2	$R_j = \frac{N_j}{O_{\cdot\cdot}}$	R_s	

2. Ridit 得分及假设检验

假设检验问题 (式 (5.7)):

$H_0: A_1, A_2, \cdots, A_r$ 之间没有强弱顺序

$H_1:$ 至少存在一对 A_i, A_j, 使得 $A_i \neq A_j$ 成立

有了 R_j,如果需要比较几个处理的强弱是否存在差异,可以用 Kruskal-Wallis 检验方法:

$$W = \frac{12O_{..}}{(O_{..}+1)T} \sum_{i=1}^{r} O_{i\cdot}(R_i - 0.5)^2$$

式中,T 为打结校正因子。Agresti 于 1984 年指出,当样本量足够大时,T 的值趋近于 1,所以检验统计量简化为

$$W = 12 \sum_{i=1}^{r} O_{i\cdot}(R_i - 0.5)^2$$

当 H_0 成立时,W 近似服从自由度为 $\nu = r-1$ 的 χ^2 分布,当 W 过大时考虑拒绝原假设。

3. 根据置信区间分组

R_i 是按照公式 (5.8) 计算得到的,Agresti 于 1984 年指出,R_i 在大样本情况下服从正态分布,其 95% 置信区间为

$$R_i \pm 1.96 \hat{\sigma}_{R_i}$$

如果希望通过置信区间来比较第 i 个处理与参照组之间的差异,可以用 $\hat{\sigma}_{R_i}$ 的最大值简化上式,即

$$\max(\hat{\sigma}_{R_i}) = \frac{1}{\sqrt{12 O_{i\cdot}}}$$

取 $\alpha < 0.05$,得到近似公式

$$\bar{R}_i \pm 1/\sqrt{3 O_{i\cdot}} \tag{5.9}$$

式中,$O_{i\cdot}$ 为第 i 个处理的响应数。

由置信区间与假设检验之间的关系,可以根据参照组的平均 Ridit $\bar{R}$ 与处理组的平均 Ridit $\bar{R}_i$ 得分的差别来进行两两对比检验,如果 Ridit $\bar{R}$ 与 Ridit $\bar{R}_i$ 的置信区间没有重叠,则说明两组存在显著性差异 ($\alpha < 0.05$)。

例 5.8 表 5.18 所示为用头针治疗瘫痪 800 例的疗效分析数据,不同病因的疗效可以不一样,究竟哪种病因所引起的瘫痪用头针的疗效最佳,哪些次之,哪些最差,是医务人员希望通过数据回答的问题。

解 本例中,从疗效看,各治愈数存在较大差异,因而不宜采用人为定级的方法,可以考虑使用 Ridit 检验法。首先将总数 800 例的疗效数据作为参照组,而以各病因组(1~6 组)的疗效数据作为比较组。参照组的 Ridit 得分的计算步骤如表 5.19 所示。

这里为书写方便,采用按列计算的方式排列计算步骤,最后一列表示各顺序类的 Ridit 得分。

表 5.18　头针治疗瘫痪 800 例的疗效分析数据　　　　　　（单位：例）

组别	总数	基本痊愈	显效	有效	无效	恶化	死亡
1. 脑血栓形成及后遗症	539	194	134	182	28	1	0
2. 脑出血及后遗症	132	9	38	73	11	0	1
3. 脑栓塞及后遗症	59	20	13	20	6	0	0
4. 颅内损失及后遗症	54	4	12	33	5	0	0
5. 急性感染性多发性神经炎	10	4	2	3	1	0	0
6. 脊髓疾病	6	1	3	0	2	0	0
总病例数	800	232	202	311	53	1	1

表 5.19 最后一行合计项总数为 400，由此可以证实，参照组平均 Ridit 得分 $\bar{R}=0.5$。

根据公式 (5.9) 可得出其 95% 置信区间为 $0.5\pm 0.020=(0.480,0.520)$，计算表 5.19 中第一组（脑血栓形成及后遗症 539 例组）的疗效数据的 Ridit 得分，如表 5.20 所示。

表 5.19　头针治疗瘫痪 800 例疗效的 Ridit 得分计算步骤　　　　（单位：例）

步骤 \ 级别	基本痊愈	显效	有效	无效	恶化	死亡
(Ⅰ)(病例数总计)	232	202	311	53	1	1
(Ⅱ)(病例数 ×1/2)	116	101	155.5	26.5	0.5	0.5
(Ⅲ) 累积	0	232	434	745	798	799
(Ⅱ)+(Ⅲ)	116	333	589.5	771.5	798.5	799.5
$R=\dfrac{\text{Ⅱ}+\text{Ⅲ}}{800}$	0.145	0.416	0.737	0.964	0.998	0.999
总计	33.64	84.082	229.168	51.11	0.998	0.999

表 5.20　脑血栓形成及后遗症疗效数据的 Ridit 得分

等级	(1)	(2)	(3)
基本痊愈	194	0.145	28.130
显效	134	0.416	55.744
有效	182	0.737	134.134
无效	28	0.964	26.992
恶化	1	0.998	0.998
死亡	0	0.999	0
总计	539		245.998

其余各项的 Ridit 得分计算方法类似。得出 95% 置信区间为 $(0.431,0.481)$，由于 $\bar{R}_1<\bar{R}$，可认为第 1 组的疗效对总数 800 例的疗效来讲较好。又由于两置信区间互不相交，说明第 1 组与总数 800 例的疗效差别是显著的 $(\alpha<0.05)$。用相同方法可得出第 2~6 组的平均 Ridit 得分及 95% 置信区间如下：

$$\bar{R}_2=0.63\pm 0.050=(0.580,0.680)$$

$$\bar{R}_3=0.49\pm 0.075=(0.415,0.565)$$

$$\bar{R}_4=0.64\pm 0.079=(0.561,0.719)$$

$$\bar{R}_5=0.46\pm 0.183=(0.277,0.643)$$

$$\bar{R}_6=0.55\pm 0.236=(0.314,0.786)$$

Ridit 检验的结果也可用图来表示，图 5.1 表示不同组平均 Ridit 得分的置信区间，中横线对应参照单位 0.5，第 1 组在中横线下方，说明疗效较参照组（800 例）好；第 3 组的平均 Ridit 得分虽然也在参照单位 0.5 的下方，但其 95% 置信区间与参照组相交叠，因此差别不显著；第 2 组与第 4 组皆在上方，且其 95% 置信区间皆不与参照组相交叠，说明疗效较差；第 5, 6 组由于病例数较少，治疗情况不明确。病症的疗效分成 3 组，第 1 组最好，第 3, 5, 6 组差异不大，第 2, 4 较差。

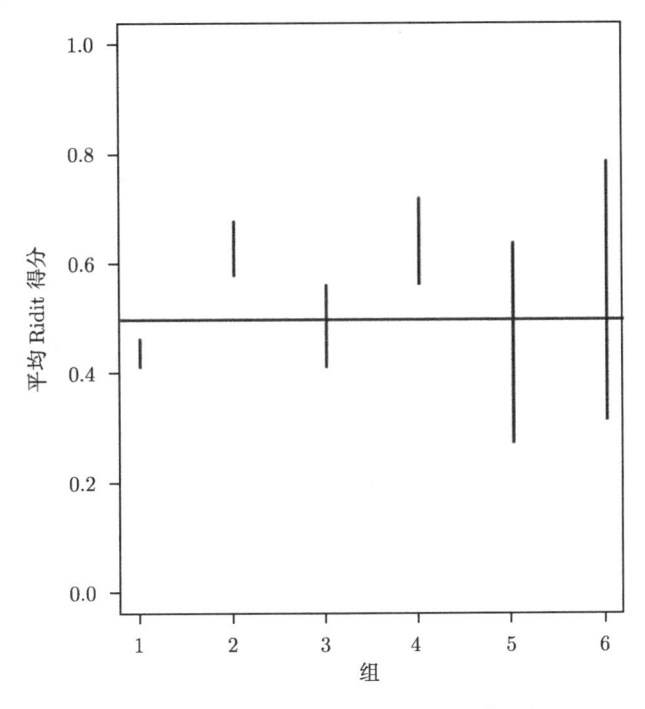

图 5.1 不同组平均 Ridit 得分的置信区间

如果要对各处理组（除参照组外）进行比较，可将比较的两组平均 Ridit 得分相减后再加 0.5 得出。例如，第 1 组与第 4 组比较为 $\bar{R}_1 - \bar{R}_4 + 0.5 = 0.3$，这表示第 1 组病人疗效差于第 4 组的概率为 0.3，或者第 1 组病人疗效优于第 4 组的概率为 0.7，即在 10 个病人中，平均有 7 人优于第 4 组，仅 3 个病人差于第 4 组。

从例子中发现，Ridit 检验不仅能比较处理之间的优劣，而且能说明优劣的程度，这是普通的秩检验难以做到的。

5.8 对数线性模型

由前面的章节可知，列联表是研究分类变量独立性和依赖性的重要工具。列联表主要采用假设检验反映事件发生的相对频率，不能反映事件的相对强度等更多或更深层的信息；与之相比，定量数据之间的依赖关系多采用模型法，比如线性模型，它强调参数估计和检验，但是线性模型需要研究者事先确定哪些变量是响应变量，哪些变量是解释变量。但有时，研究者无须区分响应变量和解释变量，特别对于定性数据而言，想了解的是变量的哪些取值之间有关联、强度如何等。这就需要一个介于列联分析和线性模型之间的工具，对数线性模型正是把列联表问题和线性模型统一起来的研究方法。与线性模型相比，它更强调模型的拟合优度、交互效应和网格频数估计，这些信息可以更好地揭示变量之间的关联强度，也可以像模型一样预测网格频数。

这部分首先介绍泊松回归，接着是对数线性模型和参数估计，最后是高维对数线性模型的独立性检验。

5.8.1 泊松回归

假设计数变量 Y 表示某类事件发生的频数，Y 服从泊松分布，$Y = y, y = 0, 1, 2, \cdots$，发生的概率表示如下：

$$f(y) = \frac{\mu^y \mathrm{e}^{-\mu}}{y!}, y = 0, 1, 2, \cdots$$

式中，$E(Y) = \mu, \mathrm{var}(Y) = \mu$。$\mu$ 是事件的平均发生数。它通常和曝光率联系在一起，比如，单位时间顾客进店购买商品的频数服从泊松分布，那么从顾客进店的频数研究开始，有多少顾客进店，曝光数就是多少，它表明顾客有一定的购买商品的倾向性，而购买事件的发生与曝光数有关。

令 $Y_1, Y_2, \cdots, Y_N$ 为独立同分布的随机变量，Y_i 表示在曝光数 n_i 基础上的事件发生数，Y_i 的期望可以表示为

$$E(Y_i) = \mu_i = n_i \theta_i$$

比如，Y_i 表示保险公司的索赔数，Y_i 由每年上保险的车辆数和索赔率两部分决定，而索赔率可能和其他的变量有关，如车龄和行驶的路段等。下标 i 表示车龄和行驶路段所产生的不同影响。θ_i 和其他解释变量之间的关系可以用下面的模型表达：

$$\theta_i = \mathrm{e}^{\boldsymbol{x}_i^T \beta}$$

这是个一般的广义线性模型的形式：

$$E(Y_i) = \mu_i = n_i \mathrm{e}^{\boldsymbol{x}_i^T \beta}, Y_i \sim \mathrm{Pois}(\mu_i)$$

两边取对数：

$$\log \mu_i = \log n_i + \boldsymbol{x}_i^T \beta$$

式中，$\log n_i$ 是常数项，而 $\boldsymbol{x}_i$ 和 β 表达了协变量的影响模式。如果 x_j 是二值变量：若该变量 = "车龄超过 10 年"，则 $x_j = 1$；若该变量 = "车龄小于 10 年"，则 $x_j = 0$。定义发生率（rate ratio）如下：

$$R = \frac{E(Y_i | X = 1)}{E(Y_i | X = 0)} = \mathrm{e}^{\beta}$$

模型的假设检验：
$$\frac{\hat{\beta}_j - \beta_j}{\text{SD}(\hat{\beta}_j)} \sim N(0,1)$$

拟合值：
$$\hat{Y}_i = \hat{\mu}_i = n_i \text{e}^{\boldsymbol{x}_i^T \hat{\beta}_j}, i = 1, 2, \cdots, N$$

式中，$\hat{Y}_i$ 是 $E(Y_i) = \mu_i$ 的估计，记作 e_i，由于 $\text{var}(Y_i) = E(Y_i) = e_i, \text{Sd}(Y_i) = \sqrt{(e_i)}$，于是有皮尔逊残差：
$$r_i = \frac{o_i - e_i}{\sqrt{(e_i)}}$$

式中，o_i 是 Y_i 的观测频数，由残差可以引出拟合优度检验：
$$\chi^2 = \sum r_i^2 = \sum \frac{(o_i - e_i)^2}{e_i}$$

对于泊松分布而言，对数似然比偏差可以表示为
$$D = 2 \sum [o_i \log(o_i/e_i) - (o_i - e_i)]$$

由于 $\sum o_i = \sum e_i$，于是
$$D = 2 \sum [o_i \log(o_i/e_i)]$$

可以证明 D 和 χ^2 等价，如果定义残差偏差为
$$d_i = \text{sign}(o_i - e_i)\sqrt{2[o_i \log(o_i/e_i) - (o_i - e_i)]}, i = 1, 3, \cdots, N$$

那么
$$D = \sum d_i^2$$

例 5.9 （Breslow 和 Day 于 1987 年提供的数据）英国医生的吸烟习惯与冠状动脉性猝死之间关系的统计数据如表 5.21 所示。

表 5.21 英国医生的吸烟习惯与冠状动脉性猝死之间关系的统计数据

年龄 (Age) 分组	吸烟者 (Smoke)		不吸烟者 (Nonsmoke)	
	死亡人数 (Deaths)	每年跟踪人数 (Person-Years)	死亡人数 (Deaths)	每年跟踪人数 (Person-Years)
35~44	32	52407	2	18790
45~54	104	43248	12	10673
55~64	206	28612	28	5710
65~74	186	12663	28	2585
75~84	102	5317	31	1462

我们关心以下三个问题:

(1) 吸烟者的死亡率高于不吸烟者吗?

(2) 如果 (1) 的结论是对的, 那么死亡率高多少?

(3) 年龄对死亡率的影响有差异吗?

解 由图 5.2 可以观察到每 10 万人中吸烟者和不吸烟者的死亡率。很明显, 死亡率随着被观察者年龄的增长而增长, 吸烟者的死亡率比不吸烟者的死亡率略高, 可以用模型来刻画这些因素的影响大小, 如下式所示:

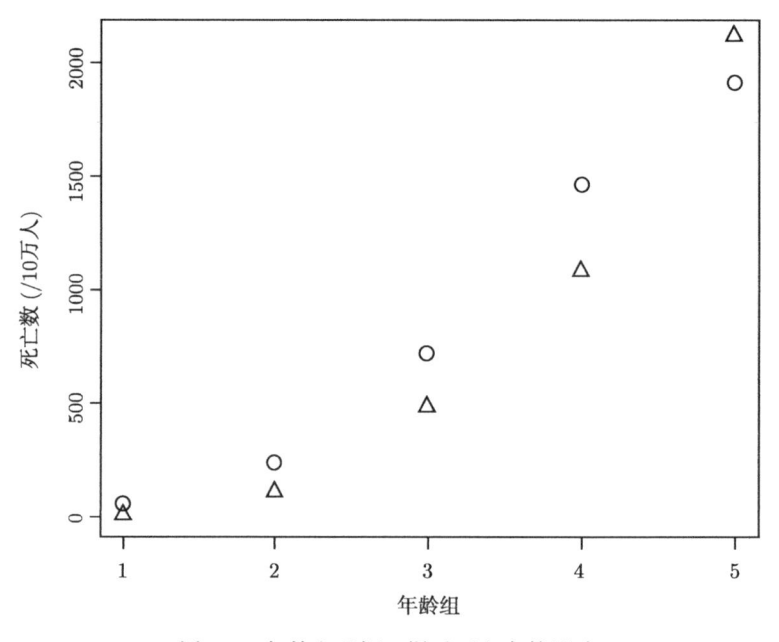

$$\log(死亡数_i) = \log(观察数_i) + \beta_1 + \beta_2 \cdot 吸烟者_i + \beta_3 \cdot 年龄级别_i$$
$$+ \beta_4 \cdot 年龄_i^2 + \beta_5 \cdot 年龄与吸烟的交互因子_i$$

图 5.2 年龄和吸烟习惯对死亡率的影响

观察数 (personyears) 是每年处于冠状动脉性猝死危险中的医生数; 吸烟者 (smoke) = 1 或 0, 吸烟记为 1, 不吸烟记为 0; 年龄级别 (agecat) 取 1, 2, 3, 4, 5, 分别对应年龄组 (35~44)、(45~54)、(55~64)、(65~74)、(75~84); 年龄^2(agesq) 表示 "年龄" 项的平方, 反映二次关系。年龄与吸烟的交互因子 (smkage) 对未吸烟者而言与年龄等值, 对未吸烟者而言用 0 表示, 这样设置可用于表达吸烟者相对于未吸烟者与年龄的关系是增加更快的, 死亡数 (deaths) 是响应变量。

R 程序如下:

```
> res.britdoc=glm(deaths~agecat+agesq+smoke+smkage
  +offset(log(personyears)),family=poisson,data =britdoc)
```

输出结果如下:

```
Deviance Residuals:
      1        2        3        4        5        6        7        8        9       10
 0.43820 -0.27329 -0.15265  0.23393 -0.05700 -0.83049  0.13404  0.64107 -0.41058 -0.01275

Coefficients:
             Estimate Std. Error z value Pr(>|z|)
(Intercept) -10.79176    0.45008 -23.978  < 2e-16 ***
agecat        2.37648    0.20795  11.428  < 2e-16 ***
agesq        -0.19768    0.02737  -7.223 5.08e-13 ***
smoke         1.44097    0.37220   3.872 0.000108 ***
smkage       -0.30755    0.09704  -3.169 0.001528 **
---
Signif. codes:  0 '***' 0.001 '**' 0.01 '*' 0.05 '.' 0.1 ' ' 1

(Dispersion parameter for poisson family taken to be 1)

    Null deviance: 935.0673  on 9  degrees of freedom
Residual deviance:   1.6354  on 5  degrees of freedom
AIC: 66.703

Number of Fisher Scoring iterations: 4
```

统计模型显示所有的变量都显著，在考虑年龄之后，吸烟者的冠状动脉性猝死率是不吸烟者的 4 倍。从输出的第一行中的偏差残差（Deviance Residual）来看，拟合的效果是比较理想的，所有的残差都很小。事实上，根据这些结果很容易得到模型检验结果，可以使用 predict fit、predictresidual d、deviance、pearson 来输出每个观测的模型拟合值、拟合残差、偏差、皮尔逊 χ^2 值。

```
> fit_p=c(fitted.values(res.britdoc))
> pearsonresid=(britdoc$deaths-fit_p)/sqrt(fit_p)
> chisq=sum(pearsonresid*pearsonresid)
> devres=sign(britdoc$deaths-fit_p)*(sqrt(2*(britdoc$deaths*
      log(britdoc$deaths/fit_p)-(britdoc$deaths-fit_p))))
> deviance=sum(devres*devres)
```

计算得到，$\chi^2 = 1.550, D = 1.635$，自由度为 $n - p = 10 - 5$ 的分布的 p 值为 0.09，展现了较好的拟合度。

5.8.2 对数线性模型的基本概念

泊松线性模型可用于刻画服从泊松分布的事件发生数与各影响因素（特别是分类变量）之间的关系，它的结构和回归模型十分相似，也称为 Possion 对数线性模型，其一般形式为

$$\log \mu_{ij} = \log n_{ij} + \alpha + \mathrm{x}^\mathrm{T} \beta$$

式中，$\log n_{ij}$ 为偏移量（offset），用于去除观察单位数不等的影响。如果单元格中的频数服从多项分布，此时拟合的就是对数线性模型。

简单来看，对数线性模型分析是将列联表的网格频数取对数后表示为各个变量（边缘分布）及其交互作用的线性模型形式，从而运用类似方差分析的思想检验各变量及其交互作用的大小，是用于离散数据的列联计数表数据分析方法，也是把列联分析和线性模型统一起来的研究方法，它强调了模型拟合优度、交互效应和网格频率的估计。

考虑定性变量 A 和 B 的联合分布，其中 A 取值为 $A_1, A_2, \cdots, A_r$，B 取值为 $B_1, B_2, \cdots,$ B_s，根据 A 与 B 交叉出现的频数统计成 $r \times s$ 双向列联表，如表 5.22 所示。令 n_{ij} 表示

(i,j) 单元格中的频数，$i = 1, 2, \cdots, r$ 且 $j = 1, 2, \cdots, s$，$\sum n_{ij} = n$。如果 n_{ij} 彼此独立且服从泊松分布 $E(n_{ij}) = \mu_{ij}$，那么 $E(n) = \mu = \sum\sum \mu_{ij}$，如果 n_{ij} 来自多项分布，那么 $f(\{n_{ij}, i = 1, 2, \cdots, r, j = 1, 2, \cdots, s\}|n) = n! \prod_{i=1}^{r} \prod_{j=1}^{s} p_{ij}^{n_{ij}}/n_{ij}!$，这里 $p_{ij} = \mu_{ij}/\mu$。对于二维列联表，独立性意味着

$$p_{i,j} = p_{i.} p_{.j}$$

因为 $\mu_{ij} = E(n_{ij})$，这意味着

$$\log \mu_{ij} = \log n + \log p_{ij}$$

如果独立性成立，即

$$\log \mu_{ij} = \log n + \log p_{i.} + \log p_{.j}$$

式中，$p_{i.} = \sum_{j=1}^{s} p_{ij}$，$p_{.j} = \sum_{i=1}^{r} p_{ij}$ 分别表示行变量 A 与列变量 B 的边缘分布。

表 5.22 行变量 A 和列变量 B 的 $r \times s$ 双向列联表

	B_1	B_2	$\cdots$	B_s	总计
A_1	$p_{11}(n_{11})$	$p_{12}(n_{12})$	$\cdots$	$p_{1s}(n_{1s})$	$p_{1.}(n_{1.})$
$\vdots$	$\vdots$	$\vdots$	$\vdots$	$\vdots$	$\vdots$
A_r	$p_{r1}(n_{r1})$	$p_{r2}(n_{r2})$	$\cdots$	$p_{rs}(n_{rs})$	$p_{r.}(n_{r.})$
总计	$p_{.1}(n_{.1})$	$p_{.2}(n_{.2})$	$\cdots$	$p_{.s}(n_{.s})$	$p_{..}(n_{..})$

如果两个变量独立，则有

$$p_{ij} = p_{i.} \cdot p_{.j} = \frac{1}{rs}[rp_{i.}][sp_{.j}]$$

$$= \frac{1}{rs} \left[\frac{p_{i.}}{\frac{1}{r}}\right] \left[\frac{p_{.j}}{\frac{1}{s}}\right], \quad i = 1, 2, \cdots, r, j = 1, 2, \cdots, s \tag{5.10}$$

对两个分类变量的一般情况，p_{ij} 有类似的表达形式：

$$p_{ij} = \frac{1}{rs} \left[\frac{p_{i.}}{\frac{1}{r}}\right] \left[\frac{p_{.j}}{\frac{1}{s}}\right] \left[\frac{p_{ij}}{p_{i.} p_{.j}}\right] \tag{5.11}$$

注意到我们将每个单元格的概率 p_{ij} 分解为四项，$1/rs$ 是每个单元格的期望概率；$\frac{p_{i.}}{1/r}$ 是第 i 行边缘概率相对于行期望概率的比例；$\frac{p_{.j}}{1/s}$ 是第 j 列边缘概率相对于列期望概率的比例；最后一项是联合概率偏离独立性的大小，如果该值为 1，则表示独立，大于 1 或小于 1，均表示行和列之间有依赖关系。这与二因子方差分析模型有些相像。这里也涉及了两个因子，分别是行变量和列变量，各自有 r 和 s 个水平。仿照二因子方差分析模型，可以将 p_{ij} 的平均变异原因分解为总体平均效应、行效应、列效应，以及行、列的交互作用。但是与方差分析的不同在于，行和列对 p_{ij} 的作用不是相加，而是乘法作用。

$$p_{ij} = 常数 \times 行主效应 \cdot 列主效应 \cdot 因子行列交互效应$$

两边取对数就可以将乘法模型转换为加法模型：

$$\ln(p_{ij}) = \ln(常数) + \ln(行主效应) + \ln(列主效应) + \ln(行列交互效应)$$

上述模型中的每一项都是相对比例，一般在列联表的不同位置上不均衡，因此一般使用几何平均数表达各效应的平均情况。记 $r \times s$ 单元格的几何平均概率为 $\bar{p}_{..}^G$，则

$$\ln \bar{p}_{..}^G = \frac{1}{rs} \sum_{j=1}^{s} \sum_{i=1}^{r} \ln p_{ij}$$

行边缘分布的几何平均概率记为 $\bar{p}_{i.}^G$，列边缘分布的几何平均概率记为 $\bar{p}_{.j}^G$，则

$$\ln \bar{p}_{i.}^G = \frac{1}{s} \sum_{j=1}^{s} \ln p_{ij}$$

$$\ln \bar{p}_{.j}^G = \frac{1}{r} \sum_{i=1}^{r} \ln p_{ij}$$

注意到独立性的表达式如下：

$$\ln p_{ij} = \ln p_{i.} + \ln p_{.j}$$

将联合概率重新表达成如下的加法形式：

$$\ln p_{ij} = \ln \bar{p}_{..}^G + [\ln \bar{p}_{i.}^G - \ln \bar{p}_{..}^G] + [\ln \bar{p}_{.j}^G - \ln \bar{p}_{..}^G]$$
$$+ [\ln p_{ij} - \ln \bar{p}_{i.}^G - \ln \bar{p}_{.j}^G + \ln \bar{p}_{..}^G] \tag{5.12}$$

式中，

$$\mu = \ln \bar{p}_{..}^G = \frac{1}{rs} \sum_{j=1}^{s} \sum_{i=1}^{r} \ln p_{ij}$$

$$\mu_{A(i)} = \ln \bar{p}_{i.}^G - \mu = \frac{1}{s} \sum_{j=1}^{s} \ln p_{ij} - \ln \bar{p}_{..}^G$$

$$\mu_{B(j)} = \ln \bar{p}_{.j}^G - \mu = \frac{1}{r} \sum_{i=1}^{r} \ln p_{ij} - \ln \bar{p}_{..}^G$$

$$\mu_{AB(ij)} = \ln p_{ij} - \ln \bar{p}_{i.}^G - \ln \bar{p}_{.j}^G + \ln \bar{p}_{..}^G$$
$$= \ln p_{ij} - \mu - \mu_{A(i)} - \mu_{B(j)}$$

将式 (5.12) 改写为

$$\ln p_{ij} = \mu + \mu_{A(i)} + \mu_{B(j)} + \mu_{AB(ij)}$$

式中，

$$\sum_{i=1}^{r}\mu_{A(i)}=0;\quad \sum_{j=1}^{s}\mu_{B(j)}=0;\quad \sum_{i=1}^{r}\mu_{AB(ij)}=0;\quad \sum_{j=1}^{s}\mu_{AB(ij)}=0 \quad (5.13)$$

式 (5.13) 就是二维对数线性模型的一般形式，如果行变量 A 和列变量 B 独立，那么

$$p_{ij}p_{kl}=p_{kj}p_{il},\ \forall i,k=1,2,\cdots,r;\ j,l=1,2,\cdots,s$$

即

$$p_{ij}=\frac{\bar{p}_{i\cdot}^{G}\bar{p}_{\cdot j}^{G}}{\bar{p}_{\cdot\cdot}^{G}}$$

这相当于

$$\begin{cases} \ln \bar{p}_{\cdot\cdot}^{G}+\ln p_{ij}=\ln \bar{p}_{\cdot j}^{G}+\ln \bar{p}_{i\cdot}^{G} \\ \mu_{AB(ij)}=0 \end{cases} \quad (5.14)$$

因而独立性假设下的对数线性模型可以改写为

$$\begin{cases} \ln p_{ij}=\mu+\mu_{A(i)}+\mu_{B(j)}+\varepsilon_{ij} \\ \sum_{i=1}^{r}\mu_{A(i)}=0,\ \sum_{j=1}^{s}\mu_{B(j)}=0 \end{cases} \quad (5.15)$$

模型 (5.15) 称为独立性模型，而式 (5.13) 称为饱和模型。

例 5.10 为研究不同年龄人群对某地区缺水问题的态度，按年龄调查了该地区部分居民，要求他们评价缺水问题的严重程度，得到表 5.23 所示的数据表。

表 5.23 不同年龄居民对缺水问题的态度——联合分布频率表 p_{ij}

年龄	不严重	稍严重	严重	很严重	列总计
30 岁以下	0.015	0.076	0.121	0.055	0.267
30~40 岁	0.017	0.117	0.111	0.037	0.282
40~50 岁	0.012	0.074	0.104	0.032	0.222
50~60 岁	0.007	0.034	0.072	0.020	0.133
60 岁及以上	0.001	0.027	0.038	0.030	0.096
行总计	0.052	0.328	0.446	0.174	1.000

要求利用该表建立一个对数线性模型。

解 表中 x_{ij} 为第 i 年龄组回答第 j 项目的频率，它是两因子联合概率分布的估计值。我们的目的是研究不同年龄居民对缺水问题严重程度的回答是否一致，即不同年龄居民的回答是否相同（A 因子主效应），同样也要检验不同严重程度之间的回答比例是否相同（B 因子主效应），还要检验年龄与对缺水问题的态度之间的关系（A、B 两因子交互效应）。首先，计算年龄和对缺水问题态度的交互作用，即联合分布概率 $\dfrac{p_{ij}}{p_{i\cdot}p_{\cdot j}}$，如表 5.24 所示。

表 5.24　联合分布概率 $\dfrac{p_{ij}}{p_{i\cdot}p_{\cdot j}}$

年龄	不严重	稍严重	严重	很严重
30 岁以下	1.08	0.87	1.01	1.19
30~40 岁	1.14	1.27	0.88	0.75
40~50 岁	1.07	1.01	1.05	0.83
50~60 岁	1.03	0.78	1.22	0.85
60 岁及以上	0.18	0.85	0.89	1.81

表 5.24 中表示了不同年龄组对缺水问题态度的交互作用与 1 比较的大小。表中最小值 0.18 和最大值 1.81 均显示了偏离独立性的特点。最小值和最大值都在最大年龄组，这说明本年龄组中，有少部分人认为缺水问题不严重，但相当多的人认为缺水问题很严重。在 30~50 岁的年龄组中，只有很少人认为缺水问题很严重，这说明，年龄与对缺水问题的态度是有关系的。

不同年龄组对缺水问题的态度 —— 单元格分布概率的对数如表 5.25 所示。

由表 5.25 可得

$$\mu = \ln \bar{p}_{\cdot\cdot}^G = -3.421$$

$$\mu_{B(1)} = \frac{1}{r}\sum_{i=1}^{r}\ln p_{i1} - \ln \bar{p}_{\cdot\cdot}^G = -4.914 - (-3.421) = -1.493$$

$$\mu_{B(2)} = \frac{1}{r}\sum_{i=1}^{r}\ln p_{i2} - \ln \bar{p}_{\cdot\cdot}^G = -2.864 - (-3.421) = 0.557$$

$$\mu_{B(3)} = \frac{1}{r}\sum_{i=1}^{r}\ln p_{i3} - \ln \bar{p}_{\cdot\cdot}^G = -2.495 - (-3.421) = 0.926$$

$$\mu_{B(4)} = \frac{1}{r}\sum_{i=1}^{r}\ln p_{i4} - \ln \bar{p}_{\cdot\cdot}^G = -3.412 - (-3.421) = 0.009$$

$$\mu_{A(1)} = \frac{1}{s}\sum_{j=1}^{s}\ln p_{1j} - \ln \bar{p}_{\cdot\cdot}^G = -2.947 - (-3.421) = 0.474$$

$$\mu_{A(2)} = \frac{1}{s}\sum_{j=1}^{s}\ln p_{2j} - \ln \bar{p}_{\cdot\cdot}^G = -2.929 - (-3.421) = 0.492$$

$$\mu_{A(3)} = \frac{1}{s}\sum_{j=1}^{s}\ln p_{3j} - \ln \bar{p}_{\cdot\cdot}^G = -3.183 - (-3.421) = 0.238$$

$$\mu_{A(4)} = \frac{1}{s}\sum_{j=1}^{s}\ln p_{4j} - \ln \bar{p}_{\cdot\cdot}^G = -3.722 - (-3.421) = -0.301$$

$$\mu_{A(5)} = \frac{1}{s}\sum_{j=1}^{s}\ln p_{5j} - \ln \bar{p}_{\cdot\cdot}^G = -4.324 - (-3.421) = -0.903$$

表 5.25　不同年龄组对缺水问题的态度 —— 单元格分布概率的对数

年龄	不严重	稍严重	严重	很严重	列总计 $\left(\sum_{j=1}^{s}\ln p_{ij}\right)$	列平均 $\frac{1}{s}\sum_{j=1}^{s}\ln p_{ij}=\ln \bar{p}_{i\cdot}$
30 岁以下	−4.200	−2.577	−2.112	−2.900	−11.789	−2.947
30~40 岁	−4.075	−2.146	−2.198	−3.297	−11.716	−2.929
40~50 岁	−4.423	−2.604	−2.263	−3.442	−12.732	−3.183
50~60 岁	−4.962	−3.381	−2.631	−3.912	−14.886	−3.722
60 岁及以上	−6.908	−3.612	−3.27	−3.507	−17.297	−4.324
行总计	−24.568	−14.320	−12.474	−17.058	−68.420	
行平均	−4.914	−2.864	−2.495	−3.412		−3.421

$\ln p_{ij} - \mu - \mu_{A(i)} - \mu_{B(j)}$ 表示偏离独立性的大小, 可以用交互作用参数 $\mu_{AB(ij)}$ 表示, 如表 5.26 所示, 其中 $A(i)$ 和 $B(j)$ 相交位置的值为 $\mu_{AB(ij)}$。

表 5.26　A 与 B 交互作用参数 $\mu_{AB(ij)}$

B	$B(1)$	$B(2)$	$B(3)$	$B(4)$
$A(1)$	0.240	−0.188	−0.091	0.038
$A(2)$	0.347	0.225	−0.195	−0.377
$A(3)$	0.253	0.021	−0.006	−0.268
$A(4)$	0.253	−0.217	0.165	−0.199
$A(5)$	−1.091	0.151	0.128	0.808

表中列和与行和都为零。从交互作用来看, 回答 "不严重" 类中, 与零差距最大的是 $\mu_{AB(51)}$; 在认为 "很严重" 的类中, 与零差距最大的是 $\mu_{AB(54)}$。将这些结果代入式 (5.13) 就得到一个对数线性模型。

上面给出的对数线性模型是以频率或概率对数的形式出现的, 实际上从单元格频数对数的角度也可以得到模型。这里不再赘述过程, 只给出一般的定义, 如下所示:

$$\ln M_{ij} = \mu + \mu_{A(i)} + \mu_{B(j)} + \mu_{AB(ij)},\ i=1,2,\cdots,r,\ j=1,2,\cdots,s$$

式中,

$$\sum_{i=1}^{r}\mu_{A(i)} = \sum_{i=1}^{r}\left(\ln \bar{p}_{i\cdot}^{G} - \mu\right) = \frac{1}{s}\sum_{i=1}^{r}\left(\sum_{j=1}^{s}\ln p_{ij} - \ln p_{\cdot\cdot}^{G}\right) = 0$$

$$\sum_{j=1}^{s}\mu_{B(j)} = \sum_{j=1}^{s}\left(\ln \bar{p}_{\cdot j}^{G} - \mu\right) = \sum_{j=1}^{s}\left(\frac{1}{r}\sum_{i=1}^{r}\ln p_{ij} - \ln p_{\cdot\cdot}^{G}\right) = 0$$

式中,

$$\mu = \frac{1}{rs}\sum_{j=1}^{s}\sum_{i=1}^{r}\ln M_{ij}$$

$$\mu_{A(i)} = \frac{1}{s}\sum_{j=1}^{s}\ln M_{ij} - \mu$$

$$\mu_{B(j)} = \frac{1}{r}\sum_{i=1}^{r} \ln M_{ij} - \mu$$

$$\mu_{AB(ij)} = \ln M_{ij} - \mu - \mu_{A(i)} - \mu_{B(j)}$$

用频数定义的最大好处是更方便通过参数估计和模型，直接估计出每个单元格的期望频数。然后可以根据这些期望频数的分布规律，进一步分析各变量水平之间的关系。

5.8.3 模型的设计矩阵

和多元线性模型一样，对数线性模型也有矩阵的表现形式。利用矩阵形式可以更方便地进行参数估计和检验。这里我们仅以 2×2 列联表为例，说明设计矩阵的表现形式。在二维对数线性模型中，令 4 个参数为 $\beta_0, \beta_1, \beta_2, \beta_3$，用 L_{ij} 表示 $\ln p_{ij}$，$i=1,2,\cdots,r$，$j=1,2,\cdots,s$，模型可以用以下矩阵表示：

$$\boldsymbol{L} = \boldsymbol{X}\boldsymbol{\beta} + \boldsymbol{\varepsilon}$$

式中，

$$\boldsymbol{L} = \begin{pmatrix} L_{11} \\ L_{12} \\ L_{21} \\ L_{22} \end{pmatrix}, \quad \boldsymbol{X} = \begin{pmatrix} 1 & 1 & 1 & 1 \\ 1 & 1 & -1 & -1 \\ 1 & -1 & 1 & -1 \\ 1 & -1 & -1 & 1 \end{pmatrix}, \quad \boldsymbol{\beta} = \begin{pmatrix} \beta_0 \\ \beta_1 \\ \beta_2 \\ \beta_3 \end{pmatrix}$$

实际上，由式 (5.13)，对于 $r\times s = 2\times 2$ 列联表数据结构特征，再由 $\ln(p_{ij}) = \mu + \mu_{A(i)} + \mu_{B(j)} + \mu_{AB(ij)}$，有

$$\begin{cases} \ln(p_{11}) = \mu + \mu_{A(1)} + \mu_{B(1)} + \mu_{AB(11)} \\ \ln(p_{12}) = \mu + \mu_{A(1)} + \mu_{B(2)} + \mu_{AB(12)} \\ \ln(p_{21}) = \mu + \mu_{A(2)} + \mu_{B(1)} + \mu_{AB(21)} \\ \ln(p_{22}) = \mu + \mu_{A(2)} + \mu_{B(2)} + \mu_{AB(22)} \end{cases} \tag{5.16}$$

联立方程组 (5.16) 有 9 个未知数，但只有 4 个观测值，再加入下列限制条件：

$$\mu_{A(1)} + \mu_{A(2)} = 0, \quad \mu_{B(1)} + \mu_{B(2)} = 0$$

即 $\sum \mu_{A(i)} = 0$，$\sum \mu_{B(j)} = 0$ 及

$$\begin{cases} \mu_{AB(11)} + \mu_{AB(21)} = 0 \\ \mu_{AB(12)} + \mu_{AB(22)} = 0 \end{cases}$$

$$\begin{cases} \mu_{AB(11)} + \mu_{AB(12)} = 0 \\ \mu_{AB(21)} + \mu_{AB(22)} = 0 \end{cases}$$

于是 9 个未知参数减少到 4 个，式 (5.16) 改写为

$$\begin{cases} \ln(p_{11}) = \mu + \mu_{A(1)} + \mu_{B(1)} + \mu_{AB(11)} \\ \ln(p_{12}) = \mu + \mu_{A(1)} - \mu_{B(1)} - \mu_{AB(11)} \\ \ln(p_{21}) = \mu - \mu_{A(1)} + \mu_{B(1)} - \mu_{AB(11)} \\ \ln(p_{22}) = \mu - \mu_{A(1)} - \mu_{B(1)} + \mu_{AB(11)} \end{cases} \tag{5.17}$$

注意到 $\sum_{ij} p_{ij} = 1$，于是模型还可以化简为

$$\boldsymbol{Y} = \boldsymbol{X}\boldsymbol{\beta} + \boldsymbol{\varepsilon}$$

用矩阵表示如下：

$$\boldsymbol{Y} = \begin{pmatrix} y_1 = \ln p_{11} / \ln_p 22 \\ y_2 = \ln p_{12} / \ln_p 22 \\ y_3 = \ln p_{21} / \ln_p 22 \end{pmatrix} = \begin{pmatrix} 2 & 2 & 0 \\ 2 & 0 & -2 \\ 0 & 2 & -2 \end{pmatrix} \cdot \begin{pmatrix} \mu_{A(1)} \\ \mu_{B(1)} \\ \mu_{AB(11)} \end{pmatrix} + \boldsymbol{\varepsilon}$$

式中只有 3 个待估参数。

5.8.4 模型的估计和检验

建立对数线性模型后，可以估计参数 $B = \{\beta_1, \beta_2, \beta_3\}$ 及其方差 $\text{var}(B)$，以便检验各效应是否存在。对于饱和模型，通常可以采用加权最小二乘法（weighted-least squares estimation）或极大似然估计法估计模型参数；但对于不饱和模型，通常采用极大似然估计法估计模型参数，这里不详细介绍。

模型的拟合优度（goodness of fit test）用于检验模型拟合的效果。以 $r \times s$ 二维列联表为例，模型的独立参数有三个，设为 $\beta_1, \beta_2, \beta_3$，则假设检验问题为

$$H_0: \beta_i = 0, i = 1, 2, 3 \leftrightarrow H_1: \exists i, \beta_i \neq 0$$

常用的检验统计量有两个：一个是 Pearson χ^2 统计量；另一个是对数似然比统计量，分别表示为

$$\chi^2 = \sum_{i,j}^{rs} \frac{(n_{ij} - m_{ij})^2}{m_{ij}} \tag{5.18}$$

$$G^2 = -2 \sum_{i,j}^{rs} n_{ij} \ln \frac{n_{ij}}{m_{ij}} \tag{5.19}$$

式中，n_{ij} 表示列联表中第 i 行第 j 列的观察频数，m_{ij} 表示该单元格的期望频数。在原假设之下，两个统计量都近似服从自由度 $df = rs - k$ 的 χ^2 分布，k 是模型中独立参数的个数。

根据对数线性模型 (5.13) 的数学表达式和限制条件可知，变量 A 的主效应有 $r-1$ 个独立参数，变量 B 的主效应有 $s-1$ 个独立参数，变量 A 和变量 B 的交互效应有 $(r-1)\cdot(s-1)$ 个独立参数，再加上常数项，应该有 $1+(r-1)+(s-1)+(r-1)(s-1)=rs$ 个独立参数，而没有交互项的独立模型只有 $1+(r-1)+(s-1)=r+s-1$ 个独立参数。模型的自由度等于数据提供的信息量减去模型中独立参数的个数。对列联表数据而言，所有单元格的个数就是整个信息量，即 rs。因此模型 (5.12) 的自由度为 0，独立模型的自由度 $df=rs-(r+s-1)=(r-1)(s-1)$。

5.8.5 高维对数线性模型和独立性

类似二维列联表，高维列联表也有对数线性模型。以 $r\times s\times t$ 三维列联表为例，假设有三个分类变量 A,B,C，变量 A 有 r 个水平，变量 B 有 s 个水平，变量 C 有 t 个水平，它们构成一个 $r\times s\times t$ 的三维列联表。令 X_{ijk} 为第 i 行第 j 列第 k 层单元格的观测值，p_{ijk} 为 X_{ijk} 的理论概率值，则三维对数线性模型的一般形式为

$$\ln p_{ijk}=\mu+\mu_{A(i)}+\mu_{B(j)}+\mu_{C(k)}\\+\mu_{AB(ij)}+\mu_{BC(ij)}+\mu_{AC(ij)}+\mu_{ABC(ijk)}\\i=1,2,\cdots,r;j=1,2,\cdots,s;k=1,2,\cdots,t$$

式中，

$$\sum_{i=1}^{r}\mu_{A(i)}=\sum_{j=1}^{s}\mu_{B(j)}=\sum_{k=1}^{t}\mu_{C(k)}\equiv0$$

$$\sum_{i=1}^{r}\mu_{AB(ij)}=\sum_{j=1}^{s}\mu_{AB(ij)}\equiv0$$

$$\sum_{i=1}^{r}\mu_{AC(ik)}=\sum_{k=1}^{t}\mu_{AC(ik)}\equiv0$$

$$\sum_{j=1}^{s}\mu_{BC(jk)}=\sum_{k=1}^{t}\mu_{BC(jk)}\equiv0$$

$$\sum_{i=1}^{r}\mu_{ABC(ijk)}=\sum_{j=1}^{s}\mu_{ABC(ijk)}=\sum_{k=1}^{t}\mu_{ABC(ijk)}\equiv0$$

如果三个变量 A,B,C 独立，则对数线性模型为

$$\ln p_{ijk}=\mu+\mu_{A(i)}+\mu_{B(j)}+\mu_{C(k)} \tag{5.20}$$

三维列联表的独立类型共有四种，如表 5.27 所示。

表 5.27 三维列联表的独立类型

标记	独立类型	定义说明
Ⅰ型	边缘独立	三维列联表的任意两个变量独立
Ⅱ型	条件独立	当一个变量固定不变时，另外两个变量独立
Ⅲ型	联合独立	将两个变量组合形成新变量时，新变量和第三个变量独立
Ⅳ型	相互独立	三个变量中任何一个变量都与另外两个变量联合独立

值得注意的是，四种独立类型之间存在如下关系。

(1) (Ⅳ ⇒ Ⅲ)：若 X,Y,Z 相互独立，则任意两个变量组合成的新变量与剩余的第三个变量独立。

(2) (Ⅲ ⇒ Ⅰ, Ⅲ ⇒ Ⅱ)：若 X 与 (Y,Z) 联合独立，则 X 与 Y，X 与 Z 边缘独立；给定 Y，X 与 Z 条件独立；给定 Z，X 与 Y 条件独立。

但是，条件独立不能得到边缘独立。

(3) (Ⅱ和Ⅰ不能互推) 若 X 与 Y 条件独立，不一定有 X 与 Y 边缘独立。反之，X 与 Y 边缘独立，也不一定有 X 与 Y 条件独立。

可以作不同的独立性检验，如表 5.28 所示。

为叙述方便，用 (XYZ) 表示饱和模型，(X,Y,Z) 表示独立性模型。中间模型用这三个字母的组合来代表。比如，(Y,XZ) 代表模型中包含 X,Z 的交互作用 (没有和 Y 的交互作用) 及所有出现的字母所代表的主效应的模型，即

$$\ln m_{ijk} = \mu + \lambda_i^X + \lambda_j^Y + \lambda_k^Z + \lambda_{ij}^{XZ}$$

而 (XY,XZ) 代表有 X,Y 和 X,Z 两个交互作用及所有主效应的模型，即饱和模型去掉 λ_{ijk}^{XYZ} 和 λ_{jk}^{YZ} 项。对于 $r \times s \times t$ 三维列联表，(XYZ) 的自由度是 $(r \times s \times t - r - s - t + 2)$；给定 X 时 (XY,XZ) 的自由度是 $[r \times (s-1)(t-1)]$。

表 5.28 三维列联表可作的不同独立性检验

模型记号	可作的独立性检验	独立类型
(X,Y,Z)	X,Y,Z 相互独立	Ⅳ型
(XY,Z)	(X,Y) 与 Z 独立	Ⅲ型
(Y,XZ)	(X,Z) 与 Y 独立	Ⅲ型
(X,YZ)	X 与 (Y,Z) 独立	Ⅲ型
(XZ,YZ)	给定 Z 时 X 与 Y 独立	Ⅱ型
(XY,YZ)	给定 Y 时 X 与 Z 独立	Ⅱ型
(XY,XZ)	给定 X 时 Y 与 Z 独立	Ⅱ型

在各种模型下，可以作不同的独立性检验，对于上面所说的各种变量的独立性，和二维一样，可以用 Pearson 统计量或似然比统计量进行 χ^2 检验。如果真实模型和原假设下的模型不一致，则这两个统计量会偏大。

例 5.11 表 5.29 所示是对三所学校五年级学生分性别统计的近视人数数据。

表 5.29　对三所学校五年级学生分性别统计的近视人数数据

近视 (Z)	性别 (X)	学校 (Y)					
		甲		乙		丙	
		男	女	男	女	男	女
近视		55	58	66	85	66	50
不近视		45	41	87	70	41	39

研究的目的是了解哪些变量独立，哪些不独立。

解　令 X 表示性别，Y 表示学校，Z 表示近视，下面就 3 个变量的独立性问题做出检验，结果如表 5.30 所示（显著性水平 $\alpha = 0.10$）。

表 5.30　对数线性模型的模型拟合优度检验结果

模型	d.f.	LRT G^2	p 值	Pearson Q	p 值	结论
(X,Y,Z)	7	12.17	0.0951	12.12	0.0968	X,Y,Z 不独立
(XY,Z)	5	10.91	0.0531	10.90	0.0533	(X,Y) 和 Z 不独立
(X,YZ)	5	6.36	0.2727	6.347	0.2739	X 和 (Y,Z) 独立
(XZ,Y)	6	10.85	0.0930	10.93	0.0907	Y 和 (X,Z) 不独立
(XZ,XY)	4	9.59	0.0479	9.538	0.0489	给定 X，Y 和 Z 不独立
(XY,YZ)	3	5.09	0.1648	5.088	0.1654	给定 Y，X 和 Z 独立
(XZ,YZ)	4	5.04	0.2834	5.025	0.2847	给定 Z，X 和 Y 独立

由表中可以看出，近视、性别和学校之间存在关联性。到底关联性是怎样产生的？由具体的独立性分析可知，没有发现不同的学校近视情况 (YZ) 与性别 (X) 有关。就近视 (Z) 而言，不能说学校 (Y) 与性别 (X) 关系密切；就学校 (Y) 而言，不能说近视 (Z) 与性别 (X) 关系密切。但是由 (X,Y) 与 Z 不独立，可以说，近视最多的是乙校的女生，不近视最多的是乙校的男生。可以看出，丙校的女生不近视率较低，对数线性模型中应加入 Y 和 Z 的交互作用项。

在 R 中进行对数线性模型独立性检验的示范程序如下：

```
> f=function(x)
{
    df=x$df   #求自由度
    lrt=x$lrt #似然比检验统计量
    p.lrt=1-pchisq(x$lrt,x$df) #似然比检验统计量的p值
    Q=x$pear  #pearson 检验统计量Q
    p.pear=1-pchisq(x$pear,x$df)    #pearson检验统计量Q的p值
    if(p.lrt<0.05|p.pear<0.05){conclusion="不独立"}else{conclusion="独立"}
    list(df,lrt,p.lrt,Q,p.pear,conclusion)
}
A=matrix(c(55,58,66,85,66,50),nrow=2)
B=matrix(c(45,41,87,70,41,39),nrow=2)
a=array(c(A,B),dim=c(2,3,2))
```

```
m1=loglin(a,list(1,2,3))   #模型(x,y,z)
## iterations:deviation 1.1368e-13
f1=f(m1)
loglin(a,list(c(1,2),3))$lrt
loglin(a,list(c(1,2),c(1,3)))$lrt
```

案例与讨论 1：数字化运营转化率

案例背景

互联网大数据时代，线上店铺通过接入某数字平台可以瞬间提升流量，常用的流量提升平台有 APP、微商等。企业掌握了流量相当于掌握了运营的先机，有效的流量、销售额转化率是成功经营的关键。根据电商的经营模式，一般可以将转化率分为四种不同的层次：静默转化率、咨询转化率、加购转化率和成交转化率。UV 数表示对店铺进行过访问的入店访客数，而其中的有效访客数是在店铺中访问了若干个页面之后才离开的访客数，也称为静默访客数，即全程没有跟客服沟通的访客数；咨询表示访客对产品进行过文字询问，有明确的购买倾向表态；加购访客数，指所有访客中，点击了"添加购物车"按钮将商品加入购物车的访客数；成交访客数，即提交订单并且成功付款的访客数。

数据说明与约定

本次数据来自"双 11"当天某电商销售数据，该电商有 64 个产品页面入口。Log Usernumber 表示该网页注册人数；ClickSilent 表示注册客户中连续点击两个及以上页面的人数；InputQuery 表示长时间浏览网页后与客服进行产品咨询以及修改寄送地址的人数；ShoopingCar 表示有购买倾向并将产品点选进购物车的人数；Paycheck 是成功付款成交的人数，USerSource 表示浏览器页面还是微信页面；LastMonth 表示上月该网页销售情况，销售 500 件以上标记为"H"，否则标记为"L"；CommensLevel 表示该商品上月的好评数，M 表示好评数为"高"，S 表示好评数为"一般"，D 表示好评数为"低"；Sales 表示当日销售额（元）。

研讨问题

(1) 请问接入不同的落地页（浏览器还是微商页面）对销量有影响吗？应采用怎样的分析方法？

(2) 请问上月产品的销量和好评数对本月的销量有影响吗？如果有，影响是怎样的？

(3) 销售额和以上因素有怎样的关系？

案例与讨论 2：影响婴儿出生低体重的相关因素分析

案例背景

某研究机构获得一组研究数据，包含 1000 名婴儿的出生体重和 5 个相关变量。使用这份数据探究婴儿出生低体重的影响变量。

数据说明与约定

表 5.31 中给出了 6 个所关注变量的名称及含义。

表 5.31 变量名称及含义

变量名称	变量含义	变量名称	变量含义
weight	婴儿出生体重（g）	ed.hs	母亲受教育程度是否为高中
black	母亲的肤色（1：黑人，0：白人）	ed.col	母亲受教育程度是否为大学
married	母亲是否已婚（1：是，0：不是）	m.wtgain	母亲孕期体重增加量（磅）

研讨问题

(1) 定义低出生体重婴儿体重在 2500g 以下。请绘图刻画未婚黑人母亲的婴儿出生体重（weight）经验分布的点估计和置信区间估计（置信度为 90%），并从图上观察、判断婴儿低体重和母亲婚姻状况之间的关系。

(2) 用泊松回归模型探究母亲的肤色、母亲孕期体重增加量与婴儿出生体重之间的关系。

参考解答

(1) 根据第 1 章的 Dvoretzky-Kiefer-Wolfowitz 不等式，

令
$$L(x) = \max\{F_n(x) - \epsilon_n, 0\}, \quad U[x] = \min\{F_n(x) + \epsilon_n, 1\}$$

式中，
$$\epsilon_n = \sqrt{\frac{1}{2n}\ln\frac{2}{\alpha}}$$

那么
$$P(L(x) \leqslant F(x) \leqslant U(x)) \geqslant 1 - \alpha$$

根据该公式，绘制出未婚黑人母亲的婴儿出生体重经验分布的点估计及其置信区间估计图，如图 5.3 所示。R 程序如下：

```
data <- read.csv("birth\_weight.csv") \#读入数据
weight.sort <- sort(data\$weight[data\$black==1&data\$married==0])
weight.rank <- rank(weight.sort)
n <- length(weight.sort)
weight.ecd <- weight.rank/n \#得到经验分布函数
plot(weight.sort,weight.ecd,type = "o",xlab = "weight",ylab = "Fn(x)",
main="未婚黑人母亲的婴儿出生体重经验分布的点估计及置信区间估计图")
band <- sqrt(log(2/0.1)/(2*n))
#计算得到置信区间在各点处的上下界。
lower.9 <- weight.ecd-band
upper.9 <- weight.ecd+band
lower.9[which(lower.9<0)] <- 0
upper.9[which(upper.9>1)] <- 1
```

```
lines(weight.sort,lower.9,lty=2)
lines(weight.sort,upper.9,lty=2)
abline(v=2500,col="red")
```

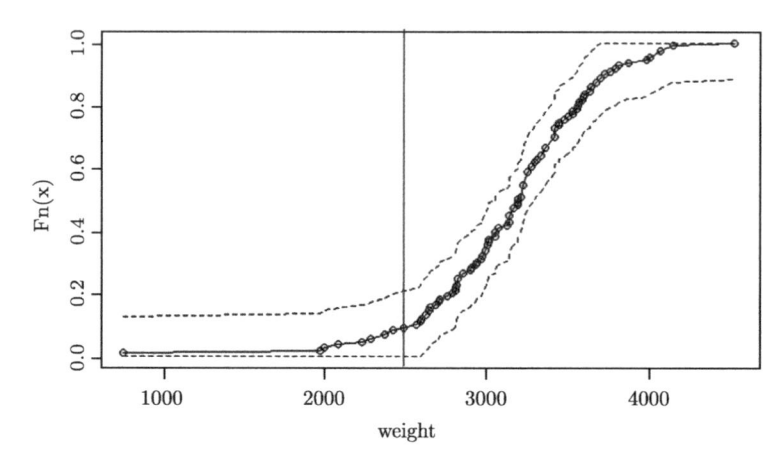

图 5.3 未婚黑人母亲的婴儿出生体重经验分布的点估计及置信区间估计图

图中的竖线为判定婴儿是否为低体重的界限（2500g），可以看到，在 90% 的置信度下，未婚黑人母亲的婴儿低出生体重率的上限接近 20%，与世界平均水平相比，这个比率是偏高的；从整体看，婴儿的出生体重主要分布在 2500g~4000g 之间，但依然存在一定数量的极小值：从体重角度来看，未婚黑人母亲的婴儿健康状况较堪忧，且数据的整体方差较大。

(2) 将母亲孕期体重增加量按照表格中的级别分类。R 程序如下：

```
data\$classified[data\$m.wtgain>-50 \& data\$m.wtgain<=-20] <- "-50 - -20"
data\$classified[data\$m.wtgain>=-19 \& data\$m.wtgain<=-10] <- "-19 - -10"
data\$classified[data\$m.wtgain>=-9 \& data\$m.wtgain<=0] <- "-9 - 0"
data\$classified[data\$m.wtgain>=1 \& data\$m.wtgain<=10] <- "1 - 10"
data\$classified[data\$m.wtgain>=11 \& data\$m.wtgain<=20] <- "11 - 20"
data\$classified[data\$m.wtgain>=21 \& data\$m.wtgain<=55] <- "21 - 55"
data\$classified <- factor(data\$classified,levels =
c("-50 - -20","-19 - -10", "-9 - 0","1 - 10","11 - 20","21 - 55"))
data\$LowAndBlack <- 0
data\$LowAndBlack[data\$black==1\&data\$weight<2500] <- 1
data\$LowAndWhite <- 0
data\$LowAndWhite[data\$black==0\&data\$weight<2500] <- 1
data\_new <- dplyr::group\_by(data,classified)
block <- dplyr::summarise(data\_new,black = sum(black),black\_low =
sum(LowAndBlack),white=n()-sum(black),white\_low=sum(LowAndWhite))
```

得到填好的表格，如表 5.32 所示：

表 5.32 分类数据表

母亲孕期体重增加量	黑人母亲低出生体重婴儿数	黑人母亲数	白人母亲低出生体重婴儿数	白人母亲数
$-50 \sim -20$	2	17	5	51
$-19 \sim -10$	29	4	9	119
$-9 \sim 0$	6	63	15	276
$1 \sim 10$	1	32	5	252
$11 \sim 20$	2	22	4	86
$21 \sim 55$	1	10	1	43

根据表 5.32 可以计算得到不同的母亲孕期体重增加量的分类结果,以及黑人母亲与白人母亲的低出生体重婴儿比率,如图 5.4 所示。

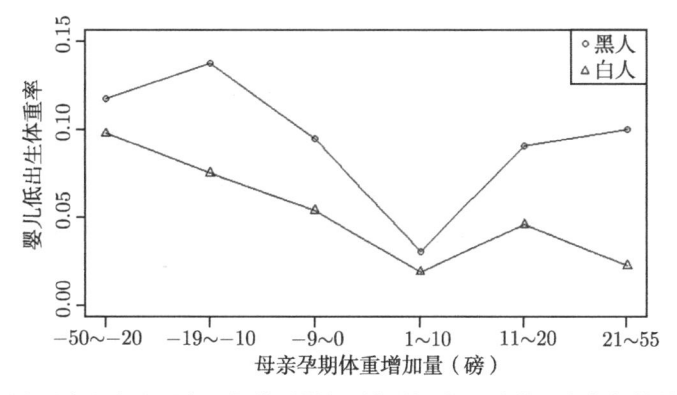

图 5.4 黑人母亲和白人母亲孕期体重增加量与婴儿低出生体重率之间的关系对比图

从图 5.4 中可以观察到,母亲孕期体重增加量小于 10 磅时,婴儿低出生体重率随母亲体重增加量的增加而减少,但当母亲孕期体重增加量超过 10 磅时,婴儿低出生体重率反而有所上升;另一方面,黑人母亲的婴儿低出生体重率在各个体重增加量级别上均高于白人母亲。根据这些表象分析,可以将婴儿低出生体重率作为因变量,将母亲孕期体重增加量、母亲的肤色作为自变量,婴儿总数作为基数,建立泊松回归模型,R 程序如下:

```
dat <- data.frame(loss\_weight=rep(block\$classified,2),
+black=c(rep(1,6),rep(0,6)),total\_number =
c(block\$black,block\$white),weight\_low =
+c(block\$black\_low,block\$white\_low))
dat\$black <- as.factor(dat\$black)
res.weight <- glm(weight\_low ~loss\_weight+black+
+offset(log(total\_number)),data = dat,family = poisson)
```

输出结果如下:

```
> summary(res.weight)

Call:
glm(formula = weight_low ~ loss_weight + black + offset(log(total_number)),
    family = poisson, data = dat)

Deviance Residuals:
      1         2         3         4         5         6         7         8         9
-0.37678   0.05534  -0.00003  -0.08945   0.10349   0.50079   0.27073  -0.03640   0.00002
     10        11        12
 0.04146  -0.07058  -0.37314
```

```
Coefficients:
                   Estimate Std. Error z value Pr(>|z|)
(Intercept)         -2.4460     0.3937  -6.213 5.19e-10 ***
loss_weight-19 - -10 -0.1238    0.4693  -0.264   0.7919
loss_weight-9 - 0   -0.4664     0.4371  -1.067   0.2860
loss_weight1 - 10   -1.4926     0.5591  -2.670   0.0076 **
loss_weight11 - 20  -0.5870     0.5566  -1.055   0.2916
loss_weight21 - 55  -0.9639     0.8021  -1.202   0.2295
black1               0.5610     0.2984   1.880   0.0601 .
---
Signif. codes:  0 '***' 0.001 '**' 0.01 '*' 0.05 '.' 0.1 ' ' 1

(Dispersion parameter for poisson family taken to be 1)

    Null deviance: 16.95811  on 11  degrees of freedom
Residual deviance:  0.63508  on  5  degrees of freedom
AIC: 51.623

Number of Fisher Scoring iterations: 4
```

从模型输出结果来看，不存在过度拟合且整体系数较为显著，训练样本的拟合程度较好。从回归系数分析得到：母亲孕期体重减少会增大婴儿出生体重低的可能性，但母亲孕期体重增加过多，也会对婴儿的健康不利，母亲孕期体重增加量控制在 0~10 磅之间是最为合适的；从母亲的肤色角度看，黑人母亲低出生体重婴儿的可能性平均是白人母亲低出生体重婴儿可能性的 1.75 倍，且系数在置信度 0.1 下是显著的，可见黑人孕妇的总体营养及孕期健康状况亟待改善。

后续讨论题

(1) 尝试对母亲的受教育程度进行分析，并将其与母亲是否已婚纳入低出生体重婴儿的原因回归模型，进一步分析得出结论。

(2) 尝试使用对数线性模型进行分析，比较泊松回归与对数线性模型所得结果的异同。

习　题

5.1　在一个有 3 个主要大型商场的商贸中心，调查 479 个不同年龄段的人首先去 3 个商场中的哪一个，结果如下：

年龄段	商场 1	商场 2	商场 3	总计
≤ 30	83	70	45	198
31 ~ 50	91	86	15	192
> 50	41	38	10	89
总计	215	194	70	479

问：不同年龄段的人对各商场的购物倾向性是否存在差异？

5.2　美国某年总统选举前，由社会调查总部（General Social Survey）抽查种族 (race) 与所支持政党是否有关，得到如下数据：

种族	民主党	共和党	无党
白人	341	405	105
黑人	103	11	15

问：种族与所支持政党之间是否存在独立性？

5.3 下面是一个医学例子，研究某类肺炎和以前是否曾经患过该类肺炎之间的疾病继承性关系。下面是 30 个人当前患某类肺炎和曾经患过某类肺炎之间的 2×2 列联表。

	曾经患过某类肺炎	未曾患过某类肺炎	总计
当前患某类肺炎	6	4	10
当前未患某类肺炎	1	19	20
总计	7	23	30

5.4 对 479 个不同年龄段的人调查他们对不同类型电视节目的喜爱情况，要求每人选出他们最喜欢观看的电视节目类型，结果如下：

年龄段	体育类 1	电视剧类 2	综艺类 3	总计
≤ 30	83	70	45	198
31～50	91	86	15	192
> 50	41	38	10	89
总计	215	194	70	479

问：不同观众对三类节目的喜爱率是否一样？

5.5 1998 年，有人认为当代学生和 20 世纪 60 年代的学生之间存在很大差异，于是他在某学校做了一些跟踪调查，问了学生如下问题：以下哪个因素是你选择大学深造的主要原因（单项选择）？(a) 丰富人生哲学；(b) 增强对周围世界的了解；(c) 找到好工作；(d) 不清楚。同样的问题在 1965 年也向在校学生提问过，以下是两次调查结果：

	1965 年	1998 年
丰富人生哲学	15	8
增强对周围世界的了解	53	48
找到好工作	25	57
不清楚	27	47

问：能够根据这些数据判断出两代大学生之间的差异吗？

5.6 继续例 5.6 的分析，如果不按照分层结构直接计算分类变量，能得到怎样的结论？

5.7 对三类不同中学，分别考察学生家庭经济状况与其高考情况之间的关系，用经济状况好 (A) 与经济状况一般 (B) 对比记录其结果，如下所示：

中学	学生家庭经济状况	高考情况	
		一类学校	二类学校
1	A	43	65
	B	87	77
2	A	9	73
	B	15	30
3	A	7	18
	B	9	11

试分析学生家庭经济状况与其高考情况之间的关系。

5.8 令 S 是一个有限项集。

（1）令 A, B 是 S 的子集，试定义下列规则的支持度 (support)、可信度 (confidence)、提升 (lift)：

$$A \Rightarrow B$$

(2) 一个强规则的定义是满足最小支持度 s_0 和最小可信度 c_0 的规则。试对 $s_0 = 0.6$ 和 $c_0 = 0.8$，从下面的数据发现所有形式为 $\{x_1, x_2\} \Rightarrow \{y\}(x_1, x_2, y \in S, x_1 \neq x_2 \neq y)$ 的强规则。

交易	项集
1	$\{a, b, d, k\}$
2	$\{a, b, c, d, e\}$
3	$\{a, b, c, e\}$
4	$\{a, b, d\}$

5.9 教学资源中的 shopping-basket.xls 数据是对一个超市的购买记录，其特征变量为 sex（性别）、home-town（是否本地）、income（收入）、age（年龄）、fruitveg（果蔬）、freshmeat（鲜肉）、dairy（乳品）、canne-dveg（罐头蔬菜）、cannedmeat（罐头肉）、frozenmeat（冻肉）、wine（酒）、softdrink（软饮料）、fish（鱼）、confectionery（糖果），共 1000 个观测。试用 Apriori 算法找出这组数据中有意义的规则，支持度和可信度都设定为 0.8。

5.10 证明定理 5.2 中关于 Ridit 得分的第二个等式。

5.11 某电信公司调查某款便携式手机的售后产品及服务满意度，得到如下数据：

问 项	总数	非常不满意	不满意	一般	满意	非常满意
1. 对手机信号的满意度	200	90	23	53	21	13
2. 对手机外型的满意度	132	47	34	28	18	5
3. 对手机维修质量的满意度	50	20	13	10	5	2
4. 对手机功能的满意度	154	28	32	33	45	16
5. 对手机操作方便的满意度	164	34	28	52	40	10
总数	700	219	130	176	129	46

选择方法分析各个问项满意度之间是否存在差异。

5.12 设春、秋两个雨季在某山坡上造林，在栽种的部分土穴中放有机肥，另外一些土穴中未放有机肥，结果树种成活数量与不成活数量如下表所示。试用对数线性模型检验春、秋雨季与是否放有机肥对树的成活数的影响是否存在差异，以及交互作用是否存在。

		放有机肥		未放有机肥	
		活	死	活	死
季节	春	385	48	400	115
	秋	198	50	375	120

第 6 章

秩相关和稳健回归

本章主要内容是定量变量间的相互依赖关系。前四节是有关变量的相关关系，包括两个变量之间的秩相关分析和多变量之间的协同关系，后三节是几种稳健回归和分位数回归。

6.1 Spearman 秩相关检验

基本理论

设有数量为 n 的样本 $(X,Y) = \{(X_1,Y_1),\cdots,(X_n,Y_n)\} \overset{\text{i.i.d.}}{\sim} F(x,y)$。假设检验问题：

$$H_0: X 与 Y 不相关 \leftrightarrow H_1: X 与 Y 正相关 \tag{6.1}$$

对上面的假设检验问题，当 H_1 成立时，说明随着 X 的增加 Y 也增加，即 X 与 Y 具有某种同步性。在参数推断中，两个随机变量之间的相关性常通过相关系数度量，Pearson 相关系数的定义为

$$r(X,Y) = \frac{\sum\limits_{i=1}^{n}[(X_i-\bar{X})(Y_i-\bar{Y})]}{\sqrt{\sum\limits_{i=1}^{n}(X_i-\bar{X})^2 \sum\limits_{i=1}^{n}(Y_i-\bar{Y})^2}}$$

式中，$-1 < r < 1$。当 $r > 0$ 时，表示 X 与 Y 正相关；$r < 0$ 时，表示 X 与 Y 负相关；$r = 0$ 时，表示 X 与 Y 不相关。

在学生的 IQ 和 EQ 数据中，如果使用常规的 Pearson 相关系数，会发现在观测到的学生中，IQ 与 EQ 的相关性非常高，达到 0.9184，这似乎是学生学业好处世能力就一定强的有力佐证。如果做散点图，可以清晰地观察到两组数据本质上是没有关系的，导致两组数据呈现高度相关性的一个直接原因是出现了一个 IQ 和 EQ 都很高的特殊学生，这个学生的情况和大部分学生不同，把他们放在一个同分布之下进行分析是不合理的。那么是否有其他的方法在我们肉眼观测不到的时候将这种异常情况显现出来呢（若数据量很大，作图并不实用）？剔除这些影响数据整体关系的干扰元素，将主体相关性比较客观地计算出来，这就要用到本节和 6.2 节介绍的秩相关系数。

令 R_i 表示 X_i 在 $(X_1, X_2, \cdots, X_n)$ 中的秩，Q_i 表示 Y_i 在 $(Y_1, Y_2, \cdots, Y_n)$ 中的秩，如果 X_i 与 Y_i 具有同步性，那么 R_i 与 Q_i 也表现出同步性，反之亦然。仿照样本相关系数 $r(X, Y)$ 的计算方法，定义秩之间的一致性，因而有了 Spearman 秩相关系数：

$$r_S = \frac{\sum_{i=1}^{n}\left[\left(R_i - \frac{1}{n}\sum_{i=1}^{n}R_i\right)\left(Q_i - \frac{1}{n}\sum_{i=1}^{n}Q_i\right)\right]}{\sqrt{\sum_{i=1}^{n}\left(R_i - \frac{1}{n}\sum_{i=1}^{n}R_i\right)^2}\sqrt{\sum_{i=1}^{n}\left(Q_i - \frac{1}{n}\sum_{i=1}^{n}Q_i\right)^2}} \tag{6.2}$$

注意到

$$\sum_{i=1}^{n}R_i = \sum_{i=1}^{n}Q_i = \frac{n(n+1)}{2}$$

$$\sum_{i=1}^{n}R_i^2 = \sum_{i=1}^{n}Q_i^2 = \frac{n(n+1)(2n+1)}{6}$$

因此 r_S 可以简化为

$$r_S = 1 - \frac{6}{n(n^2-1)}\sum_{i=1}^{n}(R_i - Q_i)^2 \tag{6.3}$$

参数统计中用 t 检验来进行相关性检验，在原假设之下，也可以类似地定义 t 检验统计量：

$$T = r_S\sqrt{\frac{n-2}{1-r_S^2}} \tag{6.4}$$

该统计量在原假设之下服从 $\nu = n-2$ 的 t 分布，当 $T > t_{\alpha,\nu}$ 时，表示两变量有相关关系，反之则无。如果数据中有重复数据，可以采用平均秩法定秩，当结不多时，仍然可以使用 r_S 定义秩相关系数，t 检验仍然可以使用。

例 6.1 研究发现，学生的中学成绩与大学成绩之间有相关关系，现收集某大学部分学生一年级英语期末成绩，与其高考英语成绩进行比较，12 位学生的调查结果如表 6.1 所示，使用 Spearman 秩相关系数检验。

表 6.1 学生高考英语成绩和大一英语成绩比较表

高考英语成绩 (x)	65	79	67	66	89	85	84	73	88	80	86	75
大一英语成绩 (y)	62	66	50	68	88	86	64	62	92	64	81	80

假设检验问题：

H_0:学生高考英语成绩与大一英语成绩不相关

H_1:学生高考英语成绩与大一英语成绩相关

将表 6.1 中学生的英语成绩定秩后如表 6.2 所示。

表 6.2 学生高考英语成绩和大一英语成绩秩计算表

x 秩	1	6	3	2	12	9	8	4	11	7	10	5
y 秩	2.5	6	1	7	11	10	4.5	2.5	12	4.5	9	8
$R_i - Q_i$	−1.5	0	2	−5	1	−1	3.5	1.5	−1	2.5	1	−3

计算秩差的平方和:
$$\sum (R_i - Q_i)^2 = (-1.5)^2 + \cdots + (-3)^2 = 65$$

由式 (6.3) 得
$$r_S = 1 - \frac{6 \times 65}{12^3 - 12} = 1 - 0.2273 = 0.7727$$

由式 (6.4) 得
$$T = 0.7727 \sqrt{\frac{12 - 2}{1 - 0.7727^2}} = 3.8494$$

实测 $T = 3.8494 > t_{0.01,10} = 3.169$, 接受 H_1 假设, 认为学生高考英语成绩与大一英语成绩相关。R 程序如下:

```
score.highschool=c(65,79,67,66,89,85,84,73,88,80,86,75)
score.univ=c(62,66,50,68,88,86,64,62,92,64,81,80)
cor.test(score.highschool, score.univ, meth="spearman")
```

输出结果如下:

```
        Spearman's rank correlation rho
data:  score.highschool and score.univ
S = 65.2267, p-value = 0.003265
alternative hypothesis: true rho is not equal to 0
sample estimates:
      rho
0.7719346
```

程序中的 rho 就是 Spearman 秩相关系数。$S = 65.2267$ 表示秩平方差 $\sum (R_i - Q_i)^2$。关于 r_S 在原假设下的分布有下面的定理。

定理 6.1 在原假设之下, Spearman 秩相关系数的分布满足:

(1) $E_{H_0}(r_S) = 0, \operatorname{var}_{H_0}(r_S) = \frac{1}{n-1}$;

(2) 关于原点 O 对称。

证明 在原假设之下, $(R_1, R_2, \cdots, R_n)$ 在空间 $R = \{(i_1, i_2, \cdots, i_n) : (i_1, i_2, \cdots, i_n)$ 是 $(1, 2, \cdots, n)$ 的排列$\}$ 上服从均匀分布。注意到 r_S 的分布只与 $\sum_{i=1}^{n}(R_i - Q_i)^2$ 有关, 因此, 首先计算

$$\sum_{i}^{n}(R_i - Q_i)^2 = \frac{n(n+1)(2n+1)}{3} - 2\sum_{i=1}^{n}(iR_i)$$

由推论 (1.3) 易知

$$E_{H_0}\left(\sum_{i}^{n}(R_i - Q_i)^2\right) = \frac{n(n^2 - 1)}{6}$$

$$\text{var}_{H_0}\left(\sum_i^n (R_i-Q_i)^2\right) = \frac{n^2(n+1)^2(n-1)}{36}$$

下面证明对称性。

在 H_0 下,$(R_1,R_2,\cdots,R_n)$ 与 $(n+1-R_1,\cdots,n+1-R_i)$ 同分布,即 $(R_1,R_2,\cdots,R_n) \stackrel{d}{=} (n+1-R_1,\cdots,n+1-R_i)$。于是在 H_0 下,

$$\sum_{i=1}^n (iR_i) - \frac{n(n+1)^2}{4} = \sum_{i=1}^n i\left[(n+1-R_i) - \frac{n+1}{2}\right]$$
$$= \sum_{i=1}^n i\left(\frac{n+1}{2} - R_i\right)$$
$$= \frac{n(n+1)^2}{4} - \sum_{i=1}^n (iR_i)$$

即统计量 $\sum_i^n (R_i-Q_i)^2$ 在 H_0 下关于

$$E_{H_0}\left(\sum_i^n (R_i-Q_i)^2\right) = \frac{n(n+1)(2n+1)}{3} - 2\frac{n(n+1)^2}{4} = \frac{n(n^2-1)}{6}$$

对称。

根据定理 6.1 可以方便地构造 Spearman 秩相关系数零分布表。如果令 $\alpha(2)$ 表示双边假设"H_0: X 与 Y 不相关 $\leftrightarrow$ H_1: X 与 Y 相关"的显著性水平,$\alpha(1)$ 则为单边假设"H_0: X 与 Y 不相关 $\leftrightarrow$ H_1: X 与 Y 正相关"的显著性水平。经上面的分析,当 $r_S \geqslant c_{\alpha(1)}$(双边时为 $r_S \geqslant c_{\alpha(2)}$ 或 $r_S \leqslant c_{\alpha(2)}$)时拒绝 H_0。

当 n 较大时,霍特林 (H. Hotelling) 等人于 1936 年证明,Spearman 秩相关系数有如下的大样本性质:

当 $n \to \infty$ 时,

$$\sqrt{n-1}\, r_S \xrightarrow{\mathcal{L}} N(0,1)$$

因此在大样本时,可用正态近似。

当 X 或 Y 样本中有结存在时,可按平均秩法定秩,相应的 Spearman 秩相关系数

$$r^* = \frac{\dfrac{n(n^2-1)}{6} - \dfrac{1}{12}\left[\sum_{i=1}^n (\tau_i^3(x) - \tau_i(x)) + \sum_{i=1}^n (\tau_i^3(y) - \tau_i(y))\right] - \sum_{i=1}^n (R_i-Q_i)^2}{2\sqrt{\left[\dfrac{n(n^2-1)}{12} - \dfrac{1}{12}\sum_{i=1}^n (\tau_i^3(x) - \tau_i(x))\right]\left[\dfrac{n(n^2-1)}{12} - \dfrac{1}{12}\sum_{i=1}^n (\tau_i^3(y) - \tau_i(y))\right]}}$$

作为检验统计量,其中 $\tau_i(x),\tau_i(y)$ 分别表示 X,Y 样本中的结统计量。

当结的长度较小时,关于 r^* 的零分布仍可用无结时的零分布近似;当 n 较大时,也可用下面的极限分布:

$$r^*\sqrt{n-1} \xrightarrow{\mathcal{L}} N(0,1)$$

进行大样本检验。

关于 Spearman 秩相关系数与传统的样本相关系数的效率比较, 霍特林 (H. Hotelling) 和帕勃斯特 (M. R. Pabst) 于 1936 年估算, Spearman 秩相关系数的效率约为 Pearson 相关系数的 91%; 巴塔恰里雅 (Bhattacharyya) 等在 1970 年指出: 当分布函数 $F(x,y)$ 为 $N(\mu_1, \mu_2, \sigma_1, \sigma_2; \rho)$ 时, Spearman 秩相关系数相对于 Pearson 相关系数 $r(X,Y)$ 的渐近相对效率为 $\frac{9}{\pi^2} \approx 0.912$。这些结果说明, 在正态分布假定之下, 二者在效率方面是等价的, 但它们的效率都比较低; 而对于非正态分布的数据, 采用 Spearman 秩相关系数比较合适。

例 6.2 (IQ 和 EQ 数据) 计算 Spearman 秩相关系数: $r^* = 0.3032$, 检验的 p 值为 0.097, 所以不能拒绝原假设, 不支持学生 IQ 与 EQ 强相关性存在。

例 6.3 (例 6.1 续) 因为数据中有秩, 因而按照有结情况计算:
$$\sum (R_i - Q_i)^2 = (-1.5)^2 + \cdots + (-3)^2 = 65$$
相应的 Spearman 秩相关系数为
$$r^* = 0.7719$$
$$r^* \sqrt{n-1} = 2.56$$
标准正态分布 $\alpha = 0.05$, 对应的分位数 $c_\alpha = 1.96 < 2.56$, 所以, 拒绝原假设, 接受 H_1 假设, 认为学生高考英语成绩与大一英语成绩相关, 两种检验结果一致。

6.2 Kendall τ 相关检验

同样考虑假设检验问题:
$$H_0: X \text{ 与 } Y \text{ 不相关} \leftrightarrow H_1: X \text{ 与 } Y \text{ 正相关}$$

肯德尔 (Kendall) 于 1938 年提出另一种与 Spearman 秩相关检验相似的检验法。他从两变量 (x_i, y_i), $i = 1, 2, \cdots, n$, 是否协同一致的角度出发检验两变量之间是否存在相关性。首先引入协同的概念, 假设有 n 对观测值 $(x_1, y_1), (x_2, y_2), \cdots, (x_n, y_n)$, 如果乘积 $(x_j - x_i)(y_j - y_i) > 0$, $\forall j > i, i, j = 1, 2, \cdots, n$, 称数对 (x_i, y_i) 与 (x_j, y_j) 满足协同性 (concordant), 或者说, 它们的变化方向一致。反之, 如果乘积 $(x_j - x_i)(y_j - y_i) < 0$, $\forall j > i, i, j = 1, 2, \cdots, n$, 则称该数对不协同 (disconcordant), 它们的变化方向相反。也就是说, 协同性测量了前后两个数对的秩大小变化同向还是反向, 若前一数对的秩比后一数对小, 则说明前后数对具有同向性; 反之, 若前一数对的秩比后一数对大, 则前后两数对 (x_i, y_i) 与 (x_j, y_j) 反向。

全部数据所有可能的前后数对共有 $\binom{n}{2} = n(n-1)/2$ 对。如果用 N_c 表示同向数对的数目, N_d 表示反向数对的数目, 则 $N_c + N_d = n(n-1)/2$, Kendall τ 相关检验统计量由二者的平均差定义, 如下所示:
$$\tau = \frac{N_c - N_d}{n(n-1)/2} = \frac{2S}{n(n-1)} \tag{6.5}$$

式中，$S = N_c - N_d$，若所有数对协同一致，则 $N_c = n(n-1)/2$，$N_d = 0$，$\tau = 1$，表示两组数据正相关；若所有数对全反向，则 $N_c = 0$，$N_d = n(n-1)/2$，$\tau = -1$，表示两组数据负相关；若 τ 为零，表示数据中同向和反向的数对势力均衡，没有明显的趋势，这与相关性的含义是一致的。总之，τ 在 $-1 \leqslant \tau \leqslant +1$ 之间，反映了两组数据的变化具有一致性。该统计量是 Kendall 于 1938 年提出的，因而称为 Kendall τ 相关检验统计量。H_0 的拒绝域为 τ 取大值。卡赛马克 (Kaarsemaker) 和温加尔登 (Wijingaarden) 于 1953 年给出了 Kendall τ 相关检验统计量的零分布。

另外，我们注意到，如果定义

$$\text{sign}((X_1 - X_2)(Y_1 - Y_2)) = \begin{cases} 1, & (X_1 - X_2)(Y_1 - Y_2) > 0 \\ 0, & (X_1 - X_2)(Y_1 - Y_2) = 0 \\ -1, & (X_1 - X_2)(Y_1 - Y_2) < 0 \end{cases}$$

则

$$\tau = \frac{2}{n(n-1)} \sum_{1 \leqslant i < j \leqslant n} \text{sign}((x_i - x_j)(y_i - y_j))$$

式中，$\text{sign}((x_1 - x_2)(y_1 - y_2))$ 是 $P((x_1 - x_2)(y_1 - y_2) > 0)$ 的核估计量，因而 τ 是 U 统计量。用 U 统计量的方法不难证明下面的定理。

定理 6.2 在原假设 H_0 成立时，

(1) $E_{H_0}(\tau) = 0$，$\text{var}_{H_0}(\tau) = \dfrac{2(2n+5)}{9n(n-1)}$；

(2) 关于原点 O 对称。

当 H_1 成立时，$E(\tau) > 0$。于是，当样本量 n 很大时，根据 U 统计量的性质，在 H_0 下可以证明，当 $n \to \infty$ 时，有

$$\tau \sqrt{\frac{9n(n-1)}{2(2n+5)}} \xrightarrow{\mathcal{L}} N(0, 1)$$

实际中，不失一般性，假定 x_i 已从小到大或从大到小排序，因此协同性问题就转化为 y_i 秩的变化。令 $d_1, d_2, \cdots, d_n$ 为 $y_1, y_2, \cdots, y_n$ 的秩，因而 x, y 的秩形成 $(1, d_1), (2, d_2), \cdots, (n, d_n)$；对 $\forall 1 \leqslant i \leqslant n$，记

$$p_i = \sum_{j > i} I(d_j > d_i), i = 1, 2, \cdots, n; \quad q_i = \sum_{j > i} I(d_j < d_i), i = 1, 2, \cdots, n$$

令 $P = \sum_{i=1}^n p_i, Q = \sum_{i=1}^n q_i$；则 Kendall τ 相关检验统计量的值为 $\tau = \dfrac{P - Q}{n(n-1)/2}$。也就是说，对每一个 y_i 求当前位置后比 y_i 大的数据的个数，将这些数相加所得就是 N_c。同理可以计算 N_d。具体计算方法参见例 6.4。

例 6.4 欲研究体重和肺活量的关系，调查得到某地 10 名初中女生的体重和肺活量数据，如表 6.3 所示，对其进行相关性检验。

表 6.3　10 名初中女生体重和肺活量数据表

学生编号	1	2	3	4	5	6	7	8	9	10
体重 (x)	75	95	85	70	76	68	60	66	80	88
肺活量 (y)	2.62	2.91	2.94	2.11	2.17	1.98	2.04	2.20	2.65	2.69
肺活量的秩	6	9	10	3	4	1	2	5	7	8

解　假设检验问题：

$$H_0: 体重和肺活量没有相关关系$$

$$H_1: 体重和肺活量有相关关系$$

计算每个变量的秩，如表 6.4 所示。

表 6.4　体重 (从小到大排序) 和肺活量对应的秩数据表

学生编号	7	8	6	4	1	5	9	3	10	2
体重 (x) 顺序	1	2	3	4	5	6	7	8	9	10
肺活量 (y) 对应秩	2	5	1	3	6	4	7	10	8	9

N_c 与 N_d 求解如下：

$$N_c = 38, \quad N_d = 7, \quad S = N_c - N_d = 31$$

$$n = 10, \quad n(n-1) = 10(10-1) = 90$$

结果如表 6.5 所示。

表 6.5　Kendall τ 相关检验数对求秩表

秩 (x_i, y_i)	N_c	N_d
1　2	8	1
2　5	5	3
3　1	7	0
4　3	6	0
5　6	4	1
6　4	4	0
7　7	3	0
8　10	0	2
9　8	1	0
10　9	0	0
	38	7

由式 (6.5) 得

$$\tau = \frac{2 \times 31}{90} = 0.6889$$

R 程序如下：

cor.test(Weight,Lung,meth="kendall")

输出结果如下：

```
        Kendall's rank correlation tau
data:   Weight and Lung
T = 38, p-value = 0.004687
```

```
alternative hypothesis: true tau is not equal to 0
sample estimates:
      tau
0.6888889
```

p 值很小，故接受 H_1，认为体重与肺活量有相关关系，体重大的学生，肺活量也大。

当 x_i 或 y_i 有相等秩时，用平均秩计算各自的秩，Kendall τ 相关检验统计量的计算公式校正如下：

$$\tau = \frac{S}{\sqrt{n(n-1)/2 - T_x}\sqrt{n(n-1)/2 - T_y}}$$

式中，$T_x = \frac{1}{2}\sum_{}^{g_x}(\tau_x^2 - \tau_x)$，$T_y = \frac{1}{2}\sum_{}^{g_y}(\tau_y^2 - \tau_y)$，$\tau_x, \tau_y$ 分别为 $\{x_i\}, \{y_i\}$ 的结长，这里 g_x, g_y 分别为两变量中结的个数。值得注意的是，对结的处理是二次方而不是三次方，原因是这里数对的总数不是 n，而是 $n(n-1)/2$。

关于 Kendall τ 相关检验统计量的效率，Bhattacharyya 等人于 1970 年指出，它与 Pearson 相关系数的 ARE 为 $\frac{9}{\pi^2} \approx 0.912$。也有人将 Spearman 秩相关系数 r_S 和 τ 做了比较，就皮特曼 (Pitman) 的 ARE 而言，对均匀分布 $\text{ARE}(r_S, \tau) = 1$。这也表明两者对于样本相关系数的 ARE 是相同的。莱曼 (Lehmann, 1975) 发现，对于所有的总体分布有 $0.746 \leqslant \text{ARE}(\tau, r) < \infty$，$r$ 为 Pearson 相关系数。而对于一种形式的备择假设，科尼金 (Konijn, 1956) 给出了表 6.6 所示结果。

表 6.6 Spearman 秩相关系数 r_S 的效率

总体分布	正态	均匀	抛物	重指数
$\text{ARE}(r_S, \tau)$	0.912	1	0.857	1.266

6.3 多变量 Kendall 协和系数检验

前两节所介绍的 Spearman 秩相关检验和 Kendall τ 相关检验两种检验方法都针对两变量的相关性，这种相关的概念可以延拓至多变量间的相关。比如，在实际问题中，人们感兴趣的是几个变量之间是否具有同步或相关性，如为了诊断病情，通常需要病人做许多项检查，这些结果之间是否存在相关关系？在歌手大奖赛上，有诸多评委对歌手进行打分，对同一个歌手，不同评委之间意见是否一致呢？也就是说，从平均的意义来看，某个歌手被某个评委给予了高分，是否意味着其他评委也对他打了高分呢？肯德尔 (Kendall) 和巴宾顿 (Babington) 于 1939 年提出的多变量 Kendall 协和系数检验 (concordance of variables) 就是针对这类问题的。变量间的多变量 Kendall 协和系数检验是以多变量秩检验为基础建立起来的。

假设有 k 个变量 $\boldsymbol{X}_1, \boldsymbol{X}_2, \cdots, \boldsymbol{X}_k$，每个变量有 n 个观测值，设第 j 个变量 $\boldsymbol{X}_j = (X_{1j}, X_{2j}, \cdots, X_{nj})$，假设检验问题为

$$H_0: k\text{个变量不相关} \leftrightarrow H_1: k\text{个变量相关} \tag{6.6}$$

记 R_{ij} 为 X_{ij} 在 $(X_{1_j}, X_{2_j}, \cdots, X_{n_j})$ 上的秩, 如表 6.7 所示.

表 6.7 多变量的秩

	变量 1	变量 2	$\cdots$	变量 k	和
秩	R_{11}	R_{12}	$\cdots$	R_{1k}	$R_{1\cdot}$
	R_{21}	R_{22}	$\cdots$	R_{2k}	$R_{2\cdot}$
	$\vdots$	$\vdots$	$\vdots$	$\vdots$	$\vdots$
	R_{n1}	R_{n2}	$\cdots$	R_{nk}	$R_{n\cdot}$

在 H_0 成立下, 各个变量应没有相关性, 因而从每一行来看, 各行秩和理应相差不大; 但在 H_1 下, 由于各变量有一致性, 因而存在某一行的秩和较大, 也存在某一行的秩和很小. 在 H_1 下, 各行向量的秩和可能相差很大, 如果记 $R_{i\cdot} = \sum_{j=1}^{k} R_{ij}, j = 1, 2, \cdots, k$, 所有秩和 $R_{\cdot\cdot} = \sum_{i=1}^{n} \sum_{j=1}^{k} R_{ij} = kn(n+1)/2$, 则可用统计量

$$S = \sum_{i=1}^{n} \left(R_{i\cdot} - \frac{1}{n} \sum_{i=1}^{n} R_{i\cdot} \right)^2$$

检验假设. 另一方面, 如果各个变量每一个排名秩完全一致, 那么每个变量 j 上对每个对象 i 的秩都是相同的, 秩和是 $1k, 2k, 3k, \cdots, nk$ 的某种排列. 在这种完全一致的情况下, 每个秩和与平均值 $k(n+1)/2$ 的偏差平方和为

$$T = \sum_{i=1}^{n} (ik - k(n+1)/2)^2$$

在原假设之下, 有

$$\begin{aligned}
\text{SST} &= \frac{1}{k}T = \sum\sum R_{ij}^2 - R_{\cdot\cdot}^2/nk \\
&= k(1^2 + 2^2 + \cdots + n^2) - \frac{k^2 n^2 (n+1)^2}{4nk} \\
&= \frac{kn(n+1)(2n+1)}{6} - \frac{kn(n+1)^2}{4} \\
&= kn(n+1)\left(\frac{2n+1}{6} - \frac{n+1}{4}\right) \\
&= kn(n+1)(n-1)/12 = k(n^3 - n)/12
\end{aligned}$$

$$\begin{aligned}
\text{SSR} &= \frac{1}{k}S = \sum R_{i\cdot}^2/k - \left(\sum R_{i\cdot}\right)^2/nk \\
&= \sum R_{i\cdot}^2/k - k^2 n^2 (n+1)^2 / 4nk
\end{aligned}$$

$$= \sum R_{i\cdot}^2/k - kn(n+1)^2/4$$

因此 Kendall 协和系数 W 可以表示为

$$W = \frac{\text{SSR}}{\text{SST}} = \frac{\sum R_{i\cdot}^2/k - kn(n+1)^2/4}{k(n^3-n)/12}$$

$$= \frac{\sum R_{i\cdot}^2 - k^2 n(n+1)^2/4}{k^2(n^3-n)/12}$$

$$= \frac{12S}{k^2 n(n^2-1)} \tag{6.7}$$

Kendall 协和系数 W 的零分布表可以通过下列 χ^2 公式简单推导得到:

由于

$$\text{var}(R_{ij}) = \frac{\text{SST}}{n-1} \cdot \frac{n}{n-1} \quad \left(\text{以} \frac{n}{n-1} \text{为校正系数}\right)$$

$$= \frac{kn(n+1)(n-1)}{12nk} \cdot \frac{n}{n-1} = \frac{n(n+1)}{12}$$

因此

$$\chi^2 = \frac{\text{SSR}}{\text{var}(R_{ij})} = \frac{\sum R_{i\cdot}^2/k - kn(n+1)^2/4}{\dfrac{n(n+1)}{12}}$$

$$= \frac{\sum R_{i\cdot}^2 - k^2 n(n+1)^2/4}{kn(n+1)/12}$$

由于

$$W = \frac{\sum R_{i\cdot}^2 - k^2 n(n+1)^2/4}{k^2 n(n+1)(n-1)/12}$$

$$= \frac{1}{k(n-1)} \frac{\sum R_{i\cdot}^2 - k^2 n(n+1)^2/4}{kn(n+1)/12}$$

$$= \frac{1}{k(n-1)} \chi^2$$

因此,Kendall 指出,对于固定的 n,当 $k \to \infty$ 时,

$$k(n-1)W \to \chi_{n-1}^2 \tag{6.8}$$

这样,对于较大的 k,可以用极限分布进行检验。

当样本中有结时,用平均秩法定秩,记号不变。

$$W_c = \frac{\sum_{i=1}^{n} R_{i\cdot}^2 - \left(\sum R_{i\cdot}\right)^2/n}{\dfrac{k^2(n^3-n) - k\sum T}{12}}$$

$$= \frac{12\sum R_{i\cdot}^2 - 3k^2 n(n+1)^2}{k^2(n^3-n) - k\sum_{i=1}^{g}(T_i^3 - T_i)} \tag{6.9}$$

式中,τ_i 为结长,g 为结的个数。

例 6.5 鹈鹕是我国珍稀保护动物,现测量 10 只鹈鹕的翼长 (X_1)、体长 (X_2) 及嘴长 (X_3),数据如表 6.8 所示,试检验这三组数据是否相关。

表 6.8 10 只鹈鹕的翼长 (X_1)、体长 (X_2) 及嘴长 (X_3) 数据表

鹈鹕编号	翼长 (X_1/cm) 数据	秩	体长 (X_2/cm) 数据	秩	嘴长 (X_3/cm) 数据	秩	秩和 ($R_{i\cdot}$)
1	41	7.5	55.7	8	8.6	7.5	23
2	43	9	56.3	9	9.2	9	27
3	39.5	4	54.5	4	8	5.5	13.5
4	38	1	54.2	1.5	5.6	1	3.5
5	40.5	6	55.1	6	6.8	2	14
6	41	7.5	55.4	7	8	5.5	20
7	40	5	54.5	4	8.6	7.5	16.5
8	38.5	2	54.2	1.5	7.4	3.5	7
9	44	10	56.9	10	9.8	10	30
10	39	3	54.5	4	7.4	3.5	10.5
							165

解 假设检验问题:

$$H_0:\text{翼长、体长及嘴长不相关}$$

$$H_1:\text{翼长、体长及嘴长相关}$$

秩统计量计算如下:

$$\sum R_{i\cdot}^2 - \left(\sum R_{i\cdot}\right)^2/n = 23^2 + \cdots + 10.5^2 - 165^2/10$$
$$= 3380 - 2722.5 = 657.5$$

$$k^2(n^3 - n) = 3^2 \times (10^3 - 10) = 8910$$

$$\sum_{i=1}^{g}(T_i^3 - T_i) = (2^3 - 2) + (2^3 - 2) + (3^3 - 3) + (2^3 - 2)$$
$$+ (2^3 - 2) + (2^3 - 2) = 54$$

由式 (6.9) 得

$$W_c = \frac{657.5}{\frac{8910 - 3 \times 54}{12}} = \frac{657.5}{729} = 0.9019$$

由式 (6.8) 有

$$\nu = n - 1 = 10 - 1 = 9$$

$$\chi_\nu^2 = 3 \times (10-1) \times 0.9019 = 24.3513 > \chi_{0.05,9}^2 = 16.9190$$

根据上式 χ^2 的检验结果，接受 H_1，鹈鹕的翼长、体长及嘴长相关，呈现一致性。

6.4 Kappa 一致性检验

实际中在做重大决策的时候，常常需要针对同一研究对象，进行两组或更多组独立的评判。如果不同组的结果吻合，则决策更可靠；反之，如果两组结果不吻合，说明决策可能存在一定的风险。因而产生了不同组评判结果的一致性检验问题，称为结果的一致性问题。

例如，两家不同医院的专家对同一 X 光片的诊断结果是否相同？对同一位求职者，假定他经过两个阶段的面试，前后两阶段的考官组的评分结果是否一致？同一研究者，在不同时间对同一事件的观点是否一致？等等。

本节以两个变量为例，说明一致性检验的基本原理，即有假设检验问题：

$$H_0: \text{两种方法不一致} \quad \leftrightarrow \quad H_1: \text{两种方法一致} \tag{6.10}$$

假设评分是分类或顺序变量，所有可能的类别为 r 个。可以用 $r \times r$ 列联表表示两组结果一致或不一致的频数。设 p_{ij} 为对同一事件第一组判为第 i 类而第二组判为第 j 类的概率。若两组判别结果皆相同，也就是说，不同专家得到的两组结果完全吻合，则 $p_{ij} = 0, i \neq j$。而概率和为

$$P_0 = \sum_{i=1}^{r} p_{ii}, \quad r \text{ 为类别项数}$$

与一致性结果相反的是独立性，若各类别的观测值相互独立，则判断结果皆相同的概率应满足

$$P_e = \sum p_{i\cdot} p_{\cdot i}$$

式中，$p_{i\cdot}$ 为第一组专家判为第 i 类的边缘概率，$p_{\cdot i}$ 为第二组专家判为第 i 类的边缘概率，P_e 为一致性期望概率，因而 $P_0 - P_e$ 为实际与独立判断结果概率之差。J. Cohen (1960) 提出用 Kappa 统计量表示同一事件，多次判断结果一致性的度量值为

$$K = \frac{P_0 - P_e}{1 - P_e} \tag{6.11}$$

当 $P_0 = 1$ 时，$K = 1$，表示 $r \times r$ 列联表中非对角线上的数据都为 0，一致性非常好。若 $P_0 = P_e$，即 $K = 0$，则认为一致性较差，其判断结果完全是随机产生的独立事件。另外，K

越接近于 1，表示有越高的一致性；K 越接近于 0，则表示一致性越低。有时 K 也会有负值，但很少发生。

经验指出，K 的取值与一致性有表 6.9 所示的关系：

表 6.9 Kappa 经验值

$K < 0.4$	$0.4 < K < 0.8$	$K \geqslant 0.8$
一致性较低	一致性中等	一致性理想

有了估计量，也可以通过检验判断 K 值是否为 0。首先计算 K 的方差如下：

$$\text{var}(K) = \frac{1}{n(1-P_e)^2}\left[P_e + P_e^2 - \sum p_{i\cdot}p_{\cdot i}(p_{i\cdot} + p_{\cdot i})\right] \tag{6.12}$$

J.Cohen 于 1960 年指出，K 在大样本下有正态近似：

$$Z = \frac{K}{\sqrt{\text{var}(K)}} \tag{6.13}$$

如果 $Z > Z_{0.05/2} = 1.96$，则 $K > 0$，表示有一致性。

例 6.6 假设某啤酒大赛中，多种品牌的啤酒由来自甲、乙两地的专业品酒师进行评分，每个品牌只允许选送一种酒作为代表参评，每位品酒师对每种啤酒按照 3 个级别评分，评分频数如表 6.10 所示，其中第 i,j 位置的 n_{ij} 表示甲评分为 i，而乙评分为 j 的累积品牌数。

当传统遇见"后浪"，我们的品鉴标准一致吗？

表 6.10 两组品酒师评分频数交叉列联表

甲地		乙地（级别）			行和
		1	2	3	
级别	1	18(0.36)	2(0.04)	0(0)	20(0.40)
	2	4(0.08)	12(0.24)	1(0.02)	17(0.34)
	3	2(0.04)	1(0.02)	10(0.20)	13(0.26)
列和		24(0.48)	15(0.30)	11(0.22)	50(1.00)

按式 (6.11) 计算概率：

$$P_0 = 0.36 + 0.24 + 0.20 = 0.80$$

$$P_e = 0.4 \times 0.48 + 0.34 \times 0.30 + 0.26 \times 0.22 = 0.3512$$

$$K = \frac{0.80 - 0.3512}{1 - 0.3512} = \frac{0.4488}{0.6488} = 0.6917$$

由式 (6.12) 及式 (6.13)，得

$$\text{var}(K) = \frac{1}{50(1-0.3512)^2}\{0.3512 + 0.3512^2$$

$$-[0.4 \times 0.48(0.4+0.48) + 0.34 \times 0.3(0.34+0.3)$$
$$+0.26 \times 0.22(0.26+0.22)]\}$$
$$= \frac{0.2128454}{21.04707} = 0.0101128$$
$$\sqrt{\text{var}(K)} = \sqrt{0.0101128} = 0.1005624$$
$$Z = \frac{0.6917}{0.1005624} = 6.8783 > Z_{0.05/2} = 1.96$$

因此一致性不为 0，而 $K = 0.6917$，表示甲、乙两地品酒师的评分保持了较好的一致性。

6.5　HBR 基于秩的稳健回归

在第 4 章的方差分析中，正态性条件的前提不能满足时，引入基于观测的秩统计量建立非参数检验。如果回归分析中的残差项不满足正态性假设，比如有离群值存在，很自然地就会将基于秩的想法扩展到对误差的分析中。最早是雅克尔 (Jackel, 1972) 和德雷珀 (Draper, 1998) 等多位学者提出了基于秩的 R 估计法，将秩的某个得分函数作为权重引入估计模型以降低离群点的不良影响。之后，为提高 R 估计的稳健性，张 (Chang, 1999) 提出 HBR 高失效点 (High Breakdown Point) 的 R 估计。本节主要介绍基于残差秩的稳健回归方法中的参数 R 稳健估计、稳健性质和回归诊断。

6.5.1　基于秩的 R 估计

1. R 估计函数

假设有回归模型 $y_i = x_i\beta + r_i, i = 1, 2, \cdots, n$，其中 $r_i = y_i - x_i\beta$ 为第 i 个样本的残差，$R(r_i)$ 为第 i 个残差的秩，$a(R(r_i))$ 为残差秩的得分函数，定义 R 估计得分：

$$D_{\text{R}}(\hat{\beta}) = \sum a(R(r_i))r_i$$

得分函数 $a(i) = \phi\left(\dfrac{i}{n+1}\right)$。其中最常用的是 Wicoxon 得分函数：$\phi(u) = \sqrt{12}\left(u - \dfrac{1}{2}\right)$。代入上面的定义，得到该估计的目标函数：

$$D_{\text{R}}(\hat{\beta}) = \frac{\sqrt{12}}{n+1}\sum_{i=1}^{n}\left(R(r_i) - \frac{n+1}{2}\right)r_i$$

对其求极小值，得到相应的偏回归系数的 Wilcoxon R 估计量：

$$\hat{\beta}_{\text{R}} = \text{argmin}\|y - x\beta\|_{\text{R}} = \text{argmin}D_{\text{R}}(\beta)$$

2. GR 估计函数

$D_{\text{GR}}(\beta) = \|y - x\beta\|_{\text{GR}} = \|r\|_{\text{GR}} = \sum\sum_{i<j}b_{ij}|r_i - r_j|$，其中 r_i 为残差，b_{ij} 为正的对称权重，$b_{ij} = b_{ji}$，当 $b_{ij} \equiv 1$ 时，该式退化为前面的 Wilcoxon R 估计量，这时有 $D_{\text{GR}}(\beta) = $

$\sum\sum_{i<j}|r_i - r_j| = 2\sum_{i=1}^{n}(R(r_i)-(n+1)/2)r_i$。选择合适的 b_{ij} 作为权重函数可减小 X 空间离群点的影响,一般情况下,b_{ij} 的定义如下:

$$b_i = \min\{1, c_1/\sqrt{h_{ii}}\}^{\alpha_1}, \quad b_{ij} = b_i b_j$$

式中,$\alpha_1 = 2$;h_{ii} 为观测点 i 的杠杆值,定义为帽子矩阵 $\boldsymbol{H} = \boldsymbol{X}(\boldsymbol{X}^{\mathrm{T}}\boldsymbol{X})^{-1}\boldsymbol{X}^{\mathrm{T}}$ 的主对角线第 i 位置上的元素,表示 $\boldsymbol{X}$ 方向上该点距离中心位置的远近;c_1 一般取杠杆值 0.70 分位数。从这些式子中可以观察到,某观测值的杠杆值越大,该点距离中心位置越远,在权值函数 b_{ij} 中的取值越小,离群值在 $\boldsymbol{X}$ 空间中对 β 的估计影响越小。不过,当 $\boldsymbol{X}$ 空间存在多个离群值时,杠杆值的计算比较敏感,基于杠杆值的权重函数稳健性不佳,这时可以考虑使用马氏距离定义 $\mathrm{MCD}_i = (\boldsymbol{x}_i - \bar{\boldsymbol{x}})^{\mathrm{T}}(\boldsymbol{X}^{\mathrm{T}}\boldsymbol{X})^{-1}(\boldsymbol{x}_i - \bar{\boldsymbol{x}})$,可以得到 MCD_i 与杠杆值 h_{ii} 存在如下关系:

$$h_{ii} = \frac{\mathrm{MCD}_i}{n-1} + \frac{1}{n}$$

对于普通的马氏距离,由于 $\boldsymbol{X}$ 空间极端的多个离群值可使 MCD_i 中的均值和协方差阵发生较大偏离,MCD_i 和杠杆值一样不具有稳健性,但马氏距离中的均值和协方差是可以做稳健化处理的,这样就可以得到广义 Mallows 权重 (Generalized Mallows Weights):

$$b_i = \min\{1, c_2/(\boldsymbol{x}_i - \boldsymbol{v})^{\mathrm{T}}\boldsymbol{V}^{-1}(\boldsymbol{x}_i - \boldsymbol{v}))^{1/2}\}^{\alpha_2}$$

式中,c_2 可以取自由度为 p 的 χ^2 分布的 0.95 分位数;$\alpha_2 = 2$;$(\boldsymbol{v}, \boldsymbol{V})$ 是位置和离散程度 MVE (Minimum Volume Ellipsoid) 或 MCD (Minimum Covariance Determinant) 估计量,前者反映了一半数据中的最小置信域体积,后者从包含一半数据的最小协方差阵行列式得到,求解的方法一般为重复抽样算法,具体的计算可参见文献伍德拉夫 (Woodruff D.L., 1993)。从 GR 估计函数中可以看出其中的各元素同时具有对 $\boldsymbol{X}$ 空间距离和残差的降权作用,而 R 估计仅对残差做了降权,对 GR 估计函数求极小化,可得到参数的 GR 估计,数值解法中 R 估计和 GR 估计均可采用梯度法实现,而且满足位置和尺度同变性。

3. HBR 估计函数

定义

$$D_{\mathrm{HBR}}(\hat{\beta}) = \frac{1}{n}\sum_{i=1}^{n}a_n(R_{ni}^+)|r_i|$$

式中,r_i 是第 i 个样本点的残差;R_{ni}^+ 是满足条件的残差绝对值的秩;$a_n(i)$ 为得分函数,如 $a_n(i) = h^+(i/(n+1))$。h^+ 的选择借用了高失效点 LTS (Least Trimmed Sum of Squares) 回归的想法,它不仅考虑了 $\boldsymbol{X}$ 空间中每个点的权值,还考虑了 $\boldsymbol{Y}$ 空间的权值。例如,只选择残差排序较小,在前 $\alpha(0<\alpha<1)$ 部分的观测,此时 $h^+ \approx n\alpha$,这样就会令残差绝对值排在前 $1-\alpha$ 的数据不参与 D_{HBR} 的计算,可以得到该估计函数失效点 $\epsilon^* = \min\{\alpha, 1-\alpha\}$(详见参考文献卢塞乌 (Rousseeuw) 和范德里森 (Van Driessen, 1999))。当 $\alpha = 0.5$ 时,最大失效点为 50%。在实际应用中,失效点可以通过 α 来控制,也可以通过重复抽样来获得。

6.5.2 假设检验

假设要对 p 个回归估计中的 q 个参数做假设检验,两种 R 估计都可以用 F 检验统计量:

$$F_{\mathrm{R}} = \frac{\mathrm{RD}_{\mathrm{R}}/q}{\hat{\tau}_{\mathrm{R}}}$$

$$F_{\mathrm{GR}} = \frac{\sqrt{12}}{n} \frac{\mathrm{RD}_{\mathrm{GR}}/q}{\hat{\tau}_{\mathrm{GR}}}$$

式中,$\mathrm{RD}_\phi = D_\phi(\boldsymbol{Y}, p) - D_\phi(\boldsymbol{Y}, p-q)$,表示缩减模型(包含 $p-q$ 个估计参数)与完全模型(包含 p 个参数)之间的离差函数的减小量 (reduction in residual dispersion),$\hat{\tau}$ 类似于最小二乘 (LS) 估计中的残差标准差。

6.5.3 多重决定系数 CMD

与普通线性回归类似,也可以定义回归拟合效果的统计量,称为多重决定系数 (Coefficient of Multiple Determination,简称 CMD)。稳健估计中的 CMD 定义如下:

$$R_{\mathrm{R}}^2 = \frac{\mathrm{RD}_{\mathrm{R}}}{\mathrm{RD}_{\mathrm{R}} + (n-p-1)(\hat{\tau}_{\mathrm{R}}/2)}$$

$$R_{\mathrm{GR}}^2 = \frac{\mathrm{RD}_{\mathrm{GR}}}{\mathrm{RD}_{\mathrm{GR}} + \frac{n(n-p-1)}{\sqrt{12}}\hat{\tau}_{\mathrm{GR}}}$$

当完全拟合时,取值为 1;完全失拟时,取值为 0。它能较好地反映模型拟合的效果,而且由于它与稳健的假设检验统计量 F 相联系,故该统计量是稳健的。

6.5.4 回归诊断

1. 残差图

R 和 HBR 估计的残差图与最小二乘估计类似,例如,用残差与预测值作图得到的图形的分布不是围绕 0 随机波动,而是出现某种曲线趋势,则此残差图提示拟合所用的模型假设不恰当,但是由于 GR 估计的拟合值和残差均是权重的函数,因此该残差图不像 R、最小二乘残差图那样意义明确,但均可用于初步识别可能的离群值。

2. 标准化残差

三种估计方法都可用各自残差除以其残差标准误差的估计值来得到标准化残差,当标准化残差绝对值大于 3 的时候,判为潜在的离群值。

3. 影响数据的度量

R 估计中用统计量 RFIT 表示某个数据点对模型拟合造成的影响,定义为

$$\mathrm{RFIT}_i = \hat{Y}_{\mathrm{R},i} - \hat{Y}_{\mathrm{R},(-i)}$$

式中,$\hat{Y}_{\mathrm{R},i}$ 为第 i 个数据点的拟合值,$\hat{Y}_{\mathrm{R},(-i)}$ 为删除第 i 个数据点的模型在第 i 个数据点的拟合值。

如果多种估计方法得到的估计值之间有很大差异，则需要衡量两种方法的整体差异，而且能够找到影响两种方法差异的那些观测值，这称为影响诊断分析。在影响诊断分析中，常常需要计算诊断量 TAS 来比较对同一份资料分别进行估计时两种估计方法的整体差异。假设要估计的参数是 $\boldsymbol{b}^{\mathrm{T}} = (\alpha, \boldsymbol{\beta}^{\mathrm{T}})$，当要比较 R 估计和 GR 估计方法的整体差异时，R 估计的回归系数估计记为 $\hat{\boldsymbol{b}}_{\mathrm{R}}$，GR 估计的回归系数估计记为 $\hat{\boldsymbol{b}}_{\mathrm{GR}}$。可以计算 TAS 如下：

$$\mathrm{TAS} = (\hat{\boldsymbol{b}}_{\mathrm{R}} - \hat{\boldsymbol{b}}_{\mathrm{GR}})^{\mathrm{T}} \boldsymbol{A}_{\mathrm{R}}^{-1} (\hat{\boldsymbol{b}}_{\mathrm{R}} - \hat{\boldsymbol{b}}_{\mathrm{GR}})$$

式中，$\boldsymbol{A}_{\mathrm{R}}$ 是线性回归的渐近 Wilcoxon 协方差矩阵：

$$\boldsymbol{A}_{\mathrm{R}} = \begin{pmatrix} \hat{\alpha}_{\mathrm{R}} \\ \hat{\beta}_{\mathrm{R}} \end{pmatrix} = \begin{pmatrix} \hat{\tau}^2 & 0 \\ \hat{0} & \hat{\tau}(\boldsymbol{X}^{\mathrm{T}}\boldsymbol{X})^{-1} \end{pmatrix} \tag{6.14}$$

TAS 取大值时表示两种估计方法存在较大差异，常用的差异阈值是 $(4(p+1)^2)/n$。对同一组数据的 R 估计与 GR 估计拟合的总体差异是由对高杠杆值进行不同的降权处理引起的，如果该值较大，则需要计算如下 CS_i 诊断量：

$$\mathrm{CS}_i = \frac{\hat{y}_{\mathrm{R},i} - \hat{y}_{\mathrm{GR},i}}{(n^{-1}\hat{\tau}^2 + h_{ii}\hat{\tau}^2)^{1/2}}$$

该诊断量用以识别哪个点对两估计方法差异的贡献大，CS_i 取大值时表示两种估计方法存在较大差异，判断对造成两种估计有较大差异的观测值的经验阈值为 $2\sqrt{(p+1)/n}$。

例 6.7 该例数据来自 Rousseeuw(1987)，是有关 CYG OB1 星团的天文观测数据，该星团包含 47 颗恒星，该数据为对每颗恒星的发光强度和球面温度进行测量所得。响应变量为对数光强（light），解释变量为对数温度（temperature），这两个变量的散点图如图 6.1(a) 所示。其中有 4 颗恒星发光强度异常，球面温度较低，发光强度却和星团其他成员相当，在该数据集中，这 4 颗恒星被标记为巨星。另外还有两颗恒星对数温度分别为 3.84 和 4.01。除这 6 颗星以外，其他 41 颗恒星被标记为该星团的主序星。我们尝试了三种回归估计方法来估计目标函数，分别为最小二乘估计、使用 Wilcoxon ϕ 得分函数的 R 估计及 HBR 估计。
R 程序如下：

```
data(stars)
fitHBR<-hbrfit(stars$light ~ stars$temperature)
diagplot(fitHBR)    #制作诊断图
> summary(fitHBR)
Call: hbrfit(formula = stars$light ~ stars$temperature)
```

输出结果如下：
```
Coefficients:
                  Estimate  Std. Error  t.value  p.value
(Intercept)       -3.46917    1.64733   -2.1059  0.04082 *
stars$temperature  1.91667    0.38144    5.0248  8.47e-06***
--Signif. codes:  0 '***' 0.001 '**' 0.01 '*' 0.05 '.' 0.1 ' ' 1
Wald Test: 25.24853 p-value: 1e-05
```

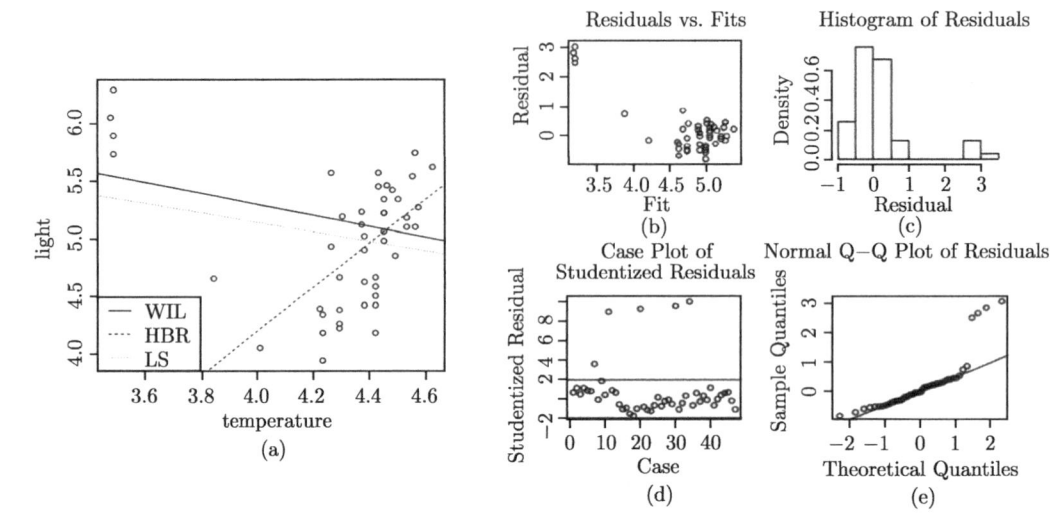

图 6.1 恒星球面温度和发光强度散点图、三种估计拟合线及 HBR 估计诊断图

由图 6.1(b) 的诊断图来看，HBR 估计不仅可以识别出 4 颗发光强度较大的恒星，而且可以识别出两个球面温度较低的异常恒星，而且它的回归直线穿过了 41 颗主序星；而另外两种方法建立的回归直线明显受到两类异常的误导，表现出较差的拟合效果。

6.6 中位数回归系数估计法

回归分析是统计学中应用最广泛的方法之一，主要刻画变量和变量之间的依赖关系。一个简单的一元回归模型定义如下：给定数据点 $(X_i, Y_i), i = 1, 2, \cdots, n$，假定 Y 的平均变动由 X 决定，那么不能由 X 解释的部分用噪声 ε 表示。Y 与 X 的关系表示如下：

$$Y_i = \alpha + \beta X_i + \varepsilon_i, \ i = 1, 2, \cdots, n \tag{6.15}$$

式中，α, β 是待估的未知参数，ε_i 为来自某未知分布函数 $F(x)$ 的误差。ε_i 一般要满足 Gauss-Markov 假设条件，即

$$\begin{aligned} E(\varepsilon_i) &= 0, \quad i = 1, 2, \cdots, n \\ \mathrm{cov}(\varepsilon_i, \varepsilon_j) &= \begin{cases} \sigma^2, & i = j \\ 0, & i \neq j; \ i, j = 1, 2, \cdots, n \end{cases} \end{aligned} \tag{6.16}$$

实际中许多问题不满足诸如此类的假设条件（比如，等方差假设就很难满足），最小二乘法估计回归系数的方法受到挑战，结果就产生了非参数系数估计的方法。这里我们介绍两种基于秩的非参数系数估计方法——Brown-Mood 方法和 Theil 方法。

6.6.1 Brown-Mood 方法

该方法是由布朗 (Brown) 和慕德 (Mood) 于 1951 年在一次会议中提出的。为了估计 α 和 β，首先找到 X 的中位数 X_{med}，将数据按照 X_i 是否小于 X_{med} 分成两组，第 I 组数据

中 $X_i < X_{\text{med}}$，第 II 组数据中 $X_i > X_{\text{med}}$；然后，在两组数据中分别找到两个代表值，令 $X'_{\text{med}}, Y'_{\text{med}}$ 分别是第 I 组数据的中位数，$X''_{\text{med}}, Y''_{\text{med}}$ 分别是第 II 组数据的中位数，β 的估计值为

$$\hat{\beta}_{\text{BM}} = \frac{Y'_{\text{med}} - Y''_{\text{med}}}{X'_{\text{med}} - X''_{\text{med}}} \tag{6.17}$$

这个估计值是中位数回归直线的斜率的估计。因而，中位数回归直线在 Y 轴上的截距 α 的估计值为

$$\hat{\alpha}_{\text{BM}} = \text{median}\{Y_i - \hat{\beta}_{\text{BM}} X_i, i = 1, 2, \cdots, n\}$$

例 6.8 参见南非心脏病数据中的 ldl (低密度脂蛋白)、adiposity(肥胖指标)，这两项指标之间存在着一定的关系。首先画样本点的散点图 (见图 6.2)，由图可以看出，当 ldl(低密度脂蛋白) 增大时，adiposity(肥胖指标) 有增加趋势。我们编写如下 R 程序来求中位数回归直线：

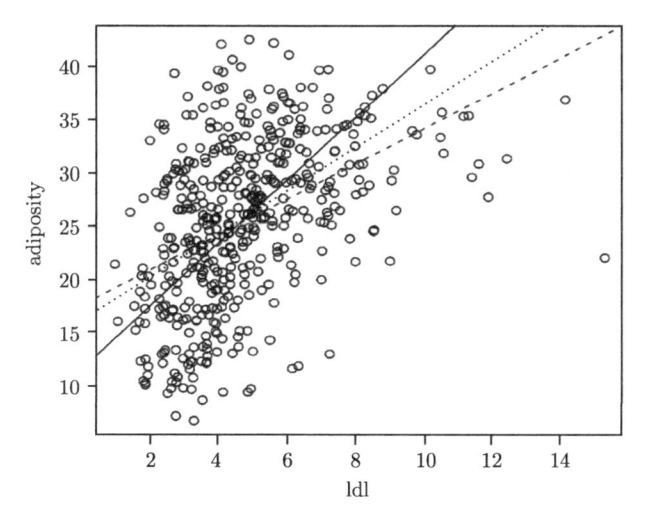

图 6.2 Brown-Mood、Theil 中位数回归直线和最小二乘拟合直线图

```
yy=adiposity
xx=ldl

cyx=coef(lm(yy~xx))

md=median(xx)
xx1=xx[xx<=md]
xx2=xx[xx>md]
yy1=yy[xx<=md]
yy2=yy[xx>md]
md1=median(xx1)
md2=median(xx2)
```

```
mw1=median(yy1)
mw2=median(yy2)
beta=(mw2-mw1)/(md2-md1)
alpha=median(yy-beta*xx)
plot(xx,yy)
abline(alpha,beta)
abline(c(cyx),lty=2)
```

由计算公式得 $\hat{\beta}_{\text{BM}} = 2.9523$, $\hat{\alpha}_{\text{BM}} = 11.5552$, 于是所求中位数回归直线为 adiposity = $2.9523\text{ldl} + 11.5552$。图 6.2 中的长虚线是最小二乘拟合, 回归方程为 adiposity = $1.6548\text{ldl} + 17.5626$, 从图中看, 最小二乘估计显然偏离了主体数据的走向, 原因是它较易受到异常数据的拉动影响。

6.6.2 Theil 方法

6.6.1 小节介绍的用 Brown-Mood 方法估计回归系数的方法较为粗糙, 它只用到样本中位数的信息, 没有用到样本中更多的信息。与之相比, 泰尔 (Theil) 于 1950 年提出的 Theil 方法则将 Brown-Mood 方法发展到所有的样本上。其基本原理在于, 对于任意两个横坐标不相等的点, 如 $(X_i, Y_i), (X_j, Y_j)$, 根据斜率 β 的几何意义, 可以用 $\dfrac{Y_j - Y_i}{X_j - X_i}$ 估计 β_{ij}, 所有斜率的平均值可以作为 β 的估计值, 于是有了下面的估计。

假设自变量 X 中没有重复数据, 任给 $i < j$, 记 $s_{ij} = \dfrac{Y_j - Y_i}{X_j - X_i}$, 则 β 的估计值为

$$\tilde{\beta}_{\text{T}} = \text{median}\{s_{ij} : 1 \leqslant i < j \leqslant n\}$$

相应地, α 的估计值取为

$$\tilde{\alpha}_{\text{T}} = \text{median}\{Y_j - \tilde{\beta}_{\text{T}} X_j : j = 1, 2, \cdots, n\}$$

当自变量 X 中有相等数据存在时, 如 $(X_1, Y_1), (X_2, Y_2), \cdots, (X_1, Y_l)$。记 $Y^* = \text{median}\{Y_i : 1 \leqslant i \leqslant l\}$, 也就是说, 用一个点 (X_1, Y^*) 代替上面的 l 个样本点后, 再用无结方法计算 $\tilde{\alpha}$ 和 $\tilde{\beta}$ 即可。

例 6.9 (例 6.8 续) 对于例 6.8 中的数据, 用 Theil 方法重新计算 β_{T} 和 α_{T} 的估计值, 分别为 $\tilde{\beta}_{\text{T}} = 1.9119, \tilde{\alpha}_{\text{T}} = 16.4838$, 于是回归直线为 adiposity = $16.4838 + 1.9119\text{ldl}$。我们发现, Theil 方法得到的趋势线界于 Brown-Mood 方法和最小二乘回归直线之间。

6.6.3 关于 α 和 β 的检验

关于 α 和 β 的检验, 我们感兴趣的有如下两种:

$$H_0 : \alpha = \alpha_0, \ \beta = \beta_0 \leftrightarrow H_1 : \alpha \neq \alpha_0 \ \text{或} \ \beta \neq \beta_0 \tag{6.18}$$

$$H_0' : \beta = \beta_0 \leftrightarrow H_1' : \beta \neq \beta_0$$

对于第一种假设问题 $H_0 \leftrightarrow H_1$，主要判断回归直线是否比较均衡地反映了数据的分布，以 Brown-Mood 检验为代表；对于第二种假设问题，以 Theil 检验为代表。无论哪一种检验，对上面两种方法都适用。

1. Brown-Mood 检验

对于假设问题（式 (6.18)），在 H_0 下回归直线为 $y = \alpha_0 + \beta_0 x$，如果回归直线比较理想，则所有的数据点应该比较均匀地分布在回归直线的上下两侧，也就是说，回归直线上下两侧 (X_i, Y_i) 的个数应比较接近 $\dfrac{n}{2}$。仅仅如此还是不够的，如果回归直线左右样本点不均衡，比如较大的自变量更倾向于在回归直线的下侧，而另一侧则堆积了更多自变量较小的样本点，那么就表示回归直线不理想。于是可以用回归直线的左上与右下的样本点个数是否相等来衡量原假设 H_0。

具体而言，记 $X_{\text{med}} = \text{median}\{X_1, X_2, \cdots, X_n\}$，

$$n_1 = \#\{(X_i, Y_i) : X_i < X_{\text{med}}, \quad Y_i > \alpha_0 + \beta_0 X_i\}$$
$$n_2 = \#\{(X_i, Y_i) : X_i > X_{\text{med}}, \quad Y_i < \alpha_0 + \beta_0 X_i\}$$

由上面的分析可知，当 H_0 成立时，$n_1 \approx n_2 \approx \dfrac{n}{4}$；而当 H_1 成立时，n_1 与 n_2 中至少有一个远离 $\dfrac{n}{4}$。于是我们可以用

$$\left(n_1 - \frac{n}{4}\right)^2 + \left(n_2 - \frac{n}{4}\right)^2$$

作为检验统计量，其取大值时拒绝 H_0。

为了大样本近似的方便，Brown 和 Mood 于 1951 年提出用

$$\text{BM} = \frac{8}{n}\left[\left(n_1 - \frac{n}{4}\right)^2 + \left(n_2 - \frac{n}{4}\right)^2\right]$$

作为检验统计量，称为 Brown-Mood 检验统计量。当 BM 取大值时拒绝 H_0。关于 Brown-Mood 检验统计量的零分布表，没有现成的表可用。但是，二人于 1950 年还证明，当 $n \to \infty$ 时，有

$$\text{BM} \longrightarrow \chi^2(2)$$

类似于关于 $H_0 \leftrightarrow H_1$ 的 Brown-Mood 检验统计量的得出，Brown 和 Mood 在同一篇文章中提出，关于假设 $H_0' \leftrightarrow H_1'$，可以用统计量

$$\text{BM}' = \frac{16}{n}\left(n_1 - \frac{n}{4}\right)^2$$

检验，其中

$$n_1 = \#\{(X_i, Y_i) : \quad X_i < X_{\text{med}}, \quad Y_i > a + \beta_0 X_i\} \tag{6.19}$$

H_0 的拒绝域为其取大值。我们也称这种检验为 Brown-Mood 检验。

另外，Brown 和 Mood 证明，$n \to \infty$ 时，有

$$\text{BM}' \to \chi^2(1)$$

例 6.10 (例 6.8 续) 对于例 6.8 中的数据进行 Brown-Mood 估计，估计回归直线为 $y = 2.9523x + 11.5552$。以下用 Brown-Mood 检验对回归直线的均衡性进行检验，即检验

$$H_0: \alpha = 11.55552, \quad \beta = 2.9523$$

根据式 (6.19) 计算得 $n_1 = 126$，$n_2 = 104$。经计算得

$$\text{BM} = \frac{8}{462}\left[\left(126 - \frac{462}{4}\right)^2 + \left(104 - \frac{462}{4}\right)^2\right] \approx 4.1991$$

双边检验 p 值为 0.12，因而没有理由拒绝 H_0，没有违背均衡性。如果将同样的过程应用于最小二乘回归直线 $y = 1.6548x + 17.5626$，计算得 BM $= 6.7965$，双边检验 p 值 $0.033 < 0.1$，认为回归直线违背均衡性，这一结论与图形观察结果是一致的。用 Theil 方法建立的回归方程的均衡性检验留作习题。

2. Theil 检验

对于假设问题 (式 (6.18))，还有一种基于 Kendall τ 相关检验和 Spearman 秩相关系数给出的处理方法。我们注意到，当回归直线 $y = \alpha + \beta_0 x$ 拟合数据 $(X_1, Y_1), (X_2, Y_2), \cdots, (X_n, Y_n)$ 较好时，说明 $Y_i - \beta_0 X_i$ 只受一个系统因素 α 和随机误差的影响，而与自变量 X_i 没有什么关系，于是我们可以用 X_i 与 $Y_i - \beta_0 X_i$ 相关与否衡量 $H_0': \beta = \beta_0$。如果相关性很大，则认为假设检验 $H_0': \beta = \beta_0$ 不成立，关于测量相关性，我们讲过可以用 Kendall τ 相关检验和 Spearman 秩相关系数等。这样，Theil 于 1950 年提出用基于 Kendall τ 相关检验的方法来检验 $H_0' \leftrightarrow H_1'$，只是此时的 R_i, Q_i 分别表示 $X_i, Y_i - \beta_0 X_i$ 在 $(X_1, X_2, \cdots, X_n)$ 和 $(Y_1 - \beta_0 X_1, Y_2 - \beta_0 X_2, \cdots, Y_n - \beta_0 X_n)$ 中的秩或者平均秩，故我们称为 Theil 检验。

例 6.11 (例 6.8 续) 对于例 6.8 中的数据，用 Theil 检验 Theil 中位数回归假设 $H_0: \beta = 1.9119$ 的方法如下：利用 Theil 回归的 β 的估计 ($\beta_T = 1.9119$)，得到一系列残差 reyTH$= \{e_i\}$。相应地，关于 $(x_1, e_1), (x_2, e_2), \cdots, (x_n, e_n)$ 的 Kendall τ 相关检验统计量计算的 R 程序如下：

```
cor.test(reyTH,x,method="kendall")
```

输出结果如下：

```
        Kendall's rank correlation tau
data:   reyTH and xx
z = -0.62043, p-value = 0.535
alternative hypothesis: true tau is not equal to 0
sample estimates:
        tau
-0.0193329
```

Kendall 相关系数 $\tau = 0.01933$。原假设下的 p 值为 0.5350,则在双边检验协同意义下,没有理由拒绝原假设 $H_0 : \beta = 1.9119$ 这个回归系数。

6.7 线性分位回归模型

分位回归 (quantile regression) 是由科恩克 (Koenker) 和巴塞特 (Bassett) 于 1978 年提出的,其基本思想是建立因变量 Y 对自变量 X 的条件分位数回归拟合模型,即

$$Q_Y(\tau|X) = f(X)$$

式中,τ 是因变量 Y 在 X 条件下的分位数。$f(X)$ 拟合 Y 的第 τ 分位数,于是中位数回归就是 0.5 分位回归。如果将 τ 从 $0.1, 0.2, \cdots, 0.9$ 中取值,就可以解出 9 个回归方程。

传统的回归建立在假设因变量 Y 和自变量 X 有如下关系的基础上:

$$E(Y|X) = f(X) + \epsilon$$

对任意的 $X = x$,当 ϵ 满足正态和齐性 (方差相等) 条件时,可以用最小二乘法建立回归预测模型。实际情况下,这两个假设往往得不到满足 (比如,ϵ 左偏或右偏),用最小二乘法拟合回归模型稳定性很差。分位回归对分位数进行回归,不需要分布和齐性方面过强的假设,在 ϵ 非正态和非齐性的情况下也能较好地把握数据的主要规律。分位回归以其稳健的性质已经在经济学和医学领域得到广泛应用,科恩克和哈洛克 (Hallock, 2001) 给出了这方面的很多应用方法。本节我们着重介绍线性分位回归模型及其应用。

已知观测 $(\boldsymbol{X}, \boldsymbol{Y}) = \{(\boldsymbol{x}_i, y_i), i = 1, 2, \cdots, n, y_i \in \mathbb{R}, \boldsymbol{x}_i \in \mathbb{R}^p\}$。$\boldsymbol{X}$ 对 $\boldsymbol{Y}$ 的线性分位回归模型为

$$Q_Y(\tau|\boldsymbol{X}) = \boldsymbol{X}^\mathrm{T}\boldsymbol{\beta} \tag{6.20}$$

怎样求解其参数?线性回归通过最小化残差平方和求解,中位数回归通过最小化残差的绝对值求解,显然,线性分位回归可以通过最小化残差绝对值加权求和,只是在绝对值前应增加分位点权重系数。于是线性分位回归的最优化问题表示为

$$\hat{\beta} = \underset{\boldsymbol{\beta} \in \mathbb{R}^p}{\operatorname{argmin}} \sum_{i=1}^{n} \rho_\tau(y_i - \boldsymbol{x}_i^\mathrm{T}\boldsymbol{\beta}) \tag{6.21}$$

式中,ρ_τ 是权重函数,表示实际值与拟合值位置关系的权重比例。τ 分位回归中小于分位点的可能性为 τ,不小于分位点的可能性为 $1 - \tau$。ρ_τ 可如下理解:

$$\rho_\tau(u) = \begin{cases} \tau u, & u \geqslant 0 \\ (\tau - 1)u, & u < 0 \end{cases}$$

给定 τ,注意到式 (6.21) 等价于

$$\hat{\beta}(\tau) = \underset{\beta}{\operatorname{argmin}} \left[\sum_{i \in \{i : y_i \geqslant \boldsymbol{x}_i^{\mathrm{T}} \boldsymbol{\beta}(\tau)\}} \tau |y_i - \boldsymbol{x}_i^{\mathrm{T}} \boldsymbol{\beta}(\tau)|_+ + \sum_{i \in \{i : y_i < \boldsymbol{x}_i^{\mathrm{T}} \boldsymbol{\beta}(\tau)\}} (1-\tau) |y_i - \boldsymbol{x}_i^{\mathrm{T}} \boldsymbol{\beta}(\tau)|_- \right]$$

科恩克和奥利 (Orey, 1993) 运用运筹学中的单纯形法求解线性分位回归, 其思想是: 任选一个顶点, 沿着可行解围成的多边形边界搜索, 直到找到最优点。该算法估计出来的参数具有很好的稳定性, 但是在处理大型数据时运算的速度会显著降低。目前流行的还有内点算法 (interior point method) 和平滑算法 (smoothing method) 等。由于分位回归需要借助大量计算, 模型的参数估计要比传统的线性回归模型的求解复杂。

除参数回归模型、分位回归模型外, 还有非参数回归模型、半参数回归模型等, 不同的模型都有相应的估计方法。

与线性最小二乘回归相比较, 分位回归的优点体现在以下几方面:

(1) 分位回归对模型中的随机误差项不需做具体的假定, 有广泛的适用性;

(2) 分位回归没有使用连接函数描述因变量与自变量的相互关系, 因此体现了数据驱动的建模思想;

(3) 分位回归对分位数 τ 进行回归, 于是对于异常值不敏感, 模型结果比较稳定;

(4) 由分位回归解出的系列回归模型可更全面地体现分布特点。

例 6.12 这是科恩克给出的一个案例, 研究者对 235 个比利时家庭的当年家庭收入 (income) 和当年家庭食品支出 (foodexp) 进行观测, 得到一组数据, 称为 Engel Data(恩格尔数据)。在 R 中用分位回归建立恩格尔数据的等间隔分位回归, 如图 6.3 所示。R 参考程序如下:

```
install.packages("quantreg") ;library(quantreg); library(SparseM)
par(mfrow=c(1,3)); data(engel); attach(engel);
plot(income,foodexp,xlab="Household Income", ylab="Food
    Expenditure",type = "n", cex=.5) points(income,foodexp,cex=.5);
taus=seq(0.1,0.9,0.1); f=coef(rq((foodexp)~(income),tau=taus));
for(i in 1:length(taus))
{
    abline(f[,i][1],f[,i][2],lty=2)
}
abline(lm(foodexp ~ income),lty=9)
abline(rq(foodexp~income,tau=0.5))
legend(3000,700,c("mean","median","otherquantile"),lty = c(9,1,2))
plot(taus,f[1,]);
lines(taus,f[1,]),plot(taus,f[2,]);lines(taus,f[2,]);
```

图 6.3 中, 从下至上, 虚线分别为分位回归直线 ($\tau = 0.1, 0.2, \cdots, 0.9$), 分位数间隔 0.1, 实线为最小二乘回归直线。注意到, 家庭食品支出随家庭收入增长而呈现增长趋势。不同 τ 值的分位回归直线从上至下的间隙先窄后宽, 说明家庭食品支出是左偏的, 这一点从分位数

系数随分位数增加的变化图 (最右侧的点) 中也可以得到验证。即在固定家庭收入的时候，家庭食品支出密集在较高的位置，少数家庭食品支出偏低。中位回归直线始终位于最小二乘回归直线之上，截距显著不同，说明最小二乘回归显然受两个异常点 (高家庭收入、低食品支出) 的影响较大，这种不稳定的结果意味着，最小二乘回归对贫穷家庭的家庭平均支出预测较差，高估了他们的生活质量。

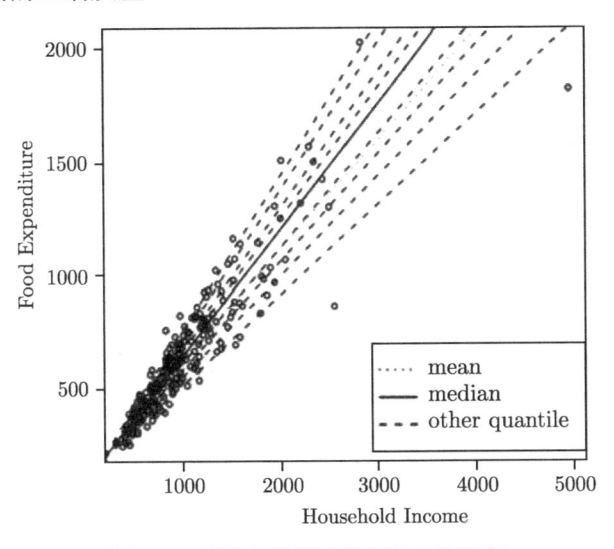

图 6.3　恩格尔数据的等间隔分位回归

案例与讨论：中医与西医治疗方法之间的差异分析

案例背景

大肠癌是最常见的恶性肿瘤，老年人是发病的高危人群。中医药在老年大肠癌的临床治疗中被广泛采用，但对其作疗效评价的较大样本临床对照研究很少。

目的：探讨中医辨证治疗对中老年大肠癌根治术后 II、III 期患者生存期的影响。

设计、场所、受试者和干预措施：采用同期对照研究方法，收集来自上海市某医院肿瘤一科、肛肠外科的 45 岁及以上老年大肠癌根治术后 II、III 期病例，全部病例均行西医常规治疗，根据是否自愿接受中医辨证治疗分为综合治疗组和西医治疗组。

主要结果：共 3424 例病例纳入本研究，其中综合治疗组 94 例，西医治疗组 3330 例，综合考虑两组病例的性别、原发部位、病理类型、临床病理分期、化疗周期、放疗以及中医治疗等对预后的影响，得到如表 6.11 所示结果。

表 6.11　中西医治疗大肠癌预后效果比较表

组别	疗效				总计
	痊愈	显效	好转	无效	
综合治疗组	13	21	51	9	94
西医治疗组	30	670	1870	760	3330

研讨问题

(1) 根据数据分析表，如果直接看中医治疗的疗效比例和西医治疗的疗效比例，你会有怎样的看法？设计假设检验，给出统计量，完成统计分析，得出结论。

(2) 考虑到疗效是用单向有序数据表示的，使用 Ridit 分析会得到怎样的分析结果？

(3) 中医比较关注患者体质症状情况，比如常见的 Karnofsky 评分，对病人术后每月生活质量调查表随访疾病影响情况进行评分，涉及的影响侧面有身体和心理社会学、焦郁症，体重减轻情况，包括腹泻、进食、休息、工作能力和睡眠等生活质量问题。如果和关键临床测量变量血清碱性磷酸酶水平进行比较，请根据以上疗效的不同级别所对应的生存时间，研究 Karnofsky 评分和临床测量变量对预后生存时间的影响，特别是对生存时间在前 30% 的病人的影响，综合分析中西医治疗对病人恢复的整体影响。

习 题

6.1 从中国 30 个省 (区、市) 抽样的文盲率 (‰) 和人均 GDP(单位：元/人) 数据如下：

文盲率	7.33	10.80	15.60	8.86	9.70	18.52	17.71	21.24	23.20	14.24
人均 GDP	15044	12270	5345	7730	22275	8447	9455	8136	6834	9513
文盲率	13.82	17.97	10.00	10.15	17.05	10.94	20.97	16.40	16.59	17.40
人均 GDP	4081	5500	5163	4220	4259	6468	3881	3715	4032	5122
文盲率	14.12	18.99	30.18	28.48	61.13	21.00	32.88	42.14	25.02	14.65
人均 GDP	4130	3763	2093	3715	2732	3313	2901	3748	3731	5167

运用 Pearson 相关系数、Spearman 秩相关系数和 Kendall τ 相关检验统计量检验文盲率和人均 GDP 之间是否相关；若相关，是正相关还是负相关？

6.2 某公司销售一种特殊的化妆品，该公司观测了 15 个城市在某季度对该化妆品的销售量 Y(单位：万件) 和该地区的人均收入 X(单位：百元/人)，数据如下：

城市序号	1	2	3	4	5	6	7	8
人均收入 (X)	9.1	8.3	7.2	7.5	6.3	5.8	7.6	8.1
销售量 (Y)	8.7	9.6	6.1	8.4	6.8	5.5	7.1	8.0
城市序号	9	10	11	12	13	14	15	
人均收入 (X)	7.0	7.3	6.5	6.9	8.2	6.8	5.5	
销售量 (Y)	6.6	7.9	7.6	7.8	9.0	7.0	6.3	

以往的经验表明，销售量与人均收入之间存在线性关系，试写出由人均收入解释销售量的中位数线性回归直线。

6.3 在歌手大奖赛中，裁判是根据歌手的演唱进行打分的，但有时也可能带有某种主观色彩。此时大赛公证人员有必要对裁判的打分是否一致进行检验，如果一致，则说明裁判组的综合专家评判的结果是可靠的。试根据 1986 年全国第二届青年歌手电视大奖赛业余组民族唱法决赛成绩统计表进行一致性检验。

裁判	歌手成绩 (分)									
	1	2	3	4	5	6	7	8	9	10
1	9.15	9.00	9.17	9.03	9.16	9.04	9.35	9.02	9.10	9.20
2	9.28	9.30	9.31	8.80	9.15	9.00	9.28	9.29	9.10	9.30
3	9.18	8.95	9.24	8.93	9.17	8.85	9.28	9.05	9.10	9.20
4	9.12	9.32	8.83	8.86	9.31	8.81	9.38	9.16	9.17	9.10
5	9.15	9.20	8.80	9.17	9.18	9.00	9.45	9.15	9.40	9.35
6	9.35	8.92	8.91	8.93	9.12	9.25	9.45	9.21	8.98	9.18
7	9.30	9.15	9.10	9.05	9.15	9.15	9.40	9.30	9.10	9.20
8	9.15	9.01	9.28	9.21	9.18	9.19	9.29	8.91	9.14	9.12
9	9.21	8.90	9.05	9.15	9.00	9.18	9.35	9.21	9.17	9.24
10	9.24	9.02	9.20	8.90	9.05	9.15	9.32	9.28	9.06	9.05
11	9.21	9.23	9.20	9.21	9.24	9.24	9.30	9.20	9.22	9.30
12	9.07	9.20	9.29	9.05	9.15	9.32	9.24	9.21	9.29	9.29

6.4 100 名牙疾患者，先后经过两位不同牙医的诊治，两位牙医在是否需要进行某项处理时给出的诊治方案不完全一致。现将两位牙医的不同意见数据列表如下，试分析两位医生的治疗方案是否完全一致。

		牙医乙		总计
		需要处理	不需要处理	
牙医甲	需要处理	40	5	45
	不需要处理	25	30	55
	总计	65	35	100

6.5 为测量某种材料的保温性能，把用其覆盖的容器从室内移到温度为 x 的室外，三小时后记录其内部温度 y。经过若干次试验，产生如下记录 (单位: 华氏度)。该容器放到室外前的内部温度是一样的。

x	33	45	30	20	39	34	34	21	27	38	30
y	76	103	69	50	86	85	74	58	62	88	210

试用 Theil 和 Brown-Mood 方法作线性回归。问：两个线性方程是否一致？是否存在离群点？如果存在，请指出，并删除它后重新拟合。

6.6 用 Brown-Mood 方法检验用 Theil 方法建立的回归方程的均衡性。

6.7 检验例 6.9 中用 Theil 方法估计得到的回归系数。

6.8 有关分位回归，回答以下问题。

(1) 简述分位回归模型。

(2) 简述分位回归模型参数估计的最优化问题。

(3) 分位回归相比于线性回归的优点有哪些？它为什么具备这些优点？

(4) 用分位回归方法拟合教学资源中的 infant-birthweight 数据，并进行解释。

6.9 模拟实验分析：(X, Z) 的真实关系满足 $z = 2 \cdot (\exp(-30 \cdot (x - 0.25)^2) + \sin(\pi x^2))$。从均匀分布 $U(0,1)$ 中抽取 100 个 X 值，将这些数值从小到大排序，依次产生带有 $N(0,1)$ 噪声的 Y 值，即 $y = z + N(0,1)$。这样的实验重复 20 次，得到 (X, Y) 的观测值和真值 (X, Z)，完成以下分析任务：

(1) 绘制 (X, Y) 的散点图，并在散点图上添加由 (X, Z) 生成的真实函数曲线；

(2) 求解中位数线性回归、0.25 分位数线性回归和 0.75 分位数线性回归,和不带噪声的真值进行比较,估计拟合的均方误差;

(3) 将线性回归改为多项式回归,多项式为二阶表示型 (模型中纳入 X^2 项) 和四阶 (模型中纳入 X^2, X^3, X^4 项),继续拟合数据,比较 (2) 和 (3) 拟合的结果有怎样的不同;

(4) 改变 Y 值的生成方式:$y = 2 \cdot (\exp(-30 \cdot (x-0.25)^2) + \sin(\pi x^2)) + N(0, (2x)^2)$,求解二阶 (X^2) 多项式和四阶 (X^2, X^3, X^4) 多项式的中位数线性回归、0.25 分位数线性回归、0.75 分位数线性回归。将这些拟合线绘制到散点图上。比较 (2)(3)(4) 的数据分析,给出讨论。

第 7 章

非参数密度估计

概率分布是统计推断的核心，从某种意义上看，联合概率密度提供了关于所要分析变量的全部信息，有了联合概率密度，就可以回答变量子集之间的任何问题。从广义上看，参数估计是在假定数据总体密度形式下对参数的估计，比如：我们所熟知的 $\bar{X}$ 是两点分布中 p 的一致性估计，$S_n^2 = \frac{1}{n}\sum_{i=1}^{n}(X_i - \bar{X_i})^2$ 是一元正态总体方差的极大似然估计，而 $\boldsymbol{X}_{n\times p}\hat{\boldsymbol{B}}_{p\times q} = \boldsymbol{X}_{n\times p}(\boldsymbol{X}'\boldsymbol{X})^{-1}_{p\times p}\boldsymbol{X}'\boldsymbol{Y}_{n\times q}$ 是多元正态分布均值的最小二乘估计等。一旦参数确定，则分布完全确定，因而可以说参数统计推断的核心内容就是对密度的估计。实际中，很多数据的分布是无法事先假定的，加上决策的可靠性要求不断提高，因此需要适应性更广的密度估计方法。近几年，随着数据库的广泛应用和数据挖掘技术的兴起，概率密度估计成为模式分类技术的重要内容而得到广泛关注。

7.1 直方图密度估计

7.1.1 基本概念

在基础的统计课程中，直方图经常用来描述数据的频率，使研究者对所研究的数据有一个较好的理解。这里，我们介绍如何使用直方图估计一个随机变量的密度。直方图密度估计与用直方图估计频率的差别在于，在直方图密度估计中，我们需要对频率估计进行归一化，使其成为一个密度函数的估计。直方图是最基本的非参数密度估计方法，有着广泛的应用。

以一元为例，假定有数据 $x_1, x_2, \cdots, x_n \in [a, b)$。对区间 $[a, b)$ 做如下划分，即 $a = a_0 < a_1 < a_2 < \ldots < a_k = b$，$I_i = [a_{i-1}, a_i)$，$i = 1, 2, \ldots, k$。则有 $\cup_{i=1}^{k} I_i = [a, b)$，$I_i \cap I_j = \varnothing$，$i \neq j$。令 $n_i = \#\{x_i \in I_i\}$ 为落在 I_i 中数据的个数。

直方图密度估计定义如下：

$$\hat{p}(x) = \begin{cases} \dfrac{n_i}{n(a_i - a_{i-1})}, & \text{当 } x \in I_i \\ 0, & \text{当 } x \notin [a, b) \end{cases}$$

在实际操作中，经常取相同的区间，即 I_i ($i=1,2,\ldots,k$) 的宽度均为 h，在此情况下，有

$$\hat{p}(x) = \begin{cases} \dfrac{n_i}{nh}, & \text{当} x \in I_i \\ 0, & \text{当} x \notin [a,b] \end{cases}$$

上式中，h 既是归一化参数，又表示每一组的组距，称为带宽或窗宽。另外，我们可以看到

$$\int_a^b \hat{p}(x)\mathrm{d}x = \sum_{i=1}^k \int_{I_i} n_i/(nh)\mathrm{d}x = \sum_{i=1}^k n_i/n = 1$$

由于同一组内所有点的直方图密度估计均相等，因而直方图所对应的分布函数 $\hat{F}_h(x)$ 是单调增的阶梯函数。这与经验分布函数形状类似。实际上，当分组间隔 h 缩小到每组中最多只有一个数据时，直方图的分布函数就是经验分布函数，即 $h \to 0$，有 $\hat{F}_h(x) \to \hat{F}_n(x)$。

定理 7.1 固定 x 和 h，令估计的密度是 $\hat{p}(x)$，如果 $x \in I_j, p_j = \int_{I_j} \hat{p}(x)\,\mathrm{d}x$，有

$$E(\hat{p}(x)) = p_j/h, \quad \mathrm{var}(\hat{p}(x)) = \frac{p_j(1-p_j)}{nh^2}$$

证明提示：$E(\hat{p}_j) = n_j/n = \int_{I_j} \hat{p}(x)\,\mathrm{d}x$，$\mathrm{var}(\hat{p}_j) = p_j(1-p_j)/n$。

例 7.1 （见 \chap7 数据 fish.txt）现有鲑鱼和鲈鱼两种鱼类长度的观测数据共计 230 条，图 7.1 所示为据此作出的鲑鱼和鲈鱼身长直方图。在图 7.1 中，我们从左到右分别采用逐渐增加的带宽间隔（$h_l = 0.75, h_m = 4, h_r = 10$）制作了 3 个直方图。可以发现，当带宽很小的时候，个体特征比较明显，从图 (a) 中可以看到多个峰值；而带宽过大的图 (c) 上，很多峰都不明显了；图 (b) 比较合适，它有两个主要的峰，提供了最为重要的特征信息。实际上，参与直方图运算的是鲑鱼和鲈鱼两种鱼类长度的混合数据，经验表明，大部分鲈鱼具有身长比鲑鱼长的特点，因而两个峰是合适的。这也说明直方图的技巧在于确定组距和组数，组数过多或过少，都会淹没主要特征。

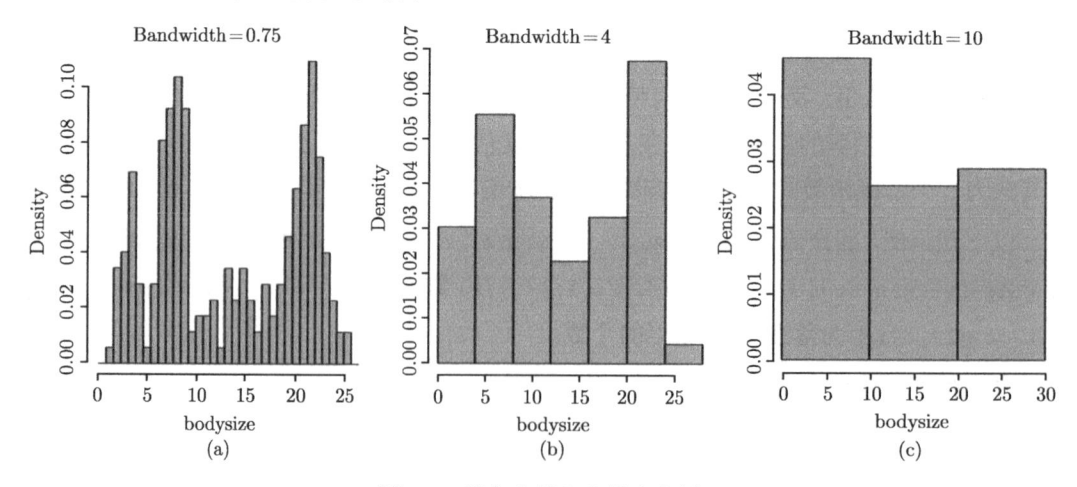

图 7.1 鲑鱼和鲈鱼身长直方图

R 程序如下：
```
fish=read.table(".......//fish.txt", header=T)
length=fish[,1]
par(mfrow=c(1,3))
hist(length,breaks=0:35*0.75, freq=F, xlab="bodysize", main=
    "Bandwidth=0.75")
hist(length,breaks=0:7*4, freq=F, xlab="bodysize", main="Bandwidth=4")
hist(length,breaks=0:3*10, freq=F,  xlab="bodysize", main="Bandwidth=10")
```

7.1.2 理论性质和最优带宽

由例 7.1 可以看出，选择不同的带宽，会得到不同的结果。选择合适的带宽，对于得到好的直方图密度估计是很重要的。在计算最优带宽前，我们先定义 $\hat{p}$ 的平方损失风险：

$$R(\hat{p}, p) = \int (\hat{p}(x) - p(x))^2 \, \mathrm{d}x$$

定理 7.2 $\int p'(x) \, \mathrm{d}x < +\infty$，则在平方损失风险下，

$$R(\hat{p}, p) \approx \frac{h^2}{12} \int (p'(u))^2 \, \mathrm{d}u + \frac{1}{nh}$$

极小化上式，得到理想带宽：

$$h^* = \frac{1}{n^{1/3}} \left(\frac{6}{\int (p'(x))^2 \, \mathrm{d}x} \right)^{1/3}$$

于是理想的带宽为 $h = Cn^{-1/3}$，其中 $C = \left(\dfrac{6}{\int (p'(x))^2 \, \mathrm{d}x} \right)^{1/3}$。

证明 考虑平方损失函数 $L(\hat{p}(x), p(x)) = \int (\hat{p}(x) - p(x))^2 \mathrm{d}x$，有

$$\begin{aligned} R(\hat{p}, p) &= EL(\hat{p}(x), p(x)) \\ &= E \int (\hat{p}(x) - p(x))^2 \, \mathrm{d}x \\ &= \int (E(\hat{p}(x)) - p(x))^2 \, \mathrm{d}x + E \int (\hat{p}(x) - E(\hat{p}(x)))^2 \, \mathrm{d}x \\ &= \int \mathrm{Bias}^2(x) \, \mathrm{d}x + \int V(x) \, \mathrm{d}x \end{aligned}$$

风险分解为两项：偏差项和方差项。偏差项用于评价估计量对真实函数估计的精准度，方差项用于测量估计量本身的波动大小。

先看第一项偏差项：

$$\text{Bias}(x) = E(\hat{p}(x)) - p(x) = \frac{p_j}{h} - p(x)$$
$$= \frac{p(x)h + hp'(x)(h/2 - x)}{h} - p(x)$$
$$= p'(x)(h/2 - x)$$

注意到

$$\int_{I_j} \text{Bias}^2(x) dx = \int_{I_j} (p'(x))^2 (h/2 - x)^2 \, dx$$
$$\approx (p'(\xi_j))^2 \frac{h^3}{12}$$

于是

$$\int \text{Bias}^2(x) dx = \sum_{j=1}^{m} \int_{I_j} \text{Bias}^2(x) dx$$
$$\approx \sum_{j=1}^{m} (p'(\xi))^2 \frac{h^3}{12}$$
$$\approx \frac{h^2}{12} \int p'(x)^2 dx$$

再看第二项方差项：

$$V(x) \approx \frac{p_j}{nh^2}$$
$$= \frac{p(x)h + hp'(x)(h/2 - x)}{nh^2}$$
$$\approx p(x)/nh$$

一般当 h 未知的时候，可以用更实用的方式选择带宽：

$$R(h) = \int (\hat{p}(x) - p(x))^2 dx$$
$$= \int \hat{p}^2(x) dx - 2 \int \hat{p}(x) p(x) dx + \int p^2(x) dx$$
$$= J(h) + \int p^2(x) dx$$

注意到后面一项与 h 无关，第一项可以用交叉验证方法估计：

$$\hat{J}(h) = \int (\hat{p}(x))^2 dx - \frac{2}{n} \sum_{i=1}^{n} \hat{p}_{(-i)}(x_i)$$

式中，$\hat{p}_{(-i)}(x_i)$ 是去掉第 i 个观测值后对直方图的估计，$\hat{J}(h)$ 称为交叉验证得分。详见斯考特（Scott D.W., 2009）。

在大多数情况下，我们不知道密度 $p(x)$，因此也不知道 $p'(x)$。对于理想带宽 $h^* = \dfrac{1}{n^{1/3}}\left(\dfrac{6}{\int (p'(x))^2\,\mathrm{d}x}\right)^{1/3}$ 也无法计算，在实际操作中，经常假设 $p(x)$ 为标准正态分布，并进而得到一个带宽 $h_0 \approx 3.5 n^{-1/3}$。

直方图密度估计的优势在于简单易懂，在计算过程中也不涉及复杂的模型计算，只须计算 I_j 中样本点的个数。另一方面，直方图密度估计只能给出一个阶梯函数，该估计不够光滑；还有一个问题，直方图密度估计的收敛速度比较慢，也就是说，$\hat{p}(x) \to p(x)$ 比较慢。

7.1.3 多维直方图

直方图的密度定义公式很容易扩展到任意维空间。设有 n 个观测点 $x_1, x_2, \cdots, x_n$，将空间分成若干小区域 R, V 是区域 R 所包含的体积。如果有 k 个点落入 R，则可以得到如下密度估计公式：

$$p(\boldsymbol{x}) \approx \frac{k/n}{V} \tag{7.1}$$

如果这个体积和所有的样本体积相比很小，就会得到一个很不稳定的估计，这时，密度值局部变化很大，呈现多峰不稳定的特点；反之，如果这个体积太大，则会圈进大量样本，从而使估计过于光滑。在稳定与过度光滑之间寻找平衡就导出下面两种可能的解决方法。

(1) 固定体积 V 不变，它与样本总数呈反比关系即可。注意到，在直方图密度估计中，每一点的密度估计只与它是否属于某个 I_i 有关，而 I_i 是预先给定的与该点无关的区域。不仅如此，区域 I_i 中每个点共有相等的密度，这相当于待估点的密度取邻域 R 的平均密度。现在以待估点为中心，作体积为 V 的邻域，令该点的密度估计与纳入该邻域中的样本点的数量呈正比，如果纳入的点多，则密度大，反之亦然。这一点还可以进一步扩展开去，将密度估计不再局限于 R 的带内，而是将体积 V 合理拆分到所有样本点对待估点贡献的加权平均，同时保证距离远的点取较小的权，距离近的点取较大的权，这样就形成了核密度估计的基本思想。后面我们将看到，这些方法都可能获得较为稳健而适度光滑的估计。

(2) 固定 k 值不变，它与样本总数呈一定关系即可。根据数据之间的疏密情况调整 V，这样就导出了另外一种密度估计方法 —— k 近邻估计。

下面介绍核密度估计和 k 近邻估计两种非参数方法。

7.2 核密度估计

7.2.1 核函数的基本概念

在上一节中，我们介绍了直方图密度估计，但是通过直方图得到的密度估计不是一个光滑函数。为了克服这个缺点，下面我们介绍核密度估计。核密度估计有着广泛的应用，其理论性质也已经得到很好的研究。这里我们首先介绍一维的情况。

定义 7.1 假设数据 $x_1, x_2, \cdots, x_n$ 取自连续分布 $p(x)$, 在任意点 x 处的一种核密度估计定义为

$$\hat{p}(x) = \frac{1}{nh} \sum_{i=1}^{n} \omega_i = \frac{1}{nh} \sum_{i=1}^{n} K\left(\frac{x-x_i}{h}\right) \tag{7.2}$$

式中, $K(\cdot)$ 称为核函数 (kernel function)。为保证 $\hat{p}(x)$ 作为概率密度函数的合理性, 既要保证其值非负, 又要保证积分的结果为 1。这一点可以通过要求核函数 $K(x)$ 是分布密度得到保证, 即

$$K(x) \geqslant 0, \quad \int K(x)\,\mathrm{d}x = 1$$

实际上有

$$\begin{aligned}
&\int \hat{p}(x)\mathrm{d}x \\
&= \int \frac{1}{n} \sum_{i=1}^{n} \frac{1}{h} K\left(\frac{x-x_i}{h}\right) \,\mathrm{d}x \\
&= \frac{1}{n} \sum_{i=1}^{n} \int \frac{1}{h} K\left(\frac{x-x_i}{h}\right) \,\mathrm{d}x \\
&= \frac{1}{n} \sum_{i=1}^{n} \int K(u) \,\mathrm{d}u \\
&= \frac{1}{n} \cdot n = 1 \quad \left(\text{其中 } u = \frac{x-x_i}{h}\right)
\end{aligned} \tag{7.3}$$

由 $\int \hat{p}(x)\mathrm{d}x = 1$ 可知, 上面定义的 $\hat{p}(x)$ 是一个合理的密度估计函数。

核密度估计中, 一个重要的部分就是核函数。以一维为例, 常用的核函数如表 7.1 所示。

表 7.1 常用核函数

核函数名称	核函数 $K(u)$
Parzen 窗 (Uniform)	$\frac{1}{2} I(\|u\| \leqslant 1)$
三角 (Triangle)	$(1-\|u\|) I(\|u\| \leqslant 1)$
Epanechikov	$\frac{3}{4}(1-u^2)^2 I(\|u\| \leqslant 1)$
四次 (Quartic)	$\frac{15}{16}(1-u^2)^2 I(\|u\| \leqslant 1)$
三权 (Triweight)	$\frac{35}{32}(1-u^2)^3 I(\|u\| \leqslant 1)$
高斯 (Gauss)	$\frac{1}{\sqrt{2\pi}} \exp\left(-\frac{1}{2}u^2\right)$
余弦 (Cosinus)	$\frac{\pi}{4} \cos\left(\frac{\pi}{2}u\right) I(\|u\| \leqslant 1)$
指数 (Exponent)	$\exp\{-\|u\|\}$

表 7.1 中不同的核函数表达了根据距离分配各个样本点对密度贡献的不同情况。

例 7.2 （例 7.1 续）图 7.2 给出了不同带宽下根据正态核函数做出的密度估计曲线。由图可知，带宽为 10 的模型是最光滑的（c），相反带宽为 1 的模型噪声很多，它在密度中引入了很多虚假的波形。从图中比较，带宽为 5 是较为理想的，它在不稳定和过于光滑之间作了较好的折中。

R 程序如下：

```
plot(density(length,kernel="gaussian",bw=1), main="Bandwidth=1")
plot(density(length,kernel="gaussian",bw=2), main="Bandwidth=2")
plot(density(length,kernel="gaussian",bw=8), main="Bandwidth=8")
```

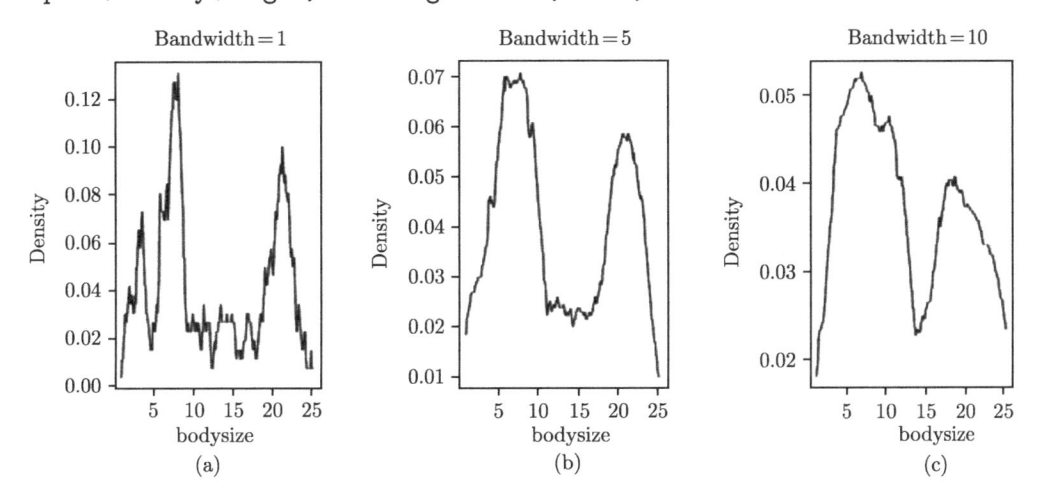

图 7.2 鲑鱼和鲈鱼身长的核密度估计曲线

7.2.2 理论性质和带宽

核函数的形状通常不是核密度估计中最关键的因素，和直方图一样，带宽对模型光滑程度的影响较大。因为如果 h 非常大，将有更多的点对 x 处的密度产生影响。由于分布是归一化的，即

$$\int \omega_i(x-x_i)\mathrm{d}x = \int \frac{1}{h} K\left(\frac{x-x_i}{h}\right)\mathrm{d}x = \int K(u)\,\mathrm{d}u = 1$$

因而距离 x_i 较远的点也分担了对 x 的部分权重，从而较近的点的权重 ω_i 减弱，距离远和距离近的点的权重相差不大。在这种情况下，$\hat{p}(x)$ 是 n 个变化幅度不大的函数的叠加，因此 $\hat{p}(x)$ 非常光滑；反之，如果 h 很小，则各点之间的权重由于距离的影响而出现大的落差，因而 $\hat{p}(x)$ 是 n 个以样本点为中心的尖脉冲的叠加，好像一个充满噪声的估计。

选择合适的带宽，是核密度估计能够成功应用的关键。类似于定性数据联合分布的误差平方和的分解，理论上，选择最优带宽也是从密度估计与真实密度之间的误差开始的。

对于每个固定的 x，我们可以使用均方误（Mean Squared Error, MSE）。均方误可以分解为两个部分

$$\text{MSE}(x;h) = E[\hat{p}(x) - p(x)]^2$$
$$= [E(\hat{p}(x)) - p(x)]^2 + E[\hat{p}(x) - E(\hat{p}(x))]^2$$
$$= \text{Bias}^2(x) + V(x)$$

式中，$\text{Bias}(x) = E(\hat{p}(x)) - p(x)$，$V(x) = E[\hat{p}(x) - E(\hat{p}(x))]^2$。

这里由于分布密度是连续的，因而通常考虑估计的积分均方误差（Mean Integral Square Error, MISE），定义如下：

$$\text{MISE} = E\left[\int (\hat{p}(x) - p(x))^2 \, dx\right] = \int E(\hat{p}(x) - p(x))^2 dx$$

考虑大样本的渐近积分均方误差（Asymptotic Integral Mean Square Error, AMISE），它可以分解为两部分：

$$\text{AMISE} = \int [\text{Bias}^2(x) + \text{var}(x)] \, dx$$

等式右边分别为积分偏差平方（以下简称偏差）与方差。

与直方图类似，也可以得到大样本情况下核密度估计的如下一些基本结论。

我们先来估计 $\text{Bias}(\hat{p})$，首先，令 $(x - x_i)/h = t$ 且 $x_i = x - ht$，计算可得

$$\int h^{-1} K\left(\frac{x - x_i}{h}\right) p(x_i) dx_i = \int h^{-1} K(t) p(x - ht) d(x - ht)$$
$$= \int h^{-1} K(t) p(x - ht)| - h| dt$$
$$= \int K(t) p(x - ht) dt$$

使用泰勒展开 $p(x - ht) - p(x) = -htp'(x) + \frac{1}{2}h^2 t^2 p''(x) + O(h^3)$，得到

$$\int h^{-1} K\left(\frac{x - x_i}{h}\right) p(x_i) dx_i - p(x)$$
$$= \int K(t)\{p(x - ht) - p(x)\} dt$$
$$= -hp'(x) \int tK(t) dt + \frac{1}{2} h^2 p''(x) \int t^2 K(t) dt + O(h^3)$$
$$= \frac{h^2}{2} \mu_2(K) p''(x) + O(h^3)$$

式中，$\mu_2(K) = \int t^2 K(t) dt$，$p''(x)$ 为 $p(x)$ 的二阶导数。

定理 7.3 假设 $\hat{p}(x)$（定义如式 (7.2) 所示）是 $p(x)$ 的核密度估计，令 $\text{supp}(p) = \{x : p(x) > 0\}$ 是密度 p 的支撑。设 $x \in \text{supp}(p) \subset \mathbb{R}$ 为 $\text{supp}(p)$ 的内点（非边界点），当 $n \to +\infty$ 时，$h \to 0$，$nh \to +\infty$，核密度估计有如下性质：

$$\text{Bias}(x) = \frac{h^2}{2} \mu_2(K) p''(x) + O(h^2)$$
$$V(x) = (nh)^{-1} p(x) R(K) + O((nh)^{-1}) + O(n^{-1})$$

若 $\sqrt{(nh)}\, h^2 \longrightarrow 0$, 则

$$\sqrt{(nh)}(\hat{p}_n(x) - p(x)) \longrightarrow N(0, p(x)R(K))$$

式中, $R(K) = \int K^2(x)\mathrm{d}x$。

从均方误的偏差和方差分解来看，带宽 h 越小，核估计的偏差越小，但核密度估计的方差越大；反之，带宽 h 越大，则核密度估计的方差越小，但核密度估计偏差却越大。所以，带宽 h 的变化不可能一方面使核密度估计的偏差减小，同时又使核密度估计的方差减小。因而，最佳带宽选择的标准必须在核密度估计的偏差和方差之间作一个权衡，使积分均方误达最小。实际上，由定理 7.3，我们可以得到渐近积分均方误，AMISE=$\dfrac{h^4}{4}\mu_2^2 \int p''(x)^2 \mathrm{d}x + n^{-1}h^{-1}\int K^2(x)\mathrm{d}x$。由此可知，最优带宽为

$$h_{\mathrm{opt}} = \mu_2(K)^{-4/5}\left[\int K^2(x)\mathrm{d}x\right]^{1/5}\left[\int p''(x)^2\mathrm{d}x\right]^{-1/5} n^{-1/5}$$

对于上式中的最优带宽，核函数 $K(u)$ 是已知的，但是密度函数 $p(x)$ 是未知的。在实际操作中，我们经常把 $p(x)$ 看成正态分布去求解，即 $\int p''(x)^2 \mathrm{d}x = \dfrac{3}{8}\pi^{-1/2}\sigma^{-5}$，这样，对于不同的核函数，我们可以得到相应的最优带宽。例如，当核函数是高斯函数时，可以得到 $\mu_2 = 1$, $\int K^2(u)\mathrm{d}u = \int \dfrac{1}{2\pi}\exp(-u^2)\mathrm{d}u = \pi^{-1/2}$，这样，最优带宽就是 $h_{\mathrm{opt}} = 1.06\sigma n^{-1/5}$。

除了上述的方法，从实际计算的角度，Rudemo（1982）和鲍曼（Bowman，1984）提出用交叉验证法确定最终带宽的递推方法。具体来说，使积分平方误

$$\mathrm{ISE}(h) = \int (\hat{p}(x) - p(x))^2 \mathrm{d}x = \int \hat{p}^2(x)\mathrm{d}x + \int p^2(x)\mathrm{d}x - 2\int \hat{p}(x)p(x)\mathrm{d}x \tag{7.4}$$

达到最小，将右边展开，这等价于最小化式：

$$\mathrm{ISE}(h)_{\mathrm{opt}} = \int \hat{p}^2(x)\mathrm{d}x - 2\int \hat{p}(x)p(x)\mathrm{d}x \tag{7.5}$$

注意到等式的第二项为 $\int \hat{p}(x)p(x)\mathrm{d}x = E(\hat{p}(x))$，因此，可以使用 $\int \hat{p}(x)p(x)\mathrm{d}x$ 的一个无偏估计 $n^{-1}\sum_{i=1}^{n}\hat{p}_{-i}(X_i)$，其中 $\hat{p}_{-i}$ 是将第 i 个观测点剔除后的概率密度估计。下面只要估计第一项即可。将核密度估计定义式代入第一项，不难验证：

$$\int \hat{p}^2(x)\mathrm{d}x = n^{-2}h^{-2}\sum_{i=1}^{n}\sum_{j=1}^{n}\int_x K\left(\dfrac{X_i - x}{h}\right)K\left(\dfrac{X_j - x}{h}\right)\mathrm{d}x$$

$$= n^{-2}h^{-1}\sum_{i=1}^{n}\sum_{j=1}^{n}\int_t K\left(\dfrac{X_i - X_j}{h} - t\right)K(t)\,\mathrm{d}t$$

于是，$\int \hat{p}^2(x)\,\mathrm{d}x$ 可用 $n^{-2}h^{-1}\sum_{i=1}^{n}\sum_{j=1}^{n} K\cdot K\left(\dfrac{X_i-X_j}{h}\right)$ 估计，其中 $K\cdot K(u) = \int_t K(u-t)K(t)\mathrm{d}t$ 是卷积。所以，交叉验证法（cross validation）实际上是选择 h 使

$$\mathrm{ISE}(h)_1 = n^{-2}h^{-1}\sum_{i=1}^{n}\sum_{j=1}^{n} K\cdot K\left(\dfrac{X_i-X_j}{h}\right) - 2n^{-1}\sum_{i=1}^{n}\hat{p}_{-i}(X_i) \tag{7.6}$$

达到最小。当 K 是标准正态密度函数时，$K\cdot K\left(\dfrac{X_i-X_j}{h}\right)$ 是 $N(0,2)$ 密度函数，有

$$\mathrm{ISE}(h)_1 = \dfrac{1}{2\sqrt{\pi}n^2 h}\sum_i\sum_j \exp\left[-\dfrac{1}{4}\left(\dfrac{X_i-X_j}{h}\right)^2\right]$$
$$-\dfrac{2}{\sqrt{2\pi}n(n-1)h}\sum_i\sum_{j\neq i}\exp\left[-\dfrac{1}{2}\left(\dfrac{X_i-X_j}{h}\right)^2\right]$$

7.2.3 置信带和中心极限定理

首先，对于单点 x 而言，令 $s_n(x) = \sqrt{\mathrm{var}(\hat{p}_h(x))}$，$p_h(x) = E(\hat{p}_h(x))$，有中心极限定理：

$$Z_n(x) = \dfrac{\hat{p}_h(x) - p_h(x)}{s_n(x)} \xrightarrow{h\to 0} N(0, \tau^2(x))$$

值得注意的是，上述的中心极限定理只能对 $p_h(x)$ 产生一个近似的置信区间估计，不能对 $p(x)$ 产生置信区间估计。注意到

$$\dfrac{\hat{p}_h(x) - p(x)}{s_n(x)} = \dfrac{\hat{p}_h(x) - p_h(x)}{s_n(x)} + \dfrac{p_h(x) - p(x)}{s_n(x)}$$

上式的第一项是一个近似标准正态统计量。第二项是偏差和标准差之比，这一项有下面的收敛：

$$\dfrac{\hat{p}_h(x) - p(x)}{s_n(x)} \to N(c, \tau^2(x))$$

式中，c 不为 0，这表示置信区间 $\hat{p}_h(x) \pm z_{\alpha/2}s(x)$ 不会以概率 $1-\alpha$ 覆盖 $p(x)$。

对于多个点而言，求置信区间可以使用 Bootstrap 方法，其算法如下：

(1) 从经验分布 $\hat{F}_n$ 中重抽样 $X_1^*, X_2^*, \cdots, X_n^*$，经验分布在每个样本点上的概率密度为 $1/n$；
(2) 基于 Bootstrap 样本 $X_1^*, X_2^*, \cdots, X_n^*$ 抽样计算 $\hat{p}_h^*$；
(3) 计算 $R = \sqrt{nh}|\hat{p}_h(x) - \hat{p}_h^*(x)|$；
(4) 重复步骤 (1) (2) (3) 共 B 次，得到 $R_1, R_2, \cdots, R_B$；
(5) 令 z_α 是 $\{R_j, j=1,2,\cdots,B\}$ 的 α 分位数

$$\dfrac{1}{B}\sum_{j=1}^{B} I(R_j > z_\alpha) \approx \alpha$$

降偏差密度估计

(6) 令

$$l_n(x) = \hat{p}_h(x) - \dfrac{z_\alpha}{\sqrt{nh}},\quad u_n(x) = \hat{p}_h(x) + \dfrac{z_\alpha}{\sqrt{nh}}$$

定理 7.4 在比较弱的条件下，有下面的定理

$$\lim_{n\to\infty} \inf_{\forall x} P(l_n(x) \leqslant p_h(x) \leqslant u_n(x)) \geqslant 1 - \alpha$$

如果要求 p 的置信带，需要降低偏差，一种较为简单的办法是用二次估计法（twicing）。假设有两个核密度估计 $\hat{p}_h$ 和 $\hat{p}_{2h}$，对于同一个 $C(x)$，有

$$E(\hat{p}_h(x)) = p(x) + C(x)h^2 + o(h^2) \tag{7.7}$$

$$E(\hat{p}_{2h}(x)) = p(x) + C(x)4h^2 + o(h^2) \tag{7.8}$$

式中，偏差的决定项是 $b(x) = C(x)h^2$，可以定义如下：

$$\hat{b}(x) = \frac{\hat{p}_{2h}(x) - \hat{p}_h(x)}{3}$$

那么根据式 (7.7) 和式 (7.8) 有

$$E(\hat{b}(x)) = b(x)$$

定义偏差降低法密度估计量：

$$\tilde{p}_h(x) = \hat{p}_h(x) - \hat{b}(x) = \frac{4}{3}\left(\hat{p}_h(x) - \frac{1}{4}\hat{p}_{2h}\right)$$

例 7.3 数据见 chap7\murder.txt，是英国威尔士 18 年间的凶杀案数据，尝试 Bootstrap 方法，每次有放回选择 9 个数据进行 0.025 尾分位数估计，由此产生置信区间，比较偏差，尝试偏差降低法密度估计。

解 选定 $h= 26.23$。每次重抽样 $n =9$ 次，重复 $B = 5000$ 次，得到如图 7.3 所示的两个估计：

图 (a) 灰线为置信区间上下带；图 (b) 灰线为 $\tilde{p}_h(x) = \frac{4}{3}(\hat{p}_h(x) - \frac{1}{4}\hat{p}_{2h}(x))$ 改进结果，黑线为 $\hat{p}_{2h}(x)$ 结果。

7.2.4 多维核密度估计

以上我们考虑的是一维情况下的核密度估计，下面我们考虑多维情况下的核密度估计。

定义 7.2 假设数据 $\boldsymbol{x}_1, \boldsymbol{x}_2, \cdots, \boldsymbol{x}_n$ 是 d 维向量，并取自一个连续分布 $p(\boldsymbol{x})$，在任意点 $\boldsymbol{x}$ 处的一种核密度估计定义为

$$\hat{p}(\boldsymbol{x}) = \frac{1}{nh^d} \sum_{i=1}^{n} K\left(\frac{\boldsymbol{x} - \boldsymbol{x}_i}{h}\right) \tag{7.9}$$

注意到这里 $p(\boldsymbol{x})$ 是一个 d 维随机变量的密度函数。$K(\cdot)$ 是定义在 d 维空间上的核函数，即 $K: \mathbb{R}^d \to \mathbb{R}$，并满足如下条件：

$$K(\boldsymbol{x}) \geqslant 0, \quad \int K(\boldsymbol{x}) \, \mathrm{d}\boldsymbol{x} = 1$$

(a) 置信区间估计

(b) 偏差降低法有偏核密度估计

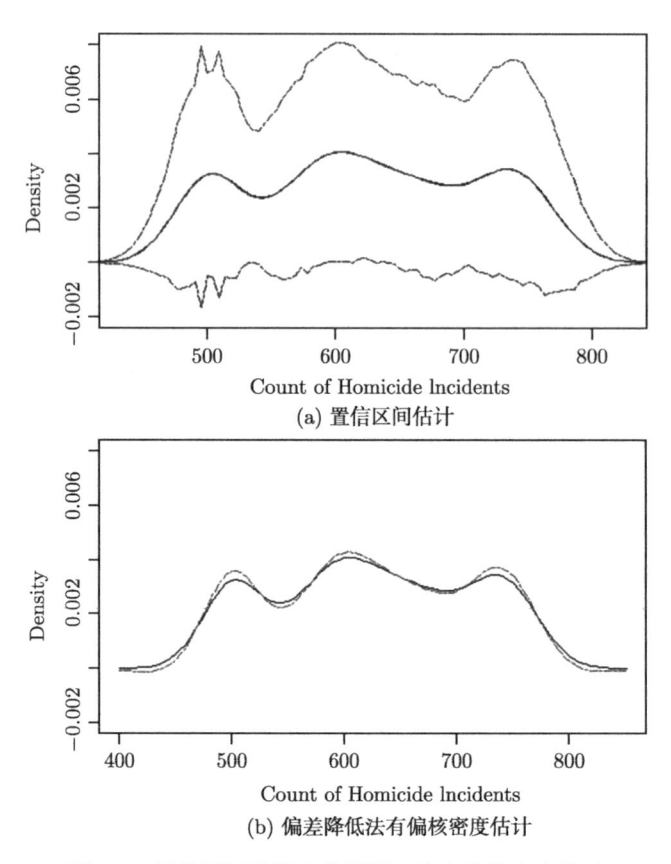

图 7.3 置信区间估计和偏差降低法有偏核密度估计

类似于一维情况，我们可以证明 $\int_{\mathbb{R}^d} \hat{p}(\boldsymbol{x})\mathrm{d}\boldsymbol{x} = 1$，进而可知，$\hat{p}(\boldsymbol{x})$ 是一个核密度估计。

我们常选取对称的多维密度函数作为核函数，例如，我们可以选取多维标准正态密度函数作为核函数，$K_n(\boldsymbol{x}) = (2\pi)^{-d/2}\exp(-\boldsymbol{x}^\mathrm{T}\boldsymbol{x}/2)$。其他常用的核函数还有

$$K_2(\boldsymbol{x}) = 3\pi^{-1}(1-\boldsymbol{x}^\mathrm{T}\boldsymbol{x})^2 I(\boldsymbol{x}^\mathrm{T}\boldsymbol{x} < 1)$$

$$K_3(\boldsymbol{x}) = 4\pi^{-1}(1-\boldsymbol{x}^\mathrm{T}\boldsymbol{x})^3 I(\boldsymbol{x}^\mathrm{T}\boldsymbol{x} < 1)$$

$$K_\mathrm{e}(\boldsymbol{x}) = \frac{1}{2}c_d^{-1}(d+2)(1-\boldsymbol{x}^\mathrm{T}\boldsymbol{x})I(\boldsymbol{x}^\mathrm{T}\boldsymbol{x} < 1)$$

$K_\mathrm{e}(\boldsymbol{x})$ 称为多维 Epanechinikow 核函数，其中 c_d 是一个和维度有关的常数，$c_1 = 2$，$c_2 = \pi$，$c_3 = 4\pi/3$。

在上述多维核密度估计中，只使用了一个带宽参数 h，这意味着在不同方向上，取的带宽是一样的。事实上，可以对不同方向取不同的带宽参数，即

$$\hat{p}(\boldsymbol{x}) = \frac{1}{nh_1\cdots h_d}\sum_{i=1}^n K\left(\frac{\boldsymbol{x}-\boldsymbol{x}_i}{\boldsymbol{h}}\right)$$

式中，$\boldsymbol{h} = (h_1, h_2, \cdots, h_d)$ 是一个 d 维向量。在实际中，有时候一个维度上的数据比另一个维度上的数据分散得多，这个时候上述的核函数就有用了。比如说，数据在一个维度上分布

在区间 (0,100) 上，而在另一个维度上仅分布在区间 (0,1) 上，这时候采用不同带宽的多维核函数就比较合理了。

例 7.4 现有美国黄石国家公园的 Old Faithful Geyser 数据，它包含 272 对数据，分别为喷发时间和喷发的间隔时间。我们以此数据估计喷发时间和喷发的间隔时间的联合密度函数，如图 7.4 所示。

R 程序如下：

```
library(ks)
data(faithful)
H <- Hpi(x=faithful)
fhat <- kde(x=faithful, H=H)
plot(fhat, display="filled.contour2")
points(faithful, cex=0.5, pch=16)
```

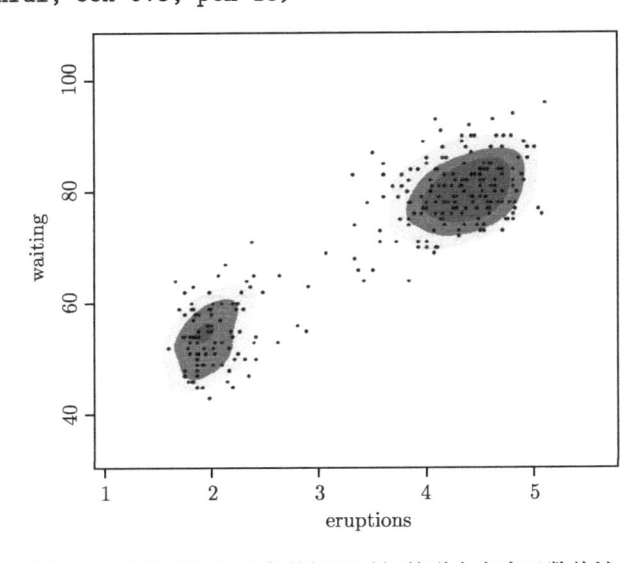

图 7.4 喷发时间和喷发的间隔时间的联合密度函数估计

关于最优带宽的选择，也有类似一维情况下的结论。对于多维核密度估计，运用多维泰勒展开，有

$$\text{Bias}(\boldsymbol{x}) \approx \frac{1}{2}h^2\alpha\nabla^2 p(\boldsymbol{x})$$
$$V(\hat{p}(\boldsymbol{x})) \approx n^{-1}h^{-d}\beta p(\boldsymbol{x})$$

式中，$\alpha = \int \boldsymbol{x}^2 K(\boldsymbol{x})\mathrm{d}\boldsymbol{x}$，$\beta = \int K^2(\boldsymbol{x})\mathrm{d}\boldsymbol{x}$。

因此我们可以得到渐进积分均方误差

$$\text{AMISE} = \frac{1}{4}h^4\alpha^2\int \nabla^2 p(\boldsymbol{x})\mathrm{d}\boldsymbol{x} + n^{-1}h^{-d}\beta$$

由此可得最优带宽

$$h_{\text{opt}} = \left[d\beta\alpha^{-2} \left(\int \nabla^2 p(\boldsymbol{x}) \mathrm{d}\boldsymbol{x} \right) \right]^{1/(d+4)} n^{-1/(d+4)}$$

在上述的最优带宽中，真实密度 $p(\boldsymbol{x})$ 是未知的，因此我们可以采用多维正态密度 $\phi(\boldsymbol{x})$ 来代替，进而得到

$$h_{\text{opt}} = A(K) n^{-1/(d+4)}$$

式中，$A(K) = \left[d\beta\alpha^{-2} \left(\int \nabla^2 \phi(\boldsymbol{x}) \mathrm{d}\boldsymbol{x} \right) \right]^{1/(d+4)}$。

对于 $A(K)$，在知道估计中的核函数类型后，可以计算出来，并进而得到最优带宽 h_{opt}。表 7.2 所示是不同核函数的 $A(K)$ 值。

表 7.2 不同核函数的 $A(K)$ 值

ID	核函数	维度	$A(K)$
1	K_n	2	1
2	K_n	d	$\{4/(d+2)\}^{1/(d+4)}$
3	K_e	2	2.40
4	K_e	3	2.49
5	K_e	d	$\{8c_d^{-1}(d+4)(2\sqrt{\pi})\}^{1/(d+4)}$
6	K_2	2	2.78
7	K_3	2	3.12

7.2.5 贝叶斯分类决策和非参数核密度估计

分类决策是对一个概念的归属作决定的过程，如生物物种的分类、手写文字的识别、西瓜是否成熟的判断、疾病的诊断等。如果一个概念的自然状态是相对确定的，要对比不同决策的优劣是相对容易的。比如：关于一个人国籍身份的归属，我国国籍法规定，"父母双方或一方为中国公民，本人出生在中国，具有中国国籍。"即父母的身份和一个人的出生地可以作为公民国籍归属的基本识别属性。那么一个不在中国出生的婴儿如果已有他国国籍，则不具有中国国籍。这是一个概念规则相对比较清晰的例子，然而现实中更多问题的解决根本是需要形成较为清晰的、可操作性较强的分类规则，如信用评价问题、垃圾邮件识别问题、欺诈侦测问题等。在诸如此类的问题中，我们可能已收集到信用不良事件和信用良好事件的线索记录，如发生时间、发生地点、当事人历史记录等，希望通过对收集到的信息进行分析比较，从而找出可用于信用概念评价的一些识别属性，完成分类规则建制的基本任务。

不仅如此，决策过程常常面对的是一个信息不充分的环境，这就是说，决策不可避免地会犯错误，于是决策研究中对分类决策的评价就成为不可或缺的核心内容。综上所述，一个分类框架一般由以下四项基本元素构成。

(1) 参数集：指概念所有可能的不同自然状态。在分类问题中，自然参数是可数个，用 $\Theta = \{\theta_0, \theta_1, \cdots\}$ 表示。

(2) 决策集：指所有可能的决策结果，$\mathcal{A} = \{a\}$，如买或卖、是否癌症、是否为垃圾邮件。在分类问题中，决策结果就是决策类别的归属，所以决策集与参数集往往是一致的。

(3) 决策函数集：$\Delta = \{\delta\}$，函数 $\delta: \Theta \to \mathcal{A}$。

(4) 损失函数：在参数和决策之间起联系作用。如果概念和参数都是有限可数的，那么所有的概念和相应的决策所对应的损失就构成一个矩阵。

例 7.5 在两类问题中，真实的参数集为 θ_1 和 θ_0（简记为 1 或 0），可能的决策集由四个可能的决策构成 $\Delta = \{\delta_{1,1}, \delta_{0,0}, \delta_{0,1}, \delta_{1,0}\}$，其中，$\delta_{i,j}$ 表示把 i 判为 j，$i,j = 0,1$，相应的损失矩阵可能为

$$L = \begin{pmatrix} 0 & 1 \\ 1 & 0 \end{pmatrix}$$

这表示判对没有损失，判错有损失。真实的情况为 1 却判为 0，或真实的情况为 0 却判为 1，则发生损失 1，称为 "0-1" 损失。

从分布的角度来看，分类问题本质上是概念属性分布的辨识问题，于是可通过核密度估计回答概念归属的问题。以两类问题为例：真实的参数集为 θ_1 和 θ_0，在没有观测之前，对 θ_1 和 θ_0 的决策函数可以应用先验 $p(\theta_1)$ 和 $p(\theta_0)$ 确定，即定义决策函数

$$\delta = \begin{cases} \theta_1, & p(\theta_1) > p(\theta_0) \\ \theta_0, & p(\theta_1) < p(\theta_0) \end{cases}$$

在很多情况下，我们对概念能够收集到更多的观测数据，于是可以建立类条件概率密度 $p(x|\theta_1), p(x|\theta_0)$。显然，两个不同的概念在一些关键属性上一定存在差异，这表现为两个类别在某些属性上的分布呈现差异。综合先验信息，可以对类别的归属通过贝叶斯公式重新组织。即

$$p(\theta_1|x) = \frac{p(x|\theta_1)p(\theta_1)}{p(x)}$$

$$p(\theta_0|x) = \frac{p(x|\theta_0)p(\theta_0)}{p(x)}$$

根据贝叶斯公式，可以通过后验分布制定决策：

$$\delta = \begin{cases} \theta_1, & p(\theta_1|x) > p(\theta_0|x) \\ \theta_0, & p(\theta_1|x) < p(\theta_0|x) \end{cases}$$

注意到在后验概率比较中，本质的部分是分子，所以上式等价于

$$\delta = \begin{cases} \theta_1, & p(x|\theta_1)p(\theta_1) > p(x|\theta_0)p(\theta_0) \\ \theta_0, & p(x|\theta_1)p(\theta_1) < p(x|\theta_0)p(\theta_0) \end{cases}$$

定理 7.5 后验概率最大化的贝叶斯分类决策是 "0-1" 损失下的最优风险。

证明 注意到条件风险

$$R(\theta_1|x) = p(\theta_0|x)L(\theta_0,\theta_1) + p(\theta_1|x)L(\theta_1,\theta_1)$$
$$= 1 - p(\theta_1|x)$$

上述定理很容易扩展到 $k(k \geqslant 3)$ 个不同的分类（此处不赘述，留作练习）。后验概率最大相当于"0-1"损失下的风险最小。

于是给出如下非参数核密度估计分类计算步骤：

(1) $\forall i = 1, 2, \cdots, k, \theta_i$ 下观测 $x_{i1}, x_{i2}, \cdots, x_{in} \sim p(x|\theta_i)$；
(2) 估计 $p(\theta_i), i = 1, 2, \cdots, k$；
(3) 估计 $p(x|\theta_i), i = 1, 2, \cdots, k$；
(4) 对新待分类点 x，计算 $p(x|\theta_i)p(\theta_i)$；
(5) 计算 $\theta^* = \mathrm{argmax}\{p(x|\theta_i)p(\theta_i)\}$。

例 7.6 （例 7.1 续）根据核密度估计贝叶斯分类决策对例 7.1 中的两类鱼进行分类。

解 假设 θ_1 表示鲑鱼，θ_0 表示鲈鱼，记两类鱼的先验分布为

$$\text{鲑鱼}: \hat{p}(\theta_1) \quad \leftrightarrow \quad \text{鲈鱼}: \hat{p}(\theta_0)$$

用两类分别占全部数据的频率估计先验概率。在本例中，由于鲑鱼为 100 条，鲈鱼为 130 条，两类先验概率分别估计为 $p(\theta_1) = 100/230 = 0.4348$；$p(\theta_0) = 130/230 = 0.5652$。

接着，对每一类别独立估计核概率密度，两类鱼身长的核概率密度分别记为

$$\text{鲑鱼}: p(x|\theta_1) \quad \leftrightarrow \quad \text{鲈鱼}: p(x|\theta_0)$$

根据"最大后验概率"原则进行分类，制定如下判别原则：对 $\forall x$，

$$\delta_x \in \begin{cases} \theta_0, & \text{当 } p(\theta_0|x) > p(\theta_1|x) \\ \theta_1, & \text{当 } p(\theta_1|x) > p(\theta_0|x) \end{cases}$$

针对一组数据点，得到表 7.3 所示的分类结果。

表 7.3 用核密度估计对鲑鱼和鲈鱼分类的结果表

位置	数值	$p^*(\theta_1\|x)$	$p^*(\theta_0\|x)$	真实的类别	判断的类别
83	19.6	0.0506	0.0071	1	1
82	22.3	0.0593	0.0069	1	1
220	14.07	0.0076	0.0179	0	0
89	8.5	0.0046	0.0634	1	0
93	17.3	0.0135	0.0112	1	1
167	7.6	0.0044	0.0777	0	0
140	6.3	0.0051	0.0583	0	0
107	2	0.0001	0.0293	0	0

注：p^* 表示没有归一化的分布密度。

表中有下画线的数据表示分类错误。8 个数据结果中,7 个分类正确,1 个分类错误。核函数密度曲线如图 7.5 所示。

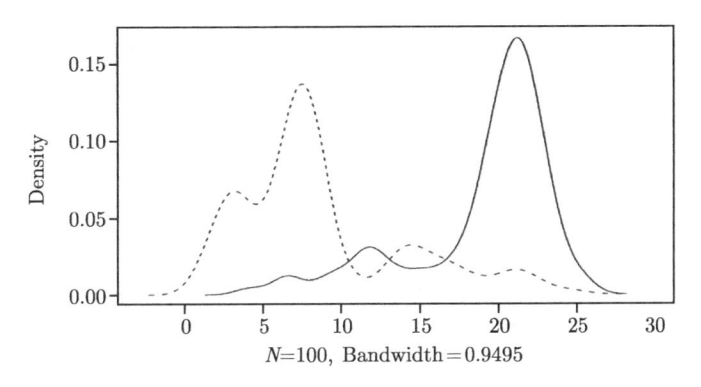

图 7.5　鲑鱼和鲈鱼核函数密度曲线图

上述概率密度估计和分类的例子较好地展现了非参数密度估计的优点。如果能采集足够多的训练样本,无论实际采取哪一种核函数形式,从理论上最终都可以得到一个可靠的收敛于密度的估计结果。概率密度估计和分类例子的主要缺点是,为了获得满意的密度估计,实际需要的样本量是非常惊人的。非参数估计要求的样本量远超过在已知分布参数形式下估计所需的样本量。这种方法对时间和内存空间的消耗都是巨大的,人们正在努力寻找有效降低估计样本量的方法。

然而,非参数密度估计最严重的问题是高维应用问题。一般在高维空间上,会考虑定义一个 d 维核函数,它是一维核函数的乘积,每个核函数有自己的带宽,记为 $h_1, h_2, \cdots, h_d$,参数数量与空间维数呈线性关系。然而在高维空间中,某个点的邻域里没有数据点是很正常的,因而出现了体积很小的邻域中的任意两个点之间的距离却很远,比如,10 维空间上位于一个体积为 0.001 的小邻域内的两个点的距离可以高达 0.5,这样基于体积概念定义的核函数没有样本点估计,这种现象称为"维数灾难"问题(curse of dimensionality)。为了使核密度估计能够应用,需要更多的样本作为代价,这也严重限制了非参数密度估计在高维空间上的应用。

7.3　k 近邻估计

在核密度估计中如果选择核函数为表 7.1 中的 Parzen 窗函数,就可以得到 Parzen 窗估计。Parzen 窗估计的直观含义是,以待估密度点 x 作为中心,用与 x 点各向坐标标准化距离为 $\frac{1}{2}$ 的样本点计算等权频率,再用窗宽所确定的固定的体积归一化,作为对 x 点的密度估计。Parzen 窗估计的一个潜在问题是,每个点都选用固定的体积。如果 h_n 定得过大,则那些分布较密的点由于受到过多点的支持,使得本应突出的尖峰变得扁平;而另一些相对稀疏的位置或离群点,则可能因为体积设定过小,而没有样本点纳入邻域,从而使密度估计为零。虽然选择一些连续核函数（如正态函数等），能够在一定程度上弱化该问题，但在很多情况下并不具有实质性的突破，仍然没有一个标准指明应该按照哪些数据的分布情况确定带宽。一种可行的解决方法是，让体积成为样本的函数，不硬性规定窗函数为全体样本个数的某个函数，而是固定贡献的样本点数，以点 x 为中心，令体积扩张，直到包含进 k_n 个样本为止，其中的 k_n 是关于 n 的某一个特定函数。被纳入邻域的样本就称为点 x 的 k_n 个最近邻。用领域的体积 V_n 定义估计点的密度如下：

$$\tilde{p}_n(x) = \frac{k_n/n}{V_n} \tag{7.10}$$

如果在点 x 附近有很多样本点，那么这个体积就相对较小，会得到很大的概率密度；而如果在点 x 附近样本点变得稀疏，那么这个体积就会变大，直到进入某个概率密度很高的区域，这个体积就会停止生长，从而概率密度比较小。

如果样本点增多，则 k_n 也相应增大，以防止 V_n 快速增大而导致密度趋于无穷。另一方面，我们还希望 k_n 增大的速度能够足够慢，使得包含进 k_n 个样本的体积能够逐渐趋于零。在选择 k_n 方面福永（Fukunaga）和霍斯特勒（Hosterler，1975）给出了一个计算 k_n 的公式，对于正态分布而言：

$$k_n = k_0 n^{4/(d+4)} \tag{7.11}$$

式中，k_0 是常数，与样本量 n 和空间维数 d 无关。

如果取 $k_n = \sqrt{n}$，并且假设 $\tilde{p}_n(x)$ 是 $p(x)$ 的一个较准确的估计，那么根据式 (7.10)，有 $V_n \approx 1/(\sqrt{n}p(x))$。这与核函数中的情况是一样的。但是这里的初始体积是根据样本数据的具体情况确定的，而不是事先选定的。而且不连续梯度的点常常并不出现在样本点处，见图 7.6。

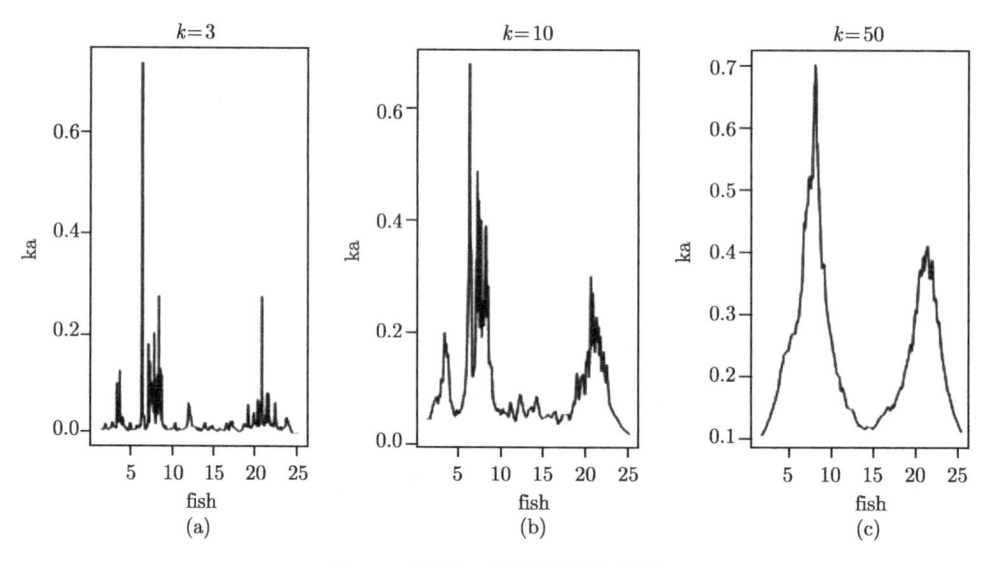

图 7.6 不同 k 近邻密度估计图

与核函数一样，k 近邻估计也同样存在维度问题。除此之外，虽然 $\tilde{p}_n(x)$ 是连续的，但 k 近邻估计的梯度却不一定连续。k 近邻估计需要的计算量相当大，同时还要防止 k_n 增大过慢而导致密度估计扩散到无穷。这些缺点使得用 k 近邻估计产生密度并不多见，k 近邻估计更常用于分类问题。

案例与讨论: 景区游客时空分布密度与预测框架

案例背景

在我国，旅游业是保护生态资源环境可持续发展的绿色产业。中国旅游研究院的数据显示，2015 年中国旅游接待总人数已经突破 41 亿人次。伴随而来的则是在旅游旺季，知名景区的旅游线路超负荷承载，配套服务协调失控等。游客数量暴增，特别是大散客时代的到来，让旅游需求更加多样化，比如，游客需要知道附近的停车场是否还有空位。而 2020 年受新冠疫情影响，全球旅游业进入寒冬，诸如最近的洗手间在哪儿，安全卫生的餐厅距离当前位置有多远、排队状况如何，去往下一个景点的电瓶车在哪儿，哪个泊位的游船人数较少、几点能来……此类细微琐碎的服务需求已经难以靠传统方式满足。同时，对于景区管理者而言，旅游管理中面对的种种问题亟需大数据的协助解决。如何快速向游客推送景区的各类信息，如何获知人流热度以便及时指挥调度，如何管理景区的景点、道路、设施等，都是国内传统景区转型中亟需攻克的难点。景区游客实时预报、对游客流动分布的监测与客流量合理疏导是"旅游产业管理"转型升级的必要之路。

景区热度分析（景区人群密度预测技术）是其中的关键。具体而言，基于大数据热度信息，可以帮助游客和景区绘制景区内精准的基础地图数据，帮助游客和景区进行拥堵、排队等人流、车流大数据采集、分析；基于位置（LBS）的大数据，帮助景区进行实时活动信息、地址信息变更等在线数据管理。作为"智慧景区"主要引擎的热力图，游客可以通过其显示的不同颜色，判断某处游客人数的多少，合理安排游览时间。

据报道，建设"智慧景区"已经成为我国旅游业发展的一个新趋势。2015 年 9 月，国家旅游局发布了《"旅游 + 互联网"行动计划》，明确到 2020 年，推动全国所有 4A 级景区实现免费 WIFI、智能导游、电子讲解、在线预订、信息推送等功能全覆盖。据统计，截至 2015 年底，全国共有 5A 级景区 213 家，4A 级景区 617 家，3A 级景区 5810 家。

请看图 7.7，图 (a) 所示是热度密度估计结果，从中可以发现，同一时段景区不同位置游客密度的分布存在异质性结构，通过传统的核密度估计只能得到图 (c) 所示的结果，该图反映出许多潜在的弱密度区域被低估而高密度区域被高估的现象，这样就产生了数据点在密度估计中的权重选择问题。

研讨问题

请阅读论文《数理统计与管理》2018 年第 3 期 438~448 页的文章《基于权重时变的混

合正态模型的游客分布预测模型》，讨论以下四个问题：

(1) 为什么传统的核密度估计会出现低密度区域被低估的现象？这类问题在单一的正态分布中会出现吗？

(2) 为什么传统的核密度估计会出现高密度区域被高估的现象？这类问题在单一的 Gamma 分布中会出现吗？

(3) 时变权重的估计在不平衡的混合密度的估计中有怎样的作用？结合图 7.7(b) 所示的输出结果进行思考。这些估计技术在体现不同分支的机会平等要求和可持续结构的发现与解读方面有哪些独特的作用？

(4) 这类模型的建立需要导入怎样的数据？它对景区游客的互动信息服务平台的哪些决策会有帮助？会创新哪些新的业务模式？请收集文献给予分析和讨论。

(a) 热度密度估计结果

(b) 时变权重的密度估计结果

(c) 传统的核密度估计结果

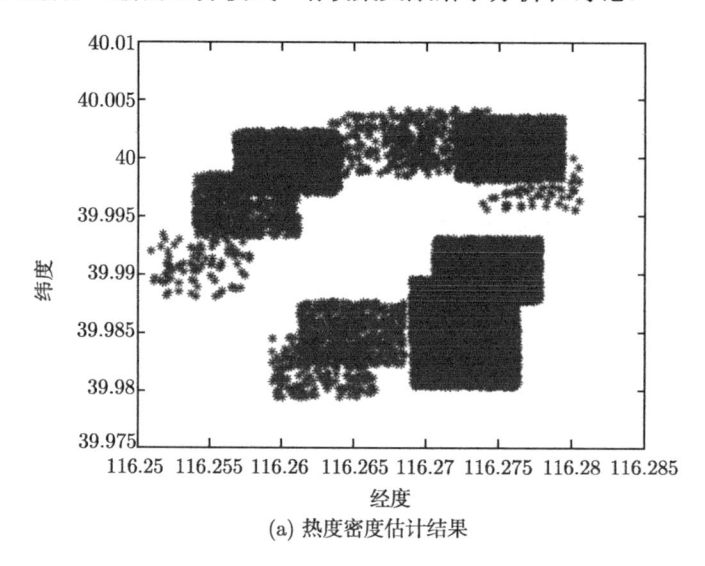

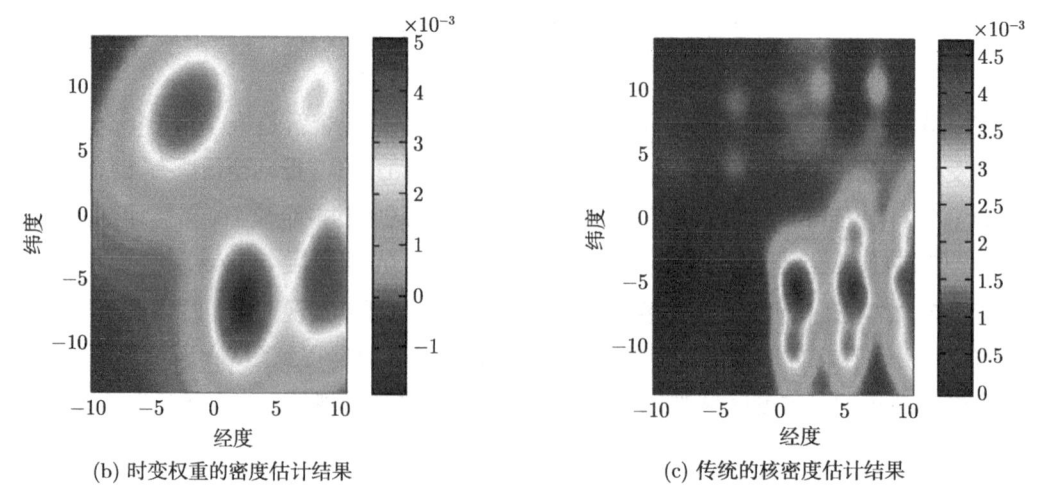

图 7.7 2017 年某日 10:00am 颐和园游客空间分布密度估计结果

习　题

7.1 使用 R 里 library(MASS) 中的案例数据——geyser 老忠实温泉数据, 对间隔时间作核密度估计。

(1) 取 $h=0.3$, 选用标准正态密度函数、Parzen 窗函数和三角函数分别作图, 分析不同窗函数对结果的影响。

(2) 固定核函数为标准正态密度函数, h 取 4 个不同的值: $0.3, 0.5, 1$ 和 1.5, 从图上分析带宽对核密度估计的影响。

7.2 对鲑鱼和鲈鱼识别数据, 尝试用 k 近邻方法估计两类的分布密度, 再尝试用贝叶斯分类决策方法设计分类器。

(1) 选择所使用的 k 近邻数。

(2) 在不同的 k 下计算训练误差率。

7.3 考虑一个正态分布 $p(x) \sim N(\mu, \sigma^2)$ 和核函数 $K(x) \sim N(0,1)$。证明 Parzen 窗估计 $p_n(x) = \frac{1}{nh_n}\sum_{i=1}^{n} K\left(\frac{x-x_i}{h_n}\right)$ 有如下性质。

(1) $\hat{p}_n(x) \sim N(\mu, \sigma^2 + h_n^2)$。

(2) $\text{var}[p_n(x)] \approx \dfrac{1}{2nh_n\sqrt{\pi}} p(x)$。

(3) 当 h_n 较小时, $p(x) - \hat{p}_n(x) \approx \dfrac{1}{2}\left(\dfrac{h_n}{\sigma}\right)^2 \left[1 - \left(\dfrac{x-\mu}{\sigma}\right)^2\right] p(x)$。注意, 如果 $h_n = h_1/\sqrt{n}$, 那么这个结果表示由于偏差而导致的误差率以 $1/n$ 的速度趋近于零。

7.4 令 $p(x) \sim U(0,a)$ 为 0 到 a 之间的均匀分布, 而 Parzen 窗函数为当 $x > 0$ 时, $\varphi(x) = \mathrm{e}^{-x}$, 当 $x \leqslant 0$ 时则为零。

(1) 证明 Parzen 窗估计的均值为

$$\hat{p}_n(x) = \begin{cases} 0, & x < 0 \\ \dfrac{1}{a}(1 - \mathrm{e}^{-x/h_n}), & 0 \leqslant x \leqslant a \\ \dfrac{1}{a}(\mathrm{e}^{a/h_n} - 1)\mathrm{e}^{-x/h_n}, & a \leqslant x \end{cases}$$

(2) 画出当 $a=1$, h_n 分别等于 $1, 1/4, 1/16$ 时 $\hat{p}_n(x)$ 关于 x 的函数图。

(3) 在这种情况下, 即 $a=1$ 时, 求 h_n 的值。并且画出在区间 $0 \leqslant x \leqslant 0.05$ 内 $\hat{p}_n(x)$ 的函数图。

7.5 假设 x_1, x_2 相互独立且满足 $(0,1)$ 间的均匀分布, 考虑指数核函数 $K(u) = \exp\{-|u|\}/2$。

(1) 写出核函数密度估计的表达式 $\hat{p}(x)$。

(2) 计算 $\text{Bias}(x) = E(\hat{p}(x)) - p(x)$。

7.6 对于多维核密度函数 $K_e(\boldsymbol{x}) = \dfrac{1}{2}c_d^{-1}(d+2)(1-\boldsymbol{x}^\mathrm{T}\boldsymbol{x})I(\boldsymbol{x}^\mathrm{T}\boldsymbol{x} < 1)$, 其中 d 是多元核函数的维度。

(1) 当 $d=2$ 和 3 时, 分别计算 c_d 的值, 并写出对应的多维核密度函数的表达式;

(2) 当 $d=2$ 时, 有数据 $(1,1), (1,2), (2,1), (2,2)$, 试计算核密度估计 $\hat{p}(\boldsymbol{x})$ 在 $\boldsymbol{x} = (1.5, 1.5)$ 的值。

(3) 当 $d=3$ 时，有数据 $(1,1,1),(1,2,1),(2,1,2),(2,2,2)$，试计算核密度估计 $\hat{p}(\boldsymbol{x})$ 在 $\boldsymbol{x}=(1,1,2)$ 的值。

7.7 信用卡信用分为三级，试利用教学资源中的 Credit.txt 数据，根据核密度估计法和后验概率构造分类器。尝试 R 中所有可能的核函数，并比较不同的结果。

7.8 对于凶杀案数据，尝试 R 中包 sm.envelope 的置信带构造方法，给出核密度估计的置信带，并与例 7.3 得到的置信带进行比较。

第 8 章

非参数回归

在实际中，我们经常要研究两个变量 X 与 Y 的函数关系，图 8.1（见 \chap8 数据 motor.txt）所示为两幅复杂二元关系数据的散点图，图 8.1(a) 由 230 个成对样本点构成，其中 $Y_i = \sin(4X_i) + \varepsilon_1$, $X_i \sim U(0,1)$, $\varepsilon_i \sim N(0,1/3), i = 1, 2, \cdots, 230$。$X$ 和 Y 看似存在某种非线性函数关系，可以尝试非线性回归。最常见的一种做法是用一个多项式回归来刻画二者的关系，如下所示：

$$y(x,\beta) = \sum_{j=0}^{p} \beta_j x^j,\ x^0 = 1$$

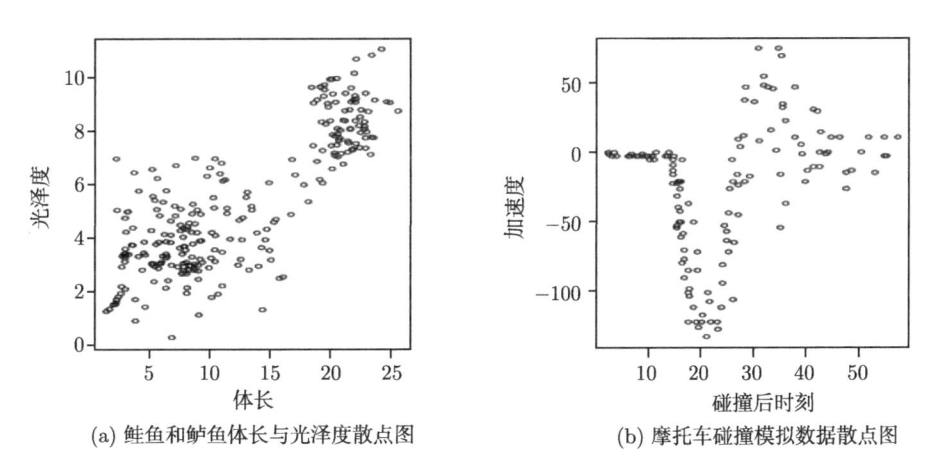

(a) 鲑鱼和鲈鱼体长与光泽度散点图 (b) 摩托车碰撞模拟数据散点图

图 8.1　复杂二元关系数据散点图

如果关系是线性的，那么 $p = 1$；如果关系不是线性的，那么 $p > 1$。选用高阶回归可以在一定程度上改善线性模型的拟合优度。但是，多项式回归的不足之处在于对其阶数的选择。单从拟合优度来看，一般更倾向于取较高的阶数，这时模型会非常强烈地依赖于几个关键点，对这些点的变化非常敏感，如果这些点出现小的扰动，则可能会波及远离这些点的一些点的估计以及它们附近的曲线走向。多项式回归需要调整参数 p 的大小，当关系复杂时，p 也倾向于取更高阶。选择高阶 p 的代价是，高阶的系数不仅不容易估得准确，常常具有较大的方差，而且还会出现系数膨胀现象，这样很容易产生错误的回归估计模型。本章将讨论复杂数据关系的非参数回归模型的解决方案,这些方案具有两个共同的特点:一是模型不是事先设定的,二是模型中引入了灵活可调解的参数,从而尽可能用低阶的回归模型去解决复杂的数据关系问题。

图 8.1(b) 是很多统计学家都研究过的摩托车碰撞模拟数据的散点图,由 133 个成对数据构成。X 为模拟的摩托车发生相撞事故后的某一短暂时刻(10^{-6}s),Y 是该时刻驾驶员头部的加速度(g)。直觉上,X 和 Y 之间是有某种函数关系的,但是很难用参数方法进行回归,也很难用普通的多项式回归拟合。因此考虑如下更一般的模型:

给定一组样本观测值 $(Y_1, X_1), (Y_2, X_2), \cdots, (Y_n, X_n)$,$X_i$ 和 Y_i 之间的任意函数模型表示为

$$Y_i = m(X_i) + \varepsilon_i, \quad i = 1, 2, \cdots, n \tag{8.1}$$

式中,$m(\cdot) = E(Y|X)$,ε 为随机误差项。一般假定 $E(\varepsilon|X = x) = 0$,$\mathrm{var}(\varepsilon|X = x) = \sigma^2$,不必是常数。

8.1 Nadaraya-Watson 核回归

回顾第 7 章介绍过的核密度估计,它相当于求 x 附近的平均点数。平均点数的求法是对可能影响到 x 的样本点,以距离 x 的远近为距离加权平均。核回归的基本思路与之类似,这里不是求平均点数,而是估计点 x 处 y 的取值,仍然按照距离 x 的远近对样本观测值 y_i 加权即可。这就是纳达拉亚(Nadaraya)及沃森(Watson, 1964)提出的 Nadaraya-Watson 核回归的基本思想。

定义 8.1 选定原点对称的概率密度函数 $K(\cdot)$ 为核函数,带宽 $h_n > 0$,

$$\int K(u)\mathrm{d}u = 1 \tag{8.2}$$

定义加权平均核

$$\omega_i(x) = \frac{K_{h_n}(X_i - x)}{\sum_{j=1}^{n} K_{h_n}(X_j - x)} \tag{8.3}$$

式中,$K_{h_n}(u) = h_n^{-1} K(u h_n^{-1})$ 也是一个概率密度函数。Nadaraya-Watson 核回归定义为

$$\hat{m}_n(x) = \sum_{i=1}^{n} \omega_i(x) Y_i \tag{8.4}$$

注意到

$$\hat{\theta} = \min_{\theta} \sum_{i=1}^{n} \omega_i(x)(Y_i - \theta)^2 = \sum_{i=1}^{n} \frac{\omega_i Y_i}{\sum_{i=1}^{n} \omega_i} \tag{8.5}$$

因此，Nadaraya-Watson 核回归等价于局部加权最小二乘估计。权重 $\omega_i = K(X_i - x)$。常用的核函数与上一章表 7.1 中所列类似。

若 $K(\cdot)$ 是 $[-1, 1]$ 上的均匀概率密度函数，则 $m(x)$ 的 Nadaraya-Watson 核回归就是落在 $[x - h_n, x + h_n]$ 上的 X_i 对应的 Y_i 的简单算术平均值。称参数 h_n 为带宽，h_n 越小，参与平均的 Y_i 就越少；h_n 越大，参与平均的 Y_i 就越多。

若 $K(\cdot)$ 是 $[-1, 1]$ 上的非均匀概率密度函数，则 $m(x)$ 的 Nadaraya-Watson 核回归就是落在 $[x - h_n, x + h_n]$ 上的 X_i 对应的 Y_i 的加权算术平均值。

若 $K(\cdot)$ 是 $(-\infty, +\infty)$ 上关于原点对称的标准正态密度函数，则 $m(x)$ 的 Nadaraya-Watson 核回归就是 Y_i 的加权算术平均值。X_i 离 x 越近，权数就越大；离 x 越远，权数就越小；当 X_i 落在 $[x - 3h_n, x + 3h_n]$ 之外时，权数为零。

Nadaraya-Watson 核回归直接使用密度加权，但是在实际估计参数和计算带宽的时候，可能需要对权重取导数运算，这时将核函数表达为密度积分的形式是比较方便的，这就导出了另一种核回归——Gasser-Müller 核回归：

$$\hat{m}(x) = \sum_{i=1}^{n} \int_{s_{i-1}}^{s_i} K\left(\frac{u-x}{h}\right) du \cdot y_i$$

式中，$s_i = (x_i + x_{i+1})/2$，$x_0 = -\infty$，$x_{n+1} = +\infty$。显然它是用面积而不是密度本身作为权重的。

例 8.1（Nadaraya-Watson 核回归的例子）图 8.2 所示为鲑鱼和鲈鱼体长与光泽度之间的 Nadaraya-Watson 核回归光滑曲线。为了说明带宽 h 的作用，这里的 h 分别取 3, 1.5, 0.5 和 0.1。

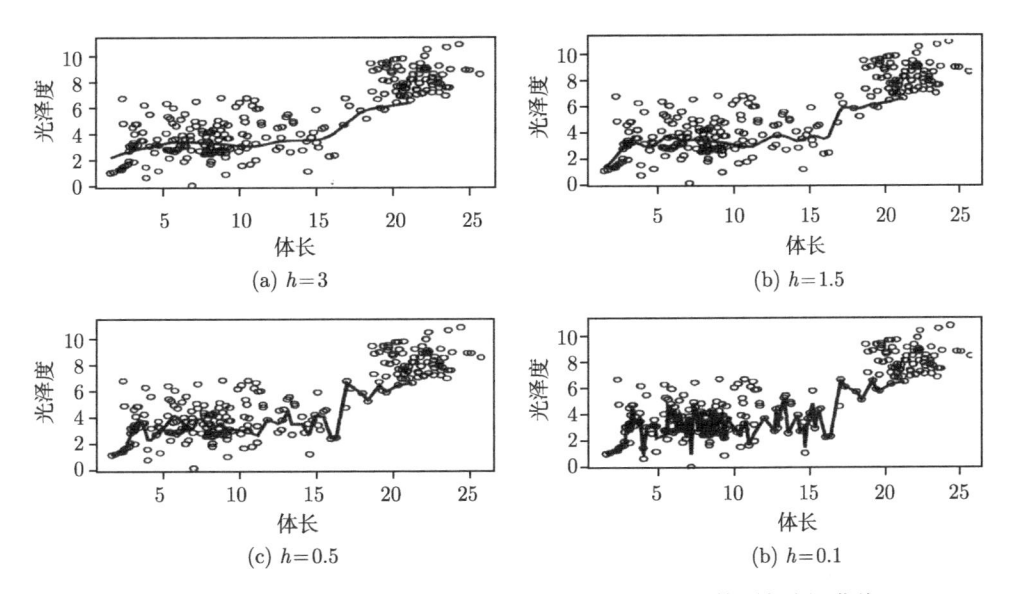

图 8.2 鲑鱼和鲈鱼体长和光泽度的 Nadaraya-Watson 核回归光滑曲线

8.2 局部多项式回归

8.2.1 局部线性回归

Nadaraya-Watson 核回归虽然实现了局部加权,但是这个权重在局部邻域内是常量,由于加权是基于整个样本点的,因此在边界往往估计不理想。如图 8.3 所示,真实的曲线用虚线表示,Nadaraya-Watson 核回归拟合曲线用实线表示。在左边和右边的边界点处,曲线真实的走向有很大的线性斜率,但是在拟合曲线上,显然边界的估计有高估的现象。这是因为核函数是对称的,因而在边界点处,起决定作用的是内点,比如,影响左边界点走势的主要是右边的点,同样,影响右边界点走势的主要是左边的点。越到边界,这种情况越突出。显然,问题并非仅对外点而言,如果内部数据分布不均匀,则那些恰好位于高密度附近的内点的核回归也会存在较大偏差。

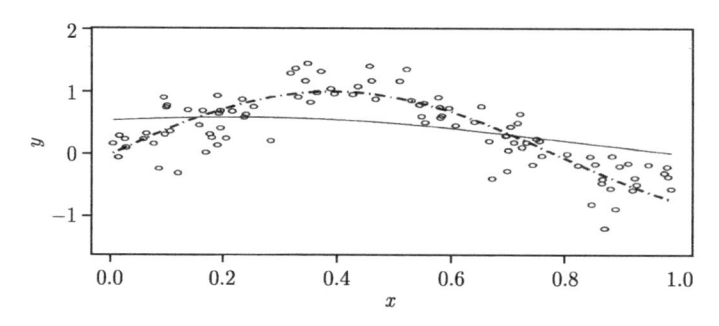

图 8.3 Nadaraya-Watson 核回归和真实函数曲线比较

解决的方法是,用一个变动的函数取代局部固定的权,这样就可避免这种边界效应。最直接的做法就是,在待估点 x 的邻域内用一个线性函数 $Y_i = a(x) + b(x)X_i$, $X_i \in [x-h, x+h]$ 取代 Y_i 的平均,其中 $a(x)$ 和 $b(x)$ 是两个局部参数。因而就得到了局部线性回归。

具体而言,局部线性回归的最小化目标函数为

$$\sum_{i=1}^{n} \{Y_i - a(x) - b(x)X_i\}^2 K_{h_n}(X_i - x) \tag{8.6}$$

式中,$K_{h_n}(u) = h_n^{-1} K(h_n^{-1} u)$,$K(\cdot)$ 为概率密度函数。若 $K(\cdot)$ 是 $[-1, 1]$ 上的均匀概率密度函数 $K_0(\cdot)$,则 $m(x)$ 的局部线性回归就落在 $[x - h_n, x + h_n]$ 的 X_i 与其对应的 Y_i 关于局部模型

$$\hat{m}(x) = \hat{a}(x) + \hat{b}(x) X_i \tag{8.7}$$

的最小二乘估计上。

若 $K(\cdot)$ 是 $[-1, 1]$ 上的非均匀概率密度函数 $K_2(\cdot)$,则 $m(x)$ 的局部线性回归就落在 $[x - h_n, x + h_n]$ 的 X_i 与其对应的 Y_i 关于局部模型 (8.6) 的加权最小二乘估计上。X_i 越接近 x,对应 Y_i 的权数就越大;反之,则越小。

若 $K(\cdot)$ 是 $(-\infty, +\infty)$ 上关于原点对称的标准正态密度函数 $K_2(\cdot)$，则 $m(x)$ 的局部线性回归就是局部模型（式 (8.6)）的加权最小二乘估计。X_i 离 x 越近，权数就越大；反之，权数就越小。当 X_i 落在 $[x - 3h_n, x + 3h_n]$ 之外时，权数基本上为零。

$m(x)$ 的局部线性回归的矩阵表示为

$$\hat{m}_n(x, h_n) = \boldsymbol{e}_1^{\mathrm{T}} (\boldsymbol{X}_x^{\mathrm{T}} \boldsymbol{W}_x \boldsymbol{X}_x)^{-1} \boldsymbol{X}_x^{\mathrm{T}} \boldsymbol{W}_x \boldsymbol{Y}$$
$$= \sum_{i=1}^{n} l_i(x) y_i \tag{8.8}$$

式中，

$$\boldsymbol{e}_1 = (1, 0)^{\mathrm{T}}, \quad \boldsymbol{X}_x = (X_{x,1}, X_{x,2}, \cdots, X_{x,n})^{\mathrm{T}}, \quad \boldsymbol{X}_{x,i} = (1, (X_i - x))^{\mathrm{T}}$$

$$\boldsymbol{W}_x = \mathrm{diag}[K_{h_n}(X_1 - x), (X_2 - x), \cdots, K_{h_n}(X_n - x)], \quad \boldsymbol{Y} = [Y_1, Y_2, \cdots, Y_n]^{\mathrm{T}}$$

当解释变量为随机变量时，局部线性回归 $\hat{m}_n(x, h_n)$ 在内点处的逐点渐近偏差和渐近方差如表 8.1 所示。

表 8.1 局部线性回归内点渐近偏差和渐近方差

	渐近偏差	渐近方差
总变异	$h_n^2 \dfrac{m''(x)}{2} \mu_2(K)$	$\dfrac{\sigma^2(x)}{nh_n f(x)} R(K)$

使得 $\hat{m}_n(x, h_n)$ 的均方误差达最小的最佳窗宽为

$$h_n = cn^{-1/5} \tag{8.9}$$

式中，c 与 n 无关，只与回归函数、解释变量的密度函数和核函数有关。在内点，使得 $\hat{m}_n(x, h_n)$ 的均方误差达到最小的最优的核函数为 $K(z) = 0.75(1 - z^2)_+$，此时，局部线性回归可达到收敛速度 $O(n^{-2/5})$。

例 8.2 图 8.4 所示为用局部线性回归对图 8.3 所示关系的重新拟合，可见边界效应问题有所缓解，即其在边界点的收敛速度与内点几乎一样，且等于 Nadaraya-Watson 核回归在内点处的收敛速度，它的偏差比 Nadaraya-Watson 核回归小，而且其偏差与解释变量的密度函数无关。此外，局部线性回归在估计出回归函数 $m(x)$ 的同时也估计出回归函数的导函数 $m'(x)$，导函数在实际中可用于分析边际变化率。

8.2.2 局部多项式回归

如图 8.4 所示，与真实函数相比较，局部线性回归虽然较好地克服了边界的偏差，但在曲线导函数符号改变的附近，仍然产生偏差，又由于导函数改变的点通常为极值点，因而呈现出"山头被削，谷底填满"的光滑效果，这时就需要考虑高阶局部多项式的情况。局部线性回归很容易扩展到一般的局部多项式回归。

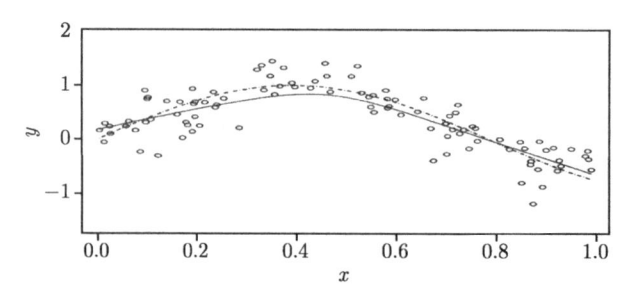

图 8.4 局部线性回归的拟合线和真实曲线的比较图

考虑二元数据对 $\{(X_1,Y_1),(X_2,Y_2),\cdots,(X_n,Y_n)\}$，它们独立同分布取自总体 (X,Y)，待估的回归函数是 $m(x) = E(Y|X=x)$，它的各阶导数记为 $m'(x), m''(x), \cdots, m^{(p)}(x)$。

定义 8.2 局部 p 阶多项式回归为最小化 p 阶多项式：

$$\sum_{i=1}^{n}[Y_i - \beta_0 - \cdots - \beta_p(X_i-x)^p]^2 K\left(\frac{X_i-x}{h}\right) \tag{8.10}$$

式中的记号与前面类似，h 是带宽，K 是核函数。

令

$$\boldsymbol{X} = \begin{pmatrix} 1 & X_1-x & \cdots & (X_1-x)^p \\ \vdots & \vdots & & \vdots \\ 1 & X_n-x & \cdots & (X_n-x)^p \end{pmatrix}$$

$$\boldsymbol{\beta} = \begin{bmatrix} \hat{\beta}_0 \\ \hat{\beta}_1 \\ \vdots \\ \hat{\beta}_p \end{bmatrix}_{(p+1)\times 1}, \quad \boldsymbol{y} = \begin{bmatrix} Y_1 \\ Y_2 \\ \vdots \\ Y_n \end{bmatrix}_{n\times 1}$$

$$\boldsymbol{W} = h^{-1}\mathrm{diag}\left[K\left(\frac{X_1-x}{h}\right), K\left(\frac{X_2-x}{h}\right), \cdots, K\left(\frac{X_n-x}{h}\right)\right]$$

因此有加权最小二乘问题的估计 $\hat{\boldsymbol{\beta}} = (\boldsymbol{X}'\boldsymbol{W}\boldsymbol{X})^{-1}\boldsymbol{X}'\boldsymbol{W}\boldsymbol{Y}$。

例 8.3 如图 8.5 所示，图中实线表示真实曲线走向，虚线表示用局部二次回归对图 8.4 所示关系的重新拟合，可见极值点的问题有所缓解。

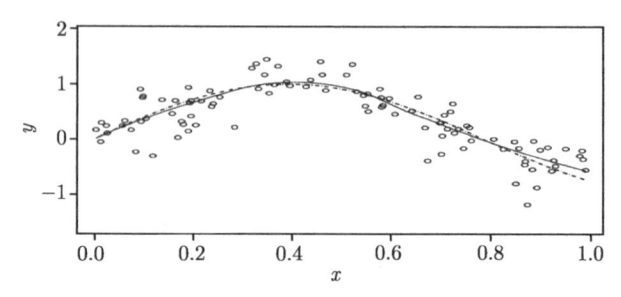

图 8.5 局部二次回归的拟合线和真实曲线的比较图

8.3 LOWESS 稳健回归

异常点可能造成线性回归模型最小二乘估计发生偏差，因而有必要改进局部线性拟合方法来降低异常点对估计结果的影响。LOWESS（Locally Weighted Scatter Plot Smoothing）稳健回归方法就是在这样的背景下产生的，它是由克利夫兰（Cleveland，1979）提出的，目前已在国际上得到广泛的应用。LOWESS 稳健回归的基本思想是先用局部线性回归进行拟合，然后定义稳健权数并进行平滑，重复运算几次后就可消除异常值的影响，从而得到稳健的回归。LOWESS 稳健回归的计算步骤如下。

第一步：对模型 (8.6) 进行局部线性回归，得到 $m(X_i)$ 的估计 $\hat{m}(X_i)$，进而得到残差 $r_i = Y_i - \hat{m}(X_i)$。

第二步：计算稳健权数 $\delta_i = B(r_i/(6 \cdot \text{median}(|r_1|, |r_2|, \cdots, |r_n|)))$，其中 $B(t) = (1-|t|^2)^2 I_{[-1,1]}(t)$。式中，

$$I_{[-1,1]}(t) = \begin{cases} 1, & |t| \leqslant 1 \\ 0, & |t| > 1 \end{cases}$$

第三步：使用权 $\delta_i K(h_n^{-1}(X_i - x))$ 对模型 (8.1) 进行局部加权最小二乘估计，就可得到新的 r_i。

第四步：重复第二步和第三步 s 次后就可得到 LOWESS 稳健回归。

由于稳健权数 δ_i 可将异常值排除在外，并且初始残差大（小）的观测值在下一次局部线性回归中的权数就小（大），因而，重复几次后就可将异常值不断地排除在外，并最终得到稳健的回归。Cleveland（1979）推荐 $s = 3$。

例 8.4 （见教学资源数据 fish.txt）本例仍然是关于鲑鱼和鲈鱼两种鱼类体长和光泽度之间关系的进一步研究，假设现在有 3 个异常点被加入：$\boldsymbol{x}_1 = (22.03784, -18.22867)$，$\boldsymbol{x}_2 = (24.21510, -20.62153)$，$\boldsymbol{x}_3 = (22.70523, -20.90481)$。这些异常点可能是由仪器损坏、人为疏漏或黑客侵犯等原因造成的。图 8.6 中 (a) 为局部线性回归的拟合值与实际值散点图的

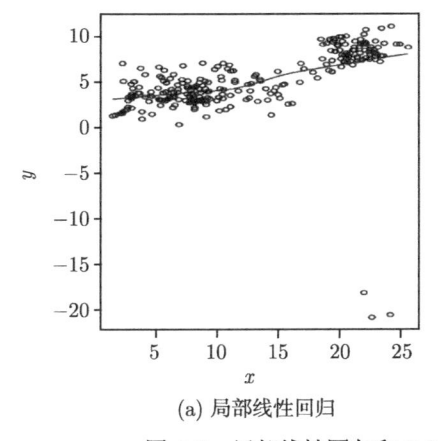

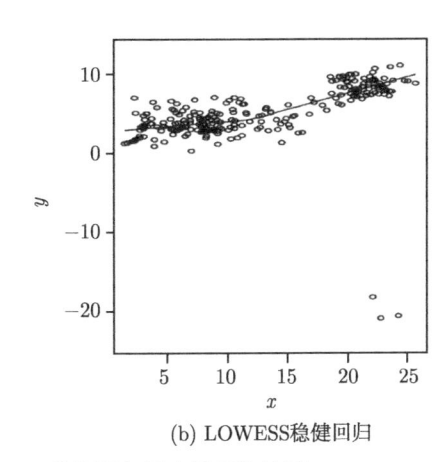

图 8.6 局部线性回归和 LOWESS 稳健回归拟合效果比较图

比较，(b) 为 LOWESS 稳健回归的拟合值和实际值散点图的比较。图 (a) 曲线的右端显然有向下的偏差，这是异常值造成的，而图 (b) 中向下的偏差并不明显。由此可见，LOWESS 稳健回归方法通过三次对异常点权重的减少，基本上消除了异常点对非参数回归模型估计的影响。而且该方法不需要知道异常点的位置，简单易行，因而在国际上得到广泛的应用。

8.4 k 近邻回归

与 k 近邻密度估计类似，k 近邻回归的基本原理是用距离待估点最近的 k 个样本点处 y_i 的值来估计当前点的取值。按照是否对这些点按距离加权，k 近邻回归又分为普通 k 近邻回归和 k 近邻核回归两类，下面分别介绍两者的应用。

1. 普通 k 近邻回归

令 $1 < k < n$，记

$$I_{x,k} = \{i : X_i \text{是离} x \text{最近的} k \text{个观测值之一}\} \tag{8.11}$$

非参数回归模型 (8.1) 的普通 k 近邻回归为

$$\hat{m}_n(x,k) = \sum_{i=1}^{n} w_i(x,k) Y_i \tag{8.12}$$

式中，

$$w_i(x,k) = \begin{cases} 1/k, & i \in I_{x,k} \\ 0, & i \notin I_{x,k} \end{cases}$$

当解释变量为随机变量时，如果当 $n \to \infty$ 时，$k \to \infty$，$k/n \to 0$，则 $\hat{m}_n(x,k)$ 在内点处逐点渐近偏差和渐近方差如表 8.2 所示。此外，在适当的条件下，$\hat{m}_n(x,k)$ 还具有一致性和渐近正态性。

表 8.2　普通 k 近邻回归内点逐点渐近偏差和渐近方差

	渐近偏差	渐近方差
总变异	$\dfrac{1}{24 f(x)^3}[(m''f + 2m'f')(x)](k/n)^2$	$\dfrac{\sigma^2(x)}{k}$

普通 k 近邻回归既适合于解释变量是确定性的模型，也适合于解释变量是随机变量的模型。

2. k 近邻核回归

非参数回归模型 (8.1) 的 k 近邻核回归为

$$\hat{m}_n(x,k) = \frac{\sum\limits_{i=1}^{n} K((X_i - x)/R(x,k)) Y_i}{\sum\limits_{i=1}^{n} K((X_i - x)/R(x,k))} \tag{8.13}$$

式中，$R(x,k) = \max\{|X_i - x| : i \in I_{x,k}\}$。

由式 (8.13) 可见，普通 k 近邻回归是 k 近邻核回归的特例。由式 (8.12) 可知，普通 k 近邻回归用最靠近 x 的 k 个观测值进行加权平均。它的基本原理与 k 近邻核回归相似，性质也相似。当解释变量为随机变量时，当 $n \to \infty$ 时，$k \to \infty$, $k/n \to 0$, 则 $\hat{m}_n(x,k)$ 在内点处的逐点渐近偏差和渐近方差如表 8.3 所示。此外，在适当的条件下，$\hat{m}_n(x,k)$ 还具有一致性和渐近正态性。易见，k 近邻核回归在内点处的收敛速度可达到 $O(n^{-2/5})$。

表 8.3 k 近邻核回归的内点逐点渐近偏差和渐近方差

	渐近偏差	渐近方差
总变异	$\dfrac{\mu(K)}{8f(x)^3}[(m''f + 2m'f')(x)](k/n)^2$	$2\dfrac{\sigma^2(x)}{k}R(K)$

例 8.5 本例是关于鲑鱼和鲈鱼两种鱼类体长和光泽度之间关系的 k 近邻核回归，图 8.7 中 (a) 表示 $k=3$ 时的近邻核回归，(b) 表示 $k=6$ 时的近邻核回归。我们发现，随着 k 的增加，曲线的光滑度也在增加，但是与例 8.1 的 Nadaraya-Watson 核回归相比，k 近邻核回归显然在 k 较小的时候不够光滑。

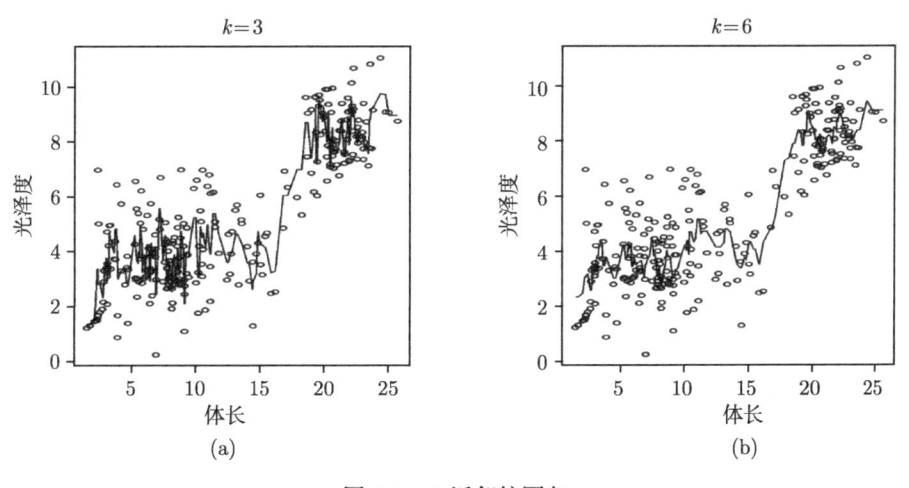

图 8.7 k 近邻核回归

k 近邻回归的主要优点在于，该方法可以自动地对数据进行局部估计。也就是说，当一个点的附近有许多观测点时，所选的带宽较小，这是 k 近邻回归与 8.1 节 Nadaraya-Watson 核回归的主要不同之处。但另一方面，k 近邻回归过于强调局部估计，这样就有可能忽视较远观测值对局部模型的影响，选择合适的 k 是 k 近邻回归有效的必要条件。

8.5 正交序列回归

前面介绍的非参数回归模型的 Nadaraya-Watson 核回归、局部线性回归和 k 近邻回归属于局部估计方法，局部估计方法用于预测时只能预测数据区域内的回归函数值，对于附近没有观测点的回归函数值则无法预测，因而全局估计法仍然需要。正交序列回归的一个优势在于正交基函数比较容易构造，比如数学上常用的 Fourier 序列。因此，整个方法在结构上比较简单，而且在数学上比较容易分析其性质。本节将简单介绍正交序列回归的基本原理。

设回归函数 $m(x) \in C[a,b]$，假设 $\{\varphi_i\}_{j=0}^{\infty}$ 构成 $[a,b]$ 上的一组正交基，即

$$\int_a^b \varphi_i(x)\varphi_j(x)\mathrm{d}x = \delta_{ij} = \begin{cases} 0, & i \neq j \\ c_i, & i = j \end{cases}$$

则 $m(x)$ 有正交序列展开 $m(x) = \sum_{i=1}^{\infty} \theta_i \varphi_i(x)$。可将非参数回归模型 (8.1) 近似为

$$Y_i = \sum_{j=1}^{m} \theta_j \varphi_j(X_i) + \nu_i \tag{8.14}$$

对模型 (8.14) 进行最小二乘估计，得到

$$\hat{\boldsymbol{\theta}} = (\boldsymbol{Z}^{\mathrm{T}}\boldsymbol{Z})^{-1}\boldsymbol{Z}^{\mathrm{T}}\boldsymbol{Y} \tag{8.15}$$

式中，$\boldsymbol{Z} = (\boldsymbol{Z}_1, \boldsymbol{Z}_2, \cdots, \boldsymbol{Z}_m)$，$\boldsymbol{Z}_i = (\varphi_i(X_1), \varphi_i(X_2), \cdots, \varphi_i(X_n))^{\mathrm{T}}$。于是，$m(x)$ 有正交序列回归：

$$\hat{m}_n(x) = \boldsymbol{z}(x)^{\mathrm{T}}\hat{\boldsymbol{\theta}} \tag{8.16}$$

式中，$\boldsymbol{z}(x) = (\varphi_1(x), \varphi_2(x), \cdots, \varphi_m(x))^{\mathrm{T}}$。

设解释变量为确定性变量。记 $\nu(x) = \sigma_u^2(\boldsymbol{z}(x)^{\mathrm{T}}(\boldsymbol{Z}^{\mathrm{T}}\boldsymbol{Z})^{-1}\boldsymbol{z}(x))$，则当 $n \to \infty$，$m \to \infty$ 时，正交序列回归有如下性质：

① $\nu(x)^{-1/2}(\hat{m}_n(x) - E(\hat{m}_n(x))) \xrightarrow{\mathcal{L}} N(0,1)$；

② $\nu(x)^{-1/2}(E(\hat{m}_n(x)) - m) \to 0$；

③ $\hat{\sigma}_u^2 = n^{-1}\sum_{i=1}^{n}(Y_i - \hat{m}_n(X_i))^2$ 是 σ_u^2 的一个一致估计。

区间 $[-1,1]$ 上的 Legendre 多项式正交基为

$$P_0(x) = 1/\sqrt{2}$$

$$P_1(x) = x/\sqrt{2/3}$$

$$P_2(x) = \frac{1}{2}(3x^2 - 1)/\sqrt{2/5}$$

$$P_3(x) = \frac{1}{2}(5x^3 - 3x)/\sqrt{2/7}$$

$$P_4(x) = \frac{1}{8}(35x^4 - 30x^2 + 3)/\sqrt{2/9}$$

$$P_5(x) = \frac{1}{8}(63x^5 - 70x^3 + 15x)/\sqrt{2/11}$$

其他高阶 Legendre 多项式正交基可由下式递推地推出：

$$(m+1)P_{m+1}(x) = (2m+1)xP_m(x) - mP_{m-1}(x) \tag{8.17}$$

Legendre 多项式正交基 $\{P_j(x)\}_{j=0}^{\infty}$ 满足

$$\int_{-1}^{1} P_i(x) P_j(x) \mathrm{d}x = \begin{cases} 0, & i \neq j \\ 1, & i = j \end{cases}$$

例 8.6 图 8.8 给出了前 6 个 Legendre 多项式正交基的函数图。

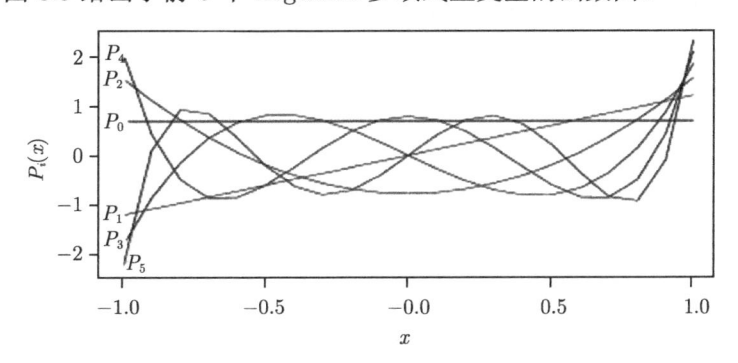

图 8.8 Legendre 多项式正交基的函数图

例 8.7 图 8.9 是对摩托车数据采用 Legendre 多项式正交基进行正交序列回归拟合效果图。若解释变量 X 在区间 $[a,b]$ 上取值，则必须作变量替换 $Z = \dfrac{2X-a-b}{b-a}$，使得变量 Z 的取值区间为 $[-1,1]$。

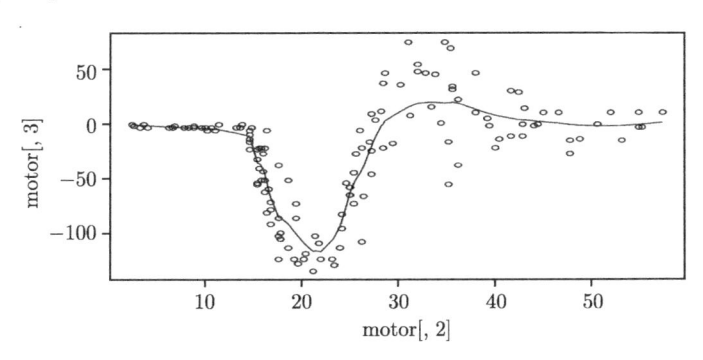

图 8.9 Legendre 多项式正交基拟合摩托车碰撞数据效果图

8.6 罚最小二乘法

考虑在普通最小二乘问题中求函数 m，使得

$$\sum_{i=1}^{n}[Y_i - m(X_i)]^2 \tag{8.18}$$

达到最小，该问题有无穷多解。比如，通过所有观察点的折线和通过所有观察点的任意阶多项式光滑曲线都是解。但这些解没有应用价值，它们的残差全为 0，虽然完整地拟合了数据，但是模型的泛化能力和预测效果都很差，随机误差项产生的噪声没有在模型中得到体现，这样的问题称为"过度拟合"现象。因而这些解并非我们真正需要的。要既可排除随机误差项产生的噪声，又使得解具有一定的光滑性（二阶导数连续），罚方法是控制模型使其不致过于复杂的一种选择，其中较有代表性的是二次罚，它是使

$$\sum_{i=1}^{n}(Y_i - m(X_i))^2 + \lambda \int_0^1 (m''(x))^2 \mathrm{d}x \tag{8.19}$$

达到最小的解 $\hat{m}_{n,\lambda}(\cdot)$，其中 $\lambda > 0$。式中，λ 称为罚（penalty）参数。

该问题有唯一解，它的解可以表达为 $Y_i(i=1,2,\cdots,n)$ 的线性组合。由于求解过程复杂且解没有显式表达式，因而这里省略。

而通过所有观察点的折线，虽然它使得式 (8.19) 第一项为零，但它不满足光滑性；对于直线，式 (8.19) 第二项为零，但会使得式 (8.19) 的第一项过大。因而，罚最小二乘法实际上是在最小二乘法和解的光滑性之间的平衡。式 (8.19) 的第二项实际上就是对第一项过小的一个罚系数，也称为光滑系数。罚最小二乘法的光滑系数 λ 可以人为确定，并不是对每一个 λ，罚最小二乘法的解都能够充分排除随机误差项产生的噪声。当 $\lambda = 0$ 时，通过所有观察点的高方差曲线的解没有意义；当 $\lambda = +\infty$ 时，直线解也没有意义。最优的光滑系数应该界于 0 和 $+\infty$ 之间。应该说，非参数回归模型的罚最小二乘法的估计效果完全取决于 λ 的选择。最佳的光滑系数一般采用如下的广义交叉验证法确定。在实际应用中，需要不断调整 λ，直到找到满意解为止。

例 8.8 用罚最小二乘法拟合摩托车碰撞数据的效果图如图 8.10 所示。图 (a) 显示的是 $\lambda = 10$ 时的拟合效果，从图上看出，采用较大的 λ，拟合效果不好；图 (b) 显示的是 $\lambda = 3$ 时的拟合效果，从图上看出，采用较小的 λ，拟合效果较好。

值得一提的是，罚方法不仅用于直接对函数部分进行惩罚，更多的则是表现在系数求罚上，从而也使其成为模型选择的重要组成部分。

(a) $\lambda=10$

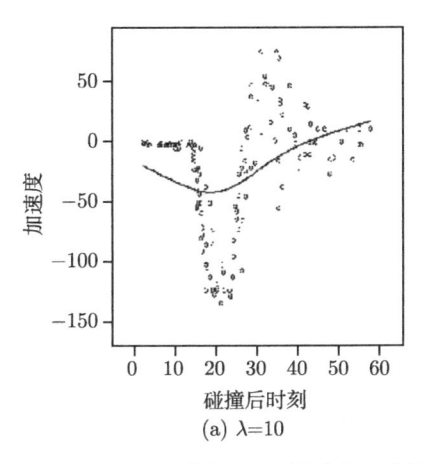

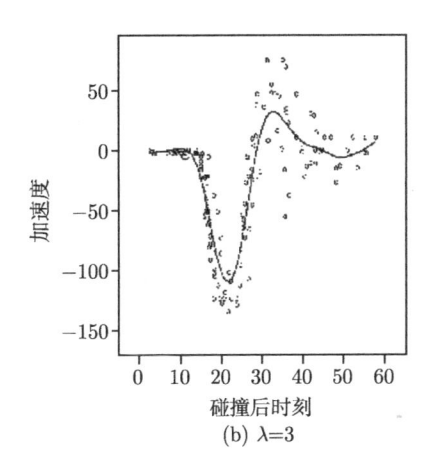

(b) $\lambda=3$

图 8.10 罚最小二乘法拟合摩托车碰撞数据的效果图

8.7 样条回归

8.7.1 样条回归模型

在正交序列回归中，假设 $\varphi_j(t)$ 是正交的。在样条回归中，不做这样的要求，因此可以选择更多可能的基函数。我们希望通过减少要求的条件，得到更好的拟合效果。

假设观测到如下 n 组数据 $(x_1,y_1),(x_2,y_2),\ldots,(x_n,y_n)$，其中 $x_i \in [a,b]$。在很多情况下，我们并不知道 (x_i,y_i) 满足什么关系，假设 (x_i,y_i) 满足如下关系

$$y_i = f(x_i) + \varepsilon_i, i=1,2,\ldots,n$$

式中，$f(x)$ 是关于 x 的未知函数，ε_i 是独立同分布的正态分布 $N(0,\sigma^2)$。在上述假设下，有 $E(y) = f(x)$。

对于未知的函数 $f(x)$，我们采用样条基函数去估计，这里以线性样条基函数为例来介绍样条回归模型。首先介绍线性样条基函数。对于 $x \in [a,b]$，x 的线性样条基函数定义为

$$1, x, (x-\kappa_1)_+, (x-\kappa_2)_+, \ldots, (x-\kappa_K)_+$$

这里 $\kappa_j \in [a,b]$ 称为结。可以采用上述样条基函数去逼近 $f(x)$，即

$$f(x) \approx \beta_0 + \beta_1 x_i + \sum_{k=1}^{K} b_k (x_i - \kappa_k)_+$$

在本节后面的部分，假设存在一组基函数，使得 $f(x) = \beta_0 + \beta_1 x_i + \sum_{k=1}^{K} b_k (x_i - \kappa_k)_+$。当然，事实上，等号一般是不能取到的，但如果差别足够小，可以认为上述假设是合理的。

定义 8.3 一个样条回归模型 (spline model) 可以写成

$$y_i = \beta_0 + \beta_1 x_i + \sum_{k=1}^{K} b_k(x_i - \kappa_k)_+ + \varepsilon_i, i = 1, 2, \ldots, n \tag{8.20}$$

引入以下记号，$\boldsymbol{y} = (y_1, y_2, \ldots, y_n)^\mathrm{T}$ 代表观测到的因变量，设计矩阵

$$\boldsymbol{X} = \begin{pmatrix} 1 & x_1 & (x_1 - \kappa_1)_+ & (x_1 - \kappa_2)_+ & \ldots & (x_1 - \kappa_K)_+ \\ \vdots & \vdots & \vdots & \vdots & \ddots & \vdots \\ 1 & x_n & (x_n - \kappa_1)_+ & (x_n - \kappa_2)_+ & \ldots & (x_n - \kappa_K)_+ \end{pmatrix}$$

和多元线性回归类似，参数 $(\beta_0, \beta_1, b_1, b_2, \ldots, b_K)$ 的估计值为

$$\hat{\boldsymbol{\beta}} = (\hat{\beta}_0, \hat{\beta}_1, \hat{b}_1, \hat{b}_2, \ldots, \hat{b}_K)^\mathrm{T} = (\boldsymbol{X}^\mathrm{T}\boldsymbol{X})^{-1}\boldsymbol{X}^\mathrm{T}\boldsymbol{y}$$

$f(x)$ 的估计值为 $\hat{f}(x) = \hat{\beta}_0 + \hat{\beta}_1 x_i + \sum_{k=1}^{K} \hat{b}_k(x_i - \kappa_k)_+$ (Ruppert D. et.al 2003)。

8.7.2 样条回归模型的节点

对于样条回归模型，一个重要的问题是如何选择节点 (knot)。节点的选择有如下两个方法，第一个方法是根据点的疏密程度人为地选择。基本原则是，如果 x_i 比较均匀地分布在区间 $[a,b]$ 上，我们可以取等距的节点；如果 x_i 在有些区域比较密，我们可以在该区域多取一些节点。上述方法比较主观，另一个方法则是把样条基函数看成多元线性模型中的自变量，然后通过常用的模型选择，例如 AIC 规则。

除对节点进行选择外，我们还可以控制这些节点的影响，即在 $\boldsymbol{\beta}^\mathrm{T}\boldsymbol{D}\boldsymbol{\beta} \leqslant C$ 条件下，最小化

$$\|\boldsymbol{y} - \boldsymbol{X}\boldsymbol{\beta}\|^2 \tag{8.21}$$

式中，$\boldsymbol{\beta} = (\beta_0, \beta_1, b_1, b_2, \ldots, b_K)$, $D = \begin{pmatrix} \mathcal{O}_{2\times 2} & \mathcal{O}_{2\times K} \\ \mathcal{O}_{K\times 2} & \mathcal{I}_K \end{pmatrix}$。其中 $\mathcal{O}_{m\times n}$ 是 $m \times n$ 阶的零矩阵，$\mathcal{I}_K$ 是 K 阶单位矩阵。

类似于岭回归，上述问题可以等价地转化为如下最小化问题：

$$\|\boldsymbol{y} - \boldsymbol{X}\boldsymbol{\beta}\|^2 + \lambda\boldsymbol{\beta}^\mathrm{T}\boldsymbol{D}\boldsymbol{\beta}$$

容易看出 $\boldsymbol{\beta}^\mathrm{T}\boldsymbol{D}\boldsymbol{\beta} = \sum_{i=1}^{K} b_i^2$，由此可以看到，我们只对带有节点的基函数 $(x - \kappa_1)_+, (x - \kappa_2)_+, \ldots, (x - \kappa_K)_+$ 进行了限制，对没有节点的基函数 $1, x$ 没有限制。

对于上述问题，参数 $(\beta_0, \beta_1, b_1, b_2, \ldots, b_K)$ 的估计值为

$$\hat{\boldsymbol{\beta}} = (\hat{\beta}_0, \hat{\beta}_1, \hat{b}_1, \hat{b}_2, \ldots, \hat{b}_K)^\mathrm{T} = (\boldsymbol{X}^\mathrm{T}\boldsymbol{X} + \lambda\boldsymbol{D})^{-1}\boldsymbol{X}^\mathrm{T}\boldsymbol{y}$$

$f(x)$ 的估计值为

$$\hat{f}(x) = \hat{\beta}_0 + \hat{\beta}_1 x_i + \sum_{k=1}^{K} \hat{b}_k (x_i - \kappa_k)_+$$

如图 8.11 所示，我们用样条回归模型对摩托车碰撞数据进行估计，取三个不同的 λ 值，即 $\lambda = 1, 10, 100$。我们可以看到，λ 比较小时，估计值波动次数比较多；随着 λ 的增大，估计值逐渐光滑；但是当 λ 过大时，估计值会出现较大偏差。

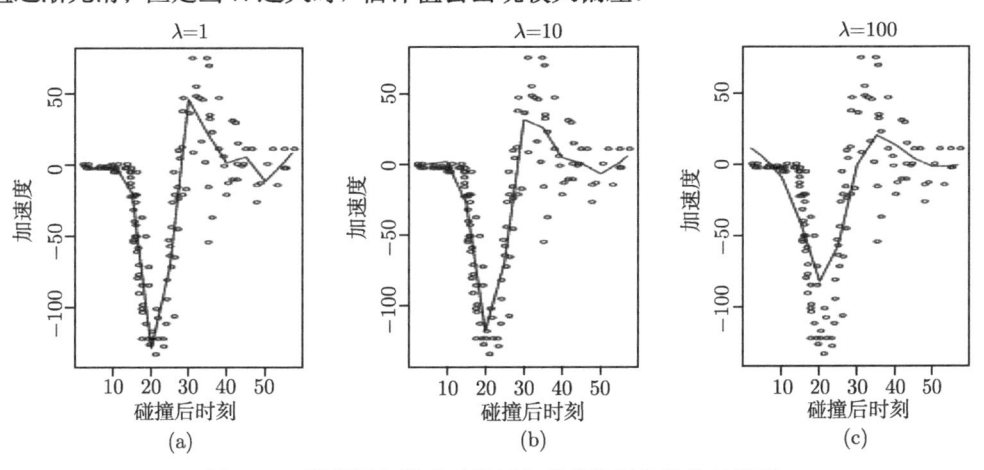

图 8.11 样条回归模型对摩托车碰撞数据估计的效果图

8.7.3 常用的样条基函数

上面的线性样条基函数在节点处不光滑（不可导），为了克服这个缺点，可以采用二次样条基函数（quadratic spline basis functions）：

$$1, x, x^2, (x - \kappa_1)^2, (x - \kappa_2)^2, \ldots, (x - \kappa_K)^2$$

可以看到，二次样条基函数在节点处是可导的。

也可以扩张线性样条基函数，引入 p 阶截断样条基函数（truncated power basis of degree p），即

$$1, x, \ldots, x^p, (x - \kappa_1)_+^p, (x - \kappa_2)_+^p, \ldots, (x - \kappa_K)_+^p$$

容易看到，当 $p = 1$ 时，截断样条基函数即线性样条基函数；当 $p \geqslant 2$ 时，截断样条基函数在节点处是可导的。

另一类常用的样条基函数称为 B-样条基函数（B-spline basis functions）。B-样条基函数通过递推公式来定义，0 阶 B-样条基函数定义为

$$B_{j,0}(x) = I(\kappa_j \leqslant x < \kappa_{j+1})$$

式中，$I(\cdot)$ 是示性函数。p 阶 B-样条基函数通过如下递推公式定义：

$$B_{i,p}(x) = \frac{x - \kappa_i}{\kappa_{i+p-1} - \kappa_i} B_{i,p-1}(x) + \frac{\kappa_{i+p} - x}{\kappa_{i+p} - \kappa_{i+}} B_{i+1,p-1}(x)$$

下面我们给出 1, 2, 3 阶 B-样条基函数，如图 8.12 所示。

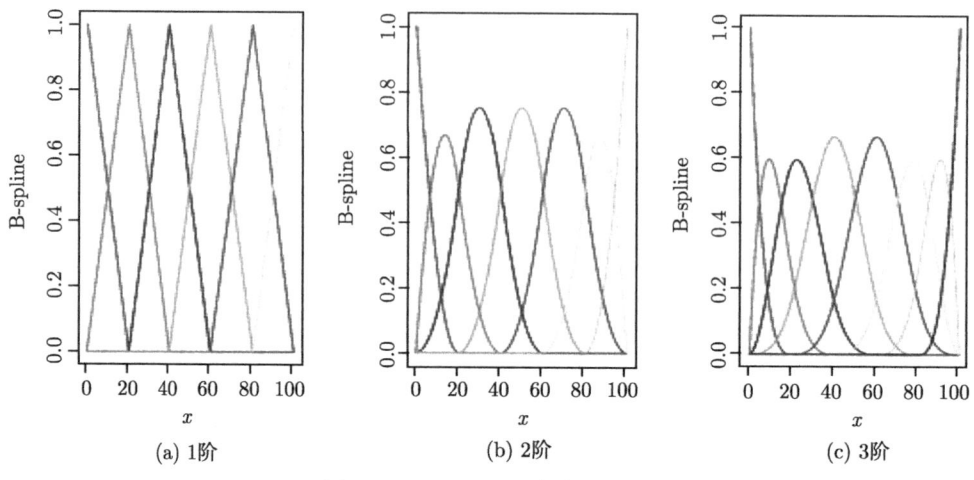

图 8.12 1,2,3 阶 B-样条基函数

8.7.4 样条回归模型误差的自由度

对于样条回归模型

$$y_i = f(x_i) + \varepsilon_i, i = 1, 2, \ldots, n$$

通过罚最小二乘法，我们知道参数的估计值为 $\hat{\boldsymbol{\beta}} = (\boldsymbol{X}^\mathrm{T}\boldsymbol{X} + \lambda \boldsymbol{D})^{-1}\boldsymbol{X}^\mathrm{T}\boldsymbol{y}$，$f(x)$ 的估计值为

$$\hat{\boldsymbol{y}} = \boldsymbol{S}_\lambda \boldsymbol{y}$$

式中，$\boldsymbol{S}_\lambda = \boldsymbol{X}(\boldsymbol{X}^\mathrm{T}\boldsymbol{X} + \lambda \boldsymbol{D})^{-1}\boldsymbol{X}^\mathrm{T}$。

这里误差的自由度定义为

$$\mathrm{df}_\mathrm{res} = n - 2\mathrm{tr}(\boldsymbol{S}_\lambda) + \mathrm{tr}(\boldsymbol{S}_\lambda \boldsymbol{S}_\lambda^\mathrm{T})$$

令残差平方和 $\mathrm{SSE} = (\hat{\boldsymbol{y}} - \boldsymbol{y})^\mathrm{T}(\hat{\boldsymbol{y}} - \boldsymbol{y})$，通过计算可知

$$\begin{aligned} E(\mathrm{SSE}) &= E\{(\hat{\boldsymbol{y}} - \boldsymbol{y})^\mathrm{T}(\hat{\boldsymbol{y}} - \boldsymbol{y})\} \\ &= E\{\boldsymbol{y}^\mathrm{T}(\boldsymbol{S}_\lambda - \boldsymbol{I})^\mathrm{T}(\boldsymbol{S}_\lambda - \boldsymbol{I})\boldsymbol{y}\} \\ &= \boldsymbol{y}^\mathrm{T}(\boldsymbol{S}_\lambda - \boldsymbol{I})^\mathrm{T}(\boldsymbol{S}_\lambda - \boldsymbol{I})\boldsymbol{y} + \sigma^2 \mathrm{tr}\{(\boldsymbol{S}_\lambda - \boldsymbol{I})^\mathrm{T}(\boldsymbol{S}_\lambda - \boldsymbol{I})\} \\ &= \boldsymbol{y}^\mathrm{T}(\boldsymbol{S}_\lambda - \boldsymbol{I})^\mathrm{T}(\boldsymbol{S}_\lambda - \boldsymbol{I})\boldsymbol{y} + \sigma^2 \mathrm{df}_\mathrm{res} \end{aligned}$$

上面用到如下性质：对于任意随机向量 $\boldsymbol{v}$ 和对称矩阵 $\boldsymbol{A}$，有 $E(\boldsymbol{v}^\mathrm{T}\boldsymbol{A}\boldsymbol{v}) = E(\boldsymbol{v})^\mathrm{T}\boldsymbol{A}E(\boldsymbol{v}) + \mathrm{tr}\{\boldsymbol{A}\mathrm{cov}(\boldsymbol{v})\}$。

如果 $\boldsymbol{y}^\mathrm{T}(\boldsymbol{S}_\lambda - \boldsymbol{I})^\mathrm{T}(\boldsymbol{S}_\lambda - \boldsymbol{I})\boldsymbol{y}$ 比较小，那么 $\mathrm{SSE}/\mathrm{df}_\mathrm{res}$ 是对 σ^2 的一个估计。可以把上面的结果和参数线性模型进行比较，在线性模型中，$\boldsymbol{S}_\lambda$ 对应的是 $\boldsymbol{H} = \boldsymbol{X}(\boldsymbol{X}^\mathrm{T}\boldsymbol{X})^{-1}\boldsymbol{X}^\mathrm{T}$，并且

$HH^{\mathrm{T}} = H$。在 $\mathrm{df}_{\mathrm{res}}$ 的定义中，用 H 代替 S_λ，有

$$\mathrm{df}_{\mathrm{res}} = n - 2\mathrm{tr}(H) + \mathrm{tr}(HH^{\mathrm{T}}) = n - \mathrm{tr}(H) = n - p$$

因此 $\mathrm{df}_{\mathrm{res}}$ 可以看成对线性模型中误差自由度的推广。

案例与讨论: 排放物成分与燃料空气当量比和发动机压缩比关系

案例背景

随着城市汽车保有量的增加，汽车尾气排放对环境的影响越来越大。节能降耗，降低汽车尾气排放，减少对大气的污染，已成为当今社会亟待解决的问题。通过改进发动机并使用清洁燃料，能够有效控制汽车尾气的排放量。尾气排放受发动机压缩比技术性能和燃料空气当量比的影响。发动机压缩比指混合气体压缩程度，高压缩比发动机可输出较大的动能，但较大压缩比发动机在高温时，在中高负荷中出现高温轻微爆燃现象，会导致 NOx 排放的增加。另一方面，发动机的燃料空气当量比也影响发动机的动力性能和尾气排放。燃料空气当量比是发动机空燃比的重要组成部分，用于测量汽油与空气混合燃烧时，发动机进气冲程中吸入气缸的燃料（汽油）重量与空气的重量之比，燃料与混合气体中空气的比例在 1 附近，对应着空气量多或者少时空气都不能完全燃烧，造成燃烧效率低下，从而产生较多的尾气，污染环境。因此，研究发动机尾气排放量与发动机压缩比和燃料空气当量比之间的关系，对于检测车辆尾气超标情况，推动清洁能源使用，设计环保尾气过滤装置以及倡导绿色出行都有积极意义。

数据描述

本例中 ethanol 数据集所用的排放物数据来自一项以纯乙醇作为单缸发动机的燃料的调查研究（Brinkman，1981）。

(1) ethanol 数据集共有 88 个样本。

(2) 有 2 个连续数值型自变量，CompRatio 表示发动机压缩比；EquivRatio 表示燃料空气当量比；NOx 表示氮氧化物，主要成分有一氧化碳（CO）、碳氢化合物（HC）等，以及微粒污染物（或称颗粒污染物），在大城市的许多空气质量监测点，NOx 已成为左右空气污染指数的首要污染物。

(3) 无缺失值。

研讨题目

(1) 请查阅文献，解释发动机压缩比对 NOx 排放量的边际影响；

(2) 请查阅文献，解释燃料空气当量比对 NOx 排放量的边际影响；

(3) 请结合下列提示的数据，分析燃料空气当量比与发动机压缩比对 NOx 排放量的影响；

(4) 请调整局部多项式覆盖邻域的数据比例来进行分析（在 R 中用 span 控制）。

数据分析提示

排放物成分取决于两个预测变量，即燃料空气当量比（EquivRatio）和发动机压缩比（CompRatio）。首先给出排放物的密度直方图：

```
## first we read in the data
ethanol=read.csv("e:\\data\\ethanol.csv",header=T,sep=",")
#density histogram and add density curve
hist(ethanol$NOx,freq=FALSE,breaks=15)
lines(density(ethanol$NOx))

library(locfit)
plot(NOx~CompRatio,data=ethanol)

## local polynomial regression of NOx on the equivalence ratio
## fit with a 50% nearest neighbor bandwidth.
fit <- locfit(NOx~lp(EquivRatio,nn=0.5),data=ethanol)
plot(EquivRatio,NOx,data,data=ethanol)
lines(fit)
```

习 题

8.1 令 $u_i \sim N(0, 0.025), i = 1, 2, \cdots, 300$，令 $X_i = i/300$，则 $X_i \in [0,1]$。模拟产生如下数据：$Y_i = \sin(2\exp(X_i + 1)) + u_i$，尝试用 R 中所有可能的核函数估计 X 与 Y 的函数曲线。

8.2 对于 Nadaraya-Watson 核回归 $\hat{m}_n(x) = \sum_{i=1}^{n} w_i(x)Y_i$。在给定的点 x，假设 $Y_1, Y_2, \ldots, Y_n$ 满足独立同分布 $N(m(x), \sigma^2)$，计算 $E(\hat{m}_n(x))$ 和 $\text{var}(\hat{m}_n(x))$。

8.3 令 $X_i \sim N(0,1), u_i \sim N(0, 0.025X_i^2), i = 1, 2, \cdots, 300$，为相互独立的变量。模拟产生如下数据：$Y_i = \exp(|X_i|) + u_i$，用局部线性回归和局部二项式回归估计 X 与 Y 的函数曲线。

8.4 用求导的方法最小化模型（8.6），写出具体步骤并给出 $a(x)$ 和 $b(x)$ 的估计公式。

8.5 数据见教学资源文件 Indchina.txt，记 $Y_t=$ 居民消费价格指数，$X_t=$ 商品进出口额（亿美元），采用 1993 年 4 月到 1998 年 11 月共 68 个月的月度资料。应用 LOWESS 稳健回归方法对通货膨胀与进出口的关系进行非参数回归模型估计。

8.6 生成 B- 样条基函数，定义域为 $[0,100]$，节点为 $0, 20, 50, 90, 100$，写出 B-样条基函数在 df $= 0, 1, 2$ 时的形式。

8.7 用 B-样条基函数拟合摩托车碰撞数据（见教学资源数据 motor.txt），注明所用的节点、df 和 λ。

8.8 本题使用波士顿（Boston）数据中变量到波士顿 5 个就业中心的加权平均距离（dis）和每十万分之一的氮氧化物颗粒浓度（nox）。将加权平均距离（dis）作为预测变量，氮氧化物颗粒浓度（nox）作为响应变量。

(1) 用 poly() 函数对加权平均距离 (dis) 和氮氧化物颗粒浓度 (nox) 拟合三次多项式回归模型，输出回归结果并画出数据点及拟合曲线。

(2) 选择阶数从 1 到 10 的多项式模型的拟合结果，绘制相应的残差平方和曲线。

(3) 运用交叉验证法或者其他方法选择合适的多项式模型的阶数并解释结果。

(4) 用 bs() 函数对加权平均距离 (dis) 和氮氧化物颗粒浓度 (nox) 拟合回归样条，输出自由度为 4 时的拟合结果，说明选择结时使用了什么准则，最后绘制出拟合曲线。

(5) 尝试以不同的自由度拟合回归样条，绘制拟合曲线图和相应的残差平方和，并解释结果。

(6) 运用交叉验证法或者其他方法选择合适的回归样条模型的自由度并解释结果。

第 9 章

数据挖掘与机器学习

计算机的飞速发展为人类提供了更多可以利用的技术，使得我们可以在更广泛的领域更便捷地收集大量表现事实的数据。然而，在如何恰当使用数据生成有用的信息方面，还没有明确的答案，这个问题一直困扰着商业、生物、医学等领域的研究人员。数据挖掘是从大规模数据中寻找感兴趣的数据规律的方法和技术，是从数据中提炼有效信息的方法，是统计学、信息学、机器学习、最优化等的交叉学科。在这些学科中，机器学习技术是数据挖掘技术的核心，这些技术在股票交易、机器人、机器翻译、计算机可视化和生物医学等领域获得越来越深入的应用。

本章主要介绍数据挖掘与机器学习中的主要方法，主要包括 Logistic 回归、k 近邻、决策树、提升（Boosting）、支持向量机、随机森林树和多元自适应回归样条（MARS）。

9.1 分 类 问 题

分类问题的一般定义：给定 $(X_1, Y_1), (X_2, Y_2), \cdots, (X_n, Y_n)$，$Y_i$ 取离散值，表示每个样例的分类，目标是找到一个函数 $\hat{f}$，对于新观测点 X，能够用 $\hat{f}(X)$ 预测分类 Y。分类问题是普遍存在的，比如垃圾邮件抽象概念的辨认、不同种群概念的认识等问题，分类是揭示事物本质的基本途径。分类与传统的统计回归的一个明显区别是，回归的目标变量常常是连续型的，分类的目标变量则是离散型的。但这点区别并非本质，本质是两类模型长期以来代表两种不同的建模思想。以回归为代表的传统统计建模代表解释型模型的建立思想，模型的结构是预设的，模型计算中对模型形式的选择较少，主要突出模型的解释作用，适用于概念相对比较清晰、需要探测问题内在结构的结构化问题。而机器学习中的很多分类算法则更体现过程建模的思想，突出数据驱动和算法选择建模的过程，强调分类效果，适用于非结构化或半结构化的问题。当然，区别不是绝对的，一个复杂的问题可能一部分是清晰的，而另一部分则更倾向于不清晰。为适应复杂的应用，预测模型的建立一般既强调模型的预测效果，又兼顾模型的解释性能。

通过大量观察数据建立分类函数或分类器是解决分类问题的一般方法。具体而言：首先收集一个有代表性的训练集，训练集中每个样例的类别是明确的，使用分类算法建立分类模型,该模型再用于另一组分类也已知的测试集,检验训练模型的效果。对分类模型的评价常常采用损失函数的方法。

定义预测的损失函数为 $L(y, f)$,拟合函数 f 所带来的预测风险定义为

$$R(\beta) = E_{x,y} L(y, f(x, \beta))$$

预测风险最小的参数估计定义为

$$\beta^* = \operatorname*{argmin}_{\beta} R(\beta)$$

由于建立模型之前数据的联合分布未知,所以实际中无法通过准确给出 $E_{x,y}$ 的具体形式计算风险的极小值点。用矩估计经验风险替代预测风险如下:

$$\hat{R}(\beta) = \frac{1}{n} \sum_{i=1}^{n} L(y_i, f(x_i, \beta))$$

经验风险最小的参数估计定义为

$$\hat{\beta}^* = \operatorname*{argmin}_{\beta} \hat{R}(\beta)$$

如果 $n/p \to \infty$,根据估计的一般理论,期望风险 $R(\hat{\beta}^*) \to R(\beta^*)$,经验风险 $\hat{R}(\hat{\beta}^*) \to R(\beta^*)$。但当样本量 n 相对于预测变量数不足或远小于 p 时,这两个不等式都不成立。事实上,根据 Vladimir N. Vapnik(1995)估算:在 $N/\mathrm{VC}(n) < 20$ 的小样本问题中,

$$R(\hat{\beta}^*) \leqslant \hat{R}(\hat{\beta}^*) + \frac{B\epsilon}{2} \left[1 + \sqrt{1 + \frac{4\hat{R}(\hat{\beta}^*)}{B\epsilon}} \right]$$

以上给出了期望风险与经验风险之间的关系。一个好的预测模型应该令上式右侧的两项同时小,但是注意到,第一项取决于函数,第二项取决于函数的复杂度,那么要使实际的风险最小,可以通过设计控制函数的复杂性,在逐步实现模型预测能力提高的过程中实现最优风险模型的建立目标。这一建立模型的方法称为**结构风险最小化**设计方法。结构风险最小化的建模思想是统计机器学习的核心概念,它定义了由给定数据选择模型逼近精度和复杂性之间折中的算法过程,通过搜索复杂性递增的嵌套函数集逐渐实现对最优模型的选择。

9.2 Logistic 回归

普通回归是对连续变量依赖关系建模的过程。然而,现实中大部分概念是以类别的形态表现出来的,于是建立分类变量和可能构成概念的相关因素之间的数学关系就很有必要了。比如,有借贷逾期未还行为的商户有怎样的特征?电信用户流失前几个月的话费情况表现如何?发病的关键个体因素和环境因素有哪些?等等。这里,目标概念因变量 Y 是分类变量,要解决的问题是如何用其他变量充分表示这个概念。典型的情况是两类问题,可称为 0-1 变量,如发病 $Y=1$ 与不发病 $Y=0$。一个直接的想法是,将 Y 作为因变量直接建立普通的

线性回归。设收集到数据对 $(\boldsymbol{x}_1,y_1),(\boldsymbol{x}_2,y_2),\cdots,(\boldsymbol{x}_n,y_n)$，$\boldsymbol{x}_i=(x_{i1},x_{i2},\cdots,x_{ip})^{\mathrm{T}}$，$p$ 是变量数，n 是样本量，相应的多元回归模型如下：

$$y=\beta_0+\sum_{j=1}^{p}\beta_i x_{ij}+\epsilon_i,\quad i=1,2,\cdots,n$$

$$y_i\in\{0,1\}$$

于是

$$E(y_i|\boldsymbol{x}_i)=\beta_0+\sum_{j=1}^{p}\beta_i x_{ij},\quad i=1,2,\cdots,n$$

直接对 Y 或后验概率 $P(Y=1|\boldsymbol{x})$ 建立模型至少存在以下两方面的问题。

(1) 一般假设因变量服从正态分布，随机误差项有 0 均值，但是因变量此时是分类变量，服从两点分布，残差的分布显然非正态，而且很难保证残差方差齐性。因为此时

$$\mathrm{var}(\epsilon)=p_iq_i=\left(\beta_0+\sum_{i=1}^{p}\beta_i x_{ip}\right)\left(1-\beta_0-\sum_{i=1}^{p}\beta_i x_{ip}\right)$$

(2) 线性回归模型估计的实际概率值很容易在 $\boldsymbol{x}$ 很大或很小的时候超出 $[0,1]$ 区间。

所以，一般不直接对 Y 或后验概率 $P(Y=1|\boldsymbol{x})$ 建立模型，而是对 Y 进行变换。Logistic 回归就是对后验概率 $P(Y=1|\boldsymbol{x})$ 作 Logit 变换，然后进行线性建模的方法。

9.2.1 Logistic 回归模型

训练数据：$(\boldsymbol{x}_1,y_1),(\boldsymbol{x}_2,y_2),\cdots,(\boldsymbol{x}_n,y_n)$，$n$ 为样本量，其中 $\boldsymbol{x}_i\in\mathbb{R}^p$ 为特征向量；$y_i\in\{0,1\}$ 为分类变量。当特征向量取值为 $\boldsymbol{x}$ 时，$Y=1$ 的概率记为 $P(Y=1|\boldsymbol{x})$，$Y=0$ 的概率为 $1-P(Y=1|\boldsymbol{x})$。使用 Logit 变换如下：$(0,1)\to(-\infty,+\infty)$，

$$\ln\frac{p}{1-p}$$

Logistic 回归是对后验概率 $P(Y=1|\boldsymbol{x})$ 作 Logit 变换，建立线性模型：

$$\ln\frac{P(Y=1|\boldsymbol{x})}{1-P(Y=1|\boldsymbol{x})}=\beta_0+\boldsymbol{\beta}_1^{\mathrm{T}}\boldsymbol{x} \tag{9.1}$$

式中，$\boldsymbol{x}$ 是 p 维观测，$\boldsymbol{\beta}_1=\{\beta_1,\beta_2,\cdots,\beta_p\}^T$ 为 p 维列向量。

从式 (9.1) 可以很方便地计算得出 Logistic 回归的判别函数：

$$\ln\frac{P(Y=1|\boldsymbol{x})}{P(Y=0|\boldsymbol{x})}=\beta_0+\boldsymbol{\beta}_1^{\mathrm{T}}\boldsymbol{x} \tag{9.2}$$

当 $\beta_0+\boldsymbol{\beta}_1^{\mathrm{T}}\boldsymbol{x}>0$ 时，$\boldsymbol{x}$ 被分为 1 类，否则分为 0 类，Logistic 回归的分界面为

$$\{\boldsymbol{x}:\beta_0+\boldsymbol{\beta}_1^{\mathrm{T}}\boldsymbol{x}=0\} \tag{9.3}$$

注意,该分界面是线性的。

从 Logistic 回归模型可以直接得到

$$P(Y=1|\boldsymbol{x}) = \frac{\exp(\beta_0 + \boldsymbol{\beta}_1^{\mathrm{T}}\boldsymbol{x})}{1 + \exp(\beta_0 + \boldsymbol{\beta}_1^{\mathrm{T}}\boldsymbol{x})} \tag{9.4}$$

Logit 变换的好处是,当 p 接近 1 或 0 的时候,一些因素即便有很大变化,也不可能使 p 有较大变化。从数学上来看,p 对 $\boldsymbol{x}$ 的变化在 0 和 1 附近不敏感,这表示对远离分界面的点的分类确定性应该是稳定的,分到某一类的可能性不应发生较大变化,而 p 在 0.5 附近变化比较大,这反映了分界面附近点的不确定性,这一函数特点与建立稳健决策面算法的设计思想是一致的,这也是选择 Logit 函数作为变换的一个基本理由。

9.2.2 Logistic 回归模型的极大似然估计

Logistic 回归参数的拟合一般采用极大似然估计(Maximum Likelihood,ML)。极大似然估计的基本原理是写出待估参数的样本联合分布,求对数似然函数,再使对数似然函数最大化,求解相应的参数估计值。为此,考虑 Logistic 回归的似然函数:

$$L = \prod_{i=1}^{n} P(Y=1|\boldsymbol{x}_i)^{y_i}(1 - P(Y=1|\boldsymbol{x}_i))^{1-y_i}, \quad i=1,2,\cdots,n \tag{9.5}$$

取对数,化简为对数似然函数:

$$\ln L = \sum_{i=1}^{n}[y_i \ln P(Y=1|\boldsymbol{x}_i) + (1-y_i)\ln(1 - P(Y=1|\boldsymbol{x}_i))] \tag{9.6}$$

为使对数似然函数最大,令导数为零:

$$\frac{\partial \ln L}{\partial \beta_j} = \sum_{i=1}^{n} \boldsymbol{x}_i(y_i - P(Y=1|\boldsymbol{x}_i)) = 0, \quad j=0,1,2,\cdots,p \tag{9.7}$$

以上是 $p+1$ 个有关 β 的非线性方程。

为解式 (9.7),常用 Newton-Raphson 算法。这需要二阶导数矩阵:

$$\frac{\partial^2 \ln L}{\partial \boldsymbol{\beta} \partial \boldsymbol{\beta}^{\mathrm{T}}} = -\sum_{i=1}^{n} \boldsymbol{x}_i \boldsymbol{x}_i^{\mathrm{T}} P(Y=1|\boldsymbol{x}_i)(1 - P(Y=1|\boldsymbol{x}_i)) \tag{9.8}$$

Newton-Raphson 算法的迭代为

$$\beta^{\mathrm{new}} = \beta^{\mathrm{old}} - \left(\frac{\partial^2 \ln L}{\partial \beta_i \partial \beta_j}\right)^{-1} \frac{\partial \ln L}{\partial \beta}\Big|_{\beta^{\mathrm{old}}} \tag{9.9}$$

式中,$\left(\dfrac{\partial^2 \ln L}{\partial \beta_i \partial \beta_j}\right)$ 是 Jacobi 矩阵。由式 (9.9) 可以迭代求出 Logistic 回归参数的估计:$\hat{\beta}_0, \hat{\beta}_1, \hat{\beta}_2, \cdots, \hat{\beta}_p$。

9.2.3 Logistic 回归和线性判别函数 LDA 的比较

回顾线性判别函数 LDA，假设类别变量 $Y \in \{c_1, c_2, \cdots, c_d\}$，$c_k$ 表示第 k 类，c_k 类密度函数假定为正态分布：

$$P(\boldsymbol{x}|c_k) = \frac{1}{(2\pi)^p|\boldsymbol{\Sigma}_k|^{1/2}}\exp^{-\frac{1}{2}(\boldsymbol{x}-\boldsymbol{\mu}_k)^{\mathrm{T}}\boldsymbol{\Sigma}_k^{-1}(\boldsymbol{x}-\boldsymbol{\mu}_k)}$$

简单的情形是每类协方差矩阵都相等，$\boldsymbol{\Sigma}_k = \boldsymbol{\Sigma}$，由贝叶斯公式可以得到判别函数：

$$\ln\frac{P(c_k|\boldsymbol{x})}{P(c_l|\boldsymbol{x})} = \ln\frac{P(c_k)}{P(c_l)} - \frac{1}{2}(\boldsymbol{\mu}_k+\boldsymbol{\mu}_l)^{\mathrm{T}}\boldsymbol{\Sigma}^{-1}(\boldsymbol{\mu}_k-\boldsymbol{\mu}_l) + \boldsymbol{x}^{\mathrm{T}}\boldsymbol{\Sigma}^{-1}(\boldsymbol{\mu}_k-\boldsymbol{\mu}_l)$$

注意，LDA 的判别函数在 $\boldsymbol{x}$ 上是线性的：

$$\ln\frac{P(c_k|\boldsymbol{x})}{P(c_l|\boldsymbol{x})} = \ln\frac{P(c_k)}{P(c_l)} - \frac{1}{2}(\boldsymbol{\mu}_k+\boldsymbol{\mu}_0)\boldsymbol{\Sigma}^{-1}(\boldsymbol{\mu}_k-\boldsymbol{\mu}_0) + \boldsymbol{x}^{\mathrm{T}}\boldsymbol{\Sigma}^{-1}(\boldsymbol{\mu}_k-\boldsymbol{\mu}_0)$$

$$= \alpha_{kl0} + \boldsymbol{\alpha}_{kl1}^{\mathrm{T}}\boldsymbol{x}$$

而 Logistic 回归也可以简化为

$$\ln\frac{P(c_1|\boldsymbol{x})}{P(c_0|\boldsymbol{x})} = \beta_0 + \boldsymbol{\beta}_1^{\mathrm{T}}\boldsymbol{x}$$

从形式上来看，在类分布正态和等方差假定下，Logistic 回归和 LDA 判别函数都给出了线性解。但在方差不等的一般情形或非正态分布下，LDA 判别函数则不一定是线性的。另外，二者对系数的估计方法是不同的，LDA 是极大化联合似然函数 $p(Y, X)$，这使得该方法受到联合分布假设的限制；而 Logistic 回归极大化条件似然函数 $p(Y|X)$，Logistic 回归没有对类条件密度做更多假定，从参数估计的过程来看，有更广泛的适用性。

例 9.1 （见教学资源数据 saheart.txt）南非心脏病数据包括 160 名患心脏病的病人病历数据，对照组为没有患心脏病的 302 名正常人数据；收集了 10 个相关指标变量，希望建立病人患心脏病的关系模型。chd 是目标变量：病人是否患有心脏病。9 个影响变量：sbp（收缩压）、tobacco（累计吸烟量）、ldl（低密度脂蛋白）、adiposity（肥胖指标）、famhist（家族心脏病史）、obesity（脂肪指标）、alcohol（酒精量）、typea（A 型行为）、age（年龄）。现在我们在 R 中用 Logistic 回归方法对 462 个观测构成的训练数据建立模型，估计训练误差率。

R 程序如下：

```
attach(SAheart)
SAheart.glm=glm(chd~sbp+tobacco+ldl+famhist+obesity
           +alcohol+age,data=SAheart,family="binomial")
py=SAheart.glm$fitted
chdpred=chd
chdpred[py>0.5]=1
chdpred[py<=0.5]=0
TE=sum(chdpred!=chd)/length(chd) #training error
```

输出结果如下：
```
TE
[1]    0.2705628
table(chdpred,chd)
        chd
chdpred   0   1
      0 255  78
      1  47  82
summary(SAheart.glm);SAheart.glm
        Coefficients:
                 Estimate Std. Error z value Pr(>|z|)
(Intercept)    -4.1295997  0.9641558  -4.283 1.84e-05 ***
sbp             0.0057607  0.0056326   1.023  0.30643
tobacco         0.0795256  0.0262150   3.034  0.00242 **
ldl             0.1847793  0.0574115   3.219  0.00129 **
famhistPresent  0.9391855  0.2248691   4.177 2.96e-05 ***
obesity        -0.0345434  0.0291053  -1.187  0.23529
alcohol         0.0006065  0.0044550   0.136  0.89171
age             0.0425412  0.0101749   4.181 2.90e-05 ***
Degrees of Freedom: 461 Total (i.e. Null);  454 Residual
Null Deviance:     596.1
Residual Deviance: 483.2       AIC: 499.2
Coefficients:
(Intercept)           sbp          tobacco              ldl
 -4.1295997     0.0057607        0.0795256        0.1847793
famhistPresent    obesity          alcohol              age
  0.9391855    -0.0345434        0.0006065        0.0425412
```

在上面的程序中，我们首先调用 Logistic 回归函数 glm 建立 Logistic 回归方程，求出训练数据的回归解 py，py 的计算是根据后验概率公式 (9.4) 得到的。由 py 对每一条数据计算患心脏病的预测值 chdpred，再计算训练误差 TE=0.27，其中将无病的判为有病的 47 例，将有病的判为无病的 78 例。从回归结果看，影响比较显著的变量有常数项 (-4.13)、tobacco 系数 (0.08)、ldl 系数 (0.185)、famhistPresent 系数 (0.94)、年龄 (0.043)，其中 AIC=499.2，从这些结果分析可以看到，吸烟习惯、肥胖、家族病史和年龄是心脏病的关键因素。

9.3 k 近 邻

近邻是一种分类方法，基本原理是对一个待分类的数据对象 x，从训练集中找出与之空间距离最近的 k 个点，取这 k 个点的众数类作为该数据点的类赋给这个新对象。具体而言，设训练集收集到数据对 $\mathcal{T} = (\boldsymbol{x}_1, y_1), (\boldsymbol{x}_2, y_2), \cdots, (\boldsymbol{x}_n, y_n)$，$\boldsymbol{x}_i = (x_{i1}, x_{i2}, \cdots, x_{ip})^{\mathrm{T}}$，令

$\mathcal{D} = \{d_i = d(\boldsymbol{x}_i, \boldsymbol{x})\}$ 是训练集与 $\boldsymbol{x}$ 的距离，待分类点 $\boldsymbol{x}$ 的 k 邻域表示为 $N_k(\boldsymbol{x}) = \{\boldsymbol{x}_i \in \mathcal{T}, r(d_i) \leqslant k, i = 1, 2, \cdots, n\}$，$r(\cdot)$ 定义了训练数据与 $\boldsymbol{x}$ 距离的秩。那么 $\boldsymbol{x}$ 的分类 y 定义为

$$\hat{y} = \frac{1}{k} \sum_{y_i \in N_k(\boldsymbol{x})} y_i$$

我们看到，k 近邻法在对数据分布没有过多假定的前提下，建立响应变量 y 与 p 个预测或解释变量 $\boldsymbol{x} = (\boldsymbol{x}_1, \boldsymbol{x}_2, \cdots, \boldsymbol{x}_p)$ 之间的分类函数 $f(\boldsymbol{x}_1, \boldsymbol{x}_2, \cdots, \boldsymbol{x}_p)$。对 f 的唯一要求是函数应该满足光滑性。我们注意到，建立分类的过程与传统的统计函数建立过程有所不同，并非事先假定数据分布结构，再通过参数估计过程确定函数，而是直接针对每个待判点，根据距离该点最近的训练样本的分类或取值情况做出分类。因此 k 近邻法是典型的非参数方法，也是非线性分类模型的良好选择。

k 近邻法的关键问题是 k 如何选取。最简单的情况是取 $k=1$，这样得到的分类模型相当不稳定，每个点的状态仅由离它最近的点的类别决定，某个观测稍微出现一点偏差，分类模型就会发生剧烈变化，对训练数据过于敏感。提高 k 值，可以得到较为光滑且方差小的模型，但过大的 k 将导致取平均的范围过大，估计的偏差也会随之增大，预测误差会比较大。这就产生了模型选择中的偏差和方差的平衡问题。如何在泛化误差未知的情况下估计这个预测误差呢？这个问题在技术上通常有两种方法。①测试集平衡法：选定测试集，将 k 由小变大逐渐递增，计算测试误差，制作 k 与测试误差的曲线图，从中确定使测试误差最小且适中的 k 值。② 交叉验证法：对于较小的数据集，为了分离出测试集而缩小训练集是不明智的，因为最佳的 k 值显然依赖于训练集中数据点的个数。一种有效的策略（尤其是对于小数据集）是采用"留出一个"（leaving-one-out）交叉验证评分函数替代前面的一次性测试误差来选择 k。

k 近邻法的第二个问题是维数问题，用空间距离作为训练样本的影响因子的最大问题在于维数灾难。增加变量的维数，会使数据变得越来越稀疏，这会导致每一点附近的真实密度估计出现较大偏差。所以，k 近邻法更适用于低维的问题。

另外，不同测量的尺度也会极大地影响分类模型，因为距离的计算中那些尺度较大的变量会比尺度较小的变量更容易对分类结果产生重要影响，所以一般在运用 k 近邻法之前对所有变量实行标准化。

例 9.2 对鸢尾花数据应用 Sepal.Length 和 Sepal.Width 两个输入变量，用 R 中的 knn 函数构造分类模型，并计算训练集的分类错误率，示范程序如下：

```
library(class)
attach(iris)
train<-iris[,1:2]
y<-as.numeric(Species)
x<-train
```

```
fit<-knn(x,x,y)
1-sum(y==fit)/length(y)
```

R 中的 knn() 函数使用的是欧氏距离，可以设定不同的 k，默认 $k=1$。本例中，输出训练误差在 0.07 左右，上述程序的每次运算结果不完全相同，原因是 k 近邻的点可能多于 k 个，即其中有多于一个点到待判点的距离相同，这时 R 中采取的是随机选点的方式，这样就出现了重复执行程序结果可能不一致的情况。

9.4 决 策 树

决策树里无特权

9.4.1 决策树的基本概念

决策树（decision tree）是一种树状分类结构模型。它是一种通过变量值拆分建立分类规则，再利用树形图分割形成概念路径的数据分析技术。决策树的基本思想中有两个关键步骤：第一步，对特征空间按变量对分类效果的影响大小进行变量和变量值选择；第二步，用选出的变量和变量值对数据区域进行矩形划分，在不同的划分区间进行效果和模型复杂性比较，从而确定最合适的划分方案，分类结果由最终划分区域的优势类确定。决策树主要用于分类，也可以用于回归，与分类的主要差异在于，选择变量的标准不是分类的效果，而是预测误差。

20 世纪 60 年代，两位社会学家摩根（Morgan）及松奎斯特（Sonquist）在密歇根大学（University of Michigan）社会科学研究所发展了 AID（Automatic Interaction Detection）程序，这可以看成决策树的早期萌芽。1973 年利奥·布莱曼（Leo Breiman）和弗里德曼（J.Friedman）独立将决策树方法用于分类问题研究，20 世纪 70 年代末，机器学习研究者昆兰（J.R.Quinlan）开发出决策树 ID3 算法，提出用信息论中的信息增益（information gain）作为决策树属性拆分节点的选择，从而产生了分类结构的程序。20 世纪 80 年代以后决策树技术发展飞快，1984 年 Leo Breiman 将决策树的想法整理成 CART（Classification And Regression Trees）算法；1986 年，施林纳（J.C.Schlinner）提出 ID4 算法；1988 年，P.E.U.tgoff 提出 ID5R 算法；1993 年，Quinlan 在 ID3 算法的基础上研究开发出 C4.5、C5.0 系列算法。这些算法标志着决策树算法家族的诞生。

这些算法的基本设计思想是，通过递归算法将数据拆分成一系列矩形区隔。建立区隔并形成概念的过程以树的形式展现。树的根节点显示在树的最上端，表示关键拆分节点，下面依次与其他节点通过分枝相连，形成一幅"提问–判断–提问"的树形分类路线图。决策树的节点有两类：分枝节点和叶节点。分枝节点的作用是对某一属性的取值提问，根据不同的判断，将树转向不同的分枝，最终到达没有分枝的叶节点。叶节点表示相应的类别。由于决策树采用一系列简单的查询方式，一旦建立树模型，以树模型中选出的属性重新建立索引，就可以用结构化查询语言 SQL 执行高效的查询决策，这使得决策树迅速成为联机分析（OLAP）

中重要的分类技术。Quinlan 开发的 C4.5 是第二代决策树算法的代表，它要求每个拆分节点仅由两个分枝构成，从而避免了属性选择的不平等问题。

最佳拆分属性的判断是决策树算法设计的核心环节。拆分节点属性和拆分位置的选择应遵循数据分类"不纯度"减少最大的原则，度量信息"不纯度"的常用方法有三种。以下以离散变量为例定义节点信息。假设节点 G 处待分的数据一共有 k 类，记为 $c_1, c_2, \cdots, c_k$，那么 G 处的信息 $I(G)$ 可以定义如下。

(1) 熵不纯度：$I(G) = -\sum_{j=1}^{k} p(c_j) \ln(p(c_j))$，其中 $p(c_j)$ 表示节点 G 处属于 c_j 类的样本数占总样本数的频数。如果离散变量 $X \in \{x_1, \cdots, x_i, \cdots\}$，用 $X = x$ 拆分节点 G，则信息增益 $I(G|X = x)$ 定义为

$$I(G|X = x) = -\sum_{j=1}^{k} p(c_j|x) \ln(p(c_j|x))$$

拆分变量 X 对节点 G 的信息增益 $I(G|X)$ 定义为

$$I(G|X) = -\sum_{X \in \{x_1, \cdots, x_i, \cdots\}} \sum_{j=1}^{k} p(c_j, x_i) \ln(p(c_j|x_i))$$

(2) GINI 不纯度：$I(G) = -\sum_{j=1}^{k} p(c_j)(1 - p(c_j))$，表示节点 G 类别的总分散度。拆分变量任意点拆分的信息和拆分变量的信息度量与熵的定义类似。

(3) 分类异众比：$I(G) = 1 - \max(p(c_j))$，表示节点 G 处分类的散度。拆分变量任意点拆分的信息和拆分变量的信息度量与熵的定义类似。

拆分变量和拆分点的选择原则是使得 $I(G)$ 改变最大的方向，如果 s 是由拆分变量定义的划分，那么

$$s^* = \operatorname{argmax}(I(G) - I(G|s))$$

式中，s^* 为最优的拆分变量定义的拆分区域。

以上定义的三种信息度量方法都是从不同角度测量类别变量的分散程度。当类别分散程度较大时，意味着信息量较大，类别不确定性较高，需要对数据进行划分。划分应该降低不确定性，也就是划分后的信息应该显著低于划分前，不确定性应减弱，确定性应增强。以两类的熵信息度量为例，$I(G) = -p_1 \ln p_1 - (1 - p_1) \ln(1 - p_1)$，最大值在 $p_1 = 0.5$ 处达到，这是两类势均力敌的情况，体现了最大的不确定性。$p_1 = 0$ 或 $p_1 = 1$ 处，只有一类，$I(G) = 0$ 体现了类别的确定性。于是 $I(G)$ 度量了信息量的大小，通过 $I(G)$ 和条件信息 $I(G|X)$ 可以测量信息的变动，所以可以将这些信息量作为划分的依据。

有了信息的定义之后，可以根据变量对条件信息的影响大小选择拆分变量和变量值如下。

① 对于连续变量，将其取值从小到大排序，令每个值作为候选分割阈值，反复计算不同情况下树分枝所形成的子节点的不纯度，最终选择使不纯度下降最快的变量值作为分割阈值。

② 对于离散变量，将各分类水平依次划分成两个分类水平，反复计算不同情况下树分枝所形成的子节点的不纯度，最终选择使不纯度下降最快的分类值作为分割阈值。

最后判断分枝结果是否达到了不纯度的要求或是否满足迭代停止的条件，如果没有，则再次迭代，直至结束。

9.4.2 分类回归树（CART）

分类回归树又称为 CART 算法，当目标变量是分类变量时，则为分类树；当目标变量是定量变量时，则为回归树。它以迭代的方式，从树根开始反复建立二叉树。考虑一个具有两类的因变量 Y 和两个特征变量 X_1, X_2 的数据。CART 算法每次选择一个特征变量，把区域划分为两个半平面，如 $X_1 \leqslant t_1, X_1 > t_1$。经过不断划分之后，特征空间被划分为矩形区域（形如一个盒子），如图 9.1 所示。将任意待预测点 x 预测为包含它的最小矩形区域上的类。

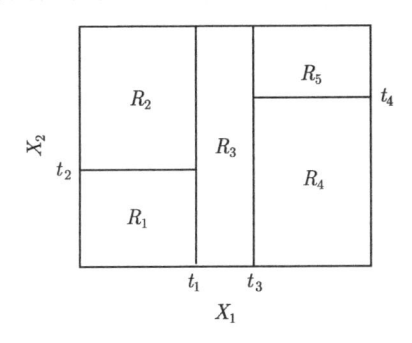

图 9.1 CART 算法对数据的划分

下面较为详细地给出 CART 算法的拆分方法。考虑拆分变量 j 和拆分点 s，定义一对半平面：

$$R_1(j,s) = \{X|X_j \leqslant s\}, \qquad R_2(j,s) = \{X|X_j > s\}$$

令划分后的区域纯度增加，不纯度降低求出分类变量 j 和分裂点 s：

$$\min_j \left[\min_{x_i \in R_1(j,s)} \sum_{k=1}^{K} p_{m_k}(1-p_{m_k}) + \min_{x_i \in R_2(j,s)} \sum_{k=1}^{K} p_{m_k}(1-p_{m_k}) \right]$$

找到最好的拆分方法后，将数据划分为两个结果区域，对每个区域重复拆分过程。

最后将空间划分为 M 个区域：$R_1, R_2, \cdots, R_M$，区域 R_m 对应势最大的类 c_m，该 CART 预测模型为

$$\hat{f}(\boldsymbol{x}) = \sum_{i=1}^{M} c_m I(x \in R_i) \tag{9.10}$$

从上面来看，CART 算法使用的是 GINI 信息度量方法来选择变量。

9.4.3 决策树的剪枝

从以上决策树的生成过程看，分类决策树可以通过深入拆分实现对训练数据的完整分类，如果仅有拆分，没有停止规则，未免得到对训练数据完整拆分的模型，这样的模型无法

较好地适用于新数据，这种现象称为模型的过度拟合。另外，过细的拆分树也不能较好地捕捉到重要分布的结构特征。这就需要将决策树剪掉一些枝节，避免决策树过于复杂，从而增强决策树对未知数据的适应能力，这个过程称为剪枝（pruning）。剪枝是决策树学习算法处理"过度拟合"的主要手段，当决策树分枝过多时，算法就会把训练集自身的一些特点当做所有数据都具有的一般性质而导致过度拟合。

剪枝一般分为"预剪枝"和"后剪枝"。"预剪枝"是指在决策树生成过程中，对每个结点在划分前先进行估计，若当前结点的划分不能带来决策树泛化性能提升，则阻止本次划分并将当前结点标记为叶结点。"预剪枝"拆分的一个缺陷是：如果在树生成的早期运用此策略，可能会导致一些深藏于不值得拆分位置的规律较早地被禁止。

CART 算法采用的是"后剪枝"策略，首先生成一棵较大的树 T_0 或完整的树，然后自底向上对非叶结点进行考察，若将该结点对应的子树替换为叶结点能带来决策树泛化性能的提升，则将该子树替换为叶结点，这个算法也称为树的"复杂性代价剪枝法"，如下所示：

定义子树 $T \subset T_0$ 为待剪枝的树，用 m 表示 T 的第 m 个叶节点，$|\tilde{T}|$ 表示子树 T 的叶节点数，R_m 表示叶节点 m 处的划分，n_m 表示 R_m 的数据量。用 $|T|$ 代表树 T 中端节点的个数。

对子树 T 定义复杂性代价测度：

$$R_\alpha(T) = \sum_{m=1}^{|\tilde{T}|} n_m \mathrm{GINI}(R_m) + \alpha|\tilde{T}|$$

树叶节点的整体不确定性越强，越表示该树过于复杂。对每个保留的树 $T_\alpha \subset T_0$，应使 $R_\alpha(T)$ 最小化。显然，较大的树比较复杂，拟合优度好但适应性差；较小的树简约，拟合优度差，但适应性好。参数 $\alpha \geqslant 0$ 的作用是在树的大小和树对数据的拟合优度之间折中，α 的估计一般通过 5 折或 10 折交叉验证法实现。

9.4.4 回归树

CART 的回归树和分类树的不同在于：搜索分裂变量 j 和分裂点 s 时求解

$$\min_{j,s}\left[\min_{c_1}\sum_{x_i\in R_1(j,s)} p_{m_k}(1-p_{m_k}) + \min_{c_2}\sum_{x_i\in R_2(j,s)} p_{m_k}(1-p_{m_k})\right]$$

式中，c_1, c_2 用下式估计：

$$\hat{c_1} = \mathrm{avg}\{y_i | x_i \in R_1(j,s)\}, \hat{c_2} = \mathrm{avg}\{y_i | x_i \in R_2(j,s)\}$$

目的是使平方和 $\sum_i (y_i - f(x_i))^2$ 最小。

9.4.5 决策树的特点

一般认为，决策树有以下优点：

(1) 决策树不固定模型结构，适用于非线性分类问题；

(2) 决策树给出完整的规则表达式，概念清晰，容易解释；

(3) 决策树可以选择出构成概念的重要因素；

(4) 决策树给出了影响概念重要因素的影响序，一般距离根节点近的变量比距离根节点远的变量对概念的影响大；

(5) 决策树适用于各种类型的预测变量，当数据量很大时，变量中如存在个别离群点，一般不会对决策树整体结构造成太大影响。

决策树主要的不足在于树的不稳定性。造成决策树不稳定的根源是分层迭代的算法本质：顶层拆分中的错误影响将被传播到下层的所有拆分。由于树的拆分完全依赖每个点的空间位置，如果位于拆分边界上的点发生较小的变化，则可能导致一系列完全不同的拆分，从而建立完全不同的树。另一方面，在建立树之前评估每一点对树稳定性的影响不是很容易，这些问题都导致决策树可能有较大方差。另外，决策树仅考虑矩形划分，显然只适用于预测变量无关的情形，当预测变量之间有显著的相关关系的时候，决策树更容易陷入局部最优循环，破坏了树的直观性。另外，决策树的"后剪枝"常常过于保守，避免复杂树并不总是很有效。尽管如此，决策树作为从大规模数据中探索未知概念的代表，是在未知特征影响形式的前提下，探索、创建用特征表示概念的算法代表，决策树因此成为数据挖掘的典型技术而得到广泛探讨和应用。

例 9.3 （见教学资源数据 Titanic.xls）数据集 Titanic 给出的是英国历史上著名的远洋客轮（Titanic 号）发生撞击冰山沉船事件后人员幸存的信息，该数据中统计了沉船当日所有在船上的人员，共 2201 位，对每个人统计了 4 项特征：class（舱位），sex（性别），age（年龄，分成年人和未成年人），survived（是否幸存，1 表示失踪，0 表示幸存）。

下面使用 R 决策树方法对上述训练数据建立模型，揭示船上人员幸存的关键因素，绘制决策树图。R 程序如下：

```
library(rpart)
x=titanic
names(x)
fit=rpart(survived~.,x,method="class")
y.pr=predict(fit,x)
yhat=ifelse(y.pr[,1]>0.5,1,0)
table(yhat, x[,4])
plot(fit,asp=5)
text(fit,use.n=T,cex=0.6)
print(fit)
```

Titanic 数据的决策树图如图 9.2 所示，分析发现，在这起事件中，存活率最高的是女性，为 0.727，其次为小于 9.5 岁的儿童，为 0.581，"灾难面前妇幼先行的人道主义"概念在决策树结构中得以彰显。

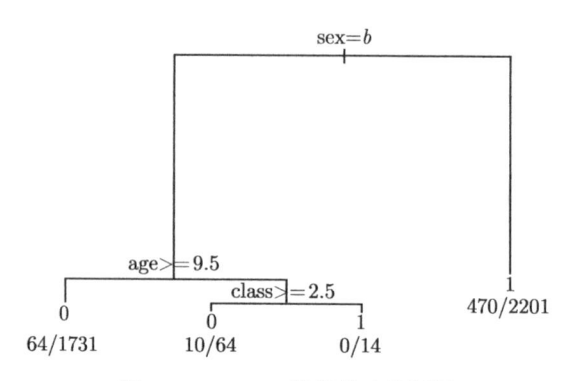

图 9.2 Titanic 数据的决策树图

9.5 提升（Boosting）

9.5.1 Boosting 算法

实际中，用一个模型决定一组数据的分类常常是不现实的，一个对数据分类描述比较清晰的模型也许异常复杂，用一个模型很难避免不出现过度拟合。组合模型是一个思路，它的基本原理是：用现成的方法建立一些精度不高的弱分类器或回归，将这些效果粗糙的模型组合起来，成为一个整体分类系统，达到改善整体模型性能的效果。Boosting 算法是这种思想的一个代表，其操作对象是误差率只比随机猜测略好一点的弱分类器，Boosting 算法反复调整误判数据的权重，依次产生弱分类器序列：$h_m(\boldsymbol{x}), m=1,2,\cdots,M$。最后用投票方法（voting）产生最终预测模型：

$$h(\boldsymbol{x}) = \text{sign}\left(\sum_{m=1}^{M} \alpha_m h_m(\boldsymbol{x})\right) \tag{9.11}$$

式中，α_m 是相应弱分类器 $h_m(\boldsymbol{x})$ 的权重。赋予分类效果较好的分类器以相应较大的权重。经验和理论都表明，Boosting 算法能够显著提升弱分类器的性能。

9.5.2 AdaBoost.M1 算法

基本 Boosting 算法思想有很多变形。AdaBoost 算法是 Boosting 算法家族最具代表性的算法，在 AdaBoost 算法的基础之上又出现了更多的 Boosting 算法，如 GlmBoost、GbmBoost、GBDT 和 XGBoost 等算法。AdaBoost.M1 算法是比较流行的算法之一，它的主要功能是分类，最早是由 Freund 和 Schapire（1997）提出的。下面我们以二分类为例，$(\boldsymbol{x}_1,y_1),(\boldsymbol{x}_2,y_2),\cdots,(\boldsymbol{x}_n,y_n), \boldsymbol{x}_i \in \mathbb{R}^d, y_i \in \{+1,-1\}$ 是训练数据，$W_t(i)$ 表示第 t 次迭代时样本的权重分布，给出 AdaBoost.M1 算法。

(1) 输入训练数据：$(\boldsymbol{x}_1,y_1),(\boldsymbol{x}_2,y_2),\cdots,(\boldsymbol{x}_n,y_n)$。

(2) 初始化：$W_1 = \{W_1(i) = 1/n, i=1,2,\cdots,n\}$。

(3) For $t=1,2,\cdots,T$

① 在 W_t 下训练, 得到弱学习器 $h_t: X \mapsto \{-1, +1\}$。

② 计算分类器的误差: $E_t = \dfrac{1}{n} \sum W_t(i) I[h_t(\boldsymbol{x}_i) \neq y_i]$。

③ 计算分类器的权重: $\alpha_t = \dfrac{1}{2} \ln[(1-E_t)/E_t]$。

④ 更改训练样本的权重: $W_{t+1}(i) = W_t(i) \mathrm{e}^{-\alpha_t y_i h_t(\boldsymbol{x}_i)} / Z_t$。

(4) 输出: $H(\boldsymbol{x}) = \mathrm{sign}\left(\sum\limits_{t=1}^{T} \alpha_t h_t(\boldsymbol{x}) \right)$。

Z_t 为归一化因子, 保证样本服从一个分布。除非病态问题, 大部分情况下, 只要每个分量 $h_t(\boldsymbol{x})$ 都是弱学习器, 那么当迭代次数 T 充分大时, 组合分类器 $g(\boldsymbol{x})$ 的训练误差可以任意小, 即有

$$E = \prod_{t=1}^{T}\left[2\sqrt{E_t(1-E_t)}\right] = \prod_{t=1}^{T}\sqrt{1-4G_t^2} \leqslant \exp\left(-2\sum_{t=1}^{T}G_t^2\right) \tag{9.12}$$

式中, $E_t = \dfrac{1}{2} - G_t$。

从算法中, 我们看到, Adaboost 算法首先为训练集指定分布为 $\dfrac{1}{n}$, 这表示最初的训练集中, 每个训练样本的权重都一致地等于 $\dfrac{1}{n}$。调用弱学习算法进行 T 次迭代, 每次迭代后, 按照训练样本在分类中的效果进行分布调整: 为训练失败的样本赋予较大的权重, 为训练正确的样本赋予较小的权重, 使得下一个分类器更关注那些错分样本, 也就是令学习算法对比较难的训练样本进行有针对性的学习。这样, 每次迭代都能产生一个新的预测函数, 这些预测函数形成序列 $h_1, h_2, \cdots, h_t$, 每个预测函数可能针对不同的样本点。根据每个预测函数 h_i 对训练整体样本的贡献, 赋予它不同的权重, 如果函数整体预测效果较好, 误判概率较低, 则赋予较大权重。经过 T 次迭代后, 产生分类问题的组合预测函数 $H(\boldsymbol{x})$ 并作决策。这相当于对各分量预测函数加权平均、投票决定最终的结果, 其回归是相似的。

使用 AdaBoost 算法之后, 可以将学习准确率不高的单个弱学习器提升为准确率较高的最终预测函数结果。图 9.3 给出了 AdaBoost 算法过程。

Boosting 算法自产生后受到人们广泛关注。在实际应用中, 人们不需要将所有精力都集中在开发一个预测精度很高的算法上, 而只需找到一个比随机猜测略好的弱学习算法, 通过选择合适的迭代次数, 可以将弱学习算法提升为强学习算法, 不仅提高了预测精度, 而且更有利于解释不同的样本点主要是从哪些分类器中产生的。里奥·布莱曼 (Leo Breiman) 将基于树分类器的 Boosting 算法称为世界上最好的现成的分类器, 不需要为了建立一个全新的模型而费力地从头开始清洗数据, 因为摆在现实面前的困难是, 很难决定哪些数据需要进行怎样的清洗, 但是如果一些数据和正常数据显著不同, 那么这些数据就会在专有的学习器中获得重视, 这将有助于更有效地把握主流信息。

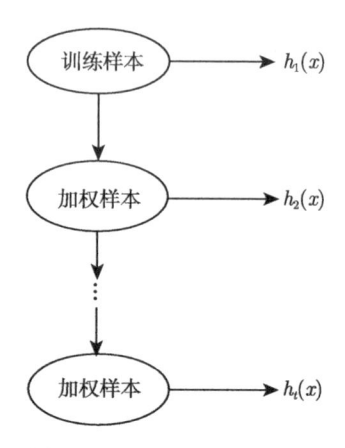

图 9.3 AdaBoost 算法过程

Boosting 算法的缺陷在于，它的迭代速度较慢（当迭代次数较多、数据量较大时，会占用较长时间）。Boosting 算法生成的组合模型在一定程度上依赖于训练数据和弱学习器的选择，训练数据不充足或者弱学习器太"弱"时，其训练精度提高缓慢。另外，Boosting 算法还易受到噪声数据的影响，这是因为它可能为噪声数据分配了较大权重，使得对噪声的拟合成为提升预测精度的主要努力方向。

例 9.4 乳腺癌数据（BreastCancer）是由 Dr.Wolberg 收集的临床案例，有 699 个观测，共 11 个变量。目标是判别第 11 个变量（乳腺肿块）为良性（benign）还是恶性（malignant）。其他预测变量有 Cell.size（肿块大小）、Cell.shape（肿块形状）、Bare.nuclei（肿块中核个数）、Normal.nucleoli（正常的核仁个数）等。

我们先用 Bootstrap 算法在乳腺癌数据中分离出训练集和测试集。在训练集上，用 AdaBoost 算法建立判断乳腺癌是否良性的分类器，用测试集检验分类器的误差。以下是 Adaboost 算法用在乳腺癌数据上的 R 程序：

```
install.packages("adabag")
library(adabag)
library(rpart)
library(mlbench)
data(BreastCancer) set.seed(12345)
sa=sample(1:length(BreastCancer[,1]),replace=T)
train=BreastCancer[unique(sa),-1]
test=BreastCancer[-unique(sa),-1]
sa=sample(1:length(BreastCancer[,1]),replace=F)
train=BreastCancer[unique(sa),-1]
test=BreastCancer[-unique(sa),-1] a=rep(0,10)
for(i in seq(10,100,10)){
```

```
    BC.adaboost=adaboost.M1(Class~.,data=train,mfinal=i,maxdepth=3);
    BC.adaboost.pred=predict.boosting(BC.adaboost,test);
    a[i/10]=BC.adaboost.pred$erro; }
plot(a,type="o",main="Adaboost",xlab="The number of
    iterative",ylab="test error")
```

程序中采用有放回抽样再消除重复数据的方法，可得到 63% 左右的训练数据和 37% 左右的测试数据。当然这种方法也可以用不重复抽样的方法代替。

图 9.4 中各点的纵坐标分别表示 AdaBoost 算法在迭代次数为 10 次、20 次、30 次、⋯、100 次时的测试误差，分类器的测试误差（test error）随着迭代次数（the number of iterative）的增加有明显的下降。这一现象是 Boosting 算法可以在一定程度上避免过度拟合的具体体现。

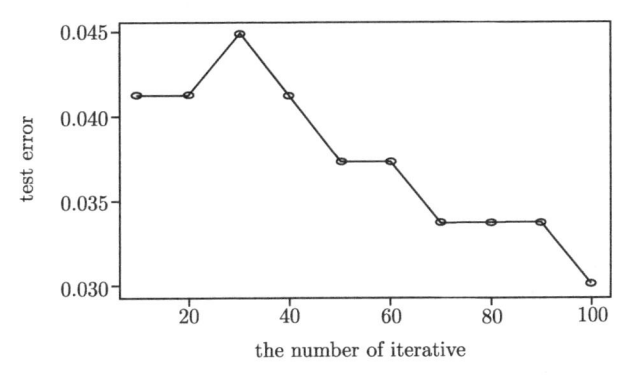

图 9.4 AdaBoost 算法效果图

9.6 支持向量机

支持向量机（Support Vector Machine, SVM），是寻找稳健分类模型的一种代表性技术。支持向量机的思想最早在 1936 年 Fisher 构造判别函数时就已经体现出来，Fisher 构造的两组数据之间的判别模型是过两个集合中心位置的中垂线，中垂线体现的就是稳健模型的思想。1974 年万普尼克（Vapnik）和切尔沃宁基斯（Chervonenkis）建立了统计学习理论，比较正式地提出结构风险建模的思想，这种思想认为，稳健预测模型的建立可以通过设计结构风险不断降低的算法建模过程实现，该过程以搜索到的结构风险最小为目的。20 世纪 90 年代，Vladimir N. Vapnik 基于小样本学习问题正式提出支持向量机的概念。

除稳健性概念以外，使用核函数解决非线性问题是 SVM 另一个吸引人的地方，即将低维空间映射到高维空间，在高维空间构造线性边界，再还原到低维空间，从而解决非线性边界问题。

9.6.1 最大边距分类

首先考虑最简单的情况：数据线性可分的两分类问题。训练集为 n 个数据对：$(\boldsymbol{x}_1, y_1)$，

$(\boldsymbol{x}_2,y_2),\cdots,(\boldsymbol{x}_n,y_n)$，其中 $\boldsymbol{x}_i\in\mathbb{R}^p$ 为观测向量；$y_i\in\{-1,+1\}$ 为因变量。

图 9.5 给出了一组二维两类数据的训练集，实心点和空心点表示两个不同的类。该训练集是线性可分的，因为可以绘制一条直线将 +1 的类和 −1 的类分开。显然，该图上这样的直线可以有很多条。问题是，哪一条最好？是否存在一条直线，能把数据中不同的类别分开，且面对新数据时适应性最好？如果存在，如何找到？如果观测向量超过二维，则要寻找的是最佳超平面。

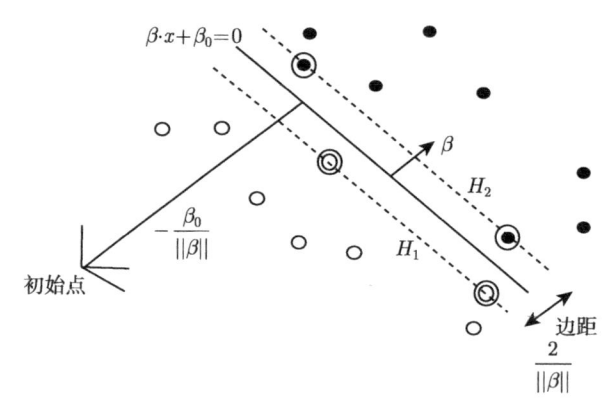

图 9.5　支持向量机二维示意图

要找出最佳超平面，首先要给出衡量超平面"好坏"的标准。把超平面同时向两侧平行移动，直到两侧分别遇到各自在训练集上的第一个点处停下，这两个点是距离超平面最近的两个点，这时两个已移动的超平面之间的距离定义为边距（margin）。支持向量机算法搜索的最佳超平面就是具有最大边距（margin）的超平面。直觉上，具有最大边距的超平面有更好的适应能力，更稳健。

下面给出超平面的定义：

$$\{\boldsymbol{x}:f(\boldsymbol{x})=\boldsymbol{x}^\mathrm{T}\boldsymbol{\beta}+\beta_0=0\} \tag{9.13}$$

式中，$\boldsymbol{\beta}$ 是单位向量。由 $f(\boldsymbol{x})$ 导出的分类规则也称判决函数：

$$G(\boldsymbol{x})=\mathrm{sign}[\boldsymbol{x}^\mathrm{T}\boldsymbol{\beta}+\beta_0] \tag{9.14}$$

可以看到，如果点 $\boldsymbol{x}_i$ 满足 $\boldsymbol{x}_i^\mathrm{T}\boldsymbol{\beta}+\beta_0>0$，则 $G(\boldsymbol{x})$ 把 $\boldsymbol{x}_i$ 分为 1 类，否则分为 −1 类。通过判决函数 $G(\boldsymbol{x})$ 可以计算出该定义下超平面的边距 $m=\boldsymbol{\beta}^\mathrm{T}(\boldsymbol{x}_i-\boldsymbol{x}_j)$。$\boldsymbol{x}_i,\boldsymbol{x}_j$ 为超平面向两侧平移最先相交的点。

由于类是可分的，故调整 $\boldsymbol{\beta}$ 和 β_0 的值，使得对任意的 i 有 $y_if(\boldsymbol{x}_i)>0$。要找到在类 1 和类 −1 的训练点之间产生最大边距的超平面，相当于解最优化问题：

$$\begin{aligned}&\max_{\boldsymbol{\beta},\beta_0,\|\boldsymbol{\beta}\|=1} m\\ &\text{s.t.}\ \ y_i(\boldsymbol{x}_i^\mathrm{T}\boldsymbol{\beta}+\beta_0)\geqslant m, i=1,2,\cdots,n\end{aligned} \tag{9.15}$$

这相当于寻找将所有点分得最开的最大边距所对应的超平面，边距为 $2m$。注意到，其实距离并非本质，距离由超平面的法线决定，于是归一化边距后，式 (9.15) 的最优化问题等价于

$$\max_{\boldsymbol{\beta},\beta_0} \frac{1}{||\boldsymbol{\beta}||} \tag{9.16}$$
$$\text{s.t.} \ y_i(\boldsymbol{x}_i^{\text{T}}\boldsymbol{\beta} + \beta_0) \geqslant 1, i = 1, 2, \cdots, n$$

相应的边距为 $m = 2/||\boldsymbol{\beta}||^2$。

实际中更为常见的是，特征空间上存在个别点不能用超平面分开，这是训练集线性不可分的情况。处理这类问题的一种办法仍然是最大化边距，但允许某些点在边距的错误侧。此时，定义松弛变量 $\boldsymbol{\xi} = (\xi_1, \xi_2, \cdots, \xi_n)$，将约束 (9.16) 改写为

$$\text{s.t.} \ y_i(\boldsymbol{x}_i^{\text{T}}\boldsymbol{\beta} + \beta_0) \geqslant \text{C}(1 - \xi_i), \quad i = 1, 2, \cdots, n$$

对于两边距之间的点 $\xi_i > 0$，两边距外的点 $\xi_i = 0$，边距之外错分的点 $\xi_i > 1$，用约束

$$\sum_i \xi_i \leqslant 常量 \text{C}$$

可以限制错分点的个数。

在不可分情况下，最优化问题变为

$$\min_{\boldsymbol{\beta},\beta_0,\boldsymbol{\xi}} ||\boldsymbol{\beta}|| + \text{C} \sum_{i=1}^{n} \xi_i$$
$$\text{s.t.} \ y_i(\boldsymbol{x}_i^{\text{T}}\boldsymbol{\beta} + \beta_0) \geqslant 1 - \xi_i \tag{9.17}$$
$$\xi_i \geqslant 0, i = 1, 2, \cdots, n$$

支持向量机的解可以通过最优化问题求得。

9.6.2 支持向量机问题的求解

首先注意到，最优化问题 (9.17) 等价于式 (9.18)：

$$\min_{\boldsymbol{\beta},\beta_0} \frac{1}{2}||\boldsymbol{\beta}||^2 + \gamma \sum_{i=1}^{n} \xi_i \tag{9.18}$$
$$\text{s.t.} \ 1 - \xi_i - y_i(\boldsymbol{x}_i^{\text{T}}\boldsymbol{\beta} + \beta_0) \leqslant 0, \ \xi_i \geqslant 0, \ \forall i = 1, 2, \cdots, n$$

γ 与式 (9.17) 中常量 C 的作用是一样的。式 (9.16) 的最优化问题可以转化为相应 Lagrange 函数的极值问题，其 Lagrange 函数问题为

$$\mathcal{L}(\boldsymbol{\beta}, \beta_0, \boldsymbol{\alpha}, \boldsymbol{\xi}) = \frac{1}{2}\boldsymbol{\beta}^{\text{T}}\boldsymbol{\beta} + \gamma \sum_{i=1}^{n} \xi_i - \sum_{i=1}^{n} \alpha_i [y_i(\boldsymbol{x}_i^{\text{T}}\boldsymbol{\beta} + \beta_0) - (1 - \xi_i)] - \sum_{i=1}^{n} \mu_i \xi_i \tag{9.19}$$

Lagrange 函数的极值问题等价于具有线性不等式约束的二次凸最优化问题，我们使用 Lagrange 乘子来描述一个二次规划解。

初始化问题 (9.19) 重写为

$$\min_{\boldsymbol{\beta}} \max_{\alpha_i \geqslant 0, \beta_0, \xi_i \geqslant 0} \mathcal{L}(\boldsymbol{\beta}, \beta_0, \boldsymbol{\alpha}, \boldsymbol{\xi}) \tag{9.20}$$

式 (9.20) 的对偶问题为

$$\max_{\alpha_i \geqslant 0, \xi_i \geqslant 0} \min_{\beta_0, \boldsymbol{\beta}} \mathcal{L}(\boldsymbol{\beta}, \beta_0, \boldsymbol{\alpha}, \boldsymbol{\xi}) \tag{9.21}$$

要使 $\mathcal{L}$ 最小,需要 $\mathcal{L}$ 对 $\boldsymbol{\beta}, \beta_0, \xi_i$ 的导数为零:

$$\boldsymbol{\beta} - \sum_{i=1}^{n} \alpha_i y_i \boldsymbol{x}_i = \mathbf{0} \tag{9.22}$$

$$\sum_{i=1}^{n} \alpha_i y_i = 0 \tag{9.23}$$

$$\alpha_i = \gamma - \mu_i, \quad \forall i = 1, 2, \cdots, n \tag{9.24}$$

注意,$\alpha_i, \mu_i, \xi_i \geqslant 0$。

把式 (9.22)、(9.23)、(9.24) 代入式 (9.19),得到支持向量机的最优化问题的 Lagrange 对偶目标函数:

$$\mathcal{L}_D = \sum_{i=1}^{n} \alpha_i - \frac{1}{2} \sum_{i,j=1}^{n} \alpha_i \alpha_j y_i y_j \boldsymbol{x}_i^{\mathrm{T}} \boldsymbol{x}_j \tag{9.25}$$

由式 (9.25) 可知:现在需要找到合适的 $\beta_0, \boldsymbol{\beta}$ 使 $\mathcal{L}_D$ 最大。在 $0 \leqslant \alpha_i \leqslant \gamma$ 和 $\sum\limits_{i=1}^{n} \alpha_i y_i = 0$ 的约束下,考虑 Karush-Kuhn-Tucker 条件的另外三个约束:

$$\alpha_i [y_i(\boldsymbol{x}_i^{\mathrm{T}} \boldsymbol{\beta} + \beta_0) - (1 - \xi_i)] = 0 \tag{9.26}$$

$$\mu_i \xi_i = 0 \tag{9.27}$$

$$y_i(\boldsymbol{x}_i^{\mathrm{T}} \boldsymbol{\beta} + \beta_0) - (1 - \xi_i) \geqslant 0 \tag{9.28}$$

以上三式对 $i = 1, 2, \cdots, n$ 都成立。式 (9.22)~(9.28) 共同给出原问题和对偶问题的解。$\boldsymbol{\beta}$ 的解具有如下形式:

$$\hat{\boldsymbol{\beta}} = \sum_{i=1}^{n} \hat{\alpha}_i y_i \boldsymbol{x}_i \tag{9.29}$$

其中满足式 (9.26) 的观测 i 有非 0 系数 $\hat{\alpha}_i$,这些观测称为支持向量 (support vector)。根据前面 6 个式子解出支持向量和 $\hat{\alpha}_i$ 后,可得

$$\hat{G}(\boldsymbol{x}) = \mathrm{sign}(\boldsymbol{x}^{\mathrm{T}} \hat{\boldsymbol{\beta}} + \hat{\beta}_0) \tag{9.30}$$

9.6.3 支持向量机的核方法

虽然引入软松弛变量可以解决部分线性不可分问题，但是当不可分的数据成一定规模时，需要有比线性函数更富有表现力的非线性边界。核函数是解决非线性可分问题的一种方法，它的基本思想是引入基函数，将样本空间映射到高维，低维线性不可分的情况在高维上可能会得到解决。

假设将 x_i 映射到高维 $h(x_i)$，式 (9.25) 有以下形式：

$$\mathcal{L}_D = \sum \alpha_i - 1/2 \sum \sum \alpha' \alpha y_i y_i' \langle h(x_i), h(x_i') \rangle \tag{9.31}$$

由式 (9.13)，解函数可以重写为

$$f(x) = h(x)^\mathrm{T} \beta + \beta_0 = \sum_{i=1}^{n} \alpha_i \langle h(x), h(x') \rangle + \beta_0 \tag{9.32}$$

由于以上运算只涉及内积，所以不需要指定变换 $h(x)$，只需知道内积的形式（核函数）就可以。定义核函数

$$K(x, x') = \langle h(x_i), h(x_i') \rangle$$

比较常见的核函数有以下三种：

(1) d 次多项式：$K(x, x') = (1 + \langle x, x' \rangle)^d$。
(2) 径向基：$K(x, x') = \exp(-\|x - x'\|^2 / c)$。
(3) 神经网络：$K(x, x') = \tanh(\kappa_1 \langle x, x' \rangle + \kappa_2)$。

例如，考虑一个只有二维的特征空间，给定一个二次多项式核函数：

$$\begin{aligned} K(x, x') &= (1 + \langle x, x' \rangle)^2 \\ &= (1 + x_1 x_1' + x_2 x_2')^2 \\ &= 1 + 2x_1 x_1' + 2x_2 x_2' + (x_1 x_1')^2 + (x_2 x_2')^2 + 2x_1 x_1' x_2 x_2' \end{aligned}$$

这个核函数等价于基函数集：

$$h(X_1, X_2) = (1, \sqrt{2} X_1, \sqrt{2} X_2, X_1^2, X_2^2, \sqrt{2} X_1 X_2)$$

这个基函数可以把二维空间映射到六维空间。

如果在高维可以建立超平面，并将超平面反映射到原空间，分界面可能是弯曲的。一些学者表示，如果使用充足的基函数，数据可能会可分，但可能会发生过度拟合。所以我们并不直接将样本空间映射到高维，而是通过核函数这种简便的方式实现高维可分。

例 9.5 （见教学资源数据 iris.txt）iris 鸢尾花数据是 Fisher 收集的一组数据，该数据有 150 个观测和 5 个变量：Sepal.Length（萼片长度）、Sepal.Width（萼片宽度）、Petal.Length（花瓣长度）、Petal.Width（花瓣宽度）、Species（花的种类，三种）。

本例只考虑二分类问题，即只对两类花 versicolor 和 virginica，用花瓣长度和花瓣宽度建立模型预测花的种类。我们在 R 程序中还绘制了以萼片长度和萼片宽度为坐标轴的散点图，给出支持向量机模型的判别曲线和支持向量机。

R 程序如下：

```
install.packages("e1071")
library(e1071)
data(iris)
x=iris[51:150,c(3,4,5)]
x[,3]=as.character(x[,3])
x[,3]=as.factor(x[,3])
iris.svm =svm(Species~., data =x)
plot(iris.svm,x, Petal.Width ~ Petal.Length)
```

图 9.6 所示为支持向量机二维示意图，其中判别曲线将空间分成上下两部分，× 号表示支持向量机。

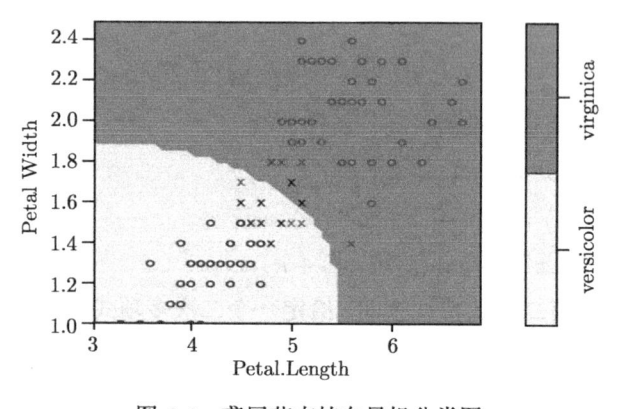

图 9.6 鸢尾花支持向量机分类图

9.7 随机森林树

随机森林树算法（random forest）是 Leo Breiman 于 2001 年提出的一种组合多个树分类器进行分类的方法。随机森林树的基本思想是每次随机选取一些特征，独立建立树，重复这个过程，保证每次建立树时变量选取的可能性一致，如此建立许多彼此独立的树，最终的分类结果由产生的这些树共同决定。

9.7.1 随机森林树算法的定义

定义 9.1 令 X 是 p 维输入，H 表示所有变量 Θ_k 是第 k 次独立重复抽取（bootstrap）的分类变量构成的集合，$\{h_{\Theta_k}\}$ 是由部分变量训练产生的子分类树，X 的分类由 $\{h_{\Theta_k}, k = 1, 2, \cdots\}$ 在 X 上的作用 $\{h_{\Theta_k}(x)\}$ 公平投票决定，X 分类取所有分类树结果的众数类。

9.7.2 随机森林树算法的性质

给定一列分类树：$h_1(\boldsymbol{x}), h_2(\boldsymbol{x}), \cdots, h_k(\boldsymbol{x})$，对输入 (X, Y)，余量函数（margin function）定义为

$$\text{mg}(X, Y) = \underset{k}{\text{avg}}\, I(h_k(X) = Y) - \max_{Z \neq Y} \underset{k}{\text{avg}}\, I(h_k(X) = Z) \tag{9.33}$$

式中，$I(\cdot)$ 是示性函数，第一项 avg 表示将 X 判对的平均分类器数，第二项 avg 表示将 X 判错时判为最多类的平均分类器数，余量函数度量了随机森林树对输入 X 产生的最低正误率偏差。余量函数可以用于定义随机森林树的预测误差：

$$\text{PE}^* = P_{X,Y}(\text{mg}(X, Y) < 0) \tag{9.34}$$

定理 9.1 当随机森林树中分类器的数目增加时，PE^* 几乎处处收敛于

$$\text{mg}(X, Y) = P_{X,Y}[P_\theta(h_\Theta(X) = Y) - \max_{Z \neq Y} P_\theta(h_\Theta(X) = Z) < 0]$$

式中，θ 表示选用所有变量所建立的分类模型。定理 9.1 说明随机森林树算法的预测误差会收敛到泛化误差（generalization error），这说明随机森林树理论上不会发生过度拟合。

于是随机森林树的余量函数定义为

$$\text{mr}(X, Y) = P_\theta(h_\Theta(X) = Y) - \max_{Z \neq Y} P_\theta(h_\Theta(X) = Z)$$

余量函数反映了随机森林树的整体最低正误率偏差，显然，值越大，整体的强度越大，注意到余量与输入 (X, Y) 有关，于是强度定义如下。

定义 9.2 随机森林树分类器强度定义（strength）为

$$s = E_{X,Y}\text{mr}(X, Y)$$

定理 9.2 随机森林树泛化误差的上界由下式给出：

$$\text{PE}^* \leqslant \bar{\rho}(1 - s^2)/s^2$$

式中，$\bar{\rho}$ 度量了各分类树平均相关性的大小。由定理 9.2 可以看出，随机森林树算法的预测误差取决于森林中每棵树的分类效果、树之间的相关性和强度。相关性越大，预测误差可能越大；相关性越小，预测误差上界越小。强度越大，预测误差越小；强度越小，预测误差越大。预测误差是相关性和强度二者的权衡。

9.7.3 确定随机森林树算法中树的节点分裂变量

由 Bootstrap 算法形成 K 个变量子集。每个子集 $\Theta_1, \Theta_2, \cdots, \Theta_K$ 单独构建一棵树，不进行剪枝。每次构建树时，需要选择拆分变量。随机森林变量选择方法与决策树相似，每个拆分

节点处拆分变量确定的基本原则是，对训练输入 X 按信息减少最快或信息下降最大的方向选择。随机森林算法由于不对树进行剪枝，所以要考虑不同树之间的相关性和子树的简单性，于是在建立子树时与建立单一的决策树略有不同，具体可分为两种不同的方法，相应地，我们分别称两类随机森林树为 Forst-RI（Random Input）和 Forst-RC（Random Combination）。

(1) Forst-RI

设 M 为输入变量（特征变量）总数，F 为每次拆分时选择用于拆分的备选变量个数，根据 F 取值不同通常有两种选择。选择一：$F=1$，即每棵树仅由一个从 M 个拆分变量中选出的重要变量生成。选择二：$F=\text{int}(\ln M+1)$，即每棵树拆分时选择的拆分变量总数不超过 $\text{int}(\ln M+1)$ 个特征变量，按照信息缩减最快（或最小）的原则每次选出最优的一个作为分裂变量进行拆分。截至目前，很多研究显示，$F=1$ 和 $F=2$ 甚至更高的 F 效果差不多，于是很多随机森林的子树常选择 $F=1$。

(2) Forst-RC

如果输入变量不多，F、M 不大，那么由简单的子树组合起来的森林树很容易达到很高的强度，但子树之间的相关性可能会很高，从而导致预测误差较大。于是考虑用一些新变量替换原始变量产生子树。每次生成树之前，确定衍生变量由 L 个原始变量线性组合生成，随机选择 L 个组合变量，随机分配 $[-1,1]$ 中选出的权重系数，产生一个新的组合变量。如此选出 F 个线性组合变量，从 F 个变量中按照信息缩减最快（或最小）的原则每次选出最优的一个作为分裂变量进行拆分。例如，$L=3, F=8$ 表示每个衍生变量由 3 个原始变量线性组合构成，每次产生 8 个线性组合变量进行拆分节点选择（每个线性组合中变量系数均满足 $(-1,1)$ 上的均匀分布）。实验表明：当数据集相对变量数很大时，尝试稍大一点的 F 可能会产生更好的效果。

结合树的性质和两种方法，F 越大，树之间的相关性越小，每棵树的分类效果越好。所以要让随机森林树取得较好的效果，一般还是应该取较大的 F，但 F 大时运行的时间稍长。在 Forst-RI 中，取大 F 并没有实质性地改善预测误差，于是经验指出，Forst-RI 中一般取 $F=1$ 或 $F=2$，对组合 Forst-RC，可以取稍大的 F，F 一般不必过大。

9.7.4 随机森林树的回归算法

把分类树换成回归树，把类别替换为每个回归树预测值的加权平均，就可以将随机森林树转换成随机森林回归算法。当然，回归算法也会遇到如何选择 F 的问题，和分类不同的是：随着 F 的增加，树的相关性增加的速度可能比较慢，所以可以选择较大的 F 以提高预测精度。

9.7.5 有关随机森林树算法的一些评价

Leo Breiman（2001）的文章中指出，随机森林树算法经一些实验后显示出以下特点。

(1) 随机森林树算法是一个有效的预测工具。很多数据显示，它能够达到同 Boosting 算法和自适应装袋（adaptive bagging）算法一样好的效果，中间不需反复改变训练集，对噪声的稳健性比 Boosting 算法好。

(2) 能处理数以千计的海量数据，不需要提前对变量进行删减和筛选。

(3) 能够提高分类或回归问题的准确率，同时也能避免过度拟合现象的出现。

(4) 当数据集中存在大量缺失值时，能对缺失值进行有效的估计和处理。

(5) 能够在分类或回归过程中估计特征变量或解释变量的重要性。

(6) 随着森林中树的增加，模型的泛化误差已被证明趋向一个上界，这表明随机森林树对未知数据有较好的泛化能力。

例 9.6 对 9.6 节介绍的 iris 数据，首先用 Bootstrap 算法分离出 63% 训练集和 37% 测试集。用随机森林树算法在训练集上建立预测模型，在测试集上得出误差率。

R 程序如下：

```
install.packages("randomForest")
library(randomForest); data(iris)
d<-sample(1:150, replace = TRUE)
ind<-unique(d)
iris.rf<-randomForest(Species ~ ., data=iris[ind,])
iris.pred<-predict(iris.rf, iris[-ind,])
table(iris[-ind,"Species"],iris.pred)
```

输出结果如下：

```
            iris, pred
            setosa  versicolor  virginica
setosa      20      0           0
versicolor  0       15          0
virginica   0       1           2
```

从结果看，随机森林树算法的预测误差是很小的。

9.8 多元自适应回归样条（MARS）

多元自适应回归样条（Multivariate Adaptive Spline, MARS）是 J. Friedman 于 1991 年提出的专门用于解决高维回归问题的非参数方法。它的基本原理不是用原始预测变量直接建立回归模型，而是对一组特殊的线性基建立回归。

假设 $X_1, X_2, \cdots, X_p$ 为训练集的 p 个特征，训练数据点在第 j 维特征上的坐标为 $\{x_{1j}, x_{2j}, \cdots, x_{nj}\}$，$n$ 为训练样本量，MARS 基函数集定义为

$$\mathcal{C} = \{(X_j - t)_+, (t - X_j)_+\}, \quad t \in \{x_{1j}, x_{2j}, \cdots, x_{nj}\}, \quad j = 1, 2, \cdots, p$$

如果所有特征的值都不一样，则基函数集共有 $2np$ 个函数。对每个常数 t，其中 $(x-t)_+$ 和 $(t-x)_+$ 称为一个反演对。反演对中的每个函数是分段线性的，扭结在值 t 上。例如，$(x-x_{ij})_+$ 和 $(x_{ij}-x)_+$ 是一个反演对。MARS 基函数如图 9.7 所示。

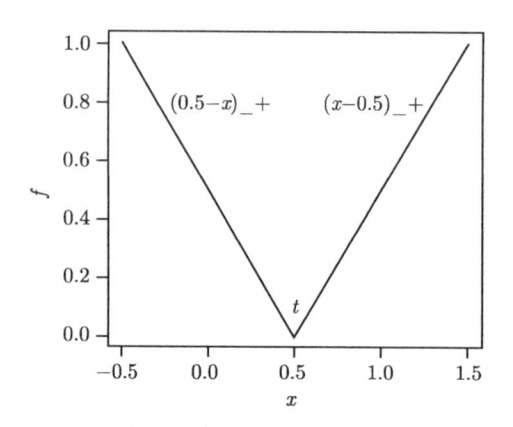

图 9.7 MARS 基函数图

MARS 的预测模型如下:

$$\hat{f}(X) = \beta_0 + \sum_{m=1}^{M} \beta_m h_m(X) \tag{9.35}$$

式中, $h_m(X)$ 是 $\mathcal{C}$ 中某个基函数或多个基函数的乘积。

MARS 预测模型的建立过程分为向前逐步建模和向后逐步建模两个步骤。向前逐步建模过程的主要任务是构造 $h_m(X)$ 函数, 并且将其添加到模型中, 直到添加的项数达到预先设定的最大项数 $M_{\max}$, 类似于向前逐步线性回归。在构造 $h_m(X)$ 函数的时候, 不仅用到集合 $\mathcal{C}$ 中的函数, 而且使用它们的积。选择 $h_m(X)$ 之后, 系数 β_m 通过最小化残差平方和来估计。这样做显然会过度拟合, 于是需要向后逐步建模以简化模型。向后逐步建模过程考虑模型子项, 将那些对预测影响最小的项删除, 直到选到最好的项, 这个过程类似于决策树的剪枝过程。

MARS 的预测模型关键在于如何选择 h_m。以下给出 $h_m(X)$ 的构造过程, 同时也是估计系数 β_m 的过程。

(1) 令 $h_0(X) = 1$, 用最小二乘法估计出唯一的参数 β_0, 得出估计的残差 R_1。将 $h_0(X) = \hat{\beta}_0$ 加入模型集 $\mathcal{M}$ 中。

(2) 考虑模型集 $\mathcal{M}$ 与 $\mathcal{C}$ 的反演对中一个函数的积, 将所有这样的积看作一个新的函数对, 估计出如下形式的项:

$$\hat{\beta}_{M+1} h_0(x)(X_j - t)_+ + \hat{\beta}_{M+1} h_0(x)(t - X_j)_+$$

这样可得 $h_1 = (X_j - t)_+$, $h_2 = (t - X_j)_+$, 把 $h_1(X), h_2(X)$ 添加到模型集 $\mathcal{M}$ 中。目前的模型集 $\mathcal{M} = \{h_0(X), h_1(X), h_2(X)\}$。使用最小二乘法拟合参数, 求出残差 R_2。t 的选择是从 np 个基函数中选出残差降低最快的基。

(3) 考虑新的模型集 $\mathcal{M}$ 与 $\mathcal{C}$ 的反演对中一个函数的积:

$$\hat{\beta}_{M+1} h_l(x)(X_j - t)_+ + \hat{\beta}_{M+1} h_l(x)(t - X_j)_+$$

这样 h_l 就不是如 (1) 中所述只有 $h_0(X)$ 一个选择,而是有 3 个选择 $h_0(X), h_1(X), h_2(X)$,到底选择哪个?就要结合 t 通过上式估计,使 (1) 中的残差降到最小。参数的估计与 (1) 中做法一样,将 $h_3(X) = h_l(x)(X_j - t)_+$, $h_4(X) = h_l(x)(t - X_j)_+$ 添加到模型集 $\mathcal{M}$ 中。这一步更新的残差为 P_3。

(4) 循环上一步。

(5) 直到模型集 $\mathcal{M}$ 达到指定项数 $M_{\max}$ 后,停止循环。

上述向前逐步建模过程结束后,我们得到一个如式 (9.35) 所示的大模型。同决策树一样,该模型过度拟合数据,为此进入向后删除过程。每一步从模型中删除引起残差平方和增长最小的项,产生函数项数目为 λ 的最佳估计模型 $\hat{f}_\lambda$。λ 的最佳值可以通过交叉验证法估计,为了降低计算代价,MARS 使用的是更为简便的广义交叉验证方法:

$$\text{GCV}(\lambda) = \frac{\sum_{i=1}^{n}(y_i - \hat{f}_\lambda(\boldsymbol{x}_i))^2}{(1 - M(\lambda)/n)^2}$$

值 $M(\lambda)$ 是模型中有效的参数个数,它是模型中项的个数加上用于选择扭结最佳位置的参数个数。一些经验计算结果显示,在分段线性回归中选择一个扭结,一般要用 3 个参数为代价。

9.8.1 MARS 与 CART 的联系

如果对 MARS 过程做如下修改:

(1) 用阶梯函数 $I(x - t > 0)$ 和 $I(x - t \leqslant 0)$ 代替分段线性基函数;

(2) 当一个模型项包含在乘积中时,它将被交叉项取代,于是交叉项将不再参与模型构建。

改变后 MARS 的前向过程与 CART 的树增长算法基本一致。一个阶梯函数乘以一个反演阶梯函数,等价于在该步分裂一个节点。第二个限制意味着节点不会多次分裂。

9.8.2 MARS 的一些性质

MARS 过程中可以对交叉积的阶设置上界。若把阶数的上界设为 2,就不允许 3 个和 3 个以上的分段线性函数相乘,这最终有助于模型的解释。如阶数的上界设为 1,将产生加法模型。MARS 与 CART 的一个不同点就是:MARS 可以捕捉到加法结构,而 CART 不可以。

因为 MARS 的非线性和基函数选择,使得它不仅适用于高维回归问题,而且适用于变量之间存在交互作用和混合变量的情形。所以相比于其他的经典回归模型,在高维、变量有交互作用、混合变量问题下,MARS 较有优势,解释性较好。

例 9.7 数据集 trees 取自 31 棵被砍伐的黑樱桃树,有 3 个特征:Girth(黑樱桃树的根部周长),Height(高度),Volume(体积)。下面我们通过 MARS 方法拟合 trees 数据,建立预测树体积的模型。

R 程序如下:
```
library(mda)
library(class)
data(trees)
fit1<-mars(trees[,-3],trees[3])
showcuts <- function(obj) {
  tmp <-obj$cuts[obj$sel, ]
  dimnames(tmp) <- list(NULL, names(trees)[-3])
  tmp }
showcuts(fit1)
```
输出结果如下:

	Girth	Height
[1,]	0	0
[2,]	12	0
[3,]	12	0
[4,]	0	76

习　题

9.1　假设有输入 $x(i) \in \mathbb{R}^d$ 和输出 $y(i) \in \{0,1\}, i=1,2,\cdots,n$。

(1) y 的 Logistic 回归模型是什么？

(2) 叙述拟合 Logistic 回归模型的基本原理。

(3) 写出 Logistic 回归模型拟合的最优化问题表示，给出数值方法求解的基本计算步骤。

(4) 有关模型建立:

① 解释什么是过度拟合，过度拟合会产生怎样的问题？

② 试叙述 AIC 准则，解释怎样用 AIC 准则对 Logistic 回归模型进行模型选择。

(5) 解释下面的技术怎样用来解决 Logistic 回归的过度拟合问题。

① 测试集 (test data set);

② 交叉验证 (cross validation);

③ 罚极大似然 (penalized maximum likelihood)。

(6) 比较两种分类方法 (LDA 和 Logistic 回归) 在南非心脏病数据上的分类效果，在训练数据上比较各自的分类误差。

9.2　(1) 在鸢尾花数据中，只选择 Sepal.Length, Sepal.Width 两个输入变量，调用 R 中的 knn 函数，设置不同的 k 构造分类模型，分别计算训练分类错误率，选择合适的 k。

(2) 将鸢尾花数据随机分成 70:30 的训练集和测试集，对 Sepal.Length 和 Sepal.Width 两个输入变量，用 R 中的 knn 函数在训练集上构造分类模型，计算测试分类错误率，选择合适的 k。

9.3　(1) 举例说明决策树方法作为分类器的优势和劣势。

(2) 剪枝一棵分类树，在下面的集合上，判断是经常还是偶尔改进或降低分类器的性能:

① 训练集;

② 测试集。

(3) 下面的数据由输入 x_1, x_2 和输出 y 构成。

x_1	x_2	y
red	5.1	0
red	0.8	1
red	6.6	0
red	7.7	1
red	1.3	1
blue	4.6	1
blue	6.0	1
blue	4.6	0
yellow	7.4	0
yellow	5.9	0

假设第一个拆分变量是 x_1，使用 GINI 准则，计算每个在 x_1 上可能的拆分的增益，并确定最终的拆分点。

9.4 (1) 试解释 Boosting 算法的原理。

(2) 试叙述 Boosting 算法和 Adaboost 算法的关系。

(3) 用 Bootstrap 算法把乳腺癌数据分为测试集和训练集。用 R 软件求解下列题目：

① 用 Adaboost 算法拟合乳腺癌数据训练集，求出其训练误差和测试误差。

② 用 Adaboost 算法拟合乳腺癌数据训练集时，当 error 有明显的下降时，怎样调整合适的迭代次数？

③ 叙述 Adaboost 算法的原理，它与决策树、支持向量机有何分别？

9.5 (1) 支持向量机算法的模型是什么？怎样拟合模型参数？

(2) 支持向量机算法使用核函数的目的是什么？

(3) 对于南非心脏病数据，用 Bootstrap 算法抽出训练集和测试集。用 R 软件求解下列题目：

① 求出 svm 拟合南非心脏病数据训练集后的判别函数及其训练误差。

② 与 Logistic 回归方法拟合南非心脏病数据训练集进行比较，比较两种方法的训练误差和测试误差。

9.6 (1) 比较随机森林树分类算法和决策树分类算法的区别，解释随机森林树是怎样工作的。

(2) 比较随机森林树和 Boosting 算法的区别与联系，画图表示。

(3) 在 Titanic 数据上，用 Bootstrap 算法分出 63:37 的训练集和测试集。用 R 软件求解下列题目：

① 用随机森林树拟合 Titanic 数据训练集，求出测试误差，并将其和决策树的测试误差比较。

② 用随机森林树拟合 Titanic 数据训练集，在迭代次数为 10 次、20 次、$\cdots$、100 次时，求出测试误差。

③ 用 Adaboost 算法拟合乳腺癌数据，并作图和随机森林树比较测试误差。

9.7 (1) 证明 MARS 可以表示成如下形式：
$$a_0 + \sum_i f_i(\boldsymbol{x}_i) + \sum_{i,j} f_{ij}(\boldsymbol{x}_i, y_i) + \sum_{i,j,k} f_{ijk}(\boldsymbol{x}_i, y_i, \boldsymbol{x}_k) + \cdots$$

(2) 解释 MARS 算法怎样从基函数集 $\mathcal{C}$ 中选择基函数 $h_m()$，也就是解释 MARS 是怎样工作的。

(3) MARS 算法是怎样避免过度拟合的？

(4) 用例 9.3 中的 Titanic 数据，建立线性回归预测树（CART）模型，并和 MARS 方法比较拟合误差。

附录 A

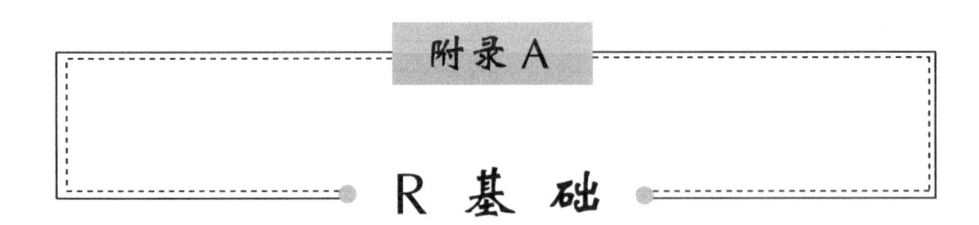

R 基础

R 是一款专业统计分析软件，最早于 1995 年由 Auckland 大学统计系的 Robert Gentleman 和 Ross Ihaka 等研制开发，1997 年开始免费公开发布 1.0 版本。R 发展迅速，现已发展到 R4.0 系列版本。据不完全统计，在欧美等发达国家的著名高等学府，R 不仅是统计专业的流行教学软件，而且已成为统计专业学生和统计研究人员必备的统计计算工具。

R 的主要特点归纳如下：

(1) R 是自由、免费的专业统计分析软件，拥有强大的面向对象的开发环境，可以在 UNIX、Windows 和 MACINTOSH 等多种操作系统中运行。

(2) 使用可编程语言是 R 作为专业软件的基本特点。众所周知，目前流行的许多商业统计分析软件主要通过单击菜单完成计算和分析组合任务，用户不得不在预定义好的统计过程中选择接近的模块进行数据分析，被迫接受预设的程式化输出，许多应有的对数据的观察、体验和分析判断受到很大限制。而 R 克服了这些弱点。

(3) R 语言与 S 语言非常相似，虽然实现方法不同，但兼容性很强。作为面向对象的语言，R 集数据的定义、插入、修改和函数计算等功能于一体，语言风格统一，可以独立完成数据分析生命周期的全部活动。作为标准的统计语言，R 几乎集中了所有编程语言的优点。用户可以在 R 中自由地定义各种函数，设计实验，采集数据，分析并得出结论。在这个过程中，用户不仅可能延伸 R 的基本功能，而且可以自创一些特殊问题的统计过程。R 是一种解释性语言，语法与英文的正常语法和其他程序设计语言的语法表述相似，容易学习，编写的程序简练，费时较短。

(4) R 提供了非常丰富的 2D 和 3D 图形库，是数据可视化的先驱，能够生成从简单到复杂的各种图形，甚至可以生成动画，满足不同信息展示的需要。用户可以修改其中每个细节，调整图形的属性以满足报表报送要求。R 的兼容性比较好，其图形不仅可以与 Microsoft Office 等办公软件兼容，而且可以以.pdf、.ps、.eps 等格式保存输出，于是就可以非常方便地输出到 Latex 等正式的、可用于出版的文章编辑器中，生成高品质的科技文章。

(5) R 更新迅速，很多由最新的统计算法和前沿统计方法生成的程序都可以轻易地从 R 镜像（CRAN）下载到本地，它是目前发展最快，拥有方法最新、最多和最全的统计软件。

总而言之，R 从根本上摒弃了套用模型的"傻瓜式"数据分析模式，将数据分析的主动权和选择权交给使用者本身。数据分析人员可以根据问题的背景和数据的特点,更好地思考从数据出发如何选择和组合不同的方法,并将每一层输出反馈到对问题和数据处理的新思考上。R 为专业分析提供了分析的弹性、灵活性和可扩展性,是利用数据回答问题的最佳平台。

诚然,R 也存在不足,与同类的 MATLAB 相比,其最大的缺点是对超大量数据的运算速度过慢,当然这是很多统计分析软件共同存在的问题。原因是 R 往往需要将全部数据加载到临时存储库中进行运算(这种情况在 R 2.0 以后的版本有逐步的改善)。尽管如此,R 的免费开放源代码,使得它在与昂贵的商业分析软件的竞争中一枝独秀,越来越多的数据分析人员开始尝试和接纳 R,用 R 尝试最新的统计模型,用 R 揭开数据的秘密,用 R 实现数据的价值,用 R 发展更好的统计算法。R 突破了数据分析的商业门禁,将全球数据分析爱好者自然地集结在一起,实现平等的经验分享与思想交流。

A.1 R 基本概念和操作

A.1.1 R 环境

双击桌面上的 R 图标,启动 R 软件,就会呈现 R 窗口和 R 命令窗口"＞"符号,表示 R 等待使用者在这里输入指令,如图 A.1 所示。

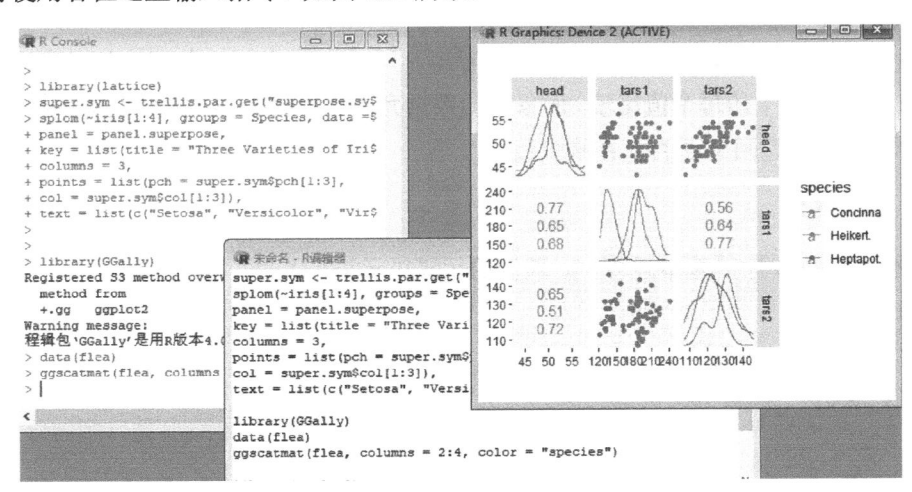

图 A.1 R4.0.2 主界面

输入指令后,按 Enter 键就可以执行,如:

> 2+3
> 5

A.1.2 常量

R 中的常量基本分为 4 种类型:逻辑型、数值型、字符型和因子型。比如,TRUE 和 FALSE 是逻辑型常量,25.6、π 是数值型常量,某人的身份证号码"11010 ···"及地名(如"Beijing")是字符型常量。因子型常量包括分类数据和顺序数据,分类数据如每个人的性别、学生的考试成绩等，性别可以表示为 1（男）、0（女），1 或 0 仅表示不同的类别，考试成绩可分为 5（优）、4（良）、3（中）、2（及格）和 1（不及格）5 个等级，对这类数据不能进行加减乘除运算。字符型和因子型数据常常以数字的形态出现，但不能将它们理解成普通的整数。在许多分析中，需要将字符型数据转换成因子型，以方便计算机识别。下面是生成因子型数据的命令示例：

```
> x<-c("Beijing","Shanghai","Beijing","Beijing","Shanghai")
> y<-factor(x)
> y
[1]Beijing Shanghai Beijing Beijing Shanghai
Levels: Beijing Shanghai
```

也可以写为：

```
> y<-factor(c(1,0,1,1,0))
> y
[1] 1 0 1 1 0
Levels: 1 0
```

这里 Levels 为因子水平，表示有哪些因子。c() 为连接函数，表示把单个标量连成向量，下面将详细介绍。有了变量名，首先可以将 y 与 0 进行比较：

```
> y==0
 FALSE  TRUE FALSE FALSE  TRUE
```

此时，R 将数 0 与 y 的每个值比较。对象中的数据允许出现缺失，缺失值用大写字母 NA 表示。函数 is.na(x) 返回 x 是否存在缺失值。

A.1.3 算术运算

算术运算是 R 中的基本运算，R 默认的运算提示符是 ">"，在 ">" 后可以进行运算。下面举几个例子。

(1) 计算 7×3，可执行如下命令：

```
> 7*3
> 21
```

(2) 计算 $(7+2) \times 3$，可执行如下命令：

```
> (7+2)*3
> 27
```

也可以调用 R 内置函数，如：

(3) 计算 $\log_2\left(\dfrac{12}{3}\right)$，可执行如下命令：

```
> log(12/3,2)
> 2
```

需要注意的是，求对数与底的设置有关，底称为函数的参数。R 中的函数都有不同的参数，省略时为默认值。对数函数的默认底数是常数 e，其他的常用初等函数有：三角函数

sin()、cos()、tan();反三角函数 acos()、asin()、atan();二值反三角函数 atan2(,);指数函数 exp();对数函数 $\log(N,a)$（$\log(N,a)$ 表示 $\ln_a N$）;组合函数 choose(,);求 n 的阶乘函数 gamma($n-1$)。它们都在 R 的基础包（Base Package）里，用?library（base）可以查看，用"?函数名"或 help（函数名）可以查阅函数的功能用法和参数设置。

A.1.4 赋值

给变量赋值用 "=" 或 "<-"，比如，将 3 赋给变量 x,用变量 x 通过函数生成变量 y,可使用命令：

```
> x<-3
> y=1+x
> y=4
```

需要注意的是，R 中变量名和函数名区分大小写，这与 SAS 软件不同，在 SAS 中关键函数名和 SAS 变量名可以不区分大小写。

A.2 向量的生成和基本操作

统计学的研究对象是群体，所以将许多个体的观测值作为一个整体进行操作和研究在数据分析中相当普遍。例如，统计一个班 50 名学生的身高，显然，如果能把这些数据储存在一个对象中，统一处理会很方便。将多个单一数据排列在一起，便产生了结构概念。在数据结构中，最简单的是向量，此时观测是一维的；如果观测是多维的，则还可以用矩阵、数组、数据框和列表等储存更为复杂的数据结构。本节以向量为例，介绍数据结构中常用的操作和函数，其他复杂的结构在 A.3 节介绍。

A.2.1 向量的生成

R 中有 3 个非常有用的命令可以生成向量。

1. c

c 是英文单词 concatenate 的缩写，是连接命令，它可以将单个元素或分段数列连接成一个更长的数列，用户只须将组成向量的每个元素列出，并用 c 组合起来即可。基本运算如下：

```
> a<-c(15,27,89)
> a
[1]  15  27  89
> b<-c("cat","dog","fish")
> b
[1] "cat" "dog" "fish"
```

2. seq

seq 是生成等差数列的命令，其语法结构如下：

```
seq(from,to,by,length,...)
```

其中，from 表示序列起始的数据点；to 表示序列的终点；by 表示每次递增的步长，默认步长为 1；length 表示序列长度。如：

```
> x=seq(1,10)
[1]  1  2  3  4  5  6  7  8  9 10
> y=seq(100,0,-20)
[1] 100  80  60  40  20   0
```

seq(1,10) 还可用更简单的方式表示，如：

```
> 1:10                              #seq(1,10)
```

如果我们知道序列终点的可能值，但不知道确切值，可以通过 length 控制得到序列：

```
> seq(0,1,0.05,length=10)
```

上面这个序列起始于 0，每次递增 0.05，生成一个有 10 个数的数值型向量。顺便提一下，length 命令可以表示向量中元素的个数，称为向量的长度，如：

```
> length(y)
[1] 6
```

3. rep

rep 是生成循环序列的命令，它的语法结构如下：

rep(x,times)

其中，x 表示序列所循环的数或向量，times 表示循环重复的次数。

例 A.1

(1) 生成由 5 个 2 组成的向量；

(2) 将 "1" "a" 依次重复 3 遍；

(3) 生成依次由 10 个 1、20 个 3 和 5 个 2 组成的向量。

```
> rep(2,5)
2 2 2 2 2
> rep(c(1,"a"),3)
"1" "a" "1" "a" "1" "a"
> rep(c(1,3,2),c(10,20,5))
 [1] 1 1 1 1 1 1 1 1 1 1 3 3 3 3 3 3 3 3 3 3 3 3 3 3 3 3 3 3
[29] 3 3 2 2 2 2 2
```

与 seq 类似，可以使用 length 命令控制序列的长度，如：

```
> rep(c(1,4,6),length=5)
1 4 6 1 4
```

A.2.2 向量的基本操作

定义向量之后，下面介绍如何对向量进行操作。这些操作主要包括查找数据、插入数据、更新数据、删除数据、向量与向量的合并、拆分向量以及排序等。值得一提的是，这里介绍的大部分操作符对其他数据结构也适用，也就是说，对复杂的数据结构，只要对我们介绍的命令略做修改就可以使用，语法是相似的，这种统一性的特点给初学者熟悉 R 带来极大方便。

1. 向量 a 中第 i 位置的元素表示

向量 a 中第 i 位置的元素 a[i] 表示为 a[i]，如：
```
> a=2:6
> a[1]
[1]    2
> a[length(a)]
[1]    6
```
如果输入的位置超出向量的长度，则 R 输出 NA。NA 表示数据缺失，如下所示：
```
> a[6]
[1]   NA
```
提取向量 a 的第 $i_1, i_2, \cdots, i_k$ 位置上元素的语法为 $a[c(i_1, i_2, \cdots, i_k)]$，如：
```
> subset1.a<-a[c(1,3,6)]
[1] 2 4 NA
> subset2.a<-a[c(1:3)]
[1] 2 3 4
```

2. 在向量中插入新的数据

在向量 a 第 i 位置后插入新数据 z 的方法如下：
```
c(a[1:i-1],z,a[i:length(a)])
```
1:n 表示从 1 到 n 间隔为 1 的数列。下面在向量 a 的第三个位置插入数值 9：
```
> anew<-c(a[1:2],9,a[3:5])
> anew
[1]2 3 9 4 5 6
```

3. 向量与向量的合并

将 a 和 b 两个向量合并为一个新向量的方法如下：
```
> b<-c(35,40,58)
> ab<-c(a,b)
[1]  2  3  4  5  6  35  46  58
```
值得注意的是，如果将非数值型向量和数值型向量合并，结果是所有数据类型被统一到 R 默认的基本类型 —— 字符型。如：
```
> z<-c(a,"good")
> z
[1] "2"    "3"    "4"    "5"    "6"    "good"
```
我们注意到，所有数据都统一为字符型，此时如果对 a 进行数值运算会发生错误，如：
```
> z*3
```
错误在于 z * 3：二进列运算符中有非数值变元。

4. 在向量中删除数据

a[-i] 表示删除向量 a 的第 i 个元素，如：

```
> delete.a<-a[-1]
> delete.a
[1] 3 4 5 6
```

如果要删除一串数，可以定义一个位置变量 delete.1，再做删除操作，如：

```
> delete.1<-c(1,3)
> again.delete.a<-delete.a[-delete.1]
[1] 4 6
```

5. 更新向量中的数据

将向量 a 中第 5 个位置元素改为 22 的程序如下：

```
> a[5]<-22
> a
[1] 2 3 4 5 22
```

6. 把向量逆序排列

```
> b=1:5
> rev(b)
[1] 5 4 3 2 1
```

7. 对向量排序

对向量 b 排序：

```
> b=c(3,9,2,6,5)
> sort(b)
[1] 2 3 5 6 9
```

8. 去掉缺失值

去掉向量 d 中的缺失值：

```
> d=c(3,9,2,NA,6,5)
> na.omit(d)
[1] 3 9 2 6 5
attr(,"na.action")
[1] 4
attr(,"class")
[1] "omit"
```

例 A.2 下面的程序中，score 是一组学生的非参数统计成绩，grade 是相应的学生所在年级，NA 表示该学生没有参加考试。

```
score=c(90,0,78,63,84,36,NA,84,58,80,75,85,72,78,86)
grade=c(3,3,3,4,3,3,3,3,3,3,4,3,4,4)
```

在 R 中实现以下功能：

(1) 计算学生总人数，在屏幕上显示结果；

(2) 计算参加考试的学生人数；

(3) 没有参加考试的学生是进修生，成绩综合评定为 80 分，请补登成绩；

(4) 将三年级和四年级的学生成绩分别生成两个新数据向量 score3 和 score4；

(5) 对 (4) 生成的两组学生成绩数据分别由大到小排序，在屏幕上显示结果；

(6) 将两组数据合并，取名为 task1，在屏幕上显示结果。

解

(1) length(score)

　　15

(2) nona.score=na.omit(score);length(nona.score)

(3) score[7]=80

(4) score3=score[grade==3]

　　score4=score[grade==4]

(5) descend.score3=rev(sort(score3));descend.score3

　　[1] 90 86 85 84 84 80 80 78 58 36 0

　　descend.score4=rev(sort(score4));descend.score4

　　[1] 78 75 72 63

(6) task1=c(descend.score3,descend.score4);task1

　　[1] 90 86 85 84 84 80 80 78 58 36 0 78 75 72 63

A.2.3　向量的运算

像标量一样，也可以对向量进行加、减、乘、除等简单运算，这里分两种情况讨论。

(1) 标量和向量的运算：其结果是对向量中每一个元素进行的运算。如：

> x=c(1,2,5)
> 2*x
[1] 2 4 10
> 10+x
[1] 11 12 15

(2) 向量和向量的运算：如果两个向量等长，则运算结果为对对应位置元素进行标量计算，生成一个与原来的两个向量等长的向量；如果两个向量不等长，则运算仅进行到等长的数据，生成一个长度取两者最短的新向量。另外，R 中有很多常用的统计计算函数也可对向量进行运算 (如表 A.1 所示)。如：

> y=c(10,11,12)
> x+y
[1] 12 14 17
> x=c(1,2,5)
> max(x)

```
[1] 5
>mean(x)
[1] 2.666667
```

表 A.1　R 中常用的统计计算函数

函数	max()	min()	mean()	median()	var()	sd()	rank()
功能	最大值	最小值	均值	中位数	方差	标准差	秩

A.2.4　向量的逻辑运算

向量也可取逻辑值 TRUE 和 FALSE，可用来比较是非结果。如：

```
> 5>6
[1] FALSE
> x=49/7
> x==7
[1] TRUE
```

常用的逻辑运算符如表 A.2 所示。

表 A.2　R 中常用的逻辑运算符

符号	<	>	<=	>=	==	!=
功能	小于	大于	不大于	不小于	相等	不等于

向量的逻辑运算还经常与连接符或、与、非一起使用，比如，求出向量 x 中大于 1 小于 5 的元素：

```
> x=c(1,2,5)
> x[x>1&x<5]
[1] 2
```

A.3　高级数据结构

本节将介绍 4 种比向量更为复杂的数据对象：矩阵、数组、数据框架和列表。其中矩阵是二维向量，它的每一个元素需要用两个指标表示，第一个指标表示元素所在的行，第二个指标表示元素所在的列。同理，可以推广到一般的 n 维数组。值得注意的是，向量、矩阵、数组要求元素有一致的数据类型。数据框在形式上与二维矩阵类似，都要求有固定的行和列。与矩阵本质的不同是可以允许不同的列采用不同的数据类型。列表是数据框的扩展，允许存在不整齐的行和列。

A.3.1　矩阵的操作和运算

1. 定义矩阵

定义矩阵的语法如下：

```
matrix(data,nrow,ncol,[byrow=F])
```

例 A.3 把向量序列 c(1, 2, 3, 4, 5, 6) 转换为 3×2 矩阵：

```
> x=1:6
> x.matrix=matrix(x,nrow=3,ncol=2,byrow=T)
> x.matrix
     [,1] [,2]
[1,]   1    2
[2,]   3    4
[3,]   5    6
```

给矩阵赋予列名：

```
> dimnames(x.matrix)=list(NULL,c("a","b"))
> x.matrix
     a b
[1,] 1 2
[2,] 3 4
[3,] 5 6
```

dimnames() 函数的作用是给矩阵赋予行名和列名。行名和列名用"，"隔开，NULL 表示取消相应的行或列名称。相应地可以给行赋名。

2. 矩阵元素和行、列的选取

矩阵 a 中第 i, j 位置的元素表示为 a[i,j]。如：

```
> x.matrix[1,2]
[1] 2
```

矩阵中省略列标志，表示取每一列，这种办法可以用来表示某行，也适用于表示某列。比如，取 a 中第 j 列元素表示为 a[,j]。如：

```
> x.matrix[,1]
[1] 1 3 5
```

3. 矩阵的运算

矩阵的基本运算包括矩阵的数乘、加法、乘法、转置、求逆。如：

```
> a=matrix(c(1,2,3,4),2)
> b=matrix(c(3,1,5,2),2)
> 2*a
     [,1] [,2]
[1,]   2    6
[2,]   4    8
> a+b
     [,1] [,2]
[1,]   4    8
[2,]   3    6
> t(a)
```

```
         [,1] [,2]
[1,]      1    2
[2,]      3    4
> solve(a,b)
         [,1] [,2]
[1,]     -4.5  -7
[2,]      2.5   4
```

其中，2*a 表示用数 2 乘矩阵 a 的每个元素，a+b 表示矩阵 a 和矩阵 b 对应位置上的元素相加，t(a) 表示对矩阵 a 进行行和列转置。solve() 函数可以求出方程 ax = b 的解 x，b 是向量或矩阵，省略 b 则默认 b 为单位矩阵，即求 a 的逆矩阵，此时 a 应为方阵。

apply() 函数可以对指定矩阵的行列应用 R 中所有用于向量计算的函数，它的语法是：

```
apply(data,dim,function,...)
```

其中，data 表示待处理的矩阵或数组的名称；dim 表示指定的维，1 表示行，2 表示列；"..." 表示对所用函数参数的设定。比如，计算矩阵 a 的列最大值：

```
> apply(a,2,max)
[1] 2 4
```

4. 矩阵的合并

增加若干列用 cbind() 函数，增加若干行用 rbind() 函数。如：

```
> a
         [,1] [,2]
[1,]      1    3
[2,]      2    4
> add=c(5,6)
> cbind(a,add)
              add
[1,] 1 3       5
[2,] 2 4       6
>rbind(a,add)
         [,1] [,2]
          1    3
          2    4
add       5    6
```

A.3.2 数组

矩阵是二维向量，数组则是多维矩阵，数组的语法是：

```
array(data, dimnames)
> a<-array(1:24,c(3,4,2))
> a
```

```
, , 1
     [,1] [,2] [,3] [,4]
[1,]   1    4    7   10
[2,]   2    5    8   11
[3,]   3    6    9   12
, , 2
     [,1] [,2] [,3] [,4]
[1,]  13   16   19   22
[2,]  14   17   20   23
[3,]  15   18   21   24
```

a[,,1] 表示取出第一维矩阵。

A.3.3 数据框

在 R 中最常用的数据结构是数据框。它是矩阵结构的扩展，可以储存不同的数据类型。与矩阵的不同之处在于，矩阵只能储存一种数据类型，而数据框则可允许不同的列取不同的数据类型，在功能上相当于数据库中的表结构。比如，定义一个数据框：

```
> a=matrix(c(1,2,3,4),2)
> t=c("good","good")
> new.a=data.frame(a,t)
> new.a
  X1 X2    t
1  1  3 good
2  2  4 good
```

可以像定义矩阵的行名和列名那样为数据框定义名称。定义了名称的数据框，可以只用列名称或行名称方便地处理列或行，但是需要事先用 attach() 函数命令将所需处理的数据绑定。attach() 用法如下：

```
> attach(new.a)
> t
[1] "good" "good"
> X1
[1] 1 2
```

解除绑定用 detach() 函数命令。

A.3.4 列表

列表是比数据框更为松散的数据结构，列表可以将不同类型、不同长度的数据打包，而数据框则要求被插入的数据长度和原来的长度一致。如：

```
> a=matrix(c(1,2,3,4),2)
> t=c("good","good")
> list(a,t)
```

```
[[1]]
     [,1] [,2]
[1,]   1    3
[2,]   2    4

[[2]]
[1] "good" "good"
```

列表一般用于结果的打包输出，注意，列表元素的标号和矩阵、数据框是不同的。

A.4 数 据 处 理

A.4.1 保存数据

用命令 write.table 可以保存数据框，格式如下：

```
write.table(x,file="",row.names=T,col.names=T,sep="")
```

其中，x 为所需保存的数据框名称；file 表示 x 将要保存的路径和格式；row.names 表示是否保存行名；col.names 表示是否保存列名，如果不写则默认为保存。

以下程序可以把 R 内置的数据 iris 取出来，再以.txt 格式保存在电脑的 C 盘：

```
> data(iris)
> iris[1:3]
  Sepal.Length Sepal.Width Petal.Length Petal.Width Species
1          5.1         3.5          1.4         0.2  setosa
2          4.9         3.0          1.4         0.2  setosa
3          4.7         3.2          1.3         0.2  setosa
> write.table(iris,"C:\\x.TXT")
```

A.4.2 读入数据

虽然可以使用 scan 在 R 界面上直接录入数据，但实际中很少使用 R 录入大量数据，更常见的是，在 Excel 或其他输入窗口录入数据，并以.txt，.csv，.dat 等文件类型保存。在 R 中可以很方便地读入以其他格式保存的数据，read.table() 就是常用的读入.dat 或.txt 文件的函数命令，语法如下：

```
read.table(file, header = FALSE, sep ="")
```

它可以读入数据框，其中 header 为是否读第一行的变量名，当 header=FALSE 时不读，否则读取。read.csv 可以读入以.csv 格式保存的数据，如：

```
read.csv(file, header = TRUE, sep = ",")
```

R 还可以读入其他统计软件的数据集，比如，读取 SPSS 保存为.sav 格式的数据的语法：

```
library(foreign)
read.spss(file1, data1, header = TRUE, sep = ",")
```

以上第一条语句表示要加载 foreign 统计软件包，todata1 表示将数据 file2 读进 R 中，并保存在名为 data1 的对象中。同样的道理，运行语句：

```
read.dta("c: \\ file2.dta", data2)
```

可以将 stata 格式的数据 file2 读入 R，并保存在 data2 的对象中。

下面用 read.table 函数读取 A.1.1 节保存在 C 盘的数据。

```
> y=read.table("C:\\x.TXT")
> y[1:3,]
  Sepal.Length Sepal.Width Petal.Length Petal.Width Species
1          5.1         3.5          1.4         0.2  setosa
2          4.9         3.0          1.4         0.2  setosa
3          4.7         3.2          1.3         0.2  setosa
```

A.4.3 数据转换

前面对向量、矩阵、数组、数据框进行介绍的同时，简单地列出了各种相应的数据处理，如对向量元素的提取、修改、排序以及增加元素等。因为对矩阵、数组、数据框及列表的处理最终可以归结为对向量的处理，所以前面我们详细地介绍了对向量的各种操作。

在处理数据的过程中，经常会遇到需要把一种数据类型转换为另一种数据类型的情况。表 A.3 所示为常用的转换函数。

表 A.3 常用的转换函数

转换函数	转换类型
as.factor(x)	转换为因子
as.array(x)	转换为数组
as.character(a)	转换为字符
as.numeric(x)	转换为数值
as.data.frame(x)	转换为数据框

下面在不改变因子大小的情况下，把因子转换为数值：

```
> a=factor(c(1,3,5),levels=c(1,3,5))
> a
[1] 1 3 5
Levels: 1 3 5
>as.numeric(a)
[1] 1 2 3
> a1=as.character(a)
> a2=as.numeric(a1)
> a2
[1] 1 3 5
```

先将其转换为字符型变量，再转化为数值型变量。

A.5 编写程序

A.5.1 循环和控制

当需要编写较复杂的程序时，循环和控制不可缺少。R 的控制和循环命令及语法与 C 语言类似，如下所述。

(1) 控制结构：if（condition）语句 1/else 语句 2。condition 为逻辑运算，当 condition 成立时，其值为真，执行语句 1，不成立则执行语句 2。如：

```
> x=1
> if(x==1){print("x is true")}else{print("x is false")}
[1] "x is true"
```

(2) 循环结构

① for（变量 in 序列）语句

② while（condition）语句

对于 for 语句，序列一般为一个数值向量，如 1:10。假设变量为 i，当 i=1 时执行语句，之后令 i=2 再执行语句，如此下去，到 i=10 时执行完语句，停止。下面分别用 for 和 while 语句求 $1+2+\cdots+100$ 的值：

```
> total=0
> for(i in 1:100){total=total+i}
> total
[1] 5050
> Total=0
> i=1
> while(i<=100){Total=Total+i;i=i+1}
> Total
[1] 5050
```

A.5.2 函数

同样，在实现复杂算法时，编写函数可以重复使用，修改也很容易。常用的函数控制命令及语法：function（参数）语句。比如，计算 $y=x^2$，可以使用如下函数控制命令：

```
> f1=function(x){x^2+sin(x)}
> f1(10)
[1] 99.45598
> f1(1:9)
[1]  1.841471  4.909297  9.141120 15.243198 24.041076
[6] 35.720585 49.656987 64.989358 81.412118
```

将 $x=10$ 代入，则返回结果 99.45598。如果将向量 $1:9$ 代入，则返回一组数。

下面再看几个例子：

```
> f2=function(x,y){x^2;x+y;x^2+y}
> f2(2,2)
[1] 6
> f3=function(x,y){return(x^2);x+y;x^2+y}
> f3(3,3)
[1] 9
```

从上面可以看出函数的返回值是计算的最后结果。也可以运用 return() 函数，直接返回函数值。

A.6 基本统计计算

在进行数据分析的时候，通常会用到统计分布和抽样，以下是一些基本的命令。

A.6.1 抽样

抽样最常用的是 sample() 函数，它的语法是：

```
sample(x, size, replace = FALSE,prob=NULL)
```

其中，x 是一个向量，表示抽样的总体；size 表示抽取的样本数；replace 表示是否有放回抽样；prob 是总体的每个元素被抽中的概率。如：

```
> sample(1:10,10)
 [1]  8  7  6  1  9  3  4  2  5 10
> x=sample(1:10,10,replace=T)
> x
 [1] 5 7 4 1 8 4 5 1 3 5
> unique(x)
[1] 5 7 4 1 8 3
> sample(c(0,1),10,replace=T,c(1/4,3/4))
 [1] 1 0 1 1 1 1 1 1 0 1
```

以上程序中，我们首先从 1 到 10 的数列中无放回抽取 10 个数据，实现了将 1:10 数列随机排列。接下来从 1 到 10 的数列中有放回抽取 10 个数据。可以看到，第二种抽取中出现了较多的重复数据。用 unique() 函数可以去掉样本中重复的数据，这样我们可以更方便地观察到哪些数据已被抽取出来，还有哪些没有被抽取出来。第四个命令是在 0 和 1 两个数据中不等概率地有放回抽取 10 次，以 1/4 的可能性抽到 0，3/4 的可能性抽到 1，可以看到实际结果中抽到的 1 比 0 多，这一结果反映了不等概率抽样的特点。

A.6.2 统计分布

dnorm(x, mean=1,sd=2) 表示均值为 1、标准差为 2 的正态分布在 x 处的概率密度值，x 是某个点或一组点；此分布的均值、标准差分别用参数 mean、sd 定义，实际中不用写参数名，只写参数值即可。下面分别求标准正态分布在 0 点的概率密度值和在 −2, −1, 0, 1, 2 五个点处的概率密度值：

```
> dnorm(0,0,1)
[1] 0.3989423
> x=seq(-2,2,1)
> dnorm(x,0,1)
[1] 0.05399097 0.24197072 0.39894228 0.24197072 0.05399097
```

值得注意的是，对离散分布而言，单点概率密度值表示所求点的对应概率；而对连续分布而言，单点概率密度值不表示概率含义，但可以反映局部数据分布的疏密程度。除此之外，R 中与分布函数有关的常用函数还有 pnorm(), qnorm(), rnorm()，分别代表正态分布的累积分布函数、分位数函数（分布函数的逆函数）、求某给定分布的伪随机数函数。例如：

```
> pnorm(0,0,1)
[1] 0.5
> qnorm(0.5,0,1)
[1] 0
> rnorm(10,0,1)
[1] 0.08943764 -0.30887425 2.12413838 -0.86948634 1.28102335 -0.75855216
[7] 0.28450243 -0.75053353 0.64231260 -0.46489758
```

其中，pnorm(0,0,1) 表示标准正态分布在 0 点的概率分布函数值；qnorm(0.5,0,1) 表示标准正态分布概率 0.5 所对应的分位数；rnorm(10,0,1) 表示从标准正态分布中随机抽取 10 个伪随机数。

R 其他分布的命名规则和正态分布相似，分别在分布名称前加上 d、p、q、r 表示概率密度函数、累积分布函数、分位数函数、伪随机数函数。表 A.4 所示为 R 中常用分布的名称及参数设置。

表 A.4 R 中常用分布的名称及参数设置

分布	R 中名称	参数设置	分布	R 中名称	参数设置
Beta	beta	形状, 尺度	Kolmogrov	kolm	n,d
Binomial	binom	试验次数, 成功率	Logistic	logis	位置, 尺度
Negative-bi	nbinom	试验次数	Log-normal	lnorm	Meanlog, sdlog
Cauchy	cauchy	位置, 尺度	Multinomial	multinom	试验次数, 概率
Chisquared	chisq	自由度	Normal	norm	均值, 标准差
Exponential	exp	λ	Poisson	pois	λ
F	f	自由度 1 和 2	Student's t	t	df
Gamma	gamma	形状	Uniform	unif	区间端点
Geometric	geom	成功率	Weibull	weibull	形状
Hypergeometric	hyper	m,n,t	Wilcoxon	signrank	q, n

R 的扩展包提供了更多的分布，可参见 R 网站：

https://cran.r-project.org/web/views/Distributions.html

A.7 R 的图形功能

R 有很强的绘制图形功能，可以通过简单的函数调用迅速绘制出数据的各种图形。由于 R 的图形是面向对象的，用户可以随意修改其中每个细节，调整图形的属性，比如，设置线条输出类型、调整颜色和字型等，输出高品质且满足报表需求的图形。

A.7.1 plot 函数

plot 是用 R 绘图最常用的命令，使用 plot() 函数可以绘制大多数常用的点图、线图。它的语法结构如下：

```
plot(x, y, ...)
```

其中，x 和 y 为向量。下面绘制一个简单的散点图：

```
> x=seq(0,10,0.5)
> y=2*sin(0.2*x)+log(x^2+3*x+1)
> plot(x,y,xlab="X Is Across",ylab="Y is Up")
> points(x^0.5,y,pch=3)
```

在上面的语句中，plot() 函数中设置了横坐标和纵坐标的标志。在 plot() 函数的参数设置中增加 type="l"可以绘制线型图，用 points() 函数可以在已绘制的图形上添加点，用 lines() 函数可以添加线。接着上面的程序，可以添加更多信息：

```
> points(x,8-0.7*y,pch="m") # use a "m" symbol
> points(rev(x),y,pch=5)
> lines(x,y,lwd=2)
> title("Titles are Tops")
```

输出的图形如图 A.2 所示。

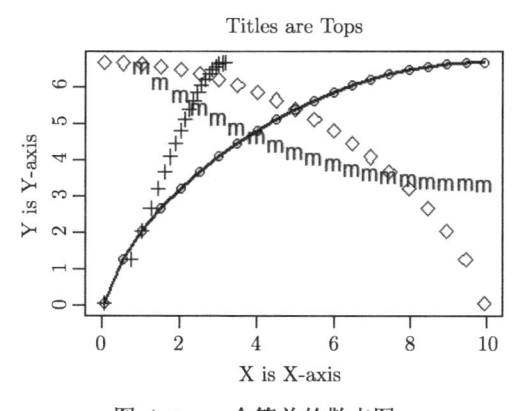

图 A.2 一个简单的散点图

plot() 函数的常用设置如表 A.5 所示。

表 A.5　plot() 函数的常用设置

参数	参数的设置	参数的功能
type	p	散点图
	l	线型图
	b	点线图
	h	竖线图
	o	点线合一图
	n	不描绘图形
axes	T	有坐标轴
	F	没有坐标轴
main	"标题内容"	标题
sub	"副标题内容"	副标题
xlab	"x 轴显示内容"	设置 x 轴显示
ylab	"y 轴显示内容"	设置 y 轴显示
xlim	c(x 最小, x 最大)	设置 x 轴最小、最大刻度
ylim	c(y 最小, y 最大)	设置 y 轴最小、最大刻度
pch	"数据点显示样式"	数据点显示样式
lwd	1 为默认设置, 2 为两倍宽	设置线的宽度
lty	1 为实线, 2 为虚线	设置线的类型
col	17 种颜色设置	颜色设置

A.7.2　多图显示

使用 par() 函数在一个图形界面中可以同时展示多个图形。下面我们在一个图形界面上同时展示 R 常用的饼图、直方图、条形图、箱线图, 程序如下:

```
> par(mfrow=c(1,2))
> trafffic=rnorm(150,2,3)
> hist(x,col=3,main=c("histogram of traffic"))
> info = c(1, 2, 4, 8)
> # 命名
> names = c("Google", "Baidu", "Alibaba", "Sohu")
> # 涂色（可选）
> cols = c("#ED1C24","#22B14C","#FFC90E","#3f48CC")
> # 计算百分比
> piepercent = paste(round(100*info/sum(info)), "%")
> # 绘图
> pie(info, labels=piepercent, main = "网站流量分析", col=cols)
> # 添加颜色样本标注
> legend("topright", names, cex=0.4, fill=cols)
```

绘制的图形如图 A.3 所示。

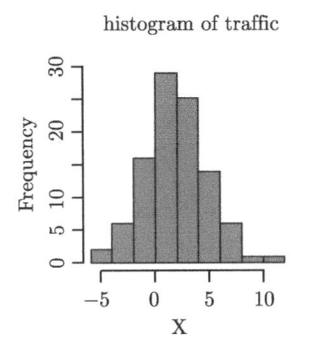

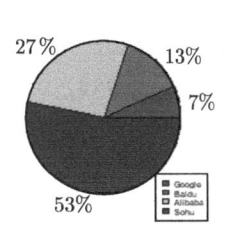

图 A.3 R 多图显示

用 pairs() 函数可以做散点图矩阵：
```
data(iris)
pairs(iris[1:4], main = "Iris Data -- 3 species", pch = 21,
col = c("red", "green2", "blue")[unclass(iris$Species)])
```

下面的例子选取 iris 鸢尾花数据集的前 4 列 Sepal.Length（花瓣长）、Sepal.Width（花瓣宽）、Petal.Length（花萼长）、Petal.Width（花萼宽），每两个变量一组绘图，设置参数 bg 以便用不同颜色表示不同品种的鸢尾花。默认生成的散点图矩阵对角线为变量名称，上三角和下三角面板的各个窗格均为其所在行与列两个变量之间的散点图，如图 A.4 左图所示。

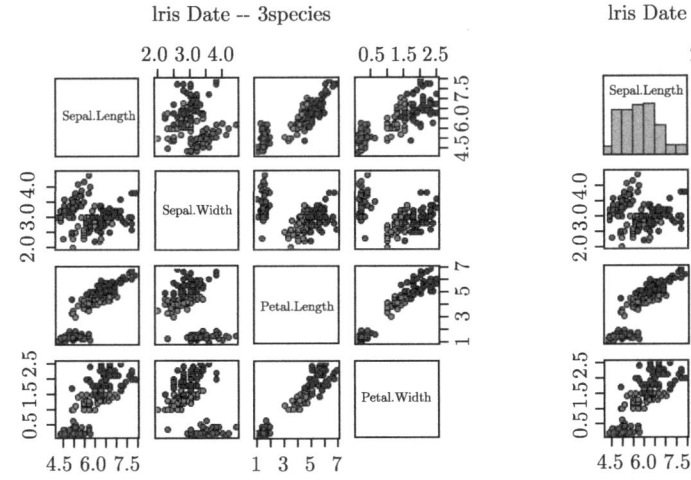

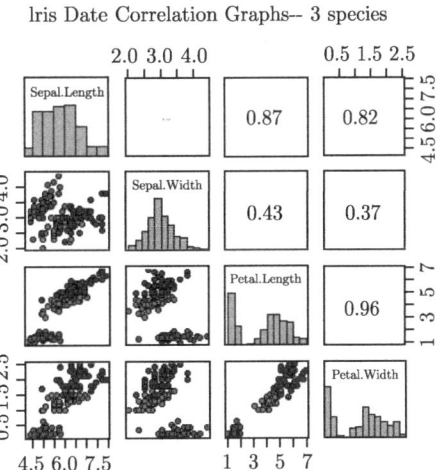

图 A.4 (左)R 两变量相关阵列图；(右)R 两变量相关复合阵列图

我们注意到，上三角和下三角相关信息有重复，为此可以自定义函数进一步修改和优化，一个改进的方向是在主对角线上显示直方图，在上三角窗格中显示相关系数，程序如下：

第一步：自定义函数 pannel.hist()：在主对角线上显示各个变量的直方图。
```
panel.hist <- function(x, ...)
{
```

```
    usr <- par("usr"); on.exit(par(usr))
    par(usr = c(usr[1:2], 0, 1.5) )
    h <- hist(x, plot = FALSE)
    breaks <- h$breaks; nB <- length(breaks)
    y <- h$counts; y <- y/max(y)
    rect(breaks[-nB], 0, breaks[-1], y, col = "cyan", ...)
}
```

第二步：自定义函数 pannel.cor()：以便在上对角窗格中显示两两变量间的相关系数，字号越大表示相关系数越大。

```
panel.cor <- function(x, y, digits = 2, prefix = "", cex.cor, ...)
{
    usr <- par("usr"); on.exit(par(usr))
    par(usr = c(0, 1, 0, 1))
    r <- abs(cor(x, y))
    txt <- format(c(r, 0.123456789), digits = digits)[1]
    txt <- paste0(prefix, txt)
    if(missing(cex.cor)) cex.cor <- 0.7/strwidth(txt)
    text(0.5, 0.5, txt, cex = cex.cor * r)
}
```

第三步：用相关系数（pannel.cor）替代默认图形上三角的散点图，用直方图（pannel.hist）替代默认图形对角线的变量名称。如图 A.4 右图所示。

```
pairs(iris[1:4], main = "Iris Data Correlation Graphs-- 3 species",
    pch = 21, bg = c("red", "green3", "blue")[unclass(iris$Species)],
    diag.panel=panel.hist,
    upper.panel=panel.cor)
```

A.7.3 ggplot 绘图

ggplot2 是 R 语言里面十分重要的绘图包，由哈德利·威克汉姆 (Hadley Wickham) 于 2005 年创建，于 2012 年 4 月曾进行过重大更新。哈德利目前是 RStudio 公司的首席科学家及 R 语言软件包开发研究员。2019 年哈德利以在可视化方向的卓越贡献获得考普斯会长奖（COPSS Presidents' Award）。ggplot2 的核心思想是将绘图与数据分离，将数据相关的绘图与数据无关的绘图分离，并按图层进行叠加绘图，这一想法有助于结构化思维，同时它保留命令式绘图的调整函数，使其更具灵活性，绘制出来的图形美观，同时避免了繁琐细节。ggplot2 可以通过底层组件创建更加个性化的图形，主要分为三个层次：①数据层；②几何图形层；③ 美学层。ggplot2 包提供了多种图形的加工方式（详见 Claus O. Wilke(2019). Fundamentals of Data Visualization. O'Reilly Media）。

这里简要介绍 ggplot2 里的 GGally 包相关矩阵图的绘制方法。GGally 包提供了一个 ggscatmat() 函数，可以作散点图矩阵。程序如下：

```
library(ggplot2)
library(dplyr)
library(GGally)
ggscatmat(data = iris,columns = 1:4)
ggpairs(data = iris
   columns = c("Petal.Length", "Sepal.Length", "Species"))
```

图 A.5 为所绘图形，左图各个小图的下三角位置是 iris 数据中两个变量的散点图，对角线位置是单个变量的核密度估计，上三角位置是两个变量的相关系数；右图将左图的一部分取出来，比较变量的相关散点图、相关系数、核密度以及分组箱线图，并将这些结果用九宫格排布显示。

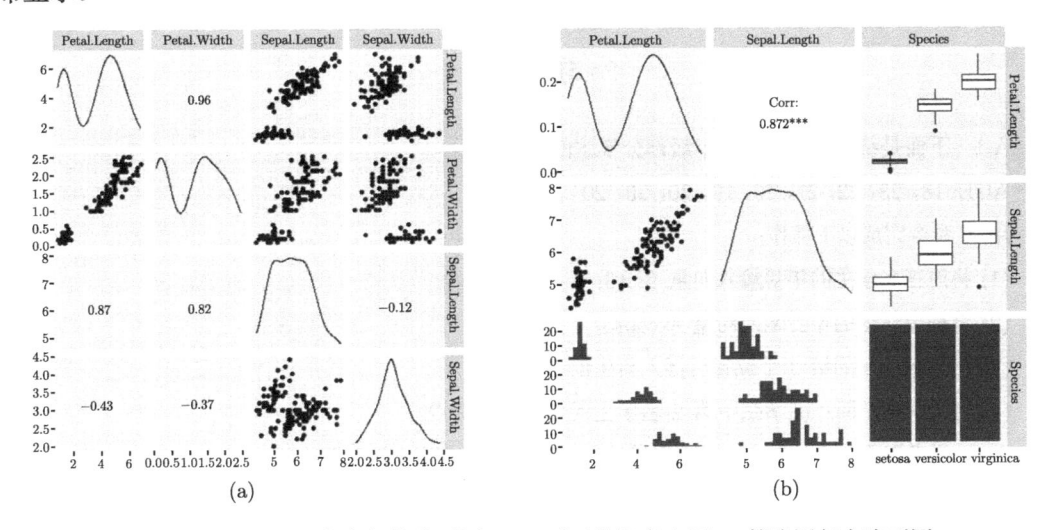

图 A.5 (a) 两两密度相关阵列图；(b) 两两分组直方图 + 箱线图复合阵列图

A.8 R 帮助和包

A.8.1 R 帮助

R 的另一个突出优点是有丰富的帮助文件，初入门的读者很快会发现，学习和掌握 R 最快、最有效的方法是查阅帮助文件。帮助文件不仅可以帮助我们查阅相关的参数，还可以快速学习新函数的用法。R 帮助文件的使用方法如下：用 help(topic) 和?topic 可以查到关于函数 topic 的文档。比如，输入

```
> help(abs)
```

或

```
> ?abs
```

可以查到绝对值函数的用法。使用 help.search("topic") 命令可以在 R 文档里搜索到所有有关的 topic 函数。

A.8.2 R 包

R的绝大多数功能都放在包里，除软件运行时所直接加载的包外，主页 http://cran.r-project.org/ 上有很多统计或非统计的包供下载。使用这些包有以下两种方法。

(1) 到主页上把包下载下来，然后解压缩到 R 软件的 library 文件夹，再打开 R 输入 library（包名），就可以使用包里的函数。有时在加载一个包之前要先加载其他的包。

(2) 直接在 R 窗口输入 install.packages（"包名"），将弹出一个对话框，选择一个稳定的镜像地址，系统会自动连接到主页上的统计包。选择所需要的软件包并自动安装好所需的包，再输入 library（包名）就可以了。

关于 R 各种包的用途，用户可以及时查看 R 的主页。

习 题

A.1 下面是统计学院本科二年级部分学生的年龄：

AGE: 18, 23, 22, 21, 20, 19, 20, 20, 20

用 R 命令完成以下操作：

(1) 将前三名学生的年龄输入向量 first3；

(2) 将剩余学生的年龄输入向量 except3；

(3) 在 except3 的第 3 个位置后插入新生的年龄 19；

(4) 将 (3) 中更新过的学生中第 2 名学生的年龄更改为 22。

A.2 思考以下命令的输出，用文字描述每一条语句的作用，并上机验证。

(1)　　a1 <-rep(1:3,rep(2,3))
(2)　　a2 <-c(1,8,10,11)
　　　　a3 <-seq(1,30,length(a2))
(3)　　a4 <-seq(1,5,2)
　　　　a4 <-c(a1,a4,rep(0,2))
(4)　　a5 <-2:10
　　　　a6 <-c(a2,a3[-(1:3)],a4)
(5)　　a7 <-c(rep(1,10),rep(0,8))

A.3 上机实践：将 MASS 数据包用命令 library（MASS）加载到 R 中，调用自带"老忠实"喷泉数据集 geyser，它有两个变量：等待时间 waiting 和喷涌时间 duration，其中前者表示任意两次喷涌的间隔时间，后者表示任意一次喷涌的持续时间。完成以下任务：

(1) 将等待时间在 70min 以下的数据挑选出来；

(2) 将等待时间在 70min 以下，且不等于 57min 的数据挑选出来；

(3) 将等待时间在 70min 以下的喷泉的喷涌时间挑选出来；

(4) 将喷涌时间大于 70min 的喷泉的等待时间挑选出来。

A.4 假设 $\boldsymbol{x}=(x_1,x_2,\cdots,x_n)$ 是一维向量，令 $p_i=\sum_{j=i+1}^{n}I(x_i<x_j), i=1,2,\cdots,n-1$，$q_i=\sum_{j=i+1}^{n}I(x_i>x_j), i=1,2,\cdots,n-1$，$I(x_i>x_j)$ 是示性函数。编写程序，计算当 $n=5$ 时 $\sum_{i}^{n-1}(p_i-q_i)$

的值，对由 x 构成的所有可能排列计算上面的结果，判断所有可能结果的分布。

A.5 由数学分析理论知：如果连续函数 $f(x) \in [a,b]$ 且 $f(a)f(b) < 0$，则必然 $\exists \xi \in (a,b)$，使得 $f(\xi) = 0$，ξ 称为方程 $f(x) = 0$ 的根，也称为函数 $f(x)$ 的零点。用这种理论可以设计一个算法来搜索连续函数的零点。首先，确定搜索的起点 $a,b,a<b$，且满足 $f(a)f(b) < 0$，令 (a,b) 的中点为 c_1，不等式 $f(a)f(c_1) < 0$ 和 $f(b)f(c_1) < 0$ 中只有一个成立，将使不等式成立的两个 x 值作为下一步新的搜索起点，如此下去，一定可以逼近函数的零点。这种搜索连续函数零点的数值计算方法称为二分法。试用二分法及 R 程序求以下方程在 $(-10, 10)$ 之间的根：

$$2x^3 - 4x^2 + 3x - 6 = 0$$

A.6 从 0 至 2π，每间隔 0.2，求解以下函数的值：

$$\frac{\sin(x)}{\cos(x) + x}$$

A.7 CCB（编码问题）：为使电文保密，发报人和收报人之间互相遵守密钥，发报人会按一定规律将电文转换成密码，收报人再按约定的规律将其译回原文。例如，可以按下列规律将电文转换为密码：将 26 个字母的前 13 个转换成其后的第 13 个字母，并互换大小写。比如，将字母 "A" 转换成字母 "n"。同理，将后 13 个字母转换成其前的第 13 个字母，并互换大小写，因此，将字母 "x" 转换成字母 "K"。非字母字符不变，比如，将 "People" 转换为 cRBCYR。试用 R 编写函数帮助发报人实现上述转换。

A.8 编写函数实现以下功能：

(1) 将向量 a 中的 n 个数按相反顺序存放。

(2) 向量 a 与向量 b 等长，按 $a_1, b_1, a_2, b_2, \cdots$ 顺序将两个向量对应位置的数值交错排列，形成新向量 ab。

A.9 13 个人围成一个圈，从第一个人开始顺序报号 1, 2, 3，报到 3 者退出圈子，找出最后留在圈子中的人原来的位置。

A.10 参见数据包中文件 student.txt 中的数据，一个班级有 30 名学生，每名学生有 5 门课程的成绩，编写函数实现下述要求：

(1) 以 data.frame 的格式保存上述数据；

(2) 计算每个学生各科平均成绩，并将该数据加入 (1) 中数据集的最后一列；

(3) 找出各科平均成绩的最高成绩所对应的学生和他所修课程的成绩；

(4) 找出至少两门课程不及格的学生，输出他们的全部成绩和平均成绩；

(5) 具有 (4) 特点学生的各科平均成绩与其余学生平均成绩之间是否存在差异。

A.11 数据包中数据 basket.txt，每一行列交叉位置只取一个英文字母，如下表所示：

ID	V1	V2	V3	V4	V5
1	A	A	D	B	A
2	A	B	A	C	B
3	E	A	E	A	A
...					

(1) 求在一行中至少同时出现一个 A 和一个 B 的行数；

(2) 求在一行中至少同时出现一个 A 和三个 B 的行数。

A.12 在一张图上，用取值在 $(-10,10)$ 之间且间隔均等的 1000 个点，采用不同的线型和颜色绘制 $\sin()$, $\cos()$, $\sin()+\cos()$ 的函数图形，图形要求有主标题和副标题，标示出坐标轴。

A.13 在 R 中实现如下程序：

```
> x <-seq(-5,5,length=50)
> a <-runif(500,-5,5)
> y <-0.1*a*sin(2*a)
> f1<-function(x,y){1-exp(-1/x^2+y^2)}
> z1<-outer(x/2,x/2,f1)
> persp(z1)

> f2 <-function(x,y){0.1*x*sin(2*y)}
> z2 <-outer(x,x,f2)
> persp(z2)

> f3 <-function(x,y){sin(x)+cos(y)}
> z3 <-outer(x,x,f3)
> persp(z3)
> plot(sin(3*x),sin(6*x),type="l")
```

A.14 用 R 随机产生 100 个分布 $N(3,5)$ 的观测值和 20 个分布 $N(5,3)$ 的观测值，做出这 120 个数据的直方图、盒子图和 Q-Q 图，并解释图上表现出的特征。

A.15 随机产生 100 个数的分布 $N(0,1)$ 的观测值，对它们作指数和对数变换如下：

$$y = \begin{cases} (x^\lambda - 1)/\lambda, & \lambda \neq 0 \\ \ln x, & \lambda = 0 \end{cases}$$

画出 $\lambda = 0, \lambda = 1$ 以及 $\lambda = -1$ 时相应的直方图和 Q-Q 图，解释所观察到的结果。

附录 B

R Markdown

B.1 R Markdown 简介

R Markdown 是在 R 语言中生成数据分析报告的利器。它提供了数据分析报告的模版，在模版中我们可以很方便地插入代码、运行结果和解释性文字等，经过 knitr 包和 pondoc 处理后，可以生成各种格式的分析报告，如 HTML 和 PDF 等。Markdown 是一种轻量级的标记语言，能够用简洁的代码编写出一份美观的文档。R Markdown 的语法基本上承袭了 Markdown，相比 LaTeX 和 HTML 更容易上手，而且编写文档的同时，R Markdown 可以插入多种编程语言尤其是 R 语言的代码块，在 knit 生成报告时运行代码并展示代码运行结果，这使得我们能够轻松地生成一份包含代码、运行结果和解释性文字的精美报告。除一个固定的数据分析报告模版外，R Markdown 还有很多扩展的模版，如 prettydoc、rticles、xaringan 等包，分别提供了很多，HTML 报告、PDF 文档和 presentation 的模版。

B.2 R Markdown 安装

R Markdown 配合 RStudio 使用很方便，这里默认大家已经安装配置好 R 语言和 RStudio，在使用 R Markdown 生成报告前，需要先安装 R Markdown 包，可运行以下代码来安装：

```
install.package("rmarkdown")
```

安装完 R Markdown 包后，已经能够生成基本的 HTML 报告了，但要生成 PDF 报告，还需要 LaTeX 的支持。由于 LaTeX 对中文的支持不如英文，故在 R 中生成中文 PDF 文档较为麻烦。在电脑上手动配置 LaTeX 后，不论配置了 CTeX、Tex Live 还是 MikTex，要通过 R Markdown 生成中文.PDF 文档，还需要手动安装一些缺失的宏包，也经常会遇到一些难以处理的报错，耗费太多时间。谢益辉编写的 TinyTex 包正是为此而生的，相比 LaTeX 发行版，TinyTex 文档更加轻巧，在 R Markdown 生成中文 PDF 文档时，TinyTex 包不仅提供 LaTeX 上的支持，还能自动安装 LaTeX 缺失的宏包，极大地节省了时间。因此推荐安装 TinyTex 包，可以轻松生成一份中文 PDF 报告。运行以下代码可安装 TinyTex 包 (需要较

长时间):

```
install.packages("tinytex")
tinytex::install_tinytex()
install.packages("tinytex")
tinytex::install_tinytex()
```

B.3 编　　写

B.3.1 文档组成

R Markdown 文档的文件扩展名为.Rmd。在 RStudio 中，通过 File—New File—R Markdown 创建一个默认的 R Markdown 文档，即.Rmd 文件。R Markdown 文档有三个重要的组成部分——元数据、文字、代码。元数据在文档的最上方，采用的语法是 YAML，以 "- - -" 开头和结尾，可以编辑文章的标题、作者、日期和输出格式等。R Markdown 文档的文字大体有段落、标题、列表等，使用的语法是 Markdown。R Markdown 中的代码一般分块存储在代码框中，代码框可以设置是否执行代码、是否显示代码、是否显示代码运行结果等。在学习 R Markdown 文档的结构和语法之前，不妨先新建一个默认的 R Markdown 文档，单击页面右上方的 knit 按钮，即可生成一份 HTML 报告，对照着 R Markdown 文档和生成的 HTML 报告，学习下面的内容将更为容易。下面分别介绍 R Markdown 中的元数据、文字和代码。

B.3.2 元数据

R Markdown 的元数据位于文档的正上方，是对最终输出文档的一个基本设置，主要包括 title、author、date 和 output，分别代表文章的标题、作者、日期和输出格式。一个元数据的基本框架如下：

```
---
title:
author:
date:
output:
---
```

title、author 和 date 比较容易理解，output 则较为复杂，涉及最终输出文档的格式，常用的格式有 HTML 和 PDF。在介绍如何生成 HTML 报告和 PDF 文档之前，我们先了解一下 R Markdown 生成报告的原理。

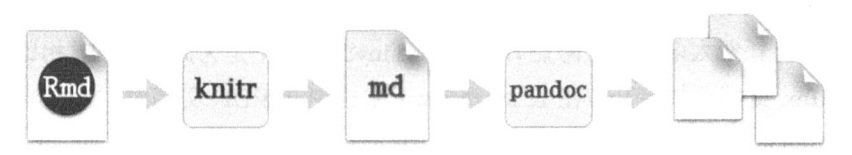

图 B.1　R Markdown 生成报告的原理

图 B.1 展示了 R Markdown 生成一份报告的步骤。以一份编写好的 R Markdown 文档为例，单击 knit 按钮之后，R Markdown 文档首先经 knitr 包处理，生成 Markdown 文档，接着借助 pandoc 将 Markdown 文档转化为各种格式的报告，其中最常用的是 HTML 和 PDF 格式。而元数据中的 output 就是对最终生成报告格式的设置。下面分别介绍 HTML 报告和 PDF 文档的元数据如何设置。

1. HTML 报告 ——html_document

元数据中的 output 可以规定生成的报告类型，要生成 HTML 格式的报告，需要将 output 设置为 html_document。在 html_document 下，又有 HTML 主题、是否生成目录等设置。以下是生成 html_document 的 R Markdown 文档的元数据：

```
---
title: "Your Document Title"
author: "Document Author"
date: "`r Sys.Date()`"
output:
html_document:
theme: default
toc: yes
toc_depth: 3
---
```

theme 表示 html_document 使用的主题，toc 表示 html_document 中是否显示目录，toc_depth 表示目录的深度，即目录涵盖多少级标题。在 R 中运行以下代码可以查看 html_document 下的参数：

```
?html_document
```

2. HTML 报告 ——html_pretty

prettydoc 包是 R Markdown 的一个扩展，包含数个精美的 HTML 报告模版。安装 prettydoc 包后，将 output 设置为 html_pretty，调用 prettydoc 包的模版。运行以下代码，可安装 prettydoc 包：

```
install.package("prettydoc")
```

安装好 prettydoc 包之后，可以生成 html_pretty 报告。一个生成 html_pretty 的 R Markdown 文档的元数据如下：

```
---
title: "Your Document Title"
author: "Document Author"
date: "`r Sys.Date()`"
output:
html_pretty:
```

```
theme: cayman
toc: yes
toc_depth: 3
---
```

要生成一份 html_pretty 报告，可以选择修改 R Markdown 文档的元数据的 output；也可以在新建 R Markdown 文档时，按照 File—New File—R Markdown—From Template—Lightweight and Pretty Document 的点击顺序，建立一个默认 html_pretty 文档；或者单击 knit 按钮之后，在下拉列表中选择 Knit to html_pretty。

3. PDF 文档 ——pdf_document

R Markdown 生成 pdf_document 需要 LaTeX 的支持，默认大家已安装好 TinyTex 包。首先将元数据的 output 设置为 pdf_document，在 LaTeX 环境下能够生成一份不带中文的 pdf_document，由于 LaTeX 对中文的支持不如英文，因此想要生成中文 PDF，还需要对元数据进行进一步的设置。生成中文 pdf_document 的元数据如下：

```
---
title: "Your Document Title"
author: "Document Author"
date: "`r Sys.Date()`"
output:
  pdf_document:
    latex_engine: xelatex
    CJKmainfont: Microsoft YaHei
---
```

latex_engine 是对生成 pdf_document 时使用的 LaTeX 命令的设置，默认的设置为 pdflatex，但是 xelatex 在对中文的支持上表现更好，因此选择 xelatex。CJKmainfont 是对 pdf_document 的中文字体的设置，如果不设置字体，将无法显示中文。更多有关 pdf_document 的参数设置，可运行以下代码来实现：

```
?pdf_document
```

B.3.3 文字

R Markdown 中的文字使用 Markdown 的语法，下面介绍 Markdown 中一些基本的语法，R Markdown 继承了这些语法，可以使用这些语法对最终输出文档中的文字进行排版。

1. 段落

R Markdown 中的段落之间至少要相隔一个空行，由于最终输出的 HTML 报告和 PDF 文档的段首都不会有缩进，因此也可以在段尾输入两个空格再换行，不需要空出一整个空行，但效果和另起一个段落是一致的。

2. 行内文字格式

倾斜：

`*text*`

加粗：

`**text**`

上标（t 为上标）：

`text^t^`

下标（t 为下标）：

`text~t~`

行内显示代码（会赋予 code 以特殊的格式，但是不运行代码，只呈现代码）：

`` `code` ``

脚注（footnote 为脚注内容）：

`text^[footnote]`

3. 插入网页链接和图片

网页链接（text 为最终文档显示的文字，单击会链接到 url）：

`[text](url)`

图片（相比网页链接只多了一个"！"）：

`![text](url)`

4. 分级标题

标题以 # 开头，# 的数量规定了标题等级，如：

`# 一级标题`
`## 二级标题`
`### 三级标题`
`#### 四级标题`
`##### 五级标题`

5. 列表

列表分为无序列表和有序列表，与正文之间的间隔至少要有一个空行。

无序列表：以 * 或者 + 或者 - 开头，如：

`* 这是无序列表的第一点`
`* 这是无序列表的第二点`
`* 这是无序列表的第三点`

有序列表：以 number. 开头，如：

`1. 这是有序列表的第一点`
`2. 这是有序列表的第二点`
`3. 这是有序列表的第三点`

6. 引用

以 > 开头，如：

> "这里写引用的内容"
>
> "这里写作者"

7. 数学公式

R Markdown 中的数学公式大体有三种形式：

(1) 行内公式，用一对 $ 括起来，公式的语法为 LaTeX 语法。

(2) 单独成行公式，用一对 $$ 括起来，公式的语法为 LaTeX 语法。

(3) 建立一个公式环境，以 $$\begin{}开头，以 \end{}$$ 结尾，公式的语法为 LaTeX 语法。

B.3.4 代码

1. 代码框

新建一个代码框，可以单击 R Markdown 编辑界面右上方的 insert 按钮，选择插入 R 语言代码框，或者使用快捷键 Ctrl + Alt + I (Mac 用户快捷键为 Cmd + Option + I)，或者在文档中代码框内直接输入格式，中间插入代码，如：

```
```{r}
code
```
```

2. 行内代码

行内代码以 'r 开头，以 ' 结尾，中间插入代码，最终输出文档中将在相应位置显示代码运行结果，而不显示代码。如：

```
a的值为`r a`
```

3. 代码框设置

在 R Markdown 中，可以对代码框进行设置，如是否运行代码、是否显示代码、是否显示代码结果、代码生成图片的宽与高等。以是否显示代码为例，{r echo = FALSE}代表不显示代码，即在最终文档中不会显示该代码框，但是代码仍然会运行。代码框的写法如下：

```
```{r echo = FALSE}
a <- 1;a
```
```

下面列举一些常用的代码框选项。

eval: 是否运行代码；

echo: 是否显示代码；

message: 是否显示 message；

warning: 是否显示 warning；

error: 是否显示 error;

fig.weight、fig.height: 代码生成的图片在最终文档中的宽度和高度。

谢益辉编写的 knitr 包提供了大量代码框选项的支持,更多的代码框选项详见网址 https://yihui.name/knitr/options。

如果要对整个文档的所有代码框进行相同的设置,可以在文档的元数据下面建立一个全局设置的代码框,注意,全局设置的优先级低于代码框的个性设置,例如,可以设置文档中的全部代码框都不显示运行结果,在特定的代码框处,设置显示运行结果,则最终输出的文档中只有特定的代码框显示运行结果。全局代码框的格式如下:

```
```{r setup, include=FALSE, ...}
knitr::opts_chunk$set(echo = TRUE,...)
```
```

4. 表格

在 R Markdown 中,knitr 包提供了一个插入表格的函数——kable(),使用 kable() 函数可以轻松地插入一个美观的表格,代码如下:

```
```{r}
iris[1:4, ]
knitr::kable(iris[1:4, ], caption = "美观的表格")
```
```

除 knitr 包外,stargazer 包也提供了插入正规表格的函数——stargazer()。stargazer 包是 Marek Hlavac 编写的,用于将 R 中的数据框转化为 LaTeX 或者 HTML 语法的表格,即向 stargazer 包输入数据框,能得到该数据框按照某一模版的 LaTeX 或者 HTML 代码,将该代码在对应的语言环境下运行,可以得到数据框的一个较为正规的表格。代码如下:

```
stargazer::stargazer(attitude[1:4, ], summary = FALSE, title = "XXX", ....)
stargazer::stargazer(attitude[1:4, ], summary = FALSE, type = "html")
```

stargazer() 函数的第一个参数为输入的数据框。summary = FALSE 表示输出数据框本身而不是数据框的 summary。title 是输出表格的标题。type 默认取值为 "default",表示输出 LaTeX 代码;取值 "html",表示输出数据框的 HTML 代码。上述代码的输出结果是相应的代码,用 LaTeX 和 HTML 编译后才能输出表格。因此,在使用 LaTeX 编写 PDF 文档时,我们可以选择将函数的输出结果复制到 LaTeX 环境中,将 R 中的数据框插入 LaTeX 文档中。如果编写的是 R Markdown 文档,只需要修改代码框的设置,即可在最终结果中直接输出最终的表格而不是 LaTeX 或 HTML 代码。以输出 PDF 文档的 R Markdown 文档为例,代码如下:

```
```{r results="asis"}
stargazer::stargazer(attitude[1:4, ], summary = FALSE)
```
```

代码框设置 results = "asis" 表示将 stargazer() 函数生成的 LaTeX 代码直接编译成表

格，如果不对代码框的 results 加以设置，在最终 PDF 文档中将输出 stargazer 函数的原输出结果，即数据框的 LaTeX 代码。

除将数据框输出为表格外，stargazer 包还能将模型结果输出为表格。stargazer 包对 R 中各种包的建模函数提供了广泛的支持，可以将各种函数的建模结果输出为表格，以普通线性回归建模函数 ——lm() 为例，代码如下：

```
fit1 <- lm(rating ~ complaints + privileges +
learning, data=attitude) fit2 <- lm(rating ~ complaints + privileges
    + learning + raises+ critical, data = attitude)
stargazer(fit1, fit2, align = TRUE)
```

同样，上面的代码输出的是 LaTeX 语法的表格，要在 R Markdown 中直接呈现最终输出的表格，需要对代码框的 results 进行设置。有关 stargazer() 函数的更多参数，可以运行以下代码查看 help 文档：

```
?stargazer::stargazer
```

B.4 输 出

在编写完 R Markdown 文档后，单击界面右上角的 knit 按钮，R Markdown 就会自动生成一份精美的报告。如果想要进一步学习 R Markdown，可以参考以下网址或者文档：

官网：https://rmarkdown.rstudio.com/

bookdown: https://bookdown.org/yihui/rmarkdown/

knitr: https://yihui.name/knitr/

cheatsheet: https://www.rstudio.com/wp-content/uploads/2016/03/rmarkdown-cheatsheet-2.0.pdf

reference: https://www.rstudio.com/wp-content/uploads/2015/03/rmarkdown-reference.pdf

附录 C

常用统计分布表

附表 1　标准正态分布累计概率分布表 ($F_Z(z) = P(Z \leqslant z)$)

附表 2　Wilcoxon 符号秩统计量分布函数 (左尾概率) 表 ($p = P(W \leqslant w)(n = 5, 6, \cdots, 30)$)

附表 3　Run-Test 游程检验表

附表 4　Mann-Whitney W 值表

附表 5　Kruskal-Wallis 检验临界值表 ($P(H \geqslant c) = \alpha$)

附表 6　χ^2 分布表 ($P(\chi^2 \leqslant c)$)

附表 7　Jonkheere-Terpstra 检验临界值表 ($P(J \geqslant c) = \alpha$)

附表 8　Friedman 检验临界值表 ($P(W \geqslant c) = p$ (上侧分位数))

附表 9　Mood 方差相等性检验表

附表 10　t 分布表

附表 11　Spearman 秩相关系数检验临界值表 ($P(r_S \geqslant c_\alpha) = \alpha$)

附表 12　Kendall τ 检验临界值表

附表 13　Kolmogorov 检验临界值表 ($P(D_n \geqslant D_\alpha) = \alpha$)

附表 14　Kolmogorov-Smirnov D 临界值表 (单一样本)

附表 1　标准正态分布累计概率分布表 $(F_Z(z) = P(Z \leqslant z))$

z	0.00	0.01	0.02	0.03	0.04	0.05	0.06	0.07	0.08	0.09
−3.5	0.0002	0.0002	0.0002	0.0002	0.0002	0.0002	0.0002	0.0002	0.0002	0.0002
−3.4	0.0003	0.0003	0.0003	0.0003	0.0003	0.0003	0.0003	0.0003	0.0003	0.0002
−3.3	0.0005	0.0005	0.0005	0.0004	0.0004	0.0004	0.0004	0.0004	0.0004	0.0003
−3.2	0.0007	0.0007	0.0006	0.0006	0.0006	0.0006	0.0006	0.0005	0.0005	0.0005
−3.1	0.0010	0.0009	0.0009	0.0009	0.0008	0.0008	0.0008	0.0008	0.0007	0.0007
−3.0	0.0013	0.0013	0.0013	0.0012	0.0012	0.0011	0.0011	0.0011	0.0010	0.0010
−2.9	0.0019	0.0018	0.0018	0.0017	0.0016	0.0016	0.0015	0.0015	0.0014	0.0014
−2.8	0.0026	0.0025	0.0024	0.0023	0.0023	0.0022	0.0021	0.0021	0.0020	0.0019
−2.7	0.0035	0.0034	0.0033	0.0032	0.0031	0.0030	0.0029	0.0028	0.0027	0.0026
−2.6	0.0047	0.0045	0.0044	0.0043	0.0041	0.0040	0.0039	0.0038	0.0037	0.0036
−2.5	0.0062	0.0060	0.0059	0.0057	0.0055	0.0054	0.0052	0.0051	0.0049	0.0048
−2.4	0.0082	0.0080	0.0078	0.0075	0.0073	0.0071	0.0069	0.0068	0.0066	0.0064
−2.3	0.0107	0.0104	0.0102	0.0099	0.0096	0.0094	0.0091	0.0089	0.0087	0.0084
−2.2	0.0139	0.0136	0.0132	0.0129	0.0125	0.0122	0.0119	0.0116	0.0113	0.0110
−2.1	0.0179	0.0174	0.0170	0.0166	0.0162	0.0158	0.0154	0.0150	0.0146	0.0143
−2.0	0.0228	0.0222	0.0217	0.0212	0.0207	0.0202	0.0197	0.0192	0.0188	0.0183
−1.9	0.0287	0.0281	0.0274	0.0268	0.0262	0.0256	0.0250	0.0244	0.0239	0.0233
−1.8	0.0359	0.0351	0.0344	0.0336	0.0329	0.0322	0.0314	0.0307	0.0301	0.0294
−1.7	0.0446	0.0436	0.0427	0.0418	0.0409	0.0401	0.0392	0.0384	0.0375	0.0367
−1.6	0.0548	0.0537	0.0526	0.0516	0.0505	0.0495	0.0485	0.0475	0.0465	0.0455
−1.5	0.0668	0.0655	0.0643	0.0630	0.0618	0.0606	0.0594	0.0582	0.0571	0.0559
−1.4	0.0808	0.0793	0.0778	0.0764	0.0749	0.0735	0.0721	0.0708	0.0694	0.0681
−1.3	0.0968	0.0951	0.0934	0.0918	0.0901	0.0885	0.0869	0.0853	0.0838	0.0823
−1.2	0.1151	0.1131	0.1112	0.1093	0.1075	0.1056	0.1038	0.1020	0.1003	0.0985
−1.1	0.1357	0.1335	0.1314	0.1292	0.1271	0.1251	0.1230	0.1210	0.1190	0.1170
−1.0	0.1587	0.1562	0.1539	0.1515	0.1492	0.1469	0.1446	0.1423	0.1401	0.1379
−0.9	0.1841	0.1814	0.1788	0.1762	0.1736	0.1711	0.1685	0.1660	0.1635	0.1611
−0.8	0.2119	0.2090	0.2061	0.2033	0.2005	0.1977	0.1949	0.1922	0.1894	0.1867
−0.7	0.2420	0.2389	0.2358	0.2327	0.2297	0.2266	0.2236	0.2206	0.2177	0.2148
−0.6	0.2743	0.2709	0.2676	0.2643	0.2611	0.2578	0.2546	0.2514	0.2483	0.2451
−0.5	0.3085	0.3050	0.3015	0.2981	0.2946	0.2912	0.2877	0.2843	0.2810	0.2776
−0.4	0.3446	0.3409	0.3372	0.3336	0.3300	0.3264	0.3228	0.3192	0.3156	0.3121
−0.3	0.3821	0.3783	0.3745	0.3707	0.3669	0.3632	0.3594	0.3557	0.3520	0.3483
−0.2	0.4207	0.4168	0.4129	0.4090	0.4052	0.4013	0.3974	0.3936	0.3897	0.3859
−0.1	0.4602	0.4562	0.4522	0.4483	0.4443	0.4404	0.4364	0.4325	0.4286	0.4247
−0.0	0.5000	0.4960	0.4920	0.4880	0.4840	0.4801	0.4761	0.4721	0.4681	0.4641
0.0	0.5000	0.5040	0.5080	0.5120	0.5160	0.5199	0.5239	0.5279	0.5319	0.5359
0.1	0.5398	0.5438	0.5478	0.5517	0.5557	0.5596	0.5636	0.5675	0.5714	0.5753
0.2	0.5793	0.5832	0.5871	0.5910	0.5948	0.5987	0.6026	0.6064	0.6103	0.6141
0.3	0.6179	0.6217	0.6255	0.6293	0.6331	0.6368	0.6406	0.6443	0.6480	0.6517
0.4	0.6554	0.6591	0.6628	0.6664	0.6700	0.6736	0.6772	0.6808	0.6844	0.6879
0.5	0.6915	0.6950	0.6985	0.7019	0.7054	0.7088	0.7123	0.7157	0.7190	0.7224
0.6	0.7257	0.7291	0.7324	0.7357	0.7389	0.7422	0.7454	0.7486	0.7517	0.7549
0.7	0.7580	0.7611	0.7642	0.7673	0.7703	0.7734	0.7764	0.7794	0.7823	0.7852
0.8	0.7881	0.7910	0.7939	0.7967	0.7995	0.8023	0.8051	0.8078	0.8106	0.8133
0.9	0.8159	0.8186	0.8212	0.8238	0.8264	0.8289	0.8315	0.8340	0.8365	0.8389

(续表)

z	0.00	0.01	0.02	0.03	0.04	0.05	0.06	0.07	0.08	0.09
1.0	0.8413	0.8438	0.8461	0.8485	0.8508	0.8531	0.8554	0.8577	0.8599	0.8621
1.1	0.8643	0.8665	0.8686	0.8708	0.8729	0.8749	0.8770	0.8790	0.8810	0.8830
1.2	0.8849	0.8869	0.8888	0.8907	0.8925	0.8944	0.8962	0.8980	0.8997	0.9015
1.3	0.9032	0.9049	0.9066	0.9082	0.9099	0.9115	0.9131	0.9147	0.9162	0.9177
1.4	0.9192	0.9207	0.9222	0.9236	0.9251	0.9265	0.9279	0.9292	0.9306	0.9319
1.5	0.9332	0.9345	0.9357	0.9370	0.9382	0.9394	0.9406	0.9418	0.9429	0.9441
1.6	0.9452	0.9463	0.9474	0.9484	0.9495	0.9505	0.9515	0.9525	0.9535	0.9545
1.7	0.9554	0.9564	0.9573	0.9582	0.9591	0.9599	0.9608	0.9616	0.9625	0.9633
1.8	0.9641	0.9649	0.9656	0.9664	0.9671	0.9678	0.9686	0.9693	0.9699	0.9706
1.9	0.9713	0.9719	0.9726	0.9732	0.9738	0.9744	0.9750	0.9756	0.9761	0.9767
2.0	0.9772	0.9778	0.9783	0.9788	0.9793	0.9798	0.9803	0.9808	0.9812	0.9817
2.1	0.9821	0.9826	0.9830	0.9834	0.9838	0.9842	0.9846	0.9850	0.9854	0.9857
2.2	0.9861	0.9864	0.9868	0.9871	0.9875	0.9878	0.9881	0.9884	0.9887	0.9890
2.3	0.9893	0.9896	0.9898	0.9901	0.9904	0.9906	0.9909	0.9911	0.9913	0.9916
2.4	0.9918	0.9920	0.9922	0.9925	0.9927	0.9929	0.9931	0.9932	0.9934	0.9936
2.5	0.9938	0.9940	0.9941	0.9943	0.9945	0.9946	0.9948	0.9949	0.9951	0.9952
2.6	0.9953	0.9955	0.9956	0.9957	0.9959	0.9960	0.9961	0.9962	0.9963	0.9964
2.7	0.9965	0.9966	0.9967	0.9968	0.9969	0.9970	0.9971	0.9972	0.9973	0.9974
2.8	0.9974	0.9975	0.9976	0.9977	0.9977	0.9978	0.9979	0.9979	0.9980	0.9981
2.9	0.9981	0.9982	0.9982	0.9983	0.9984	0.9984	0.9985	0.9985	0.9986	0.9986
3.0	0.9987	0.9987	0.9987	0.9988	0.9988	0.9989	0.9989	0.9989	0.9990	0.9990
3.1	0.9990	0.9991	0.9991	0.9991	0.9992	0.9992	0.9992	0.9992	0.9993	0.9993
3.2	0.9993	0.9993	0.9994	0.9994	0.9994	0.9994	0.9994	0.9995	0.9995	0.9995
3.3	0.9995	0.9995	0.9995	0.9996	0.9996	0.9996	0.9996	0.9996	0.9996	0.9997
3.4	0.9997	0.9997	0.9997	0.9997	0.9997	0.9997	0.9997	0.9997	0.9997	0.9998
3.5	0.9998	0.9998	0.9998	0.9998	0.9998	0.9998	0.9998	0.9998	0.9998	0.9998

附表 2 Wilcoxon 符号秩统计量分布函数 (左尾概率) 表 $(p = P(W \leqslant w)(n = 5, 6, \cdots, 30))$

w	p	w	p	w	p	w	p	w	p	w	p
$n=5$		$n=8$		$n=10$		$n=11$		$n=12$		$n=13$	
*0	0.0313	0	0.0039	0	0.0010	0	0.0005	0	0.0002	0	0.0001
1	0.0625	1	0.0078	1	0.0020	1	0.0010	1	0.0005	1	0.0002
2	0.0938	2	0.0117	2	0.0029	2	0.0015	2	0.0007	2	0.0004
3	0.1563	3	0.0195	3	0.0049	3	0.0024	3	0.0012	3	0.0006
4	0.2188	4	0.0273	4	0.0068	4	0.0034	4	0.0017	4	0.0009
5	0.3125	*5	0.0391	5	0.0098	5	0.0049	5	0.0024	5	0.0012
6	0.4063	6	0.0547	6	0.0137	6	0.0068	6	0.0034	6	0.0017
7	0.5000	7	0.0742	7	0.0186	7	0.0093	7	0.0046	7	0.0023
		8	0.0977	8	0.0244	8	0.0122	8	0.0061	8	0.0031
$n=6$		9	0.1250	9	0.0322	9	0.0161	9	0.0081	9	0.0040
0	0.0156	10	0.1563	*10	0.0420	10	0.0210	10	0.0105	10	0.0052
1	0.0313	11	0.1914	11	0.0527	11	0.0269	11	0.0134	11	0.0067
*2	0.0469	12	0.2305	12	0.0654	12	0.0337	12	0.0171	12	0.0085
3	0.0781	13	0.2734	13	0.0801	13	0.0415	13	0.0212	13	0.0107
4	0.1094	14	0.3203	14	0.0967	14	0.0508	14	0.0261	14	0.0133
5	0.1563	15	0.3711	15	0.1162	15	0.0615	15	0.0320	15	0.0164
6	0.2188	16	0.4219	16	0.1377	16	0.0737	16	0.0386	16	0.0199
7	0.2813	17	0.4727	17	0.1611	17	0.0874	17	0.0461	17	0.0239
8	0.3438	18	0.5273	18	0.1875	18	0.1030	18	0.0549	18	0.0287
9	0.4219	$n=9$		19	0.2158	19	0.1201	19	0.0647	19	0.0341
10	0.5000	0	0.0020	20	0.2461	20	0.1392	20	0.0757	20	0.0402
		1	0.0039	21	0.2783	21	0.1602	21	0.0881	*21	0.0471
$n=7$		2	0.0059	22	0.3125	22	0.1826	22	0.1018	22	0.0549
0	0.0078	3	0.0098	23	0.3477	23	0.2065	23	0.1167	23	0.0636
1	0.0156	4	0.0137	24	0.3848	24	0.2324	24	0.1331	24	0.0732
2	0.0234	5	0.0195	25	0.4229	25	0.2598	25	0.1506	25	0.0839
*3	0.0391	6	0.0273	26	0.4609	26	0.2886	26	0.1697	26	0.0955
4	0.0547	7	0.0371	27	0.5000	27	0.3188	27	0.1902	27	0.1082
5	0.0781	*8	0.0488			28	0.3501	28	0.2119	28	0.1219
6	0.1094	9	0.0645			29	0.3823	29	0.2349	29	0.1367
7	0.1484	10	0.0820			30	0.4155	30	0.2593	30	0.1527
8	0.1875	11	0.1016			31	0.4492	31	0.2847	31	0.1698
9	0.2344	12	0.1250			32	0.4829	32	0.3110	32	0.1879
10	0.2891	13	0.1504			33	0.5171	33	0.3386	33	0.2072
11	0.3438	14	0.1797					34	0.3667	34	0.2274
12	0.4061	15	0.2129					35	0.3955	35	0.2487
13	0.4688	16	0.2481					36	0.4250	36	0.2709
14	0.5313	17	0.2852					37	0.4548	37	0.2939
		18	0.3262					38	0.4849	38	0.3177
		19	0.3672					39	0.5151	39	0.3424
		20	0.4102							40	0.3677
		21	0.4551							41	0.3934
		22	0.5000							42	0.4197
										43	0.4463
										44	0.4730
										45	0.5000

* 表示在 $\alpha = 0.05$ 显著性水平下的左尾临界值。

(续表)

w	p	w	p	w	p	w	p	w	p	w	p
$n=14$		$n=14$		$n=15$		$n=16$		$n=17$		$n=17$	
1	0.0001	50	0.4516	47	0.2444	39	0.0719	25	0.0064	74	0.4633
2	0.0002	51	0.4758	48	0.2622	40	0.0795	26	0.0075	75	0.4816
3	0.0003	52	0.5000	49	0.2807	41	0.0877	27	0.0087	76	0.5000
4	0.0004			50	0.2997	42	0.0964	28	0.0101		.
5	0.0006	$n=15$		51	0.3153	43	0.1057	29	0.0116	$n=18$	.
6	0.0009	2	0.0001	52	0.3394	44	0.1156	30	0.0133	9	0.0001
7	0.0012	3,4	0.0002	53	0.3599	45	0.1261	31	0.0153	10,11	0.0002
8	0.0015	5	0.0003	54	0.3808	46	0.1372	32	0.0174	12,13	0.0003
9	0020	6	0.0004	55	0.4020	47	0.1489	33	0.0198	14	0.0004
10	0026	7	0.0006	56	0.4235	48	0.1613	34	0.0224	15	0.0005
11	0.0034	8	0.0008	57	0.4452	49	0.1742	35	0.0253	16	0.0006
12	0.0043	9	0.0010	58	0.4670	50	0.1877	36	0.0284	17	0.0008
13	0.0054	10	0.0013	59	0.4890	51	0.2019	37	0.0319	18	0.0010
14	0.0067	11	0.0017	60	0.5110	52	0.2166	38	0.0357	19	0.0012
15	0.0083	12	0.0021	$n=16$		53	0.2319	39	0.0398	20	0.0014
16	0.0101	13	0.0027	4	0.0001	54	0.2477	40	0.0443	21	0.0017
17	0.0123	14	0.0034	5	0.0002	55	0.2641	*41	0.0492	22	0.0020
18	0.0148	15	0.0042	7	0.0003	56	0.2809	42	0.0544	23	0.0024
19	0.0176	16	0.0051	8	0.0004	57	0.2983	43	0.0601	24	0.0028
20	0.0209	17	0.0062	9	0.0005	58	0.3161	44	0.0662	25	0.0033
21	0.0247	18	0.0075	10	0.0007	59	0.3343	45	0.0727	26	0.0038
22	0.0290	19	0.0090	11	0.0008	60	0.3529	46	0.0797	27	0.0045
23	0.0338	20	0.0108	12	0.0011	61	0.3718	47	0.0871	28	0.0052
24	0.0392	21	0.0128	13	0.0013	62	0.3910	48	0.0950	29	0.0060
*25	0.0453	22	0.0151	14	0.0017	63	0.4104	49	0.1034	30	0.0069
26	0.0520	23	0.0177	15	0.0021	64	0.4301	50	0.1123	31	0.0080
27	0.0594	24	0.0206	16	0.0026	65	0.4500	51	0.1217	32	0.0091
28	0.0676	25	0.0240	17	0.0031	66	0.4699	52	0.1317	33	0.0104
29	0.0765	26	0.0277	18	0.0038	67	0.4900	53	0.1421	34	0.0118
30	0.0863	27	0.0319	19	0.0046	68	0.5100	54	0.1530	35	0.0134
31	0.0969	28	0.0365	20	0.0055			55	0.1645	36	0.0152
32	0.1083	29	0.0416	21	0.0065	$n=17$		56	0.1764	37	0.0171
33	0.1206	*30	0.0473	22	0.0078	7	0.0001	57	0.1889	38	0.0192
34	0.1338	31	0.0535	23	0.0091	8	0.0002	58	0.2019	39	0.0216
35	0.1479	32	0.0603	24	0.0107	9,10	0.0003	59	0.2153	40	0.0241
36	0.1629	33	0.0677	25	0.0125	11	0.0004	60	0.2293	41	0.0269
37	0.1788	34	0.0757	26	0.0145	12	0.0005	61	0.2437	42	0.0300
38	0.1955	35	0.0844	27	0.0168	13	0.0007	62	0.2585	43	0.0333
39	0.2131	36	0.0938	28	0.0193	14	0.0008	63	0.2738	44	0.0368
40	0.2316	37	0.1039	29	0.0222	15	0.0010	64	0.2895	45	0.0407
41	0.2508	38	0.1147	30	0.0253	16	0.0013	65	0.3056	46	0.0449
42	0.2708	39	0.1262	31	0.0288	17	0.0016	66	0.3221	*47	0.0494
43	0.2915	40	0.1384	32	0.0327	18	0.0019	67	0.3389	48	0.0542
44	0.3129	41	0.1514	33	0.0370	19	0.0023	68	0.3559	49	0.0594
45	0.3349	42	0.1651	34	0.0416	20	0.0028	69	0.3733	50	0.0649
46	0.3574	43	0.1796	*35	0.0467	21	0.0033	70	0.3910	51	0.0708
47	0.3804	44	0.1947	36	0.0523	22	0.0040	71	0.4088	52	0.0770
48	0.4039	45	0.2106	37	0.0583	23	0.0047	72	0.4268	53	0.0837
49	0.4276	46	0.2271	38	0.0649	24	0.0055	73	0.4450	54	0.0907

(续表)

w	p	w	p	w	p	w	p	w	p	w	p
$n=18$		$n=19$		$n=19$		$n=20$		$n=20$		$n=21$	
55	0.0982	30	0.0036	79	0.2706	48	0.0164	97	0.3921	61	0.0298
56	0.1061	31	0.0041	80	0.2839	49	0.0181	98	0.4062	62	0.0323
57	0.1144	32	0.0047	81	0.2974	50	0.0200	99	0.4204	63	0.0351
58	0.1231	33	0.0054	82	0.3113	51	0.0220	100	0.4347	64	0.0380
59	0.1323	34	0.0062	83	0.3254	52	0.0242	101	0.4492	65	0.0411
60	0.1419	35	0.0070	84	0.3397	53	0.0266	102	0.4636	66	0.0444
61	0.1519	36	0.0080	85	0.3543	54	0.0291	103	0.4782	67	0.0479
62	0.1624	37	0.0090	86	0.3690	55	0.0319	104	0.4927	68	0.0516
63	0.1733	38	0.0102	87	0.3840	56	0.0348	105	0.5073	69	0.0555
64	0.1846	39	0.0115	88	0.3991	57	0.0379	$n=21$		70	0.0597
65	0.1964	40	0.0129	89	0.4144	58	0.0413	19	0.0001	71	0.0640
66	0.2086	41	0.0145	90	0.4298	59	0.0448	20,21	0.0002	72	0.0686
67	0.2211	42	0.0162	91	0.4453	*60	0.0487	22,23	0.0003	73	0.0735
68	0.2341	43	0.0180	92	0.4609	61	0.0527	24,25	0.0004	74	0.0786
69	0.2475	44	0.0201	93	0.4765	62	0.0570	26	0.0005	75	0.0839
70	0.2613	45	0.0223	94	0.4922	63	0.0615	27	0.0006	76	0.0895
71	0.2754	46	0.0247	95	0.5078	64	0.0664	28	0.0007	77	0.0953
72	0.2899	47	0.0273			65	0.0715	29	0.0008	78	0.1015
73	0.3047	48	0.0301	$n=20$		66	0.0768	30	0.0009	79	0.1078
74	0.3198	49	0.0331	15	0.0001	67	0.0825	31	0.0011	80	0.1145
75	0.3353	50	0.0364	18	0.0002	68	0.0884	32	0.0012	81	0.1214
76	0.3509	51	0.0399	19	0.0003	69	0.0947	33	0.0014	82	0.1286
77	0.3669	52	0.0437	20,21	0.0004	70	0.1012	34	0.0016	83	0.1361
78	0.3830	*53	0.0478	22	0.0005	71	0.1081	35	0.0019	84	0.1439
79	0.3994	54	0.0521	23	0.0006	72	0.1153	36	0.0021	85	0.1519
80	0.4159	55	0.0567	24	0.0007	73	0.1227	37	0.0024	86	0.1602
81	0.4325	56	0.0616	25	0.0008	74	0.1305	38	0.0028	87	0.1688
82	0.4493	57	0.0668	26	0.0010	75	0.1387	39	0.0031	88	0.1777
83	0.4661	58	0.0723	27	0.0012	76	0.1471	40	0.0036	89	0.1869
84	0.4831	59	0.0782	28	0.0014	77	0.1559	41	0.0040	90	0.1963
85	0.5000	60	0.0844	29	0.0016	78	0.1650	42	0.0045	91	0.2060
		61	0.0909	30	0.0018	79	0.1744	43	0.0051	92	0.2160
$n=19$		62	0.0978	31	0.0021	80	0.1841	44	0.0057	93	0.2262
12	0.0001	63	0.1051	32	0.0024	81	0.1942	45	0.0063	94	0.2367
13,14	0.0002	64	0.1127	33	0.0028	82	0.2045	46	0.0071	95	0.2474
15,16	0.0003	65	0.1206	34	0.0032	83	0.2152	47	0.0079	96	0.2584
17	0.0004	66	0.1290	35	0.0036	84	0.2262	48	0.0088	97	0.2696
18	0.0005	67	0.1377	36	0.0042	85	0.2375	49	0.0097	98	0.2810
19	0.0006	68	0.1467	37	0.0047	86	0.2490	50	0.0108	99	0.2927
20	0.0007	69	0.1562	38	0.0053	87	0.2608	51	0.0119	100	0.3046
21	0.0008	70	0.1660	39	0.0060	88	0.2729	52	0.0132	101	0.3166
22	0.0010	71	0.1762	40	0.0068	89	0.2853	53	0.0145	102	0.3289
23	0.0012	72	0.1868	41	0.0077	90	0.2979	54	0.0160	103	0.3414
24	0.0014	73	0.1977	42	0.0086	91	0.3108	55	0.0175	104	0.3540
25	0.0017	74	0.2090	43	0.0096	92	0.3238	56	0.0192	105	0.3667
26	0.0020	75	0.2207	44	0.0107	93	0.3371	57	0.0210	106	0.3796
27	0.0023	76	0.2327	45	0.0120	94	0.3506	58	0.0230	107	0.3927
28	0.0027	77	0.2450	46	0.0133	95	0.3643	59	0.0251	108	0.4058
29	0.0031	78	0.2576	47	0.0148	96	0.3781	60	0.0273	109	0.4191

(续表)

w	p	w	p	w	p	w	p	w	p	w	p
$n=21$		$n=22$		$n=22$		$n=23$		$n=23$		$n=24$	
110	0.4324	67	0.0271	116	0.3751	68	0.0163	117	0.2700	62	0.0053
111	0.4459	68	0.0293	117	0.3873	69	0.0177	118	0.2800	63	0.0058
112	0.4593	69	0.0317	118	0.3995	70	0.0192	119	0.2902	64	0.0063
113	0.4729	70	0.0342	119	0.4119	71	0.0208	120	0.3005	65	0.0069
114	0.4864	71	0.0369	120	0.4243	72	0.0224	121	0.3110	66	0.0075
115	0.5000	72	0.0397	121	0.4368	73	0.0242	122	0.3217	67	0.0082
		73	0.0427	122	0.4494	74	0.0261	123	0.3325	68	0.0089
		74	0.0459	123	0.4620	75	0.0281	124	0.3434	69	0.0097
$n=22$		*75	0.0492	124	0.4746	76	0.0303	125	0.3545	70	0.0106
22	0.0001	76	0.0527	125	0.4873	77	0.0325	126	0.3657	71	0.0115
23~25	0.0002	77	0.0564	126	0.5000	78	0.0349	127	0.3770	72	0.0124
26~28	0.0003	78	0.0603			79	0.0274	128	0.3884	73	0.0135
29	0.0004	79	0.0644	$n=23$		80	0.0401	129	0.3999	74	0.0146
30,31	0.0005	80	0.0687	21~27	0.0001	81	0.0429	130	0.4115	75	0.0157
32	0.0006	81	0.0733	28~30	0.0002	82	0.0459	131	0.4231	76	0.0170
33	0.0007	82	0.0780	31,32	0.0003	*83	0.0490	132	0.4348	77	0.0183
34	0.0008	83	0.0829	33,34	0.0004	84	0.0523	133	0.4466	78	0.0197
35	0.0010	84	0.0881	35	0.0005	85	0.0557	134	0.4584	79	0.0212
36	0.0011	85	0.0935	36,37	0.0006	86	0.0593	135	0.4703	80	0.0228
37	0.0013	86	0.0991	38	0.0007	87	0.0631	136	0.4822	81	0.0245
38	0.0014	87	0.1050	39	0.0008	88	0.0671	137	0.4941	82	0.0263
39	0.0016	88	0.1111	40	0.0009	89	0.0712	138	0.5060	83	0.0282
40	0.0018	89	0.1174	41	0.0011	90	0.0755			84	0.0302
41	0.0021	90	0.1240	42	0.0012	91	0.0801	$n=24$		85	0.0323
42	0.0023	91	0.1308	43	0.0014	92	0.0848	25~31	0.0001	86	0.0346
43	0.0026	92	0.1378	44	0.0015	93	0.0897	32~35	0.0002	87	0.0369
44	0.0030	93	0.1451	45	0.0017	94	0.0948	36,37	0.0003	88	0.0394
45	0.0033	94	0.1527	46	0.0019	95	0.1001	38,39	0.0004	89	0.0420
46	0.0037	95	0.1604	47	0.0022	96	0.1056	40,41	0.0005	90	0.0447
47	0.0042	96	0.1685	48	0.0024	97	0.1113	42	0.0006	*91	0.0475
48	0.0046	97	0.1767	49	0.0027	98	0.1172	43	0.0007	92	0.0505
49	0.0052	98	0.1853	50	0.0030	99	0.1234	44	0.0008	93	0.0537
50	0.0057	99	0.1940	51	0.0034	100	0.1297	45	0.0009	94	0.0570
51	0.0064	100	0.2030	52	0.0037	101	0.1363	46	0.0010	95	0.0604
52	0.0070	101	0.2122	53	0.0041	102	0.1431	47	0.0011	96	0.0640
53	0.0078	102	0.2217	54	0.0046	103	0.1501	48	0.0013	97	0.0678
54	0.0086	103	0.2314	55	0.0051	104	0.1573	49	0.0014	98	0.0717
55	0.0095	104	0.2413	56	0.0056	105	0.1647	50	0.0016	99	0.0758
56	0.0104	105	0.2514	57	0.0061	106	0.1723	51	0.0018	100	0.0800
57	0.0115	106	0.2618	58	0.0068	107	0.1802	52	0.0020	101	0.0844
58	0.0126	107	0.2723	59	0.0074	108	0.1883	53	0.0022	102	0.0890
59	0.0138	108	0.2830	60	0.0082	109	0.1965	54	0.0024	103	0.0938
60	0.0151	109	0.2940	61	0.0089	110	0.2050	55	0.0027	104	0.0987
61	0.0164	110	0.3051	62	0.0098	111	0.2137	56	0.0029	105	0.1038
62	0.0179	111	0.3164	63	0.0107	112	0.2226	57	0.0033	106	0.1091
63	0.0195	112	0.3278	64	0.0117	113	0.2317	58	0.0036	107	0.1146
64	0.0212	113	0.3394	65	0.0127	114	0.2410	59	0.0040	108	0.1203
65	0.0231	114	0.3512	66	0.0138	115	0.2505	60	0.0044	109	0.1261
66	0.0250	115	0.3631	67	0.0150	116	0.2601	61	0.0048	110	0.1322

(续表)

w $n=24$	p	w $n=25$	p	w $n=25$	p	w $n=25$	p	w $n=26$	p	w $n=26$	p
111	0.1384	50	0.0008	99	0.0452	148	0.3556	81	0.0076	130	0.1289
112	0.1448	51	0.0009	*100	0.0479	149	0.3655	82	0.0082	131	0.1344
113	0.1515	52	0.0010	101	0.0507	150	0.3755	83	0.0088	132	0.1399
114	0.1583	53	0.0011	102	0.0537	151	0.3856	84	0.0095	133	0.1457
115	0.1653	54	0.0013	103	0.0567	152	0.3957	85	0.0102	134	0.1516
116	0.1724	55	0.0014	104	0.0600	153	0.4060	86	0.0110	135	0.1576
117	0.1798	56	0.0015	105	0.0633	154	0.4163	87	0.0118	136	0.1638
118	0.1874	57	0.0017	106	0.0668	155	0.4266	88	0.0127	137	0.1702
119	0.1951	58	0.0019	107	0.0705	156	0.4370	89	0.0136	138	0.1767
120	0.2031	59	0.0021	108	0.0742	157	0.4474	90	0.0146	139	0.1833
121	0.2112	60	0.0023	109	0.0782	158	0.4579	91	0.0156	140	0.1901
122	0.2195	61	0.0025	110	0.0822	159	0.4684	92	0.0167	141	0.1970
123	0.2279	62	0.0028	111	0.0865	160	0.4789	93	0.0179	142	0.1041
124	0.2366	63	0.0031	112	0.0909	161	0.4895	94	0.0191	143	0.2114
125	0.2454	64	0.0034	113	0.0954	162	0.5000	95	0.0204	144	0.2187
126	0.2544	65	0.0037	114	0.1001			96	0.0217	145	0.2262
127	0.2635	66	0.0040	115	0.1050	$n=26$		97	0.0232	146	0.2339
128	0.2728	67	0.0044	116	0.1100	34~41	0.0001	98	0.0247	147	0.2417
129	0.2823	68	0.0048	117	0.1152	42~45	0.0002	99	0.0263	148	0.2496
130	0.2919	69	0.0053	118	0.1205	46~48	0.0003	100	0.0279	149	0.2577
131	0.3017	70	0.0057	119	0.1261	49,50	0.0004	101	0.0297	150	0.2658
132	0.3115	71	0.0062	120	0.1317	51,52	0.0005	102	0.0315	151	0.1741
133	0.3216	72	0.0068	121	0.1376	53,54	0.0006	103	0.0334	152	0.2826
134	0.3317	73	0.0074	122	0.1436	55	0.0007	104	0.0355	153	0.2911
135	0.3420	74	0.0080	123	0.1498	56	0.0008	105	0.0376	154	0.2998
136	0.3524	75	0.0087	124	0.1562	57	0.0009	106	0.0398	155	0.3085
137	0.3629	76	0.0094	125	0.1627	58	0.0010	107	0.0421	156	0.3174
138	0.3735	77	0.0101	126	0.1694	59	0.0011	108	0.0445	157	0.3264
139	0.3841	78	0.0110	127	0.1763	60	0.0012	109	0.0470	158	0.3355
140	0.3949	79	0.0118	128	0.1833	61	0.0013	*110	0.0497	159	0.3447
141	0.4058	80	0.0128	129	0.1905	62	0.0015	111	0.0524	160	0.3539
142	0.4167	81	0.0137	130	0.1979	63	0.0016	112	0.0553	161	0.3633
143	0.4277	82	0.0148	131	0.2054	64	0.0018	113	0.0582	162	0.3727
144	0.4387	83	0.0159	132	0.2131	65	0.0020	114	0.0613	163	0.3822
145	0.4498	84	0.0171	133	0.2209	66	0.0021	115	0.0646	164	0.3918
146	0.4609	85	0.0183	134	0.2289	67	0.0023	116	0.0679	165	0.4014
147	0.4721	86	0.0197	135	0.2371	68	0.0026	117	0.0714	166	0.4111
148	0.4832	87	0.0211	136	0.2454	69	0.0028	118	0.0750	167	0.4208
149	0.4944	88	0.0226	137	0.2539	70	0.0031	119	0.0787	168	0.4306
150	0.5056	89	0.0241	138	0.2625	71	0.0033	120	0.0825	169	0.4405
		90	0.0258	139	0.2712	72	0.0036	121	0.0865	170	0.4503
$n=25$		91	0.0275	140	0.2801	73	0.0040	122	0.0907	171	0.4602
29~36	0.0001	92	0.0294	141	0.2891	74	0.0043	123	0.0950	172	0.4702
37~40	0.0002	93	0.0313	142	0.2983	75	0.0047	124	0.0994	173	0.4801
41,42	0.0003	94	0.0334	143	0.3075	76	0.0051	125	0.1039	174	0.4900
43,44	0.0004	95	0.0355	144	0.3169	77	0.0055	126	0.1086	175	0.5000
45,46	0.0005	96	0.0377	145	0.3264	78	0.0060	127	0.1135		
47	0.0006	97	0.0401	146	0.3360	79	0.0065	128	0.1185		
48	0.0007	98	0.0426	147	0.3458	80	0.0070	129	0.1236		

(续表)

w	p	w	p	w	p	w	p	w	p	w	p
$n=27$		$n=27$		$n=27$		$n=28$		$n=28$		$n=28$	
39~46	0.0001	105	0.0218	154	0.2066	74	0.0012	123	0.0349	172	0.2466
47~51	0.0002	106	0.0231	155	0.2135	75	0.0013	124	0.0368	173	0.2538
52~54	0.0003	107	0.0246	156	0.2205	76	0.0015	125	0.0387	174	0.2611
55,56	0.0004	108	0.0260	157	0.2277	77	0.0016	126	0.0407	175	0.2685
57,58	0.0005	109	0.0276	158	0.2349	78	0.0017	127	0.0428	176	0.2759
59,60	0.0006	110	0.0292	159	0.2423	79	0.0019	128	0.0450	177	0.2835
61	0.0007	111	0.0309	160	0.2498	80	0.0020	129	0.0473	178	0.2912
62,63	0.0008	112	0.0327	161	0.2574	81	0.0022	*130	0.0496	179	0.2990
64	0.0009	113	0.0346	162	0.2652	82	0.0024	131	0.0521	180	0.3068
65	0.0010	114	0.0366	163	0.2730	83	0.0026	132	0.0546	181	0.3148
66	0.0011	115	0.0386	164	0.2810	84	0.0028	133	0.0573	182	0.3228
67	0.0012	116	0.0407	165	0.2890	85	0.0030	134	0.0600	183	0.3309
68	0.0014	117	0.0430	166	0.2973	86	0.0033	135	0.0628	184	0.3391
69	0.0015	118	0.0453	167	0.3055	87	0.0035	136	0.0657	185	0.3474
70	0.0016	*119	0.0477	168	0.3138	88	0.0038	137	0.0688	186	0.3557
71	0.0018	120	0.0502	169	0.3223	89	0.0041	138	0.0719	187	0.3641
72	0.0019	121	0.0528	170	0.3308	90	0.0044	139	0.0751	188	0.3725
73	0.0021	122	0.0555	171	0.3395	91	0.0048	140	0.0785	189	0.3811
74	0.0023	123	0.0583	172	0.3482	92	0.0051	141	0.0819	190	0.3896
75	0.0025	124	0.0613	173	0.3570	93	0.0055	142	0.0855	191	0.3983
76	0.0027	125	0.0643	174	0.3659	94	0.0059	143	0.0691	192	0.4070
77	0.0030	126	0.0674	175	0.3748	95	0.0064	144	0.0929	193	0.4157
78	0.0032	127	0.0707	176	0.3838	96	0.0068	145	0.0968	194	0.4245
79	0.0035	128	0.0741	177	0.3929	97	0.0073	156	0.1008	195	0.4333
80	0.0038	129	0.0776	178	0.4020	98	0.0078	147	0.1049	196	0.4421
81	0.0041	130	0.0812	179	0.4112	99	0.0084	148	0.1091	197	0.4510
82	0.0044	131	0.0849	180	0.4204	100	0.0089	149	0.1135	198	0.4598
83	0.0048	132	0.0888	181	0.4297	101	0.0096	150	0.1180	199	0.4687
84	0.0052	133	0.0927	182	0.4390	102	0.0102	151	0.1225	200	0.4777
85	0.0056	134	0.0968	183	0.4483	103	0.0109	152	0.1273	201	0.4866
86	0.0060	135	0.1010	184	0.4577	104	0.0116	153	0.1321	202	0.4955
87	0.0065	136	0.1054	185	0.4670	105	0.0124	154	0.1370	203	0.5045
88	0.0070	137	0.1099	186	0.4764	106	0.0132	155	0.1421		
89	0.0075	138	0.1145	187	0.4859	107	0.0140	156	0.1473	$n=29$	
90	0.0081	139	0.1193	188	0.4953	108	0.0149	157	0.1526	50~58	0.0001
91	0.0087	140	0.1242	189	0.5047	109	0.0159	158	0.1580	59~64	0.0002
92	0.0093	141	0.1293			110	0.0168	159	0.1636	65~67	0.0003
93	0.0100	142	0.1343	$n=28$		111	0.0179	160	0.1693	68~70	0.0004
94	0.0107	143	0.1396	44~52	0.0001	112	0.0190	161	0.1751	71,72	0.0005
95	0.0115	144	0.1450	53~57	0.0002	113	0.0201	162	0.1810	73,74	0.0006
96	0.0123	145	0.1506	58~60	0.0003	114	0.0213	163	0.1870	75	0.0007
97	0.0131	146	0.1563	61~63	0.0004	115	0.0226	164	0.1932	76,77	0.0008
98	0.0140	147	0.1621	64,65	0.0005	116	0.0239	165	0.1995	78	0.0009
99	0.0150	148	0.1681	66,67	0.0006	117	0.0252	166	0.2059	79	0.0010
100	0.0159	149	0.1742	68	0.0007	118	0.0267	167	0.2124	80	0.0011
101	0.0170	150	0.1804	69	0.0008	119	0.0282	168	0.2190	81	0.0012
102	0.0181	151	0.1868	70	0.0009	120	0.0298	169	0.2257	82	0.0013
103	0.0193	152	0.1932	72	0.0010	121	0.0314	170	0.2326	83	0.0014
104	0.0205	153	0.1999	73	0.0011	122	0.0331	171	0.2395	84	0.0015

(续表)

w	p	w	p	w	p	w	p	w	p	w	p
$n=29$		$n=29$		$n=29$		$n=30$		$n=30$		$n=30$	
85	0.0016	134	0.0362	183	0.2340	90	0.0013	139	0.0275	188	0.1854
86	0.0018	135	0.0380	184	0.2406	91	0.0014	140	0.0288	189	0.1909
87	0.0019	136	0.0399	185	0.2473	92	0.0015	141	0.0303	190	0.1965
88	0.0021	137	0.0418	186	0.2541	93	0.0016	142	0.0318	191	0.2022
89	0.0022	138	0.0439	187	0.2611	94	0.0017	143	0.0333	192	0.2081
90	0.0024	139	0.0460	188	0.2681	95	0.0019	144	0.0349	193	0.2140
91	0.0026	140	*0.0482	189	0.2752	96	0.0020	145	0.0366	194	0.2200
92	0.0028	141	0.0504	190	0.2824	97	0.0022	146	0.0384	195	0.2261
93	0.0030	142	0.0528	191	0.2896	98	0.0023	147	0.0402	196	0.2323
94	0.0032	143	0.0552	192	0.2970	99	0.0025	148	0.0420	197	0.2386
95	0.0035	144	0.0577	193	0.3044	100	0.0027	149	0.0440	198	0.2449
96	0.0037	145	0.0603	194	0.3120	101	0.0029	150	0.0460	199	0.2514
97	0.0040	146	0.0630	195	0.3196	102	0.0031	*151	0.0481	200	0.2579
98	0.0043	147	0.0658	196	0.3272	103	0.0033	152	0.0502	201	0.2646
99	0.0046	148	0.0687	197	0.3350	104	0.0036	153	0.0524	202	0.2713
100	0.0049	149	0.0716	198	0.3428	105	0.0038	154	0.0547	203	0.2781
101	0.0053	150	0.0747	199	0.3507	106	0.0041	155	0.0571	204	0.2849
102	0.0057	151	0.0778	200	0.3586	107	0.0044	156	0.0595	205	0.2919
103	0.0061	152	0.0811	201	0.3666	108	0.0047	157	0.0621	206	0.2989
104	0.0065	153	0.0844	202	0.3747	109	0.0050	158	0.0647	207	0.3060
105	0.0069	154	0.0879	203	0.3828	110	0.0053	159	0.0674	208	0.3132
106	0.0074	155	0.0914	204	0.3909	111	0.0057	160	0.0701	209	0.3204
107	0.0079	156	0.0951	205	0.3991	112	0.0060	161	0.0730	210	0.3277
108	0.0084	157	0.0988	206	0.4074	113	0.0064	162	0.0759	211	0.3351
109	0.0089	158	0.1027	207	0.4157	114	0.0068	163	0.0790	212	0.3425
110	0.0095	159	0.1066	208	0.4240	115	0.0073	164	0.0821	213	0.3500
111	0.0101	160	0.1107	209	0.4324	116	0.0077	165	0.0853	214	0.3576
112	0.0108	161	0.0149	210	0.4408	117	0.0082	166	0.0886	215	0.3652
113	0.0115	162	0.0191	211	0.4492	118	0.0087	167	0.0920	216	0.3728
114	0.0122	163	0.0235	212	0.4576	119	0.0093	168	0.0955	217	0.3805
115	0.0129	164	0.1280	213	0.4661	120	0.0098	169	0.0990	218	0.3883
116	0.0137	165	0.1326	214	0.4746	121	0.0104	170	0.1027	219	0.3961
117	0.0145	166	0.1373	215	0.4830	122	0.0110	171	0.1065	220	0.4039
118	0.0154	167	0.1421	216	0.4915	123	0.0117	172	0.1103	221	0.4118
119	0.0163	168	0.1471	217	0.5000	124	0.0124	173	0.1143	222	0.4197
120	0.0173	169	0.1521			125	0.0131	174	0.1183	223	0.4276
121	0.0183	170	0.1572	$n=30$		126	0.0139	175	0.1225	224	0.4356
122	0.0193	171	0.1625	55~65	0.0001	127	0.0147	176	0.1267	225	0.4436
123	0.0204	172	0.1679	66~70	0.0002	128	0.0155	177	0.1311	226	0.4516
124	0.0216	173	0.1733	71~74	0.0003	129	0.0164	178	0.1355	227	0.4596
125	0.0228	174	0.1789	75	0.0004	130	0.0173	179	0.1400	228	0.4677
126	0.0240	175	0.1846	76~79	0.0005	131	0.0182	180	0.1447	229	0.4758
127	0.0253	176	0.1904	80,81	0.0006	132	0.0192	181	0.1494	230	0.4838
128	0.0267	177	0.1963	82,83	0.0007	133	0.0202	182	0.1543	231	0.4919
129	0.0281	178	0.2023	84	0.0008	134	0.0213	183	0.1592	232	0.5000
130	0.0296	179	0.2085	85,86	0.0009	135	0.0225	184	0.1642		
131	0.0311	180	0.2147	87	0.0010	136	0.0236	185	0.1694		
132	0.0328	181	0.2210	88	0.0011	137	0.0249	186	0.1746		
133	0.0344	182	0.2274	89	0.0012	138	0.0261	187	0.1799		

附表 3　Run-Test 游程检验表

随机游程检验游程数下临界点 *

n_1 \ n_2	2	3	4	5	6	7	8	9	10	11	12	13	14	15	16	17	18	19	20
2											2	2	2	2	2	2	2	2	2
3					2	2	2	2	2	2	2	2	2	3	3	3	3	3	3
4				2	2	2	3	3	3	3	3	3	3	3	4	4	4	4	4
5			2	2	3	3	3	3	3	4	4	4	4	4	4	4	5	5	5
6		2	2	3	3	3	3	4	4	4	4	5	5	5	5	5	5	6	6
7		2	2	3	3	3	4	4	5	5	5	5	5	6	6	6	6	6	6
8		2	3	3	3	4	4	5	5	5	6	6	6	6	6	7	7	7	7
9		2	3	3	4	4	5	5	5	6	6	7	7	7	7	8	8	8	8
10		2	3	3	4	5	5	5	6	6	7	7	7	7	8	8	8	8	9
11		2	3	4	4	5	5	6	6	7	7	7	8	8	8	9	9	9	9
12	2	2	3	4	4	5	6	6	7	7	7	8	8	8	9	9	9	10	10
13	2	2	3	4	5	5	6	6	7	7	8	8	9	9	9	10	10	10	10
14	2	2	3	4	5	5	6	7	7	8	8	9	9	9	10	10	10	11	11
15	2	3	3	4	5	6	6	7	7	8	8	9	9	10	10	11	11	11	12
16	2	3	4	4	5	6	6	7	8	8	9	9	10	10	11	11	11	12	12
17	2	3	4	4	5	6	7	7	8	9	9	10	10	11	11	11	12	12	13
18	2	3	4	5	5	6	7	8	8	9	9	10	10	11	11	12	12	13	13
19	2	3	4	5	6	6	7	8	8	9	10	10	11	11	12	12	13	13	13
20	2	3	4	5	6	6	7	8	9	9	10	10	11	12	12	13	13	13	14

随机游程检验游程数上临界点 **

n_1 \ n_2	2	3	4	5	6	7	8	9	10	11	12	13	14	15	16	17	18	19	20
2																			
3																			
4				9	9														
5			9	10	10	11	11												
6			9	10	11	12	12	13	13	13	13								
7				11	12	13	13	14	14	14	14	15	15	15					
8				11	12	13	14	14	15	15	16	16	16	16	17	17	17	17	17
9					13	14	14	15	16	16	16	17	17	18	18	18	18	18	18
10					13	14	15	16	16	17	17	18	18	18	19	19	19	20	20
11					13	14	15	16	17	17	18	19	19	19	20	20	20	21	21
12					13	14	16	16	17	18	19	19	20	20	21	21	21	22	22
13						15	16	17	18	19	19	20	20	21	21	22	22	23	23
14						15	16	17	18	19	20	20	21	22	22	23	23	23	24
15						15	16	18	18	19	20	21	22	22	23	23	24	24	25
16							17	18	19	20	21	21	22	23	23	24	25	25	25
17							17	18	19	20	21	22	23	23	24	25	25	26	26
18							17	18	19	20	21	22	23	24	25	25	26	26	27
19							17	18	20	21	22	23	23	24	25	26	26	27	27
20							17	18	20	21	22	23	24	25	25	26	27	27	28

* 表示 $\alpha = 0.025$ 水平下的左尾分位数临界值。
** 表示 $\alpha = 0.025$ 水平下的右尾分位数临界值。

附表 4 Mann-Whitney W 值表

n_1	p	$n_2=2$	3	4	5	6	7	8	9	10	11	12	13	14	15	16	17	18	19	20
2	0.001	0	0	0	0	0	0	0	0	0	0	0	0	0	0	0	0	0	0	0
	0.005	0	0	0	0	0	0	0	0	0	0	0	0	0	0	0	0	0	1	1
	0.01	0	0	0	0	0	0	0	0	0	0	1	1	1	1	1	1	1	2	2
	0.025	0	0	0	0	0	0	1	1	1	1	2	2	2	2	2	3	3	3	3
	0.05	0	0	0	1	1	1	2	2	2	2	3	3	4	4	4	4	5	5	5
	0.10	0	1	1	2	2	2	3	3	4	4	5	5	5	6	6	7	7	8	8
3	0.001	0	0	0	0	0	0	0	0	0	0	0	0	0	0	0	1	1	1	1
	0.005	0	0	0	0	0	0	0	1	1	1	2	2	2	3	3	3	3	4	4
	0.01	0	0	0	0	0	1	1	2	2	2	3	3	3	4	4	5	5	5	6
	0.025	0	0	0	1	2	2	3	3	4	4	5	5	6	6	7	7	8	8	9
	0.05	0	1	1	2	3	3	4	5	5	6	6	7	8	8	9	10	10	11	12
	0.10	1	2	2	3	4	5	6	6	7	8	9	10	11	11	12	13	14	15	16
4	0.001	0	0	0	0	0	0	0	0	1	1	1	2	2	2	3	3	4	4	4
	0.005	0	0	0	0	1	1	2	2	3	3	4	4	5	6	6	7	7	8	9
	0.01	0	0	0	1	2	2	3	4	4	5	6	6	7	9	8	9	10	10	11
	0.025	0	0	1	2	3	4	5	5	6	7	8	9	10	11	12	12	13	14	15
	0.05	0	1	2	3	4	5	6	7	8	9	10	11	12	13	15	16	17	18	19
	0.10	1	2	4	5	6	7	8	10	11	12	13	14	16	17	18	19	21	22	23
5	0.001	0	0	0	0	0	0	1	2	2	3	3	4	4	5	6	6	7	8	8
	0.005	0	0	0	1	2	2	3	4	5	6	7	8	8	9	10	11	12	13	14
	0.01	0	0	1	2	3	4	5	6	7	8	9	10	11	12	13	14	15	16	17
	0.025	0	1	2	3	4	6	7	8	9	10	12	13	14	15	16	18	19	20	21
	0.05	1	2	3	5	6	7	9	10	12	13	14	16	17	19	20	21	23	24	26
	0.10	2	3	5	6	8	9	11	13	14	16	18	19	21	23	24	26	28	29	31
6	0.001	0	0	0	0	0	0	2	3	4	5	5	6	7	8	9	10	11	12	13
	0.005	0	0	1	2	3	4	5	6	7	8	10	11	12	13	14	16	17	18	19
	0.01	0	0	2	3	4	5	7	8	9	10	12	13	14	16	17	19	20	21	23
	0.025	0	2	3	4	6	7	9	11	12	14	15	17	18	20	22	23	25	26	28
	0.05	1	3	4	6	8	9	11	13	15	17	18	20	22	24	26	27	29	31	33
	0.10	2	4	6	8	10	12	14	16	18	20	22	24	26	28	30	32	35	37	39
7	0.001	0	0	0	0	1	2	3	4	6	7	8	9	10	11	12	14	15	16	17
	0.005	0	0	1	2	4	5	7	8	10	11	13	14	16	17	19	20	22	23	25
	0.01	0	1	2	4	5	7	8	10	12	13	15	17	18	20	22	24	25	27	29
	0.025	0	2	4	6	7	9	11	13	15	17	19	21	23	25	27	29	31	33	35
	0.05	1	3	5	7	9	12	14	16	18	20	22	25	27	29	31	34	36	38	40
	0.10	2	5	7	9	12	14	17	19	22	24	27	29	32	34	37	39	42	44	47
8	0.001	0	0	0	1	2	3	5	6	7	9	10	12	13	15	16	18	19	21	22
	0.005	0	0	2	3	5	7	8	10	12	14	16	18	19	21	23	25	27	29	31
	0.01	0	1	3	5	7	8	10	12	14	16	18	21	23	25	27	29	31	33	35
	0.025	1	3	5	7	9	11	14	16	18	20	23	25	27	30	32	35	37	39	42
	0.05	2	4	6	9	11	14	16	19	21	24	27	29	32	34	37	40	42	45	48
	0.10	3	6	8	11	14	17	20	23	25	28	31	34	37	40	43	46	49	52	55

(续表)

n_1	p	$n_2=2$	3	4	5	6	7	8	9	10	11	12	13	14	15	16	17	18	19	20
9	0.001	0	0	0	2	3	4	6	8	9	11	13	15	16	18	20	22	24	26	27
	0.005	0	1	2	4	6	8	10	12	14	17	19	21	23	25	28	30	32	34	37
	0.01	0	2	4	6	8	10	12	15	17	19	22	24	27	29	32	34	37	39	41
	0.025	1	3	5	8	11	13	16	18	21	24	27	29	32	35	38	40	43	46	49
	0.05	2	5	7	10	13	16	19	22	25	28	31	34	37	40	43	46	49	52	55
	0.10	3	6	10	13	16	19	23	26	29	32	36	39	42	46	49	53	56	59	63
10	0.001	0	0	1	2	4	6	7	9	11	13	15	18	20	22	24	26	28	30	33
	0.005	0	1	3	5	7	10	12	14	17	19	22	25	27	30	32	35	38	40	43
	0.01	0	2	4	7	9	12	14	17	20	23	25	28	31	34	37	39	42	45	48
	0.025	1	4	6	9	12	15	18	21	24	27	30	34	37	40	43	46	49	53	56
	0.05	2	5	8	12	15	18	21	25	28	32	35	38	42	45	49	52	56	59	63
	0.10	4	7	11	14	18	22	25	29	33	37	40	44	48	52	55	59	63	67	71
11	0.001	0	0	1	3	5	7	9	11	13	16	18	21	23	25	28	30	33	35	38
	0.005	0	1	3	6	8	11	14	17	19	22	25	28	31	34	37	40	43	46	49
	0.01	0	2	5	8	10	13	16	19	23	26	29	32	35	38	42	45	48	51	54
	0.025	1	4	7	10	14	17	20	24	27	31	34	38	41	45	48	52	56	59	63
	0.05	2	6	9	13	17	20	24	28	32	35	39	43	47	51	55	58	62	66	70
	0.10	4	8	12	16	20	24	28	32	37	41	45	49	53	58	62	66	70	74	79
12	0.001	0	0	1	3	5	8	10	13	15	18	21	24	26	29	32	35	38	41	43
	0.005	0	2	4	7	10	13	16	19	22	25	28	32	35	38	42	45	48	52	55
	0.01	0	3	6	9	12	15	18	22	25	29	32	36	39	43	47	50	54	57	61
	0.025	2	5	8	12	15	19	23	27	30	34	38	42	46	50	54	58	62	66	70
	0.05	3	6	10	14	18	22	27	31	35	39	43	48	52	56	61	65	69	73	78
	0.10	5	9	13	18	22	27	31	36	40	45	50	54	59	64	68	73	78	82	87
13	0.001	0	0	2	4	6	9	12	15	18	21	24	27	30	33	36	39	43	46	49
	0.005	0	2	4	8	11	14	18	21	25	28	32	35	39	43	46	50	54	58	61
	0.01	1	3	6	10	13	17	21	24	28	32	36	40	44	48	52	56	60	64	68
	0.025	2	5	9	13	17	21	25	29	34	38	42	46	51	55	60	64	68	73	77
	0.05	3	7	11	16	20	25	29	34	38	43	48	52	57	62	66	71	76	81	85
	0.10	5	10	14	19	24	29	34	39	44	49	54	59	64	69	75	80	85	90	95
14	0.001	0	0	2	4	7	10	13	16	20	23	26	30	33	37	40	44	47	51	55
	0.005	0	2	5	8	12	16	19	23	27	31	35	39	43	47	51	55	59	64	68
	0.01	1	3	7	11	14	18	23	27	31	35	39	44	48	52	57	61	66	70	74
	0.025	2	6	10	14	18	23	27	32	37	41	46	51	56	60	65	70	75	79	84
	0.05	4	8	12	17	22	27	32	37	42	47	52	57	62	67	72	78	83	88	93
	0.10	5	11	16	21	26	32	37	42	48	53	59	64	70	75	81	86	92	98	103
15	0.001	0	0	2	5	8	11	15	18	22	25	29	33	37	41	44	48	52	56	60
	0.005	0	3	6	9	13	17	21	25	30	34	38	43	47	52	56	61	65	70	74
	0.01	1	4	8	12	16	20	25	29	34	38	43	48	52	57	62	67	71	76	81
	0.025	2	6	11	15	20	25	30	35	40	45	50	55	60	65	71	76	81	86	91
	0.05	4	8	13	19	24	29	34	40	45	51	56	62	67	73	78	84	89	95	101
	0.10	6	11	17	23	28	34	40	46	52	58	64	69	75	81	87	93	99	105	111

(续表)

n_1	p	$n_2=2$	3	4	5	6	7	8	9	10	11	12	13	14	15	16	17	18	19	20
16	0.001	0	0	3	6	9	12	16	20	24	28	32	36	40	44	49	53	57	61	66
	0.005	0	3	6	10	14	19	23	28	32	37	42	46	51	56	61	66	71	75	80
	0.01	1	4	8	13	17	22	27	32	37	42	47	52	57	62	67	72	77	83	88
	0.025	2	7	12	16	22	27	32	38	43	48	54	60	65	71	76	82	87	93	99
	0.05	4	9	15	20	26	31	37	43	49	55	61	66	72	78	84	90	96	102	108
	0.10	6	12	18	24	30	37	43	49	55	62	68	75	81	87	94	100	107	113	120
17	0.001	0	1	3	6	10	14	18	22	26	30	35	39	44	48	53	58	62	67	71
	0.005	0	3	7	11	16	20	25	30	35	40	45	50	55	61	66	71	76	82	87
	0.01	1	5	9	14	19	24	29	34	39	45	50	56	61	67	72	78	83	89	94
	0.025	3	7	12	18	23	29	35	40	46	52	58	64	70	76	82	88	94	100	106
	0.05	4	10	16	21	27	34	40	46	52	58	65	71	78	84	90	97	103	110	116
	0.10	7	13	19	26	32	39	46	53	59	66	73	80	86	93	100	107	114	121	128
18	0.001	0	1	4	7	11	15	19	24	28	33	38	43	47	52	57	62	67	72	77
	0.005	0	3	7	12	17	22	27	32	38	43	48	54	59	65	71	76	82	88	93
	0.01	1	5	10	15	20	25	31	37	42	48	54	60	66	71	77	83	89	95	101
	0.025	3	8	13	19	25	31	37	43	49	56	62	68	75	81	87	94	100	107	113
	0.05	5	10	17	23	29	36	42	49	56	62	69	76	83	89	96	103	110	117	124
	0.10	7	14	21	28	35	42	49	56	63	70	78	85	92	99	107	114	121	129	136
19	0.001	0	1	4	8	12	16	21	26	30	35	41	46	51	56	61	67	72	78	83
	0.005	1	4	8	13	18	23	29	34	40	46	52	58	64	70	75	82	88	94	100
	0.01	2	5	10	16	21	27	33	39	45	51	57	64	70	76	83	89	95	102	108
	0.025	3	8	14	20	26	33	39	46	53	59	66	73	79	86	93	100	107	114	120
	0.05	5	11	18	24	31	38	45	52	59	66	73	81	88	95	102	110	117	124	131
	0.10	8	15	22	29	37	44	52	59	67	74	82	90	98	105	113	121	129	136	144
20	0.001	0	1	4	8	13	17	22	27	33	38	43	49	55	60	66	71	77	83	89
	0.005	1	4	9	14	19	25	31	37	43	49	55	61	68	74	80	87	93	100	106
	0.01	2	6	11	17	23	29	35	41	48	54	61	68	74	81	88	94	101	108	115
	0.025	3	9	15	21	28	35	42	49	56	63	70	77	84	91	99	106	113	120	128
	0.05	5	12	19	26	33	40	48	55	63	70	78	85	93	101	108	116	124	131	139
	0.10	8	16	23	31	39	47	55	63	71	79	87	95	103	111	120	128	136	144	152

附表 5　Kruskal-Wallis 检验临界值表 $(P(H \geqslant c) = \alpha)$

样本量					样本量				
n_1	n_2	n_3	临界值	α	n_1	n_2	n_3	临界值	α
2	1	1	2.7000	0.500				6.3000	0.011
2	2	1	3.6000	0.200				5.4444	0.046
2	2	2	4.5714	0.067				5.4000	0.051
			3.7143	0.200				4.5111	0.098
3	1	1	3.2000	0.300				4.4444	0.102
3	2	1	4.2857	0.100	4	3	3	6.7455	0.010
			3.8571	0.133				6.7091	0.013
3	2	2	5.3572	0.029				5.7909	0.046
			4.7143	0.048				5.7273	0.050
			4.5000	0.067				4.7091	0.092
			4.4643	0.105				4.7000	0.101
3	3	1	5.1429	0.043	4	4	1	6.6667	0.010
			4.5714	0.100				6.1667	0.022
			4.0000	0.129				1.0667	0.048
3	3	2	6.2500	0.011				4.8667	0.054
			5.3611	0.032				4.1667	0.082
			5.1389	0.061				4.0667	0.102
			4.5556	0.100	4	4	2	7.0364	0.006
			4.2500	0.121				6.8727	0.011
3	3	3	7.2000	0.004				5.4545	0.046
			6.4889	0.011				5.2364	0.052
			5.6889	0.029				4.5545	0.(0)
			5.6000	0.050				4.4455	0.103
			5.0667	0.086	4	4	3	7.1439	0.010
			4.6222	0.100				7.1364	0.011
4	1	1	3.5714	0.200				5.5985	0.049
4	2	1	4.8214	0.057				5.5758	0.051
			4.5000	0.076				4.5455	0.099
			4.0179	0.114				4.4773	0.102
4	2	2	6.0000	0.014	4	4	4	7.6538	0.008
			5.3333	0.033				7.5385	0.011
			5.1250	0.052				5.6923	0.049
			4.4583	0.100				5.6538	0.054
			4.1667	0.105				4.6539	0.097
4	3	1	5.8333	0.021				4.5001	0.104
			5.2083	0.050	5	1	1	3.8871	0.143
			5.0000	0.057	5	2	1	5.2500	0.036
			4.0556	0.093				5.0000	0.048
			3.8889	0.129				4.4500	0.071
4	3	2	6.4444	0.008				4.2000	0.095

(续表)

样本量			临界值	α	样本量			临界值	α
n_1	n_2	n_3			n_1	n_2	n_3		
			4.0500	0.119				5.6308	0.050
5	2	2	6.5333	0.008				4.5487	0.099
			6.1333	0.013				4.5231	0.103
			5.1600	0.034	5	4	4	7.7604	0.009
			5.0400	0.056				7.7440	0.011
			4.3733	0.090				5.6571	0.049
			4.2933	0.122				5.6176	0.050
5	3	1	6.4000	0.012				4.6187	0.100
			4.9600	0.048				4.5527	0.102
			4.8711	0.052	5	5	1	7.3091	0.009
			4.0178	0.095				6.8364	0.011
			3.8400	0.123				5.1273	0.046
5	3	2	6.9091	0.009				4.9091	0.053
			6.8218	0.010				4.1091	0.086
			5.2509	0.049				4.0364	0.105
			5.1055	0.052	5	5	2	7.3385	0.010
			4.6509	0.091				7.2692	0.010
			4.4945	0.101				5.3385	0.047
5	3	3	7.0788	0.009				5.2462	0.051
			6.9818	0.011				4.6231	0.097
			5.6485	0.049				4.5077	0.100
			5.5152	0.051	5	5	3	7.5780	0.010
			4.5333	0.097				7.5429	0.010
			4.4121	0.109				5.7055	0.046
5	4	1	6.9545	0.008				5.6264	0.051
			6.8400	0.011				4.5451	0.100
			4.9855	0.044				4.5363	0.102
			4.8600	0.056	5	5	4	7.8229	0.010
			3.9873	0.098				7.7914	0.010
			3.9600	0.102				5.6657	0.049
5	4	2	7.2045	0.009				5.6429	0.050
			7.1182	0.010				4.5229	0.099
			5.2727	0.049				4.5200	0.101
			5.2682	0.050	5	5	5	8.0000	0.009
			4.5409	0.098				7.9800	0.010
			4.5182	0.101				5.7800	0.049
5	4	3	7.4449	0.010				5.6600	0.051
			7.3949	0.011				4.5600	0.100
			5.6564	0.049				4.5000	0.102

附表 6　χ^2 分布表 $(P(\chi^2 \leqslant c))$

自由度	$\chi^2_{0.005}$	$\chi^2_{0.025}$	$\chi^2_{0.05}$	$\chi^2_{0.90}$	$\chi^2_{0.95}$	$\chi^2_{0.975}$	$\chi^2_{0.99}$	$\chi^2_{0.995}$
1	0.0000393	0.000982	0.00393	2.706	3.841	5.024	6.635	7.879
2	0.0100	0.0506	0.103	4.605	5.991	7.378	9.210	10.597
3	0.0717	0.216	0.352	6.251	7.815	9.348	11.345	12.838
4	0.207	0.484	0.711	7.779	9.488	11.143	13.277	14.860
5	0.412	0.831	1.145	9.236	11.070	12.833	15.086	16.750
6	0.676	1.237	1.635	10.645	12.592	14.449	16.812	18.548
7	0.989	1.690	2.167	12.017	14.067	16.013	18.475	20.278
8	1.344	2.180	2.733	13.362	15.507	17.535	20.090	21.955
9	1.735	2.700	3.325	14.684	16.919	19.023	21.666	23.589
10	2.156	3.247	3.940	15.987	18.307	20.483	23.209	25.188
11	2.603	3.816	4.575	17.275	19.675	21.920	24.725	26.757
12	3.074	4.404	5.226	18.549	21.026	23.337	26.217	28.300
13	3.565	5.009	5.892	19.812	22.362	24.736	27.688	29.819
14	4.075	5.629	6.571	21.064	23.685	26.119	29.141	31.319
15	4.601	6.262	7.261	22.307	24.996	27.488	30.578	32.801
16	5.142	6.908	7.962	23.542	26.296	28.845	32.000	34.267
17	5.697	7.564	8.672	24.769	27.587	30.191	33.409	35.718
18	6.265	8.231	9.390	25.989	28.869	31.526	34.805	37.156
19	6.844	8.907	10.117	27.204	30.144	32.852	36.191	38.582
20	7.434	9.591	10.851	28.412	31.410	34.170	37.566	39.997
21	8.034	10.283	11.591	29.615	32.671	35.479	38.932	41.401
22	8.643	10.982	12.338	30.813	33.924	36.781	40.289	42.796
23	9.260	11.688	13.091	32.007	35.172	38.076	41.638	44.181
24	9.886	12.401	13.848	33.196	36.415	39.364	42.980	45.558
25	10.520	13.120	14.611	34.382	37.652	40.646	44.314	46.928
26	11.160	13.844	15.379	35.563	38.885	41.923	45.642	48.290
27	11.808	14.573	16.151	36.741	40.113	43.195	46.963	49.645
28	12.461	15.308	16.928	37.916	41.337	44.461	48.278	50.993
29	13.121	16.047	17.708	39.087	42.557	45.722	49.588	52.336
30	13.787	16.791	18.493	40.256	43.773	46.979	50.892	53.672
35	17.192	20.569	22.465	46.059	49.802	53.203	57.342	60.275
40	20.707	24.433	26.509	51.805	55.758	59.342	63.691	66.766
45	24.311	28.366	30.612	57.505	61.656	65.410	69.957	73.166
50	27.991	32.357	34.764	63.167	67.505	71.420	76.154	79.490
60	35.535	40.482	43.188	74.397	79.082	83.298	88.379	91.952
70	43.275	48.758	51.739	85.527	90.531	95.023	100.425	104.215
80	51.172	57.153	60.391	96.578	101.879	106.629	112.329	116.321
90	59.196	65.647	69.126	107.565	113.145	118.136	124.116	128.299
100	67.328	74.222	77.929	118.498	124.342	129.561	135.807	140.169

附表 7　Jonkheere-Terpstra 检验临界值表 $(P(J \geqslant c) = \alpha)$

n_1	n_2	n_3	$\alpha=0.5$	$\alpha=0.2$	$\alpha=0.1$	$\alpha=0.05$	$\alpha=0.025$	$\alpha=0.01$	$\alpha=0.005$
2	2	2	6(0.57778)	8(0.28889)	9(0.16667)	10(0.08889)	11(0.3333)	12(0.01111)	12(0.01111)
			7(0.42222)	9(0.16667)	10(0.08889)	11(0.03333)	12(0.01111)		
2	2	3	8(0.56190)	11(0.21905)	12(0.13810)	13(0.07619)	14(0.03810)	15(0.01429)	15(0.01429)
			9(0.43810)	12(0.13810)	13(0.07619)	14(0.03810)	15(0.01429)	16(0.00476)	16(0.00476)
2	2	4	10(0.55238)	13(0.25714)	15(0.11667)	16(0.07143)	17(0.03810)	18(0.01905)	19(0.00714)
			11(0.44762)	14(0.18095)	16(0.07143)	17(0.03810)	18(0.01905)	19(0.00714)	20(0.00238)
2	2	5	12(0.54497)	16(0.21561)	18(0.10450)	19(0.06614)	20(0.03968)	22(0.01058)	22(0.01058)
			13(0.45503)	17(0.15344)	19(0.06614)	20(0.03968)	21(0.02116)	23(0.00397)	23(0.00397)
2	2	6	14(0.53968)	18(0.24444)	20(0.13571)	22(0.06349)	22(0.03968)	25(0.01270)	26(0.00635)
			15(0.45032)	19(0.18492)	21(0.09444)	23(0.03868)	24(0.02381)	26(0.00635)	27(0.00238)
2	2	7	16(0.53535)	21(0.21212)	23(0.12172)	25(0.06061)	27(0.02525)	28(0.01515)	29(0.00808)
			17(0.46465)	22(0.16364)	24(0.08788)	26(0.04040)	28(0.01515)	29(0.00808)	30(0.00404)
2	2	8	18(0.53199)	23(0.23535)	26(0.11178)	28(0.05892)	30(0.02694)	32(0.01010)	33(0.00539)
			19(0.46801)	24(0.18855)	27(0.08215)	29(0.04040)	31(0.01684)	33(0.00539)	34(0.00269)
2	3	3	11(0.50000)	14(0.22143)	15(0.15179)	17(0.05714)	18(0.03036)	19(0.01429)	20(0.00536)
			12(0.4000)	15(0.15179)	16(0.09643)	18(0.03036)	19(0.01429)	20(0.00536)	21(0.00179)
2	3	4	13(0.54286)	17(0.22222)	19(0.11190)	20(0.07381)	22(0.02619)	23(0.01349)	24(0.00635)
			14(0.45714)	18(0.16190)	20(0.07381)	21(0.04524)	23(0.01349)	24(0.00635)	25(0.00238)
2	3	5	16(0.50000)	20(0.22302)	22(0.12421)	24(0.05913)	25(0.03810)	27(0.01310)	28(0.00675)
			17(0.42500)	21(0.16944)	23(0.08770)	25(0.03810)	26(0.02302)	28(0.00675)	29(0.00317)
2	3	6	18(0.53355)	23(0.22338)	25(0.13398)	27(0.07143)	29(0.03290)	31(0.01255)	32(0.00714)
			19(0.46645)	24(0.17554)	26(0.09957)	28(0.04957)	30(0.02100)	32(0.00714)	33(0.00368)
2	3	7	21(0.50000)	26(0.22374)	29(0.10960)	31(0.06023)	33(0.02929)	35(0.01225)	36(0.00732)
			22(0.44003)	27(0.18030)	30(0.08232)	32(0.04268)	34(0.01032)	36(0.00732)	37(0.00417)
2	3	8	23(0.52727)	29(0.22393)	32(0.11826)	35(0.05198)	37(0.02650)	39(0.01189)	40(0.00754)
			24(0.47273)	30(0.18430)	33(0.09192)	36(0.03768)	38(0.01810)	40(0.00754)	41(0.00451)
2	4	4	16(0.53746)	20(0.25587)	23(0.10794)	25(0.05016)	26(0.03206)	28(0.01079)	29(0.00540)
			17(0.46254)	21(0.19810)	24(0.07556)	26(0.03206)	27(0.01905)	29(0.00540)	30(0.00254)
2	4	5	19(0.53261)	24(0.22872)	27(0.10491)	29(0.05397)	30(0.03680)	32(0.01501)	33(0.00880)
			20(0.46739)	25(0.18095)	28(0.07662)	30(0.03680)	31(0.02395)	33(0.00880)	34(0.00491)
2	4	6	22(0.52929)	28(0.20859)	31(0.10245)	33(0.05685)	35(0.02821)	37(0.01219)	38(0.00758)
			23(0.47071)	29(0.16797)	32(0.07742)	34(0.04076)	36(0.01898)	38(0.00758)	39(0.00440)
2	4	7	25(0.52634)	31(0.23209)	35(0.10047)	37(0.05921)	39(0.03193)	42(0.01033)	43(0.00660)
			26(0.47366)	32(0.19305)	36(0.07797)	38(0.04406)	40(0.02261)	43(0.00660)	44(0.00408)
2	4	8	28(0.52410)	35(0.21496)	38(0.12266)	41(0.06112)	44(0.02593)	46(0.01310)	48(0.00593)
			29(0.47590)	36(0.19077)	39(0.09879)	42(0.04686)	45(0.01863)	47(0.00892)	49(0.00377)
2	5	5	23(0.50000)	28(0.23274)	31(0.11935)	34(0.05014)	35(0.03565)	38(0.01046)	39(0.00643)
			24(0.44228)	29(0.19000)	32(0.09157)	35(0.03565)	36(0.02453)	39(0.00643)	40(0.00373)
2	5	6	26(0.52597)	32(0.13596)	36(0.10462)	38(0.06277)	40(0.03469)	43(0.01179)	44(0.00777)
			27(0.47403)	33(0.19708)	37(0.08178)	39(0.04715)	41(0.02486)	44(0.00777)	45(0.00491)

附表 8　Friedman 检验临界值表 ($P(W \geqslant c) = p$ (上侧分位数))

$k = 3$

$b=2$		$b=6$		$b=8$		$b=10$		$b=11$	
W	p	W	p	W	p	W	p	W	p
0.000	1.000	0.250	0.252	0.391	0.047	0.010	0.974	0.298	0.043
0.250	0.833	0.333	0.181	0.122	0.038	0.030	0.830	0.306	0.037
0.750	0.500	0.361	0.142	0.438	0.030	0.040	0.710	0.322	0.027
1.000	0.167	0.444	0.072	0.484	0.018	0.070	0.601	0.355	0.019
		0.528	0.052	0.562	0.010	0.090	0.436	0.397	0.013
$b=3$		0.583	0.029	0.578	0.008	0.120	0.368	0.405	0.011
W	p	0.694	0.012	0.609	0.005	0.130	0.316	0.430	0.007
0.000	1.000	0.750	0.008	0.672	0.002	0.160	0.222	0.471	0.005
0.111	0.944	0.778	0.006	0.750	0.001	0.190	0.187	0.504	0.003
0.333	0.528	0.861	0.002	0.766	0.001	0.210	0.135	0.521	0.002
0.444	0.361	1.000	0.000	0.812	0.000	0.250	0.092	0.529	0.002
0.778	0.194			0.891	0.000	0.270	0.078	0.554	0.001
1.000	0.028	$b=7$		1.000	0.000	0.280	0.066	0.603	0.001
		W	p			0.310	0.046	0.620	0.000
$b=4$		0.000	1.000	$b=9$		0.360	0.030		
W	p	0.020	0.964	W	p	0.370	0.026		
0.000	1.000	0.061	0.768	0.000	1.000	0.390	0.018		
0.062	0.931	0.082	0.620	0.012	0.971	0.430	0.012	1.000	0.003
0.188	0.653	0.143	0.486	0.037	0.814	0.480	0.007		
0.250	0.431	0.184	0.305	0.049	0.685	0.490	0.006	$b=12$	
0.438	0.273	0.245	0.237	0.086	0.569	0.520	0.003	W	p
0.562	0.125	0.265	0.192	0.111	0.398	0.570	0.002	0.000	1.000
0.750	0.069	0.326	0.112	0.148	0.328	0.610	0.001	0.007	0.978
0.812	0.042	0.388	0.085	0.160	0.278	0.630	0.001	0.021	0.856
1.000	0.005	0.429	0.051	0.198	0.187	0.640	0.001	0.028	0.751
		0.510	0.027	0.235	0.154	0.670	0.000	0.049	0.654
$b=5$		0.551	0.021	0.259	0.107			0.062	0.500
W	p	0.571	0.016	0.309	0.069			0.083	0.434
0.000	1.000	0.633	0.008	0.333	0.057			0.090	0.383
0.040	0.954	0.735	0.004	0.346	0.048	1.000	0.000	0.111	0.287
0.120	0.691	0.755	0.003	0.383	0.031			0.132	0.249
0.160	0.522	0.796	0.001	0.444	0.019	$b=11$		0.146	0.191
0.280	0.367	0.878	0.000	0.457	0.016	W	p	0.174	0.141
0.360	0.182	1.000	0.000	0.482	0.010	0.000	1.000	0.188	0.123
0.480	0.124			0.531	0.006	0.008	0.976	0.194	0.108
0.520	0.093	$b=8$		0.593	0.004	0.025	0.844	0.215	0.080
0.640	0.039	W	p	0.605	0.003	0.033	0.732	0.250	0.058
0.760	0.024	0.000	1.000	0.642	0.001	0.058	0.629	0.257	0.050
0.840	0.008	0.016	0.967	0.704	0.001	0.074	0.470	0.271	0.038
1.000	0.001	0.047	0.794	0.753	0.000	0.099	0.403	0.299	0.028
		0.062	0.654			0.107	0.351	0.333	0.019
$b=6$		0.109	0.531			0.132	0.256	0.340	0.017
W	p	0.141	0.355			0.157	0.219	0.361	0.011
0.000	1.000	0.188	0.285	1.000	0.002	0.174	0.163	0.396	0.008
0.028	0.956	0.203	0.236			0.207	0.116	0.424	0.005
0.083	0.740	0.250	0.149	$b=10$		0.223	0.100	0.438	0.004
0.111	0.570	0.297	0.120	W	p	0.231	0.087	0.444	0.004
0.194	0.430	0.328	0.079	0.000	1.000	0.256	0.062	0.465	0.002

(续表)

$k = 3$

$b=12$		$b=13$		$b=14$		$b=14$		$b=15$	
W	p	W	p	W	p	W	p	W	p
0.507	0.002	0.219	0.064	0.020	0.781	0.429	0.974	0.191	0.059
0.521	0.001	0.231	0.050	0.036	0.694	0.464	0.830	0.213	0.047
0.528	0.001	0.254	0.038	0.046	0.551	0.474	0.710	0.218	0.043
0.549	0.001	0.284	0.027	0.061	0.489	0.495	0.601	0.231	0.030
0.562	0.001	0.290	0.025	0.066	0.438			0.253	0.022
0.583	0.000	0.308	0.016	0.082	0.344			0.271	0.018
		0.337	0.022	0.097	0.305			0.280	0.015
		0.361	0.008	0.107	0.242	1.000	0.000	0.284	0.011
		0.373	0.007	0.128	0.188			0.898	0.010
1.000	0.000	0.379	0.006	0.138	0.167	$b=15$		0.324	0.007
		0.396	0.004	0.143	0.150	W	p	0.333	0.005
$b=13$		0.432	0.003	0.158	0.117	0.000	1.000	0.338	0.005
W	p	0.444	0.002	0.184	0.089	0.004	0.982	0.351	0.004
0.000	1.000	0.450	0.002	0.189	0.079	0.013	0.882	0.360	0.004
0.006	0.980	0.467	0.001	0.199	0.063	0.018	0.794	0.373	0.003
0.018	0.866	0.479	0.001	0.219	0.049	0.031	0.711	0.404	0.002
0.024	0.767	0.497	0.001	0.245	0.036	0.040	0.573	0.413	0.001
0.041	0.657	0.538	0.001	0.250	0.033	0.053	0.513	0.431	0.001
0.053	0.527	0.550	0.000	0.265	0.023	0.058	0.463	0.444	0.001
0.071	0.463			0.291	0.018	0.071	0.369	0.458	0.001
0.077	0.412			0.311	0.011	0.084	0.330	0.480	0.000
0.095	0.316			0.321	0.010	0.093	0.267		
0.112	0.278	1.000	0.000	0.327	0.009	0.111	0.211		
0.124	0.217			0.342	0.007	0.120	0.189		
0.148	0.165	$b=14$		0.372	0.005	0.124	0.170	1.000	0.000
0.160	0.145	W	p	0.383	0.003	0.138	0.136		
0.166	0.129	0.000	1.000	0.388	0.003	0.160	0.106		
0.183	0.098	0.005	0.981	0.403	0.003	0.164	0.096		
0.213	0.073	0.015	0.874	0.413	0.002	0.173	0.077		

$k = 4$

$b=2$		$b=3$		$b=3$		$b=4$		$b=4$	
W	p	W	p	W	p	W	p	W	p
0.000	1.000	0.022	1.000	0.644	0.161	0.050	0.093	0.325	0.321
0.100	0.958	0.067	0.958	0.733	0.075	0.075	0.898	0.375	0.237
0.200	0.833	0.111	0.910	0.778	0.054	0.100	0.794	0.400	0.199
0.300	0.792	0.200	0.727	0.822	0.026	0.125	0.753	0.425	0.188
0.400	0.625	0.244	0.615	0.911	0.017	0.150	0.680	0.450	0.159
0.500	0.542	0.289	0.524	1.000	0.002	0.175	0.651	0.475	0.141
0.600	0.458	0.378	0.446			0.200	0.528	0.500	0.106
0.700	0.375	0.422	0.328	$b=4$		0.225	0.513	0.525	0.093
0.800	0.208	0.467	0.293	W	p	0.250	0.432	0.550	0.077
0.900	0.167	0.556	0.207	0.000	1.000	0.275	0.390	0.575	0.089
1.000	0.042	0.600	0.182	0.025	0.992	0.300	0.352	0.600	0.058

(续表)

k = 4									
b = 4		b = 5		b = 6		b = 7		b = 8	
W	p	W	p	W	p	W	p	W	p
0.625	0.054	0.776	0.002	0.465	0.033	0.208	0.239	0.000	1.000
0.650	0.036	0.792	0.001	0.467	0.031	0.216	0.216	0.006	0.998
0.675	0.035	0.808	0.001	0.478	0.027	0.233	0.188	0.012	0.967
0.700	0.020	0.840	0.000	0.489	0.021	0.241	0.182	0.019	0.957
0.725	0.013			0.500	0.021	0.249	0.163	0.025	0.914
0.775	0.011			0.522	0.017	0.265	0.150	0.031	0.890
0.800	0.006			0.533	0.015	0.273	0.122	0.038	0.853
0.825	0.005	1.000	0.000	0.544	0.015	0.282	0.118	0.044	0.842
0.850	0.002			0.556	0.011	0.298	0.101	0.050	0.764
0.900	0.002	b = 6		0.567	0.010	0.306	0.093	0.056	0.754
0.925	0.001	W	p	0.578	0.009	0.314	0.081	0.062	0.709
1.000	0.000	0.000	1.000	0.589	0.008	0.331	0.073	0.069	0.677
b = 5		0.011	0.996	0.600	0.006	0.339	0.062	0.075	0.660
W	p	0.022	0.952	0.611	0.006	0.347	0.058	0.081	0.637
0.008	1.000	0.033	0.938	0.633	0.004	0.363	0.051	0.094	0.557
0.024	0.974	0.044	0.878	0.644	0.003	0.371	0.040	0.100	0.509
0.040	0.944	0.056	0.843	0.656	0.003	0.380	0.037	0.106	0.500
0.072	0.857	0.067	0.797	0.667	0.002	0.396	0.034	0.112	0.471
0.088	0.769	0.078	0.779	0.678	0.002	0.404	0.032	0.119	0.453
0.104	0.710	0.089	0.676	0.700	0.001	0.412	0.030	0.125	0.404
0.136	0.652	0.100	0.666	0.711	0.001	0.429	0.024	0.131	0.390
0.152	0.563	0.111	0.608	0.722	0.001	0.437	0.021	0.137	0.364
0.168	0.520	0.122	0.566	0.733	0.001	0.445	0.018	0.144	0.348
0.200	0.443	0.133	0.541	0.744	0.001	0.461	0.016	0.156	0.325
0.216	0.406	0.144	0.517	0.756	0.000	0.469	0.014	0.162	0.297
0.232	0.368	0.167	0.427			0.478	0.013	0.169	0.283
0.264	0.301	0.178	0.385			0.494	0.009	0.175	0.247
0.280	0.266	0.189	0.374			0.502	0.008	0.181	0.231
0.296	0.232	0.200	0.337	1.000	0.000	0.510	0.008	0.194	0.217
0.328	0.213	0.211	0.321	b = 7		0.527	0.007	0.200	0.185
0.344	0.162	0.222	0.274	W	p	0.535	0.006	0.206	0.182
0.360	0.151	0.233	0.259	0.004	1.000	0.543	0.004	0.212	0.162
0.392	0.119	0.244	0.232	0.012	0.984	0.559	0.004	0.219	0.155
0.408	0.102	0.256	0.221	0.020	0.964	0.567	0.003	0.225	0.153
0.424	0.089	0.267	0.193	0.037	0.905	0.576	0.003	0.231	0.144
0.456	0.071	0.278	0.190	0.045	0.846	0.592	0.003	0.238	0.122
0.472	0.067	0.289	0.162	0.053	0.795	0.600	0.002	0.244	0.120
0.488	0.057	0.300	0.154	0.069	0.754	0.608	0.002	0.250	0.112
0.520	0.049	0.311	0.127	0.078	0.678	0.624	0.001	0.256	0.106
0.536	0.033	0.322	0.113	0.086	0.652	0.633	0.001	0.262	0.098
0.552	0.032	0.344	0.109	0.102	0.596	0.641	0.001	0.269	0.091
0.584	0.024	0.356	0.088	0.110	0.564	0.657	0.001	0.281	0.077
0.600	0.021	0.367	0.087	0.118	0.533	0.665	0.001	0.294	0.067
0.616	0.015	0.378	0.073	0.135	0.460	0.673	0.001	0.300	0.062
0.648	0.011	0.389	0.067	0.143	0.420	0.690	0.000	0.306	0.061
0.664	0.009	0.400	0.063	0.151	0.378			0.312	0.052
0.680	0.008	0.411	0.058	0.167	0.358			0.319	0.049
0.712	0.006	0.422	0.043	0.176	0.306			0.325	0.046
0.728	0.003	0.433	0.041	0.184	0.300	1.000	0.000	0.331	0.043
0.744	0.002	0.444	0.036	0.200	0.264			0.338	0.038

(续表)

$k=4$				$k=5$					
$b=8$		$b=8$		$b=3$		$b=3$		$b=3$	
W	p	W	p	W	p	W	p	W	p
0.344	0.037	0.500	0.004	0.000	1.000	0.333	0.475	0.667	0.063
0.356	0.031	0.506	0.004	0.022	1.000	0.356	0.432	0.689	0.056
0.362	0.028	0.512	0.003	0.044	0.988	0.378	0.406	0.711	0.045
0.369	0.026	0.519	0.003	0.067	0.972	0.400	0.347	0.733	0.038
0.375	0.023	0.525	0.002	0.089	0.941	0.422	0.326	0.756	0.028
0.381	0.021	0.531	0.002	0.111	0.914	0.444	0.291	0.778	0.026
0.394	0.019	0.538	0.002	0.133	0.845	0.467	0.253	0.800	0.017
0.400	0.015	0.544	0.002	0.156	0.831	0.489	0.236	0.822	0.015
0.406	0.015	0.550	0.002	0.178	0.768	0.511	0.213	0.844	0.008
0.412	0.013	0.556	0.002	0.200	0.720	0.533	0.172	0.867	0.005
0.419	0.013	0.562	0.001	0.222	0.682	0.556	0.183	0.889	0.004
0.425	0.011	0.569	0.001	0.244	0.649	0.578	0.127	0.911	0.003
0.431	0.010	0.575	0.001	0.267	0.595	0.600	0.117	0.956	0.001
0.438	0.009	0.581	0.001	0.289	0.559	0.622	0.096	1.000	0.000
0.444	0.008	0.594	0.001	0.311	0.493	0.644	0.080		
0.450	0.008	0.606	0.001						
0.456	0.008	0.612	0.000						
0.462	0.007								
0.469	0.007								
0.475	0.006								
0.481	0.005	1.000	0.000						
0.494	0.004								

附表 9 Mood 方差相等性检验表

样本量		显著性水平									
m	n	0.005	0.010	0.025	0.050	0.100	0.900	0.950	0.975	0.990	0.995
2	2						2.50	2.50	2.50	2.50	2.50
							0.8333	0.8333	0.8333	0.8333	0.8333
		0.50	0.50	0.50	0.50	0.50	4.50	4.50	4.50	4.50	4.50
		0.1667	0.1667	0.1667	0.1667	0.1667	1.0000	1.0000	1.0000	1.0000	1.0000
2	3						4.00	5.00	5.00	5.00	5.00
							0.5000	0.9000	0.9000	0.9000	0.9000
		1.00	1.00	1.00	1.00	1.00	5.00	8.00	8.00	8.00	8.00
		0.2000	0.2000	0.2000	0.2000	0.2000	0.9000	1.0000	1.0000	1.0000	1.0000
2	4						0.50	6.50	8.50	8.50	8.50	8.50
							0.0667	0.0667	0.9333	0.9333	0.9333	0.9333
		0.50	0.50	0.50	0.50	2.50	8.50	12.50	12.50	12.50	12.50
		0.0667	0.0667	0.0667	0.0667	0.3333	0.9333	1.0000	1.0000	1.0000	1.0000
2	5						1.00	10.00	10.00	13.00	13.00	13.00
							0.0952	0.7619	0.7619	0.9524	0.9524	0.9524
		1.00	1.00	1.00	1.00	2.00	13.00	13.00	18.00	18.00	18.00
		0.0952	0.0952	0.0952	0.0952	0.1429	0.9524	0.9524	1.0000	1.0000	1.0000
2	6				0.05	0.05	14.50	14.50	18.50	18.50	18.50
					0.0357	0.0357	0.8214	0.8214	0.9643	0.9643	0.9643
		0.50	0.50	0.50	2.50	2.50	18.50	18.50	24.50	24.50	24.50
		0.0357	0.0357	0.0375	0.1786	0.1786	0.9643	0.9643	1.0000	1.0000	1.0000
2	7					2.00	20.00	20.00	25.00	25.00	25.00
						0.0833	0.8611	0.8611	0.9722	0.9722	0.9722
		1.00	1.00	1.00	1.00	4.00	25.00	25.00	32.00	32.00	32.00
		0.0556	0.0556	0.0556	0.0556	0.1389	0.9722	0.9722	1.0000	1.0000	1.0000
2	8			0.50	0.50	0.50	26.50	26.50	26.50	32.50	32.50
				0.0222	0.0222	0.0222	0.8889	0.8889	0.8889	0.9778	0.9778
		0.50	0.50	2.50	2.50	2.50	32.50	32.50	32.50	40.50	40.50
		0.0222	0.0222	0.1111	0.1111	0.1111	0.9778	0.9778	0.9778	1.0000	1.0000
2	9				1.00	4.00	32.00	34.00	34.00	41.00	41.00
					0.0364	0.0909	0.8364	0.9091	0.9091	0.9818	0.9818
		1.00	1.00	1.00	2.00	5.00	34.00	41.00	41.00	50.00	50.00
		0.0364	0.0364	0.0364	0.0545	0.1636	0.9091	0.9818	0.9818	1.0000	1.0000
2	10			0.50	0.50	4.50	40.50	42.50	42.50	50.50	50.50
				0.0152	0.0152	0.0909	0.8636	0.9242	0.9242	0.9848	0.9848
		0.50	0.50	2.50	2.50	6.50	42.50	50.50	50.50	60.50	60.50
		0.0152	0.0152	0.0758	0.0758	0.1515	0.9242	0.9848	0.9848	1.0000	1.0000
2	11				2.00	4.00	50.00	52.00	52.00	61.00	61.00
					0.0385	0.0641	0.8864	0.9359	0.9359	0.9872	0.9872
		1.00	1.00	1.00	4.00	5.00	52.00	61.00	61.00	72.00	72.00
		0.0256	0.0256	0.0256	0.0641	0.1154	0.9359	0.9872	0.9872	1.0000	1.0000
2	12			0.50	0.50	4.50	54.50	62.50	62.50	72.50	72.50
				0.0110	0.0110	0.0659	0.8901	0.9451	0.9451	0.9890	0.9890
		0.50	0.50	2.50	2.50	6.50	60.50	72.50	72.50	84.50	84.50
		0.0110	0.0110	0.0549	0.0549	0.1099	0.9011	0.9890	0.9890	1.0000	1.0000
2	13				1.00	4.00	8.00	61.00	72.00	74.00	74.00	85.00
					0.0190	0.0476	0.0952	0.8667	0.9143	0.9524	0.9524	0.9905
		1.00	1.00	2.00	5.00	9.00	65.00	74.00	85.00	85.00	98.00
		0.0190	0.0190	0.0286	0.0857	0.1143	0.9048	0.9524	0.9905	0.9905	1.0000
2	14		0.50	0.50	4.50	6.50	72.50	84.50	86.50	86.50	98.50
			0.0083	0.0083	0.0500	0.0833	0.8833	0.9250	0.9583	0.9583	0.9917
		0.50	2.50	2.50	6.50	8.50	76.50	86.50	98.50	98.50	112.50
		0.0083	0.0417	0.0417	0.0833	0.1167	0.9167	0.9583	0.9917	0.9917	1.0000

(续表)

样本量		显著性水平								
m	n	0.005	0.010	0.025	0.050	0.100	0.900	0.950	0.975	0.990	0.995
2	15			2.00	4.00	9.00	85.00	98.00	100.00	100.00	113.00
				0.0221	0.0368	0.0882	0.8971	0.9338	0.9632	0.9632	0.9926
		1.00	1.00	4.00	5.00	10.00	89.00	100.00	113.00	113.00	128.00
		0.0147	0.0147	0.0368	0.0662	0.1176	0.9265	0.9632	0.9926	0.9926	1.0000
2	16		0.50	0.50	4.50	8.50	92.50	112.50	114.50	114.50	128.50
			0.0065	0.0065	0.0392	0.0915	0.8824	0.9412	0.9673	0.9673	0.9935
		0.50	2.50	2.50	6.50	12.50	98.50	114.50	128.50	128.50	144.50
		0.0065	0.0327	0.0327	0.0654	0.1242	0.9085	0.9673	0.9935	0.9935	1.0000
2	17			2.00	4.00	10.00	106.00	128.00	130.00	130.00	145.00
				0.0175	0.0292	0.0936	0.8947	0.9474	0.9708	0.9708	0.9942
		1.00	1.00	4.00	5.00	13.00	113.00	130.00	145.00	145.00	162.00
		0.0117	0.0117	0.0292	0.0526	0.1170	0.9181	0.9708	0.9942	0.9942	1.0000
2	18		0.50	0.50	4.50	12.50	114.50	132.50	146.50	146.50	162.50
			0.0053	0.0053	0.0316	0.1000	0.8842	0.9474	0.9737	0.9737	0.9947
		0.50	2.50	2.50	6.50	14.50	120.50	144.50	162.50	162.50	180.50
		0.0053	0.0263	0.0263	0.0526	0.1211	0.9053	0.9526	0.9947	0.9947	1.0000
3	3					2.75	10.75	12.75	12.75	12.75	12.75
						0.1000	0.8000	0.9000	0.9000	0.9000	0.9000
		2.75	2.75	2.75	2.75	4.75	12.75	14.75	14.75	14.75	14.75
		0.1000	0.1000	0.1000	0.1000	0.2000	0.9000	1.0000	1.0000	1.0000	1.0000
3	4				2.00	2.00	18.00	19.00	19.00	19.00	19.00
					0.0286	0.0286	0.8857	0.9429	0.9429	0.9429	0.9429
		2.00	2.00	2.00	5.00	5.00	19.00	22.00	22.00	22.00	22.00
		0.0286	0.0286	0.0286	0.1429	0.1429	0.9429	1.0000	1.0000	1.0000	1.0000
3	5				2.75	4.75	20.75	24.75	26.75	26.75	26.75
					0.0357	0.0714	0.8571	0.9286	0.9643	0.9643	0.9643
		2.75	2.75	2.75	4.75	6.75	24.75	26.75	30.75	30.75	30.75
		0.0357	0.0357	0.0357	0.0714	0.1071	0.9286	0.9643	1.0000	1.0000	1.0000
3	6				2.00	2.00	8.00	29.00	33.00	34.00	36.00	36.00
					0.0119	0.0119	0.0952	0.8929	0.9286	0.9524	0.9762	0.9762
		2.00	2.00	5.00	5.00	9.00	32.00	34.00	36.00	41.00	41.00
		0.0119	0.0119	0.0595	0.0595	0.1190	0.9048	0.9524	0.9762	1.0000	1.0000
3	7			2.75	6.75	6.75	34.75	40.75	44.75	46.75	46.75
				0.0167	0.5000	0.0500	0.8500	0.9333	0.9667	0.9833	0.9833
		2.75	2.75	4.75	8.75	8.75	38.75	42.75	46.75	52.75	52.75
		0.0167	0.0167	0.0333	0.1167	0.1167	0.9167	0.9500	0.9833	1.0000	1.0000
3	8			2.00	2.00	8.00	11.00	45.00	50.00	54.00	59.00	59.00
				0.0061	0.0061	0.0485	0.0970	0.8848	0.9394	0.9636	0.9879	0.9879
				2.00	5.00	5.00	9.00	13.00	50.00	51.00	57.00	66.00	66.00
				0.0061	0.0303	0.0303	0.0606	0.1212	0.9394	0.9515	0.9758	1.0000	1.0000
3	9			2.75	4.75	6.75	12.75	54.75	60.75	66.75	70.75	72.75
				0.0091	0.0182	0.0273	0.0909	0.8727	0.9182	0.9727	0.9818	0.9909
				2.75	4.75	6.75	8.75	14.75	56.75	62.75	70.75	72.75	80.75
				0.0091	0.0182	0.0273	0.0636	0.1364	0.9091	0.9636	0.9818	0.9909	1.0000
3	10	2.00	2.00	6.00	10.00	14.00	68.00	76.00	77.00	86.00	88.00
		0.0035	0.0035	0.0245	0.0490	0.0979	0.8986	0.9441	0.9720	0.9860	0.9930
		5.00	5.00	8.00	11.00	17.00	70.00	77.00	81.00	88.00	97.00
		0.0175	0.0175	0.0280	0.0559	0.1189	0.9266	0.9720	0.9790	0.9930	1.0000
3	11			2.75	6.75	10.75	16.75	74.75	84.75	90.75	102.75	104.75
				0.0055	0.0165	0.0440	0.0879	0.8846	0.9451	0.9560	0.9890	0.9945
		2.75	4.75	8.75	12.75	18.75	78.75	86.75	92.75	104.75	114.75
		0.0055	0.0110	0.0385	0.0549	0.1099	0.9066	0.9505	0.9780	0.9945	1.0000

(续表)

样本量		\				显著性水平				
m	n	0.005	0.010	0.025	0.050	0.100	0.900	0.950	0.975	0.990	0.995
3	12	2.00	2.00	9.00	13.00	20.00	89.00	99.00	107.00	114.00	121.00
		0.0022	0.0022	0.0220	0.0440	0.0945	0.8879	0.9385	0.9648	0.9868	0.9912
		5.00	5.00	10.00	14.00	21.00	90.00	101.00	110.00	121.00	123.00
		0.0110	0.0110	0.0308	0.0615	0.1121	0.9055	0.9560	0.9824	0.9912	0.9956
3	13	2.75	4.75	8.75	12.75	20.75	102.75	114.75	124.75	132.75	140.75
		0.0036	0.0171	0.0250	0.0357	0.0893	0.8893	0.9464	0.9714	0.9893	0.9929
		4.75	6.75	10.75	14.75	22.75	104.75	116.75	128.75	140.75	142.75
		0.0071	0.0107	0.0286	0.0536	0.1036	0.9071	0.9500	0.9857	0.9929	0.9964
3	14	2.00	5.00	11.00	17.00	25.00	116.00	128.00	138.00	149.00	162.00
		0.0015	0.0074	0.0235	0.0500	0.0868	0.8926	0.9353	0.9735	0.9882	0.9941
		5.00	6.00	13.00	18.00	26.00	117.00	129.00	144.00	153.00	164.00
		0.0074	0.0103	0.0294	0.0544	0.1044	0.9044	0.9500	0.9765	0.9912	0.9971
3	15	4.75	6.75	12.75	18.75	26.75	132.75	146.75	156.75	164.75	174.75
		0.0049	0.0074	0.0245	0.0490	0.0907	0.8995	0.9485	0.9681	0.9804	0.9926
		6.75	8.75	14.75	20.75	28.75	134.75	148.75	158.75	170.75	184.75
		0.0074	0.0172	0.0368	0.0613	0.1005	0.9191	0.9583	0.9779	0.9902	0.9951
3	16	2.80	8.00	13.00	20.00	32.00	146.00	164.00	179.00	187.00	198.00
		0.0010	0.0083	0.0206	0.0444	0.0970	0.8937	0.9463	0.9732	0.9835	0.9938
		5.00	9.00	14.00	21.00	33.00	149.00	166.00	181.00	194.00	209.00
		0.0052	0.0103	0.0289	0.0526	0.1011	0.9102	0.9567	0.9814	0.9917	0.9959
3	17	4.75	6.75	12.75	20.75	34.75	162.75	180.75	192.75	210.75	222.75
		0.0035	0.0053	0.0175	0.0439	0.1000	0.8930	0.9421	0.9719	0.9860	0.9947
		6.75	8.75	14.75	22.75	36.75	164.75	182.75	200.75	218.75	234.75
		0.0053	0.0123	0.0263	0.0509	0.1070	0.9018	0.9509	0.9754	0.9930	0.9965
4	4			5.00	5.00	9.00	29.00	31.00	31.00	33.00	33.00
				0.0143	0.0143	0.0714	0.8714	0.9286	0.9286	0.9857	0.9857
		5.00	5.00	9.00	9.00	11.00	31.00	33.00	33.00	37.00	37.00
		0.0143	0.0143	0.0714	0.0714	0.1286	0.9286	0.9857	0.9857	1.0000	1.0000
4	5			6.00	10.00	11.00	37.00	41.00	42.00	42.00	45.00
				0.0159	0.0397	0.0556	0.8730	0.9286	0.9603	0.9603	0.9921
		6.00	6.00	9.00	11.00	14.00	38.00	42.00	45.00	45.00	50.00
		0.0159	0.0159	0.0317	0.0556	0.1190	0.9048	0.9603	0.9921	0.9921	1.0000
4	6	5.00	5.00	9.00	13.00	15.00	47.00	51.00	53.00	55.00	55.00
		0.0048	0.0048	0.0238	0.0476	0.0857	0.8952	0.9333	0.9571	0.9762	0.9762
		9.00	9.00	11.00	15.00	17.00	49.00	53.00	55.00	59.00	58.00
		0.0238	0.0238	0.0429	0.0857	0.1095	0.9143	0.9571	0.9762	0.9952	0.9952
4	7		6.00	11.00	14.00	20.00	58.00	63.00	68.00	70.00	70.00
			0.0061	0.0212	0.0455	0.0909	0.8848	0.9394	0.9727	0.9848	0.9848
		6.00	9.00	14.00	15.00	21.00	59.00	66.00	70.00	75.00	75.00
		0.0061	0.0121	0.0455	0.0576	0.1152	0.9030	0.9576	0.9848	0.9970	0.9970
4	8	5.00	5.00	13.00	17.00	21.00	69.00	77.00	81.00	87.00	87.00
		0.0020	0.0020	0.0202	0.0465	0.0869	0.8970	0.9475	0.9636	0.9899	0.9899
		9.00	9.00	15.00	19.00	23.00	71.00	79.00	83.00	93.00	93.00
		0.0101	0.0101	0.0364	0.0545	0.1030	0.9051	0.9556	0.9798	0.9980	0.9980
4	9	6.00	11.00	14.00	20.00	27.00	85.00	92.00	98.00	104.00	106.00
		0.0028	0.0098	0.0210	0.0420	0.0965	0.8979	0.9497	0.9748	0.9874	0.9930
		9.00	14.00	15.00	21.00	29.00	86.00	93.00	101.00	106.00	113.00
		0.0056	0.0210	0.0266	0.0531	0.1077	0.9231	0.9552	0.9804	0.9930	0.9986
4	10	9.00	13.00	17.00	21.00	31.00	97.00	105.00	115.00	121.00	125.00
		0.0050	0.0100	0.0230	0.0430	0.0969	0.8961	0.9491	0.9740	0.9860	0.9910
		11.00	15.00	19.00	23.00	33.00	99.00	107.00	117.00	123.00	127.00
		0.0090	0.0180	0.0270	0.0509	0.1129	0.9161	0.9530	0.9820	0.9900	0.9950

(续表)

样本量		\	\	\	\	显著性水平	\	\	\	\
m	n	0.005	0.010	0.025	0.050	0.100	0.900	0.950	0.975	0.990	0.995
4	11	10.00	11.00	20.00	26.00	35.00	113.00	125.00	134.00	143.00	148.00
		0.0037	0.0051	0.0220	0.0462	0.0967	0.0867	0.9495	0.9722	0.9897	0.9934
		11.00	14.00	21.00	27.00	36.00	114.00	126.00	135.00	146.00	150.00
		0.0051	0.0110	0.0278	0.0505	0.1011	0.9099	0.9612	0.9780	0.9927	0.9963
4	12	11.00	15.00	21.00	29.00	39.00	129.00	141.00	153.00	161.00	171.00
		0.0049	0.0099	0.0236	0.0489	0.0978	0.8962	0.9495	0.9747	0.9879	0.9945
		13.00	17.00	23.00	31.00	41.00	131.00	143.00	155.00	163.00	173.00
		0.0055	0.0126	0.0280	0.0533	0.1093	0.9159	0.9538	0.9791	0.9901	0.9951
4	13	11.00	17.00	25.00	33.00	45.00	146.00	162.00	173.00	186.00	193.00
		0.0029	0.0088	0.0227	0.0475	0.0971	0.8933	0.9496	0.9710	0.9891	0.9941
		14.00	18.00	26.00	34.00	46.00	147.00	163.00	174.00	187.00	198.00
		0.0063	0.0113	0.0265	0.0504	0.1071	0.9000	0.9529	0.9777	0.9908	0.9958
4	14	13.00	19.00	27.00	37.00	49.00	163.00	181.00	195.00	207.00	217.00
		0.0033	0.0088	0.0235	0.0477	0.0928	0.8931	0.9487	0.9739	0.9889	0.9941
		15.00	21.00	29.00	39.00	51.00	165.00	183.00	197.00	213.00	221.00
		0.0059	0.0141	0.0291	0.0582	0.1059	0.9049	0.9539	0.9755	0.9915	0.9954
4	15	15.00	21.00	29.00	41.00	56.00	183.00	202.00	218.00	234.00	245.00
		0.0049	0.0098	0.0199	0.0472	0.0993	0.8965	0.9466	0.9727	0.9892	0.9943
		17.00	22.00	30.00	42.00	57.00	185.00	203.00	219.00	235.00	247.00
		0.0054	0.0114	0.0261	0.0524	0.1045	0.9017	0.9518	0.9768	0.9902	0.9954
4	16	17.00	21.00	33.00	43.00	61.00	203.00	223.00	241.00	259.00	275.00
		0.0047	0.0089	0.0233	0.0436	0.0962	0.8933	0.9451	0.9728	0.9870	0.9946
		19.00	23.00	35.00	45.00	63.00	205.00	225.00	243.00	261.00	277.00
		0.0056	0.0105	0.0283	0.0504	0.1061	0.9028	0.9525	0.9752	0.9903	0.9955
5	5		11.25	15.25	17.25	23.25	55.25	59.25	61.25	65.25	67.25
			0.0079	0.0159	0.0317	0.0952	0.8889	0.9365	0.9683	0.9841	0.9921
		11.25	15.25	17.25	21.25	25.25	57.25	61.25	65.25	67.25	71.25
		0.0079	0.0159	0.0317	0.0635	0.1111	0.9048	0.9683	0.9841	0.9921	1.0000
5	6	10.00	10.00	19.00	24.00	27.00	69.00	75.00	76.00	83.00	84.00
		0.0022	0.0022	0.0238	0.0476	0.0758	0.8810	0.9459	0.9632	0.9870	0.9913
		15.00	15.00	20.00	25.00	30.00	70.00	76.00	79.00	84.00	86.00
		0.0108	0.0108	0.0260	0.0563	0.1104	0.9069	0.9632	0.9805	0.9913	0.9957
5	7	11.25	15.25	21.25	27.25	33.25	83.25	89.25	93.25	101.25	105.25
		0.0025	0.0051	0.0202	0.0480	0.0884	0.8990	0.9495	0.9646	0.9899	0.9949
		15.25	17.25	23.25	29.25	35.25	85.25	91.25	95.25	103.25	107.25
		0.0051	0.0101	0.0303	0.0631	0.1136	0.9167	0.9520	0.9773	0.9924	0.9975
5	8	15.00	20.00	26.00	31.00	39.00	99.00	106.00	113.00	118.00	123.00
		0.0039	0.0093	0.0225	0.0490	0.0979	0.8974	0.9448	0.9697	0.9852	0.9938
		18.00	22.00	27.00	33.00	40.00	101.00	107.00	114.00	122.00	126.00
		0.0070	0.0124	0.0272	0.0521	0.1049	0.9068	0.9510	0.9759	0.9922	0.9953
5	9	17.25	21.25	29.25	35.25	42.25	115.25	123.25	133.25	141.25	145.25
		0.0040	0.0080	0.0250	0.0450	0.0999	0.8951	0.9411	0.9710	0.9890	0.9910
		21.25	23.25	31.25	37.25	47.25	117.25	125.25	135.25	143.25	147.25
		0.0080	0.0120	0.0300	0.0509	0.1149	0.9121	0.9500	0.9790	0.9900	0.9960

(续表)

样本量		显著性水平									
m	n	0.005	0.010	0.025	0.050	0.100	0.900	0.950	0.975	0.990	0.995
5	10	20.00	26.00	33.00	41.00	52.00	134.00	146.00	154.00	166.00	174.00
		0.0040	0.0097	0.0223	0.0456	0.0989	0.8934	0.9494	0.9724	0.9897	0.9947
		22.00	27.00	34.00	42.00	53.00	135.00	147.00	155.00	168.00	175.00
		0.0053	0.0117	0.0266	0.0503	0.1002	0.9068	0.9547	0.9757	0.9923	0.9973
5	11	21.25	27.25	37.25	45.25	57.25	153.25	165.25	177.25	187.25	197.25
		0.0037	0.0087	0.0234	0.0458	0.0934	0.8997	0.9473	0.9748	0.9881	0.9950
		23.25	29.25	39.25	47.25	59.25	155.25	167.25	179.25	191.25	199.25
		0.0055	0.0114	0.0275	0.0527	0.1053	0.9125	0.5919	0.9776	0.9918	0.9954
5	12	26.00	30.00	42.00	53.00	65.00	174.00	189.00	202.00	216.00	226.00
		0.0047	0.0082	0.0244	0.0486	0.0931	0.8993	0.9473	0.9746	0.9888	0.9945
		27.00	31.00	43.00	54.00	66.00	175.00	190.00	203.00	217.00	227.00
		0.0057	0.0102	0.0267	0.0535	0.1021	0.9071	0.9551	0.9772	0.9901	0.9952
5	13	27.25	33.25	45.25	57.25	73.25	195.25	211.25	227.25	243.25	255.25
		0.0044	0.0082	0.0233	0.0476	0.0997	0.8985	0.9444	0.9741	0.9893	0.9946
		29.25	35.25	47.25	59.25	75.25	197.25	213.25	229.25	245.25	257.25
		0.0058	0.0105	0.0268	0.0537	0.1076	0.9059	0.9512	0.9762	0.9904	0.9958
5	14	30.00	38.00	51.00	65.00	81.00	219.00	238.00	254.00	275.00	285.00
		0.0044	0.0088	0.0248	0.0495	0.0978	0.8999	0.9479	0.9720	0.9896	0.9946
		31.00	39.00	52.00	66.00	82.00	220.00	239.00	255.00	276.00	287.00
		0.0054	0.0108	0.0255	0.0544	0.1034	0.9037	0.9520	0.9754	0.9906	0.9953
5	15	33.25	39.25	55.25	69.25	89.25	241.25	265.25	283.25	305.25	319.25
		0.0045	0.0077	0.0235	0.0470	0.0988	0.8951	0.9494	0.9739	0.9896	0.9946
		35.25	41.25	57.25	71.25	91.25	143.25	267.25	285.25	307.25	321.25
		0.0058	0.0103	0.0263	0.0526	0.1053	0.9005	0.9542	0.9763	0.9906	0.9957
6	6	17.50	27.50	33.50	39.50	45.50	93.50	99.50	105.50	111.50	115.50
		0.0011	0.0097	0.0238	0.0465	0.0963	0.8734	0.9307	0.9675	0.9848	0.9946
		23.50	29.50	35.50	41.50	47.50	95.50	101.50	107.50	113.50	119.50
		0.0054	0.0152	0.0325	0.0693	0.1266	0.9037	0.9535	0.9762	0.9903	0.9989
6	7	27.00	31.00	38.00	45.00	54.00	114.00	122.00	129.00	135.00	140.00
		0.0047	0.0099	0.0204	0.0466	0.0973	0.8980	0.9476	0.9749	0.9883	0.9948
		28.00	34.00	39.00	46.00	55.00	115.00	123.00	130.00	138.00	142.00
		0.0052	0.0146	0.0251	0.0524	0.1206	0.9108	0.9580	0.9779	0.9918	0.9971
6	8	29.50	35.50	41.50	49.50	59.50	131.50	141.50	149.50	157.50	165.50
		0.0047	0.0100	0.0213	0.0430	0.0942	0.8924	0.9461	0.9737	0.9873	0.9940
		31.50	37.50	43.50	51.50	61.50	133.50	143.50	151.50	159.50	167.50
		0.0060	0.0130	0.0266	0.0509	0.1062	0.9004	0.9540	0.9750	0.9900	0.9967
6	9	34.00	39.00	49.00	58.00	69.00	154.00	165.00	175.00	186.00	193.00
		0.0050	0.0086	0.0232	0.0488	0.0969	0.8973	0.9467	0.9734	0.9894	0.9944
		35.00	40.00	50.00	59.00	70.00	155.00	166.00	176.00	187.00	195.00
		0.0062	0.0110	0.0256	0.0547	0.1039	0.9065	0.9504	0.9766	0.9910	0.9956
6	10	37.50	43.50	53.50	63.50	75.50	175.50	189.50	201.50	213.50	221.50
		0.0049	0.0100	0.0237	0.0448	0.0888	0.8976	0.9476	0.9734	0.9891	0.9948
		39.50	45.50	55.50	65.50	77.50	177.50	191.50	203.50	215.50	223.50
		0.0054	0.0111	0.0262	0.0521	0.1010	0.9063	0.9540	0.9784	0.9901	0.9953

(续表)

样本量		显著性水平									
m	n	0.005	0.010	0.025	0.050	0.100	0.900	0.950	0.975	0.990	0.995
6	11	42.00	49.00	61.00	73.00	87.00	200.00	216.00	229.00	244.00	253.00
		0.0048	0.0094	0.0243	0.0490	0.0977	0.8998	0.9491	0.9737	0.9898	0.9941
		43.00	50.00	62.00	74.00	88.00	201.00	217.00	230.00	245.00	254.00
		0.0060	0.0103	0.0255	0.0512	0.1037	0.9009	0.9504	0.9758	0.9901	0.9954
6	12	45.50	51.50	67.50	79.50	95.50	223.50	243.50	257.50	273.50	285.50
		0.0048	0.0082	0.0248	0.0470	0.0950	0.8954	0.9494	0.9733	0.9879	0.9944
		47.50	53.50	69.50	81.50	97.50	225.50	245.50	259.50	275.50	287.50
		0.0063	0.0102	0.0273	0.0513	0.1033	0.9004	0.9542	0.9757	0.9900	0.9950
6	13	50.00	58.00	74.00	89.00	107.00	252.00	273.00	290.00	310.00	323.00
		0.0047	0.0090	0.0234	0.0483	0.0985	0.8979	0.9499	0.9736	0.9898	0.9949
		51.00	59.00	75.00	90.00	108.00	253.00	274.00	291.00	311.00	324.00
		0.0053	0.0101	0.0256	0.0503	0.1008	0.9001	0.9510	0.9751	0.9902	0.9951
6	14	53.50	63.50	81.50	97.50	117.50	279.50	301.50	321.50	343.50	357.50
		0.0049	0.0093	0.0246	0.0495	0.0974	0.8972	0.9459	0.9730	0.9888	0.9944
		55.50	65.50	83.50	99.50	119.50	281.50	303.50	323.50	345.50	359.50
		0.0054	0.0108	0.0281	0.0527	0.1043	0.9040	0.9501	0.9754	0.9901	0.9950
7	7	41.75	47.75	57.75	65.75	75.75	147.75	157.75	165.75	175.75	179.75
		0.0029	0.0082	0.0233	0.0466	0.0950	0.8869	0.9452	0.9709	0.9889	0.9948
		43.75	49.75	59.75	67.75	77.75	149.75	159.75	167.75	177.75	183.75
		0.0052	0.0111	0.0291	0.0548	0.1131	0.9050	0.9534	0.9767	0.9918	0.9971
7	8	50.00	55.00	66.00	75.00	87.00	173.00	184.00	195.00	204.00	211.00
		0.0050	0.0082	0.0238	0.0479	0.0977	0.8988	0.9455	0.9745	0.9890	0.9939
		51.00	56.00	67.00	76.00	88.00	174.00	185.00	196.00	205	212.00
		0.0059	0.0110	0.0272	0.0533	0.1052	0.9004	0.9510	0.9776	0.9902	0.9952
7	9	53.75	59.75	71.75	83.75	95.75	197.75	211.75	221.75	235.75	245.75
		0.0049	0.0087	0.0224	0.0495	0.0920	0.8970	0.9495	0.9706	0.9895	0.9949
		55.75	61.75	73.75	85.75	97.75	199.75	213.75	223.75	237.75	247.75
		0.0058	0.0103	0.0267	0.0556	0.1016	0.9073	0.9549	0.9764	0.9911	0.9963
7	10	59.00	67.00	82.00	94.00	109.00	226.00	242.00	254.00	270.00	279.00
		0.0046	0.0090	0.0243	0.0478	0.0975	0.8978	0.9499	0.9726	0.9896	0.9949
		60.00	68.00	83.00	95.00	110.00	227.00	243.00	255.00	271.00	280.00
		0.0053	0.0100	0.0268	0.0521	0.1009	0.9051	0.9544	0.9753	0.9902	0.9951
7	11	63.75	73.75	89.75	103.75	119.75	263.75	271.75	287.75	303.75	315.75
		0.0042	0.0096	0.0246	0.0495	0.0946	0.899	0.9483	0.9742	0.9882	0.9943
		65.75	75.75	91.75	105.75	121.75	255.75	273.75	289.75	305.75	317.75
		0.0050	0.0103	0.0272	0.0526	0.1012	0.90	0.9506	0.9767	0.9904	0.9952
7	12	71.00	82.00	99.00	115.00	135.00	285.00	306.00	323.00	343.00	357.00
		0.0048	0.0094	0.0241	0.0489	0.0996	0.89	0.9491	0.9738	0.9883	0.9950
		72.00	83.00	100.00	116.00	136.00	286.00	306.00	324.00	344.00	358.00
		0.0051	0.0104	0.0258	0.0519	0.1044	0.9020	0.9515	0.9754	0.9900	0.9952
7	13	75.75	87.75	107.75	125.75	147.75	315.75	339.75	359.75	381.75	397.75
		0.0042	0.0089	0.0239	0.0487	0.0983	0.8972	0.9487	0.9745	0.9889	0.9949
		77.75	89.75	109.75	127.75	149.75	317.75	341.75	361.75	383.75	399.75
		0.0050	0.0101	0.0261	0.0528	0.1054	0.9039	0.9523	0.9758	0.9905	0.9953

(续表)

样本量		显著性水平									
m	n	0.005	0.010	0.025	0.050	0.100	0.900	0.950	0.975	0.990	0.995
8	8	72.00	78.00	92.00	104.00	118.00	218.00	232.00	244.00	258.00	264.00
		0.0043	0.0078	0.0239	0.0496	0.0984	0.8908	0.9457	0.9740	0.9900	0.9942
		74.00	80.00	94.00	106.00	120.00	220.00	234.00	246.00	260.00	266.00
		0.0058	0.0100	0.0260	0.0543	0.1092	0.9016	0.9504	0.9761	0.9922	0.9957
8	9	79.00	90.00	103.00	116.00	132.00	250.00	266.00	279.00	294.00	303.00
		0.0042	0.0096	0.0229	0.0487	0.0988	0.8959	0.9477	0.9742	0.9896	0.9945
		80.00	91.00	104.00	117.00	133.00	251.00	267.00	280.00	295.00	304.00
		0.0050	0.0102	0.0253	0.0510	0.1016	0.9005	0.9520	0.9760	0.9901	0.9952
8	10	88.00	98.00	114.00	128.00	146.00	280.00	300.00	316.00	332.00	344.00
		0.0050	0.100	0.0245	0.0481	0.0980	0.8917	0.9487	0.9744	0.9891	0.9948
		90.00	100.00	116.00	130.00	148.00	282.00	302.00	318.00	334.00	346.00
		0.0059	0.0112	0.0280	0.0525	0.1033	0.9001	0.9532	0.9768	0.9900	0.9950
8	11	95.00	107.00	126.00	143.00	163.00	316.00	337.00	355.00	376.00	388.00
		0.0047	0.0095	0.0247	0.0500	0.0988	0.8984	0.9489	0.9739	0.9900	0.9948
		96.00	108.00	127.00	144.00	164.00	317.00	338.00	356.00	377.00	389.00
		0.0051	0.0105	0.0256	0.0530	0.1039	0.9021	0.9501	0.9759	0.9909	0.9953
8	12	102.00	116.00	136.00	156.00	178.00	352.00	376.00	396.00	418.00	434.00
		0.0044	0.0097	0.0334	0.0496	0.0970	0.8995	0.9497	0.9749	0.9849	0.9949
		104.00	118.00	138.00	158.00	180.00	354.00	378.00	398.00	420.00	436.00
		0.0051	0.0103	0.0252	0.0533	0.1031	0.9056	0.9531	0.9763	0.9903	0.9953
9	9	110.25	120.25	138.25	154.25	172.25	308.25	326.25	342.25	360.25	370.25
		0.0045	0.0085	0.0230	0.0481	0.0973	0.8975	0.9476	0.9742	0.9899	0.9949
		112.25	122.25	140.25	156.25	174.25	310.25	328.25	344.25	362.25	372.25
		0.0051	0.0101	0.0258	0.0524	0.1025	0.9027	0.9519	0.9770	0.9915	0.9955
9	10	122.00	134.00	154.00	171.00	191.00	347.00	368.00	385.00	404.00	419.00
		0.0049	0.0096	0.0250	0.0492	0.0963	0.8987	0.9489	0.9738	0.9890	0.9950
		123.00	135.00	155.00	172.00	192.00	348.00	369.00	386.00	405.00	420.00
		0.0050	0.0101	0.0256	0.0514	0.1003	0.9021	0.9515	0.9751	0.9900	0.9955
9	11	132.25	144.25	166.25	186.25	210.25	384.25	408.25	430.25	452.25	468.25
		0.0049	0.0089	0.0235	0.0484	0.0984	0.8942	0.9465	0.9744	0.9896	0.9950
		134.25	146.25	168.25	188.25	212.25	386.25	410.25	432.25	454.25	470.25
		0.0056	0.0102	0.0251	0.0519	0.1049	0.9005	0.9500	0.9765	0.9900	0.9955
10	10	162.50	176.50	198.50	218.50	242.50	418.50	442.50	462.50	484.50	498.50
		0.0050	0.0098	0.0241	0.0489	0.0982	0.8966	0.9479	0.9740	0.9891	0.9944
		164.50	178.50	200.50	220.50	244.50	420.50	444.50	464.50	486.50	500.50
		0.0056	0.0109	0.0260	0.0521	0.1034	0.9018	0.9511	0.9759	0.9902	0.9950

附表 10 t 分布表

d.f.	单侧 p 值								
	0.25	0.1	0.05	0.025	0.01	0.005	0.0025	0.001	0.0005
	双侧 p 值								
	0.5	0.2	0.1	0.05	0.02	0.01	0.005	0.002	0.001
1	1.00	3.08	6.31	12.71	31.82	63.66	127.32	318.31	636.62
2	0.82	1.89	2.92	4.30	6.96	9.92	14.09	22.33	31.60
3	0.76	1.64	2.35	3.18	4.54	5.84	7.45	10.21	12.92
4	0.74	1.53	2.13	2.78	3.75	4.60	5.60	7.17	8.61
5	0.73	1.48	2.02	2.57	3.36	4.03	4.77	5.89	6.87
6	0.72	1.44	1.94	2.45	3.14	3.71	4.32	5.21	5.96
7	0.71	1.42	1.90	2.36	3.00	3.50	4.03	4.78	5.41
8	0.71	1.40	1.86	2.31	2.90	3.36	3.83	4.50	5.04
9	0.70	1.38	1.83	2.26	2.82	3.25	3.69	4.30	4.78
10	0.70	1.37	1.81	2.23	2.76	3.17	3.58	4.14	4.59
11	0.70	1.36	1.80	2.20	1.72	3.11	3.50	4.02	4.44
12	0.70	1.36	1.78	2.18	2.68	3.06	3.43	3.93	4.32
13	0.69	1.35	1.77	2.16	2.65	3.01	3.37	3.85	4.22
14	0.69	1.34	1.76	2.14	2.62	2.98	3.33	3.79	4.14
15	0.69	1.34	1.75	2.13	2.60	2.95	3.29	3.73	4.07
16	0.69	1.34	1.75	2.12	2.58	2.92	3.25	3.69	4.02
17	0.69	1.33	1.74	2.11	2.57	2.90	3.22	3.65	3.96
18	0.69	1.33	1.73	2.10	2.55	2.88	3.20	3.61	3.92
19	0.69	1.33	1.73	2.09	2.54	2.86	3.17	3.58	3.88
20	0.69	1.32	1.72	2.09	2.53	2.84	3.15	3.55	3.85
21	0.69	1.32	1.72	2.08	2.52	2.83	3.14	3.53	3.82
22	0.69	1.32	1.72	2.07	2.51	2.82	3.12	3.50	3.79
23	0.68	1.32	1.71	2.07	2.50	2.81	3.10	3.48	3.77
24	0.68	1.32	1.71	2.06	2.49	2.80	3.09	3.47	3.74
25	0.68	1.32	1.71	2.06	2.48	2.79	3.08	3.45	3.72
26	0.68	1.32	1.71	2.06	2.48	2.78	3.07	3.44	3.71
27	0.68	1.31	1.70	2.05	2.47	2.77	3.06	3.42	3.69
28	0.68	1.31	1.70	2.05	2.47	2.76	3.05	3.41	3.67
29	0.68	1.31	1.70	2.04	2.46	2.76	3.04	3.40	3.66
30	0.68	1.31	1.70	2.04	2.46	2.75	3.03	3.38	3.65
40	0.68	1.30	1.68	2.02	2.42	2.70	2.97	3.31	3.55
60	0.68	1.30	1.67	2.00	2.39	2.66	2.92	3.23	3.46
120	0.68	1.29	2.66	1.98	2.36	2.62	2.86	3.16	3.37
∞	0.67	1.28	1.65	1.96	2.33	2.58	2.81	3.09	3.29

附表 11　Spearman 秩相关系数检验临界值表 $(P(r_S \geqslant c_\alpha) = \alpha)$

$\alpha(2)$:	0.50	0.20	0.10	0.05	0.02	0.01	0.005	0.002	0.001
$\alpha(1)$:	0.25	0.10	0.05	0.025	0.01	0.005	0.0025	0.001	0.0005
n									
4	0.600	1.000	1.000						
5	0.500	0.800	0.900	1.000	1.000				
6	0.371	0.657	0.829	0.886	0.943	1.000	1.000		
7	0.321	0.571	0.714	0.786	0.893	0.929	0.964	1.000	1.000
8	0.310	0.524	0.643	0.738	0.833	0.881	0.905	0.952	0.976
9	0.267	0.483	0.600	0.700	0.783	0.833	0.867	0.917	0.933
10	0.248	0.455	0.564	0.648	0.745	0.794	0.830	0.879	0.903
11	0.236	0.427	0.536	0.618	0.709	0.755	0.800	0.845	0.873
12	0.217	0.406	0.503	0.587	0.678	0.727	0.769	0.818	0.846
13	0.209	0.385	0.484	0.560	0.648	0.703	0.747	0.791	0.824
14	0.200	0.367	0.464	0.538	0.626	0.679	0.723	0.771	0.802
15	0.189	0.354	0.446	0.521	0.604	0.654	0.700	0.750	0.779
16	0.182	0.341	0.429	0.503	0.582	0.635	0.679	0.729	0.762
17	0.176	0.328	0.414	0.485	0.566	0.615	0.662	0.713	0.748
18	0.170	0.317	0.401	0.472	0.550	0.600	0.643	0.695	0.728
19	0.165	0.309	0.391	0.460	0.535	0.584	0.628	0.677	0.712
20	0.161	0.299	0.380	0.447	0.520	0.570	0.612	0.662	0.696
21	0.156	0.292	0.370	0.435	0.508	0.556	0.599	0.648	0.681
22	0.152	0.284	0.361	0.425	0.496	0.544	0.586	0.634	0.667
23	0.148	0.278	0.353	0.415	0.486	0.532	0.573	0.622	0.654
24	0.144	0.271	0.344	0.406	0.476	0.521	0.562	0.610	0.642
25	0.142	0.265	0.337	0.398	0.466	0.511	0.551	0.598	0.630
26	0.138	0.259	0.331	0.390	0.457	0.501	0.541	0.587	0.619
27	0.136	0.255	0.324	0.382	0.448	0.491	0.531	0.577	0.608
28	0.133	0.250	0.317	0.375	0.440	0.483	0.522	0.567	0.598
29	0.130	0.245	0.312	0.368	0.433	0.475	0.513	0.558	0.589
30	0.128	0.240	0.306	0.362	0.425	0.467	0.504	0.549	0.580
31	0.126	0.236	0.301	0.356	0.418	0.459	0.496	0.541	0.571
32	0.124	0.232	0.296	0.350	0.412	0.452	0.489	0.533	0.563
33	0.121	0.229	0.291	0.345	0.405	0.446	0.482	0.525	0.554
34	0.120	0.225	0.287	0.340	0.399	0.439	0.475	0.517	0.547
35	0.118	0.222	0.283	0.335	0.394	0.433	0.468	0.510	0.539
36	0.116	0.219	0.279	0.330	0.388	0.427	0.462	0.504	0.533
37	0.114	0.216	0.275	0.325	0.383	0.421	0.456	0.497	0.526
38	0.113	0.212	0.271	0.321	0.378	0.415	0.450	0.491	0.519
39	0.111	0.210	0.267	0.317	0.373	0.410	0.444	0.485	0.513
40	0.110	0.207	0.264	0.313	0.368	0.405	0.439	0.479	0.507
41	0.108	0.204	0.261	0.309	0.364	0.400	0.433	0.473	0.501
42	0.107	0.202	0.257	0.305	0.359	0.395	0.428	0.468	0.495
43	0.105	0.199	0.254	0.331	0.355	0.391	0.423	0.463	0.490
44	0.104	0.197	0.251	0.298	0.351	0.386	0.419	0.458	0.484
45	0.103	0.194	0.248	0.294	0.347	0.382	0.414	0.453	0.479
46	0.102	0.192	0.246	0.291	0.343	0.378	0.410	0.448	0.474
47	0.101	0.190	0.243	0.288	0.340	0.374	0.405	0.443	0.469
48	0.100	0.188	0.240	0.285	0.336	0.370	0.401	0.439	0.465
49	0.098	0.186	0.238	0.282	0.333	0.366	0.397	0.434	0.460
50	0.097	0.184	0.235	0.279	0.329	0.363	0.393	0.430	0.456

(续表)

$\alpha(2)$:	0.50	0.20	0.10	0.05	0.02	0.01	0.005	0.002	0.001
$\alpha(1)$:	0.25	0.10	0.05	0.025	0.01	0.005	0.0025	0.001	0.0005
n									
51	0.096	0.182	0.233	0.276	0.326	0.359	0.390	0.426	0.451
52	0.095	0.183	0.231	0.274	0.373	0.356	0 386	0.422	0.447
53	0.095	0.179	0.228	0.271	0.320	0.352	0.382	0.418	0.443
54	0.094	0.177	0.226	0.268	0.317	0.349	0.379	0.414	0.439
55	0.093	0.175	0.224	0.266	0.314	0.346	0.375	0.411	0.435
56	0.092	0.174	0.222	0.264	0.311	0.343	0.372	0.407	0.432
57	0.091	0.172	0.220	0.261	0.308	0.340	0.369	0.404	0.428
58	0.090	0.171	0.218	0.259	0.306	0.337	0.366	0.400	0.424
59	0.089	0.169	0.216	0.257	0.303	0.334	0.363	0.397	0.421
60	0.089	0.168	0.214	0.255	0.300	0.331	0.360	0.394	0.418
61	0.088	0.166	0.213	0.252	0.298	0.329	0.357	0.391	0.414
62	0.087	0.165	0.211	0.250	0.296	0.326	0.354	0.388	0.411
63	0.086	0.163	0.209	0.248	0.293	0.323	0.351	0.385	0.408
64	0.086	0.162	0.207	0.246	0.291	0.321	0.348	0.382	0.405
65	0.085	0.161	0.206	0.244	0.289	0.318	0.346	0.379	0.402
66	0.084	0.160	0.204	0.243	0.287	0.316	0.343	0.376	0.399
67	0.684	0.158	0.203	0.241	0.284	0.314	0.341	0.373	0.396
68	0.083	0.157	0.201	0.239	0.282	0.311	0.338	0.370	0.393
69	0.082	0.156	0.200	0.237	0.280	0.309	0.336	0.368	0.390
70	0.082	0.155	0.198	0.235	0.278	0.307	0.333	0.365	0.388
71	0.081	0.154	0.197	0.234	0.276	0.305	0.331	0.363	0.385
72	0.081	0.153	0.195	0.232	0.274	0.303	0.329	0.360	0.382
73	0.080	0.152	0.194	0.230	0.272	0.301	0.327	0.358	0.380
74	0.080	0.151	0.193	0.229	0.271	0.299	0.324	0.355	0.377
75	0.079	0.150	0.191	0.227	0.269	0.297	0.322	0.353	0.375
76	0.078	0.149	0.190	0.226	0.267	0.295	0.320	0.351	0.372
77	0.078	0.148	0.189	0.224	0.265	0.293	0.318	0.349	0.370
78	0.077	0.147	0.188	0.223	0.264	0.291	0.316	0.346	0.368
79	0.077	0.146	0.186	0.221	0.262	0.289	0.314	0.344	0.365
80	0.076	0.145	0.185	0.220	0.260	0.287	0.312	0.342	0.363
81	0.076	0.144	0.184	0.219	0.259	0.285	0.310	0.340	0.361
82	0.075	0.143	0.183	0.217	0.257	0.284	0.308	0.338	0.359
83	0.075	0.142	0.182	0.216	0.255	0.282	0.306	0.336	0.357
84	0.074	0.141	0.181	0.215	0.254	0.280	0.305	0.334	0.355
85	0.074	0.140	0.180	0.213	0.252	0.279	0.303	0.332	0.353
86	0.074	0.139	0.179	0.212	0.251	0.277	0.301	0.330	0.351
87	0.073	0.139	0.177	0.211	0.250	0.276	0.299	0.328	0.349
88	0.073	0.138	0.176	0.210	0.248	0.274	0.298	0.327	0.347
89	0.072	0.137	0.175	0.209	0.247	0.272	0.296	0.325	0.345
90	0.072	0.136	0.174	0.207	0.245	0.271	0.294	0.323	0.343
91	0.072	0.135	0.173	0.206	0.244	0.269	0.293	0.321	0.341
92	0.071	0.135	0.173	0.205	0.243	0.268	0.291	0.319	0.339
93	0.071	0.134	0.172	0.204	0.241	0.267	0.290	0.318	0.338
94	0.070	0.133	0.171	0.203	0.240	0.265	0.288	0.316	0.336
95	0.070	0.133	0.170	0.202	0.239	0.264	0.287	0.314	0.334
96	0.070	0.132	0.169	0.201	0.238	0.262	0.285	0.313	0.332
97	0.069	0.131	0.168	0.200	0.236	0.261	0.284	0.311	0.331
98	0.069	0.130	0.167	0.199	0.235	0.260	0.282	0.310	0.329
99	0.068	0.130	0.166	0.198	0.234	0.258	0.281	0.308	0.327
100	0.068	0.129	0.165	0.197	0.233	0.257	0.279	0.307	0.326

附表 12　Kendall τ 检验临界值表

α	0.005		0.010		0.025		0.050		0.100	
n	S	$r*$	S	$r*$	S	$r*$	S	$r*$	S	$r*$
4	8	1.000	8	1.000	8	1.000	6	1.000	6	1.000
5	12	1.000	10	1.000	10	1.000	8	0.800	8	0.800
6	15	1.000	13	0.867	13	0.867	11	0.733	9	0.600
7	19	0.905	17	0.810	15	0.714	13	0.619	11	0.524
8	22	0.786	20	0.714	18	0.643	16	0.571	12	0.429
9	26	0.722	24	0.667	20	0.556	18	0.500	14	0.389
10	29	0.644	27	0.600	23	0.511	21	0.467	17	0.378
11	33	0.600	31	0.564	27	0.491	23	0.418	19	0.345
12	38	0.576	36	0.545	30	0.455	26	0.394	20	0.303
13	44	0.564	40	0.513	34	0.436	28	0.359	24	0.308
14	47	0.516	43	0.473	37	0.407	33	0.363	25	0.275
15	53	0.505	49	0.467	41	0.390	35	0.333	29	0.276
16	58	0.483	52	0.433	46	0.383	38	0.317	30	0.250
17	64	0.471	58	0.426	50	0.368	42	0.309	34	0.250
18	69	0.451	63	0.412	53	0.346	45	0.294	37	0.242
19	75	0.439	67	0.392	57	0.333	49	0.287	39	0.228
20	80	0.421	72	0.379	62	0.326	52	0.274	42	0.221
21	86	0.410	78	0.371	66	0.314	56	0.267	44	0.210
22	91	0.394	83	0.359	71	0.307	61	0.264	47	0.203
23	99	0.391	89	0.352	75	0.296	65	0.257	51	0.202
24	104	0.377	94	0.341	80	0.290	68	0.246	54	0.196
25	110	0.367	100	0.333	86	0.287	72	0.240	58	0.193
26	117	0.360	107	0.329	91	0.280	77	0.237	61	0.188
27	125	0.356	113	0.322	95	0.271	81	0.231	63	0.179
28	130	0.344	118	0.312	100	0.265	86	0.228	68	0.180
29	138	0.340	126	0.310	106	0.261	90	0.222	70	0.172
30	145	0.333	131	0.301	111	0.255	95	0.218	75	0.172
31	151	0.325	137	0.295	117	0.252	99	0.213	77	0.166
32	160	0.323	144	0.290	122	0.246	104	0.210	82	0.165
33	166	0.314	152	0.288	128	0.242	108	0.205	86	0.163
34	175	0.312	157	0.280	133	0.237	113	0.201	89	0.159
35	181	0.304	165	0.277	139	0.234	117	0.197	93	0.156
36	190	0.302	172	0.273	146	0.232	122	0.194	96	0.152
37	198	0.297	178	0.267	152	0.228	128	0.192	100	0.150
38	205	0.292	185	0.263	157	0.223	133	0.189	105	0.149
39	213	0.287	193	0.260	163	0.220	139	0.188	109	0.147
40	222	0.285	200	0.256	170	0.218	144	0.185	112	0.144

(续表)

n_1	n_2	n_3	$\alpha=0.5$	$\alpha=0.2$	$\alpha=0.1$	$\alpha=0.05$	$\alpha=0.025$	$\alpha=0.01$	$\alpha=0.005$
2	5	7	30(0.50000)	37(0.20292)	40(0.11588)	43(0.05821)	46(0.02507)	48(0.01290)	50(0.00601)
			31(0.45303)	38(0.17057)	41(0.09355)	44(0.04477)	47(0.01820)	49(0.00894)	51(0.00393)
2	5	8	33(0.52151)	41(0.20773)	45(0.10400)	48(0.05459)	51(0.02519)	53(0.01383)	55(0.00701)
			34(0.47849)	42(0.17764)	46(0.08500)	49(0.04283)	52(0.01885)	54(0.00996)	56(0.00482)
2	6	6	30(0.52338)	37(0.22198)	41(0.10607)	44(0.05260)	46(0.03031)	49(0.01139)	51(0.00526)
			31(0.47662)	38(0.18816)	42(0.08528)	45(0.04027)	47(0.02235)	50(0.00786)	52(0.00343)
2	6	7	34(0.52125)	42(0.21088)	46(0.10721)	49(0.05720)	52(0.02703)	55(0.01103)	57(0.00551)
			35(0.47875)	43(0.18087)	47(0.08803)	50(0.04521)	53(0.02040)	56(0.00789)	58(0.00376)
2	6	8	38(0.51949)	47(0.20176)	51(0.10804)	54(0.06118)	57(0.03135)	61(0.01070)	63(0.00569)
			39(0.48051)	48(0.17491)	52(0.09031)	55(0.04953)	58(0.02449)	62(0.00788)	64(0.00404)
2	7	7	39(0.50000)	47(0.21740)	52(0.10029)	55(0.05628)	58(0.02858)	61(0.01293)	64(0.00509)
			40(0.46130)	48(0.18948)	53(0.08358)	56(0.04543)	59(0.02225)	62(0.00964)	65(0.00360)
2	7	8	43(0.51781)	52(0.22285)	57(0.11128)	61(0.05543)	64(0.02987)	68(0.01127)	70(0.00642)
			44(0.48219)	53(0.19675)	58(0.09468)	62(0.04555)	65(0.02381)	69(0.00857)	71(0.00474)
2	8	8	48(0.51641)	58(0.21616)	63(0.11392)	68(0.05085)	71(0.02858)	75(0.01170)	78(0.00537)
			49(0.48359)	59(0.19248)	64(0.09833)	69(0.04231)	72(0.02319)	76(0.00913)	79(0.00404)
3	3	3	14(0.50000)	17(0.25952)	19(0.13869)	21(0.06131)	22(0.03690)	24(0.01071)	24(0.01071)
			15(0.41548)	18(0.19405)	20(0.09464)	22(0.03690)	23(0.02083)	25(0.00476)	25(0.00476)
3	3	4	17(0.50000)	21(0.22833)	23(0.13000)	25(0.06405)	27(0.02643)	28(0.01548)	29(0.00857)
			18(0.42667)	22(0.17500)	24(0.09310)	26(0.04214)	28(0.01548)	29(0.00857)	30(0.00429)
3	3	5	20(0.50000)	25(0.20584)	27(0.12348)	29(0.06623)	31(0.03106)	33(0.01234)	34(0.00714)
			21(0.43528)	26(0.16147)	28(0.09177)	30(0.04621)	32(0.02002)	34(0.00714)	35(0.00390)
3	3	6	23(0.50000)	28(0.23193)	31(0.11845)	33(0.06791)	35(0.03506)	38(0.01017)	39(0.00622)
			24(0.44210)	29(0.18912)	32(0.09075)	34(0.04946)	36(0.02408)	39(0.00622)	40(0.00357)
3	3	7	26(0.50000)	32(0.21323)	35(0.11451)	38(0.05219)	40(0.02768)	42(0.01320)	44(0.00551)
			27(0.44761)	33(0.17619)	36(0.08989)	39(0.03849)	41(0.01941)	43(0.00868)	45(0.00335)
3	3	8	29(0.50000)	35(0.23428)	39(0.11131)	42(0.05446)	44(0.03092)	47(0.01122)	48(0.00759)
			30(0.45216)	36(0.19843)	40(0.08914)	43(0.04144)	45(0.02259)	48(0.00759)	49(0.00498)
3	4	4	20(0.53221)	25(0.23247)	28(0.10926)	30(0.05758)	32(0.02649)	34(0.01030)	35(0.00589)
			21(0.46779)	26(0.18528)	29(0.08643)	31(0.03974)	33(0.01688)	35(0.00589)	36(0.00320)
3	4	5	24(0.50000)	29(0.23579)	32(0.12369)	35(0.05281)	37(0.02648)	39(0.01169)	40(0.00732)
			25(0.44304)	30(0.19325)	33(0.09481)	36(0.03791)	38(0.01789)	40(0.00732)	41(0.00440)
3	4	6	27(0.52566)	33(0.23834)	37(0.10723)	39(0.06505)	42(0.02642)	44(0.01284)	46(0.00553)
			28(0.47434)	34(0.19973)	48(0.08432)	40(0.04923)	43(0.01865)	45(0.00856)	47(0.00343)
3	4	7	31(0.50000)	38(0.20504)	41(0.11810)	44(0.06003)	47(0.02633)	49(0.01379)	51(0.00657)
			32(0.45344)	39(0.17279)	32(0.09566)	45(0.04644)	48(0.01926)	50(0.00963)	52(0.00435)
3	4	8	34(0.52137)	42(0.20952)	36(0.10583)	49(0.05607)	52(0.02624)	55(0.01058)	57(0.00522)
			35(0.47863)	43(0.17947)	47(0.08672)	50(0.04419)	53(0.01974)	56(0.00752)	58(0.00354)
3	5	5	28(0.50000)	34(0.12029)	37(0.12200)	40(0.05823)	42(0.03227)	45(0.01116)	46(0.00740)
			29(0.44913)	35(0.18365)	38(0.09706)	41(0.04382)	43(0.02324)	46(0.00740)	47(0.00475)

(续表)

n_1	n_2	n_3	$\alpha=0.5$	$\alpha=0.2$	$\alpha=0.1$	$\alpha=0.05$	$\alpha=0.025$	$\alpha=0.01$	$\alpha=0.005$
3	5	6	32(0.50000)	39(0.20820)	42(0.12137)	45(0.06278)	48(0.02822)	51(0.01071)	53(0.00500)
			33(0.45405)	40(0.17607)	48(0.09882)	46(0.04890)	49(0.02085)	52(0.00741)	54(0.00328)
3	5	7	36(0.50000)	43(0.22963)	48(0.10022)	51(0.05332)	54(0.02518)	57(0.01033)	59(0.00519)
			37(0.45809)	44(0.19851)	49(0.08220)	52(0.04211)	55(0.01903)	58(0.00740)	60(0.00356)
3	5	8	40(0.50000)	48(0.21844)	53(0.10138)	56(0.05718)	59(0.02926)	63(0.01001)	65(0.00534)
			41(0.46147)	49(0.19057)	54(0.08461)	57(0.04627)	60(0.02284)	64(0.00737)	66(0.00380)
3	6	6	36(0.52087)	44(0.21513)	48(0.11162)	51(0.06089)	54(0.02965)	57(0.01264)	59(0.00656)
			37(0.47913)	45(0.18533)	49(0.09226)	52(0.04855)	55(0.02267)	58(0.00919)	60(0.00459)
3	6	7	41(0.50000)	49(0.22091)	54(0.10392)	57(0.05931)	60(0.03081)	64(0.0010845)	66(0.00590)
			42(0.46187)	50(0.19315)	55(0.08704)	58(0.04821)	61(0.02420)	65(0.00807)	67(0.00425)
3	6	8	45(0.51759)	54(0.22580)	59(0.11440)	63(0.05797)	67(0.02551)	70(0.01238)	73(0.00539)
			46(0.48241)	55(0.19983)	60(0.09770)	64(0.04788)	68(0.02027)	71(0.00950)	74(0.00397)
3	7	7	46(0.50000)	55(0.21371)	60(0.10697)	64(0.05366)	67(0.02919)	71(0.01125)	73(0.00651)
			47(0.46502)	56(0.18868)	61(0.09112)	65(0.04421)	68(0.02337)	72(0.00861)	74(0.00486)
4	4	4	24(0.52840)	30(0.21573)	33(0.10993)	35(0.06323)	37(0.03296)	39(0.01530)	41(0.00615)
			25(0.47160)	31(0.17558)	34(0.08439)	36(0.04630)	38(0.02286)	40(0.00993)	42(0.00367)
4	4	5	28(0.52535)	35(0.20291)	38(0.11051)	41(0.05178)	43(0.02833)	45(0.01412)	47(0.00630)
			29(0.47465)	36(0.16825)	39(0.08738)	42(0.03873)	44(0.02027)	46(0.00959)	48(0.00402)
4	4	6	32(0.52292)	39(0.22651)	43(0.11087)	46(0.05649)	48(0.03336)	51(0.01321)	53(0.00639)
			33(0.47708)	40(0.19294)	44(0.08984)	47(0.04376)	49(0.02497)	52(0.00931)	54(0.00429)
4	4	7	36(0.52091)	44(0.21471)	48(0.11118)	51(0.06052)	54(0.02939)	57(0.01248)	59(0.01645)
			37(0.47909)	45(0.18488)	19(0.09184)	52(0.04822)	55(0.02244)	58(0.00906)	60(0.00450)
4	4	8	40(0.51923)	49(0.20504)	53(0.11139)	57(0.05216)	60(0.02636)	63(0.01188)	65(0.00649)
			41(0.48077)	50(0.17830)	54(0.09353)	58(0.04204)	61(0.02049)	64(0.00885)	66(0.00468)
4	5	5	33(0.50000)	40(0.21074)	44(0.10139)	47(0.05094)	49(0.02980)	52(0.01162)	54(0.00557)
			34(0.45453)	41(0.17872)	45(0.08177)	48(0.03928)	50(0.02220)	53(0.00815)	55(0.00371)
3	5	6	37(0.52068)	45(0.21719)	49(0.11377)	53(0.05021)	55(0.03096)	58(0.01346)	61(0.00502)
			38(0.47932)	46(0.18750)	50(0.09435)	54(0.03970)	56(0.02382)	59(0.00987)	62(0.00347)
4	5	7	42(0.50000)	50(0.22260)	55(0.10570)	58(0.06081)	62(0.02519)	65(0.01147)	67(0.00633)
			43(0.46215)	51(0.19494)	56(0.08875)	59(0.04959)	63(0.01963)	66(0.00858)	68(0.00459)
4	5	8	46(0.51748)	56(0.20134)	60(0.11594)	64(0.05923)	68(0.02636)	71(0.01294)	74(0.00572)
			47(0.48252)	57(0.17722)	61(0.09919)	65(0.04905)	69(0.02102)	72(0.00998)	75(0.00425)
4	6	6	42(0.51886)	51(0.20965)	55(0.11612)	59(0.05592)	62(0.02909)	66(0.01031)	68(0.00565)
			43(0.48114)	52(0.18307)	56(0.09810)	60(0.04546)	63(0.02287)	67(0.00769)	69(0.00408)

(续表)

n_1	n_2	n_3	$\alpha=0.5$	$\alpha=0.2$	$\alpha=0.1$	$\alpha=0.05$	$\alpha=0.025$	$\alpha=0.01$	$\alpha=0.005$
4	6	7	17(0.51733)	57(0.20342)	62(0.10126)	66(0.05067)	69(0.02756)	73(0.01066)	75(0.00619)
			48(0.48267)	58(0.17938)	63(0.08619)	67(0.04174)	70(0.02208)	74(0.00818)	76(0.00463)
4	6	8	52(0.51603)	62(0.22166)	68(0.10397)	72(0.05539)	76(0.02631)	80(0.01095)	83(0.00513)
			53(0.48397)	63(0.19820)	69(0.08972)	73(0.04651)	77(0.02141)	81(0.00859)	84(0.00390)
4	7	7	53(0.50000)	63(0.21068)	68(0.11261)	73(0.05154)	76(0.02963)	81(0.01000)	83(0.00607)
			54(0.46809)	64(0.18800)	69(0.09759)	74(0.04318)	77(0.02426)	82(0.00783)	84(0.00465)
4	7	8	58(0.51481)	69(0.21695)	75(0.10806)	80(0.05226)	84(0.02621)	88(0.01177)	91(0.00595)
			59(0.48519)	70(0.19552)	76(0.09450)	81(0.04441)	85(0.02170)	89(0.00946)	92(0.00466)
4	8	8	64(0.51376)	76(0.11292)	82(0.11160)	87(0.05754)	92(0.02610)	97(0.01023)	100(0.00538)
			65(0.48624)	77(0.19320)	83(0.09869)	88(0.04966)	93(0.02191)	98(0.00831)	101(0.00428)
5	5	5	38(0.5000)	46(0.20318)	50(0.10490)	853(0.05715)	56(0.02788)	59(0.01196)	61(0.00626)
			39(0.45888)	47(0.17478)	51(0.08666)	54(0.04558)	57(0.02136)	60(0.00873)	62(0.00440)
5	5	7	43(0.5000)	51(0.22463)	56(0.10781)	60(0.05124)	63(0.02637)	66(0.01222)	69(0.00501)
			44(0.46248)	52(0.19706)	57(0.09078)	61(0.04151)	64(0.02066)	67(0.00921)	70(0.00360)
5	5	7	48(0.50000)	57(0.21690)	62(0.11026)	66(0.05631)	70(0.02514)	74(0.01241)	76(0.00554)
			49(0.46549)	58(0.19200)	63(0.09430)	67(0.04665)	71(0.02008)	74(0.00960)	77(0.00413)
5	5	8	53(0.50000)	63(0.21043)	68(0.11235)	73(0.05135)	76(0.02948)	80(0.01256)	83(0.00601)
			54(0.46806)	64(0.18774)	59(0.09734)	74(0.04300)	77(0.02413)	81(0.00992)	84(0.00461)
5	6	6	48(0.51720)	58(0.20518)	63(0.10301)	67(0.05205)	70(0.02859)	74(0.01125)	76(0.00661)
			49(0.48280)	59(0.18116)	64(0.08787)	68(0.04301)	71(0.02299)	75(0.00868)	77(0.00498)
5	6	7	54(0.5000)	64(0.21215)	69(0.11412)	74(0.05272)	78(0.02507)	82(0.01048)	84(0.00641)
			55(0.46829)	65(0.18952)	70(0.09906)	75(0.04427)	79(0.02042)	83(0.00824)	85(0.00494)
5	6	8	59(0.51473)	70(0.21820)	76(0.10935)	81(0.05328)	85(0.02694)	89(0.01223)	92(0.00624)
			60(0.48527)	71(0.19681)	77(0.09575)	82(0.04535)	86(0.02235)	90(0.00985)	93(0.00490)
5	7	7	60(0.50000)	71(0.20814)	77(0.10319)	81(0.05828)	85(0.02998)	90(0.01125)	93(0.00571)
			61(0.47066)	72(0.18741)	78(0.09019)	82(0.04981)	86(0.02499)	91(0.00904)	94(0.00447)
5	7	8	66(0.50000)	78(0.20471)	84(0.10680)	89(0.05493)	93(0.02948)	98(0.01193)	102(0.00515)
			67(0.47271)	79(0.18559)	85(0.09438)	90(0.04739)	94(0.02489)	99(0.00077)	103(0.00410)
5	8	8	72(0.51273)	85(0.21165)	92(0.10461)	97(0.05635)	102(0.02724)	107(0.01166)	111(0.00536)
			73(0.48727)	86(0.19344)	93(0.09319)	98(0.04917)	103(0.02322)	108(0.00968)	112(0.00434)
6	6	6	54(0.51582)	65(0.20145)	70(0.10721)	74(0.05805)	78(0.02816)	82(0.01206)	85(0.00581)
			55(0.48418)	66(0.17959)	71(0.09285)	75(0.04897)	79(0.02306)	83(0.00954)	86(0.00447)
6	6	7	60(0.51464)	71(0.21964)	77(0.11084)	82(0.05446)	86(0.02778)	91(0.01031)	94(0.00520)
			61(0.48536)	72(0.19831)	78(0.09721)	83(0.04645)	87(0.02311)	92(0.00827)	85(0.00406)
6	6	8	66(0.51312)	78(0.21527)	85(0.10104)	90(0.05151)	94(0.02745)	99(0.01100)	102(0.01588)
			67(0.48638)	79(0.19561)	86(0.08914)	91(0.04436)	95(0.02313)	100(0.00899)	103(0.00471)
6	7	7	67(0.50000)	79(0.20598)	85(0.10808)	90(0.05595)	95(0.02559)	100(0.01016)	103(0.00541)
			68(0.47285)	80(0.18689)	86(0.09563)	91(0.04835)	96(0.02153)	101(0.00829)	104(0.00432)

(续表)

n_1	n_2	n_3	$\alpha=0.5$	$\alpha=0.2$	$\alpha=0.1$	$\alpha=0.05$	$\alpha=0.025$	$\alpha=0.01$	$\alpha=0.005$
6	7	8	73(0.51267)	86(0.21274)	93(0.10571)	99(0.05002)	103(0.02787)	109(0.01002)	112(0.00558)
			74(0.48733)	87(0.19456)	94(0.09426)	100(0.04351)	104(0.02380)	110(0.00829)	113(0.00454)
6	8	8	80(0.51184)	94(0.21015)	101(0.10987)	107(0.05532)	112(0.02822)	118(0.01098)	122(0.00533)
			81(0.48816)	95(0.19364)	102(0.09895)	103(0.04873)	113(0.02437)	119(0.00923)	123(0.00439)
7	7	7	74(0.50000)	87(0.20413)	94(0.10045)	99(0.05401)	104(0.02609)	109(0.01118)	113(0.00515)
			75(0.47473)	88(0.18643)	95(0.08944)	100(0.04711)	105(0.02225)	110(0.00929)	114(0.00418)
7	7	8	81(0.50000)	95(0.20251)	102(0.10477)	108(0.05235)	113(0.02653)	119(0.01023)	122(0.00597)
			82(0.47637)	96(0.18602)	103(0.09414)	109(0.04605)	114(0.02288)	120(0.00859)	123(0.00494)
7	8	8	88(0.51108)	103(0.20959)	111(0.10393)	117(0.05443)	123(0.02539)	129(0.01041)	133(0.00530)
			89(0.48892)	104(0.19380)	112(0.09402)	118(0.04834)	124(0.02209)	130(0.00885)	134(0.00443)
8	8	8	96(0.51040)	112(0.20874)	120(0.10852)	127(0.05365)	133(0.02629)	139(0.01152)	144(0.00527)
			97(0.48960)	113(0.19394)	121(0.09891)	128(0.04798)	134(0.02310)	140(0.00992)	145(0.00445)

	k		$\alpha=0.5$	$\alpha=0.2$	$\alpha=0.1$	$\alpha=0.05$	$\alpha=0.025$	$\alpha=0.01$	$\alpha=0.005$
$n=2$	4		12(0.54921)	15(0.26825)	17(0.13016)	18(0.08294)	20(0.02619)	21(0.01230)	22(0.00516)
			13(0.45079)	16(0.19286)	18(0.08294)	19(0.04841)	21(0.01230)	22(0.00516)	23(0.00159)
	5		20(0.53534)	25(0.21102)	27(0.12133)	29(0.06126)	31(0.02646)	32(0.01623)	34(0.00511)
			21(0.46466)	26(0.16246)	28(0.08779)	30(0.04116)	32(0.01623)	33(0.00939)	35(0.00257)
	6		30(0.52707)	36(0.22650)	39(0.12151)	42(0.05533)	44(0.02944)	48(0.01418)	48(0.00608)
			31(0.47293)	37(0.18713)	40(0.09533)	43(0.04083)	45(0.02071)	47(0.00944)	49(0.00379)
$n=3$	4		27(0.52760)	33(0.22197)	36(0.11663)	39(0.05145)	41(0.02657)	43(0.01229)	44(0.00797)
			28(0.47240)	34(0.18229)	37(0.09067)	40(0.03774)	42(0.01834)	44(0.00797)	45(0.00498)
	5		45(0.51980)	53(0.22740)	58(0.10487)	61(0.05884)	64(0.02995)	68(0.01023)	70(0.00549)
			46(0.48020)	54(0.19822)	59(0.08738)	62(0.04752)	65(0.02335)	69(0.00755)	71(0.00392)
	6		68(0.50000)	79(0.20145)	84(0.11087)	89(0.05331)	93(0.02262)	97(0.01193)	100(0.00604)
			69(0.46981)	80(0.18058)	85(0.09686)	90(0.04524)	94(0.02201)	98(0.00958)	101(0.00443)
$n=4$	4		48(0.51826)	57(0.21724)	62(0.10581)	66(0.05142)	69(0.02715)	72(0.01304)	75(0.00562)
			49(0.48174)	58(0.19096)	63(0.08950)	67(0.04198)	70(0.02150)	73(0.00998)	76(0.00414)
	5		80(0.51305)	93(0.20589)	99(0.11129)	105(0.05211)	109(0.02876)	115(0.01016)	118(0.00561)
			81(0.48695)	94(0.18756)	100(0.09910)	106(0.04523)	110(0.02450)	116(0.00839)	119(0.00455)
	6		120(0.50994)	137(0.20490)	146(0.10048)	153(0.05084)	159(0.02572)	166(0.01025)	170(0.00588)
			121(0.40006)	138(0.19092)	147(0.09181)	154(0.04567)	160(0.02274)	167(0.00888)	171(0.00486)
$n=5$	4		75(0.51321)	88(0.20295)	94(0.10832)	99(0.05735)	104(0.02708)	109(0.01125)	113(0.00502)
			78(0.48679)	89(0.18455)	95(0.09621)	100(0.04983)	105(0.02296)	110(0.00928)	114(0.00404)
	5		125(0.50942)	143(0.20345)	152(0.10385)	159(0.05492)	166(0.02603)	173(0.01095)	178(0.00545)
			126(0.49058)	144(0.19032)	153(0.09542)	160(0.04970)	167(0.02318)	174(0.00958)	179(0.00470)
			188(0.50000)	211(0.20386)	223(0.10319)	233(0.05153)	241(0.02701)	251(0.01067)	258(0.00510)
			189(0.48567)	212(0.19377)	224(0.09679)	234(0.04775)	242(0.02477)	252(0.00964)	259(0.00456)
$n=6$	4		108(0.51013)	125(0.20037)	133(0.10521)	140(0.05287)	146(0.02647)	153(0.01035)	157(0.00565)
			109(0.48987)	126(0.18631)	134(0.09607)	141(0.04743)	147(0.02336)	154(0.00894)	158(0.00481)
	5		180(0.50721)	203(0.20745)	215(0.10494)	225(0.05229)	234(0.02505)	243(0.01072)	250(0.00510)
			181(0.49279)	204(0.19719)	216(0.09842)	226(0.04844)	235(0.02292)	244(0.00969)	251(0.00456)
	6		270(0.50548)	301(0.20070)	316(0.10478)	329(0.05285)	341(0.02523)	353(0.01078)	362(0.00527)
			271(0.49452)	302(0.19304)	317(0.09982)	330(0.04990)	342(0.02361)	354(0.00999)	363(0.00485)

附表 13　Kolmogorov 检验临界值表 $(P(D_n \geqslant D_\alpha) = \alpha)$

n	α				
	0.20	0.10	0.05	0.02	0.01
1	0.90000	0.95000	0.97500	0.99000	0.99500
2	0.68377	0.77639	0.84189	0.90000	0.92929
3	0.56481	0.63604	0.70760	0.78456	0.82900
4	0.49265	0.56522	0.62394	0.68887	0.73424
5	0.44698	0.50945	0.56328	0.62713	0.66853
6	0.41037	0.46799	0.51926	0.57741	0.61661
7	0.38148	0.43607	0.48342	0.53844	0.57581
8	0.35831	0.40962	0.45427	0.50654	0.54179
9	0.33910	0.38746	0.43001	0.47960	0.51332
10	0.32260	0.36866	0.40925	0.45662	0.48893
11	0.30829	0.35242	0.39122	0.43670	0.46770
12	0.29577	0.32815	0.37543	0.41918	0.44905
13	0.28470	0.32549	0.36143	0.40362	0.43247
14	0.27481	0.31417	0.34890	0.38970	0.41763
15	0.26588	0.30397	0.33760	0.37713	0.40420
16	0.25778	0.29472	0.32733	0.36571	0.39201
17	0.25039	0.28627	0.31796	0.35528	0.38086
18	0.24360	0.27851	0.30963	0.34569	0.37062
19	0.23735	0.27136	0.30143	0.33685	0.36117
20	0.23156	0.26473	0.29408	0.32866	0.35241
21	0.22617	0.25858	0.28724	0.32104	0.34127
22	0.22115	0.25283	0.28087	0.31394	0.33666
23	0.21645	0.24746	0.27490	0.30728	0.32954
24	0.21205	0.24242	0.26931	0.30104	0.32286
25	0.20790	0.23768	0.26404	0.29516	0.31657
26	0.20399	0.23320	0.25907	0.28962	0.31064
27	0.20030	0.22838	0.25438	0.28438	0.30502
28	0.19680	0.22497	0.24993	0.27942	0.29971
29	0.19348	0.22117	0.24571	0.27471	0.29466
30	0.19032	0.21756	0.24170	0.27023	0.28987
31	0.18732	0.21412	0.23788	0.26596	0.28530
32	0.18445	0.21085	0.23424	0.26189	0.28094
33	0.18171	0.20771	0.23076	0.25801	0.27677
34	0.17909	0.20472	0.22743	0.25429	0.27279
35	0.17659	0.20185	0.22425	0.25073	0.26897
36	0.17418	0.19910	0.22119	0.24732	0.26532
37	0.17188	0.19646	0.21826	0.24401	0.26180
38	0.16966	0.19392	0.21544	0.24089	0.25843

(续表)

n	α				
	0.20	0.10	0.05	0.02	0.01
39	0.16753	0.19148	0.21273	0.23786	0.25518
40	0.16947	0.18913	0.21012	0.23494	0.25205
41	0.16394	0.18687	0.20760	0.23213	0.24904
42	0.16158	0.18468	0.20517	0.22941	0.24613
43	0.15974	0.18257	0.20283	0.22679	0.24332
44	0.15796	0.18053	0.20056	0.22426	0.24060
45	0.15623	0.17856	0.19837	0.22181	0.23798
46	0.15457	0.17665	0.19625	0.21944	0.23544
47	0.15295	0.17481	0.19420	0.21715	0.23298
48	0.15139	0.17302	0.19221	0.21493	0.23059
49	0.14987	0.17128	0.19028	0.21277	0.22828
50	0.14840	0.16959	0.18841	0.21068	0.22604
55	0.14164	0.16186	0.17981	0.20107	0.21574
60	0.13573	0.15511	0.17231	0.19267	0.20673
65	0.13052	0.14913	0.16567	0.18525	0.19877
70	0.12586	0.14381	0.15975	0.17863	0.19167
75	0.12167	0.13901	0.15442	0.17268	0.18528
80	0.11787	0.13467	0.14960	0.16728	0.17949
85	0.11442	0.13072	0.14520	0.16236	0.17421
90	0.11125	0.12709	0.14117	0.15786	0.16938
95	0.10833	0.12375	0.13746	0.15371	0.16493
100	0.10563	0.12067	0.18403	0.14987	0.16081

附表 14　Kolmogorov-Smirnov D 临界值表 (单一样本)

样本量 (N)	$D = \text{maximum}|F_0(X) - S_N(X)|$ 的显著性水平				
	0.20	0.15	0.10	0.05	0.01
1	0.900	0.925	0.950	0.975	0.995
2	0.684	0.726	0.776	0.842	0.929
3	0.565	0.597	0.642	0.708	0.828
4	0.494	0.525	0.564	0.624	0.733
5	0.446	0.474	0.510	0.565	0.669
6	0.410	0.436	0.470	0.521	0.618
7	0.381	0.405	0.438	0.486	0.577
8	0.358	0.381	0.411	0.457	0.543
9	0.339	0.360	0.388	0.432	0.514
10	0.322	0.342	0.368	0.410	0.490
11	0.307	0.326	0.352	0.391	0.468
12	0.295	0.313	0.338	0.375	0.450
13	0.284	0.302	0.325	0.361	0.433
14	0.274	0.292	0.314	0.349	0.418
15	0.266	0.283	0.304	0.338	0.404
16	0.258	0.274	0.295	0.328	0.392
17	0.250	0.266	0.286	0.318	0.381
18	0.244	0.259	0.278	0.309	0.371
19	0.237	0.252	0.272	0.301	0.363
20	0.231	0.246	0.264	0.294	0.356
25	0.21	0.22	0.24	0.27	0.32
30	0.19	0.20	0.22	0.24	0.29
35	0.18	0.19	0.21	0.23	0.27
Over 35	$\dfrac{1.07}{\sqrt{N}}$	$\dfrac{1.14}{\sqrt{N}}$	$\dfrac{1.22}{\sqrt{N}}$	$\dfrac{1.36}{\sqrt{N}}$	$\dfrac{1.63}{\sqrt{N}}$

参 考 文 献

[1] Arbuthnot, J. An argument for divine providence, taken from the constant regularity observed in the births of both sexes. Philos Trans R Soc[J], 1710, 1(27): 186-190.

[2] Beecher, H K. Measurement of Subjective Response: Quantitative Effects of Drugs[M]. New York: Oxford University Press, 1959.

[3] BENJAMINI, Y. and HOCHBERG, Y. Controlling the false discovery rate: A practical and powerful approach to multiple testing. J. R. Stat. Soc. Ser. B. Stat. Methodol[J], 1995, 57: 289-300.

[4] Bowman, B Katz. Hand strength and prone extension in right-dominant, 6 to 9 year aids. American Journal of Occupational Therapy[J], 1984, 38: 367-376.

[5] Box, GEP. Non-normality and tests on variances. Biometrika[J], 1953, 40: 318-335.

[6] Bradley, J. V. Distribution-Free Statistical Tests[M]. Prentice-Hall. Englewood Cliffs. NJ, 1968: 283-310.

[7] Breiman, L., Friedman, J., Olshen, R. and Stone, C. Classification and regression trees[J]. Belmont. CA: Wadsworth International Croup, 1984.

[8] Breiman, L. Random forests. Machine Learning[J], 2001, 45: 5-35.

[9] Breslow, N. E., Day, N. E. Statistical methods in Cancer Research, Vol(2): The design and Analysis of Cohort Studies[M]. Lyon: International Agency for Research on Cancer, 1987.

[10] Brown, G. W. and Mood, A. M. Amer Statist[J], 1948, 2(3): 22.

[11] Brown, G. W. and Mood, A. M. Proc. 2nd Berkeley Symp. Math. Statist. Prob[J]. University of California Press, Berkeley, Calif, 1951: 159-166.

[12] B. Yu. Stability. Bernoulli, 2013, 19(4), 1484-1500.

[13] Chambers J, Cleveland W. Graphical methods for Data Analysis[M]. Boston: Duxbury Press India, 1983.

[14] Chang, W. H., McKean, J. W., Naranjo, J. D. and Sheather, S. J. High-breakdown rank regression. Journal of the American Statistical Association[J], 1999: 205-219.

[15] Christopher M Bishop. Pattern Recognition and Machine Learning[M]. New York: Springer-Verlag, 2007.

[16] Conover W J. Practical Nonparametric Statistics (2nd edn.)[M]. New York: John Wiley & Sons, 1980.

[17] Cook, RD & Li, B. Dimension reduction for the conditional mean in regression. Ann. Stat[J], 2002, 30: 455-474.

[18] Cox, D. R. and Stuart, A. Some quick sign tests for trend in location and dispersion. Biometrika[J], 1955, 42: 80-95.

[19] Denker, Manfred. Asymptotic Distribution Theory in Nonparametric Statistics[M]. Fr. Vieweg & Sohn, Braunschweig, Wiesbaden, 1985.

[20] Donoho, D. L. and Huber, P. J. The notion of breakdown point. In "A Festschrift for Erich Lehmann" (Bickel, P. J., Doksum, K. and Hodges, J. L., Eds, Jr.)[M], Wadsworth, Belmont, CA, 1983: 157-184.

[21] Donoho, D. L. & Jiashun Jin. Higher criticism for detecting sparse heterogeneous mixtures. Ann Statistics, The Annals of Statistics[J], 2004, 32(3), 962-994.

[22] Donoho, D. L. & Jiashun Jin. Higher Criticism for Large-Scale Inference, Especially for Rare and Weak Effects. Statistical Science[J], 2016, 30(1): 1-25.

[23] Donoho, D. L. & JohnStone, I. M. Ideal Spatial Adaptation via Wavelet Shrinkage. Biometrika[J], 1994, 81: 425-455.

[24] Draper, N. L. and Smith, H. Applied regression analysis[M]. New York: John Wiley & Sons, Inc, 1966.

[25] Efron, Tibshirani, R., Storey, J. D. and Tusher, V. Empirical Bayes analysis of a microarray experiment. Journal of the American Statistical Association[J], 2001, 96: 1151-1160.

[26] Eubank, RL. Nonparametric regression and spline smoothing (2nd edn.)[M]. Marcel Dekker. New York, 1999.

[27] Fan, J., Gijbels. Local polynomial modeling and its applications[M]. Chapman & Hall. London, 1996.

[28] Fan, J., Li, R. Variable Selection via nonconcave penalized likelihood and its oracle properties. J Am stat ASSOC[J], 2001, 96: 1348-1360.

[29] Ferguson, T. S. A Course in Large Sample Theory[M]. Chapman-Hall. New York, 1996.

[30] Fraser, D. A. S. Nonparametric Methods in Statistics[M]. John Wiley & Sons. New York, 1957.

[31] Freund Y. A Decision-Theoretic Generalization of On-Line Learning and an Application to Boosting[M]. AT & T Labs, 180 Park Avenue, Florham Park, New Jersey, 07932, 1997.

[32] Friedman, J H. Multivariate Adaptive Regression Splines. Ann. statist[J], 1991, 19(1): 123-141.

[33] Fukunaga, K. and Hostetler, L. D. The estimation of the gradient of a density function with applications in pattern recognition. IEEE Transactions on Information Theory[C], 1975, 21(1): 32-40.

[34] Gibbons, JD., Chakraborti, S. Nonparametric statistical Inference (5th edn.)[M]. Taylor & Fancis/CRC Press, Boca Raton, 2010.

[35] Green, PJ., Silverman, BW. Nonparametric regression and generalized linear models[M]. Chapman & Hall/CRC press, Boca Baton, 1994.

[36] Hampel, F. R. Contributions to the theory of robust estimation[M], Ph. D. thesis, Dept. Statistics, Univ. California, Berkeley, 1968.

[37] Hampel, F. R. The influence curve and its role in robust estimation. Journal of American Statistical Association[J]. 1974, 69: 383-393.

[38] Hardle, W., Kerkyacharian, G., Picard, D., Tsybakov, A. Wavelets, Approximation, and statistical Applications. Lecture notes in statistics[J], vol 129. Springer, New York, 1998.

[39] Hart, JD. Nonparamrtic smoothing and lack-of-fit tests[M]. Springer, New York, 1997.

[40] Hastie, T., Tibshirani, R., Friedman, J H. The Elements of Statistical Learning[M]. New York: Springer-Verlag, 2003.

[41] Hoeffding, W. A class of statistics with asymptotically normal distribution, Ann. Math. Statist[J], 1948, 19: 293-325.

[42] Hoeffding, W. A non-parametric test for independence, Ann. Math. Statist[J], 1948, 19: 546-557.

[43] Lee, A. J. U-Statistics[M], Marcel Dekker Inc., New York, 1990.

[44] Hollander, M., Wolfe, DA. Nonparametric statistical methods(2nd edn.)[M]. Wiley, New York, 1999.

[45] Hotelling, H. Relations between two sets of variates. Biometrika[J], 1936, 28: 321-377.

[46] Huber, P. J. Robust regression: asymptotics, conjectures and Monte carlo. Annals of Statistics[J], 1973, 1: 799-821.

[47] Huber, P. J. Robust estimation of a location parameter. Annals of mathematical Statistics[J], 1964, 35: 73-101.

[48] Huber, P. J. Robust Statistics[M]. New York: John Wiley and Sons, 1981.

[49] Irwin, D. J., Bross. How to Use Ridit Analysis. Biometrics[J], 1958, 14: 18-38.

[50] Jeffrey, S., Simonnoff. Smoothing Methods in Statistics[M]. New York: Springer-Verlag, 1998.

[51] Jaeckel, L. A. Estimating regression coefficients by minimizing the dispersion of residuals. The Annals of Mathematical Statistics[J], 1972, 43: 1449-1458.

[52] Jonckheere, A. R. A distribution-free k-sample test again ordered alternatives. Biometrika[J], 1954, 41: 133-145.

[53] Kaarsemaker, L., van Wijngaarden, A. Tables for use in rank correlation. Stat. Neerland[J], 1953, 7: 53.

[54] Kendall, M. G. A new measure of rank correlation. Biometrika[J], 1938, 30: 81-93.

[55] Kendall, M. G. and Babington Smith, B. The Problem of m Rankings. The Annals of Mathematical Statistics[J], 1939, 10: 275-287.

[56] Koenker, R. and Bassett, Jr., G. Regression Quantiles. Econometrica[J], 1978, 46: 33-50.

[57] Koenker, R. When are expectiles percentiles? (solution), Econometric Theory[J], 1993, 9: 526-527.

[58] Koenker, R. and Hallock, K. Quantile Regression: An Introduction. Journal of Economic Perspectives[J], 2001, 15: 43-56.

[59] Koenker, R. Quantile Regression[M]. Cambridge: Cambridge University Press, 2005.

[60] Kolmogrow, A., Sulla, N. Determinatzione empirica di una legge di distribuzione[J]. Gione Ist Ital Attuai, 1933, 4: 83-91.

[61] Konijn, H. S. On the power of certain tests for independence in bivariate populations. Ann. Math. Statist[J], 1956, 27(2): 300-323.

[62] Larry Wasserman. All of Nonparametric Statistics[M]. New York: Springer-Verlag, 2007.

[63] Lehmann, EL. Testing Stochastical Hypotheses (3rd edn.)[M]. New York: Springer, 2008.

[64] Lehmann, EL. Nonparametrics: statistical methods based on ranks[M]. Holden-Day, San Francisco, 1975.

[65] Lehmann, EL. Nonparametric statistical methods (rev edn.)[M]. Springer, Berlin, 2006.

[66] Mann, H. B. and Whitney, D. R. On a test of whether one of two random variables is stochastically larger than the other, Ann. Math. Statist[J], 1947, 18: 50-60.

[67] McCullagh, P., Nelder, J A, . Generalized Linear Models (2nd edn.)[M]. London: Chapman and Hall, 1989.

[68] McNemar, Q. Note on the sampling error of the difference between correlated proportions or percentages. Psychometrica[J], 1947, 12: 153-157.

[69] Morgan, J N. Problems in the analysis of survey data, and a proposal. Journal of the American Statistical Association[J], 1963, 58(302): 415-434.

[70] Myles Hollander, Douglas, Wolfe, A. Nonparametric Statistical Methods (2nd edn.)[M]. London: Wiley-Interscience, 1999.

[71] Mood, A. M. Introduction to the Theory of Statistics[M]. McGraw-Hill, New York, 1950.

[72] Nadaraya. On Estimating Regression, Theory of Probability & Its Applications. Soc. Ind. Appl. Math[J], 1964, 9(1): 141-142.

[73] Norman, R., Draper Harry Smith. Applied Regression Analysis(3rd edn.)[M]. John Wiley & Sons, Inc, 1998.

[74] Nother, Gottfried, E. The asymptotic relative efficiencies of tests of hypotheses. Ann. Math. Statist[J], 1955.

[75] Nother, GE. Elements of nonparametric statistics[M]. Wiley, New York, 1967.

[76] Pitman, E. J. G. Lecture notes on 'Non-parametric statistical inference'[C]. University of North Carolina Institute of Statistics, 1948.

[77] Quinlan, J A. C4.5: Programs for Machine Learning[M]. San Francisco, Morgan Kaufmann, 1993.

[78] Rice, J. Mathematical Staistics and Data Analysis (3rd edn.)[M]. Boston: Duxbury Press India, 2007.

[79] Rousseeuw, P. and Van Driessen, K. A fast algorithm for the minimum covariance determinant estimator. Technometrics[J], 1999, 41: 212-223.

[80] Ruppert, D., Wand, MP., Carroll, RJ. Semiparametric regression[M]. Cambridge University Press, Cambridge, 2003.

[81] Saligrama, V. and ZHAO, M. Local anomaly detection. JMLR[J] W & CP, 2012, 22: 969-983.

[82] Schlimmer, J C. A case study of incremental concept induction. Proceedings of the Fifth National Conference on Artificial Intelligence[C]. Philadelphia. PA: Morgan Kaufmann, 1986: 496-501.

[83] Schlimmer, J C. Incremental learning from noisy data. Machine Learning[J], 1986, 1: 317-354.

[84] Scott, D W. Multivariate density estimation: theory, practice, and visualization[M]. Wiley, 2009.

[85] Serfling, R. J. Approximation Theorems of Mathematical Statistics[M], John Wiley & Sons, New York.

[86] Wilcoxon, Frank Individual comparisons by ranking methods. Biometrics[J], 1980, 1: 80-83.

[87] Siegel, S. Nonparametric Statistics for the Behavioural Sciences[M]. McGraw-Hill, New York, 1956.

[88] Siegel, S. and Castellan, N. J. Nonparametric Statistics for the Behavioural Sciences(2nd edn.)[M]. McGraw-Hill, New York, 1988.

[89] Silverman, B W. Density Estimation for Statistics and Data Analysis[M]. London: Chapman and Hall, 1986.

[90] Silverman, B W. Nonparametric Regression and Generalized Linear Models[M]. London: Chapman and Hall, 1994.

[91] Mason, S. J. and Graham, N. E. Areas beneath the relative operating characteristics (ROC) and relative operating levels (ROL) curves: Statistical significance and interpretation. Q. J. R. Meteorol. Soc[J], 2002, 128: 2145-2166.

[92] Sonquist, J A. The Detection of Interaction Effects[M]. Survey Research Center, University of Michigan, 1964.

[93] Sprent, P. Applied Nonparametric Statistical Methods (4th edn.)[M]. London: Chapman and Hall & Hall Press. Boca Raton, 2007.

[94] Stephens, S., Madronich, S., Wu, F., Olson, J. Weekly patterns of Mexico City's surface concentrations of CO, NOx, PM$_{10}$ and O$_3$ during 1986-2007. Atmos. Chem. Phys. Discuss[J], 2008, 8: 8357-8384.

[95] Terpstra, T. J. The asymptotic normality and consistency of Kendall's test against trend, when ties are present in one ranking. Indagationes Mathematicae[J], 1952, 14: 327-333.

[96] Theil, H. A rank-invariant method of linear and polynomial regression analysis, III, Proc. Kon. Ned. Akad. v. Wetensch[C], 1950, 53: 1397-1412.

[97] Tukey, J. W. A Survey of Sampling from Contaminated Distributions. In: Oklin, I., Ed., Contributions to Probability and Statistics[C]. Stanford University Press, Redwood City, CA, 1960.

[98] Utgoff, P E. ID5: An incremental ID3. Proceedings of the Fifth International Conference on Machine Learning[C]. Ann Arbor, MI: Morgan Kaufmann, 1988: 107-120.

[99] Vapnik, Vladimir N. The Nature of Statistical Learning Theory[M]. Springer-Verlag New York, Inc, 1995.

[100] Vapnik, V N. 1998. Statistical Learning Theory[M]. New York: Wiley-Interscience, 1995.

[101] Venables, W N., Ripley, B D. Modern Applied Statistics with SPLUS(2nd edn.)[M]. New York: Springer, 1997.

[102] Venables, W N., Smith, D M. cran. r-project. org/doc/manuals/R-intro. pdf[M], 2008.

[103] Wahba, G. Spline models for observational data[M]. SIAM[Society for Industrial and applied Mathematics], Philadelphia, 1990.

[104] Watson. Smooth Regression Analysis. India J. Stat. Series A[J], 1964: 359-372.

[105] Wegman, E J. Nonparametric probability density estimation. Technometrics[J], 1972, 14: 513-546.

[106] 陈希孺. 高等数理统计学 [M]. 合肥：中国科学技术大学出版社，1999.

[107] David Hand, 等. 数据挖掘原理 [M]. 张银奎, 等译. 北京：机械工业出版社，2003.

[108] 海特曼斯波格 T P. 基于秩的统计推断 [M]. 长春：东北师范大学出版社，1995.

[109] 李裕奇, 等. 非参数统计方法 [M]. 成都：西南交通大学出版社，1998.

[110] 刘勤, 金丕焕. 分类数据的统计分析及 SAS 编程 [M]. 上海：复旦大学出版社，2002.

[111] 柳青主编, 徐天和总主编. 中华医学统计百科全书多元统计分册 [M]. 北京：中国统计出版社，2013.

[112] 茆诗松, 王静龙. 高等数理统计 [M]. 北京：高等教育出版社，1999.

[113] Marques de Sa J P. 模式识别 [M]. 吴逸飞, 译. 北京：清华大学出版社，2002.

[114] Michael J A Berry, Gordon S Linoff. 数据挖掘 [M]. 袁卫, 等译. 北京：中国劳动保障出版社，2004.

[115] Pang-Ning Tan, Michael Steinbach, Vipin Kumar. 数据挖掘导论 [M]. 范明, 译. 北京：人民邮电出版社, 2002.
[116] Richard O Duda, 等. 模式识别 [M]. 李宏东, 等译. 北京：机械工业出版社, 2003.
[117] Richard P. Runyon. 行为统计学 [M]. 王星, 译. 北京：中国人民大学出版社, 2007.
[118] 沈明来. 无母数统计学与计数数据分析 [M]. 台湾：九州图书文物有限公司, 1997.
[119] 孙婧芳. 城市劳动力市场中户籍歧视的变化：农民工的就业与工资. 经济研究 [J], 2017(8): 171-186.
[120] 孙山泽. 非参数统计讲义 [M]. 北京：北京大学出版社, 1997.
[121] 王星, 褚挺进. 非参数统计 [M]. 北京：清华大学出版社, 2014.
[122] 王星. 大数据分析：方法与应用 [M]. 北京：清华大学出版社, 2013.
[123] 吴喜之, 王兆军. 非参数统计方法 [M]. 北京：高等教育出版社, 1996.
[124] 吴喜之. 非参数统计 [M]. 北京：中国统计出版社, 1999.
[125] 吴喜之, 赵博娟. 非参数统计(第 4 版)[M]. 北京：中国统计出版社, 2013.
[126] 解其昌. 稳健非参数 VaR 建模及风险量化研究 [J]. 中国管理科学, 2015, 8: 29-38.
[127] 蒋重阳, 周萍. 降低心力衰竭患者 30 天内再入院率的文献分析与启示 [J]. 中国卫生质量管理, 2013, 21（135）: 94-96.
[128] 徐端正. 生物统计在药理学中的应用 [M]. 北京：科学出版社, 1986.
[129] 杨辉, Shane Thomas. 再入院：概念、测量和政策意义 [J]. 中国卫生质量管理, 2009, 16(5): 113-115.
[130] 叶阿忠. 非参数计量经济学 [M]. 天津：南开大学出版社, 2003.
[131] 张家放. 医用多元统计方法 [M]. 武汉：华中科技大学出版社, 2002.
[132] 张尧庭. 定性数据的统计分析 [M]. 桂林：广西师范大学出版社, 1991.
[133] 郑忠国. 高等统计学 [M]. 北京：北京大学出版社, 1998.